复合材料压力容器

（第二版）

郑传祥　编著

Composite
Pressure Vessel

化学工业出版社

·北京·

内容简介

复合材料压力容器是一门综合了压力容器工程、复合材料工程、机械制造工程与力学分析的综合性工程科学。本书共分三篇,主要介绍了金属-金属复合材料、金属-非金属复合材料、全复合材料压力容器的成型、制造、力学分析等,每篇最后列举一个典型容器,进行详细分析。本书可供有关专业技术人员参考,同时可作为高等院校相关专业的研究生教材。

图书在版编目(CIP)数据

复合材料压力容器/郑传祥编著. —2 版. —北京:
化学工业出版社,2022.10
ISBN 978-7-122-41798-5

Ⅰ.①复… Ⅱ.①郑… Ⅲ.①复合材料-压力容器-
研究生-教材 Ⅳ.①TH49

中国版本图书馆 CIP 数据核字(2022)第 115206 号

责任编辑:丁文璇   文字编辑:孙月蓉
责任校对:王 静   装帧设计:张 辉

出版发行:化学工业出版社(北京市东城区青年湖南街 13 号 邮政编码 100011)
印 装:大厂聚鑫印刷有限责任公司
787mm×1092mm 1/16 印张 18¾ 字数 477 千字 2022 年 10 月北京第 2 版第 1 次印刷

购书咨询:010-64518888   售后服务:010-64518899
网 址:http://www.cip.com.cn
凡购买本书,如有缺损质量问题,本社销售中心负责调换。

定 价:128.00 元

序

　　复合材料技术是当今发展最快的新技术之一，复合材料已经在航空、航天、建筑、造船、汽车、化工、海洋工程、武器工业、生物医药等部门得到广泛的应用。复合材料的种类数不胜数，本书专门介绍复合材料压力容器中常用的复合材料结构、力学分析、设计、制造与检验，并以实际工程案例予以说明。

　　本文分三篇介绍三大类复合材料压力容器，第 1 篇主要介绍用于压力容器的金属-金属复合结构的设计与制造，介绍这类复合材料压力容器的制造、力学分析与设计方法，最后以扁平钢带缠绕式压力容器作为典型工程案例加以说明；第 2 篇主要介绍金属-非金属复合材料的设计与制造，介绍复合材料压力容器的制造方法、力学分析与设计方法，最后以不锈钢内衬超高压容器、碳纤维缠绕铝合金内衬复合材料高压储氢气瓶作为典型工程案例加以说明；第 3 篇介绍全复合材料的设计与成型制造，介绍全复合材料压力容器的制造、力学分析与设计方法，最后以塑料内衬碳纤维复合材料高压储氢气瓶作为典型工程案例加以说明。

　　郑传祥教授长期从事与复合材料压力容器和管道相关的研究和开发，2008 年加入我所在的斯坦福大学复合材料结构实验室研究团队，从那时起一直合作研究至今，在复合材料压力容器、新颖网格结构方面取得了很多成果。

　　本著作有望对从事复合材料压力容器与管道设计的科研人员、相关制造企业有一定的参考价值。

Stephen W. Tsai

2021 年春于夏威夷

郑传祥　译

前　言

　　复合材料的种类数不胜数，但均可以归类到金属-金属、金属-非金属、全复合材料这三大类中。

　　复合材料压力容器将材料科学、力学、加工制造学、计算机科学等结合，是压力容器中的一个重要分支。由于压力容器特殊的应力状态和工作环境，对材料的强度指标、塑韧性指标、抗疲劳性能、抗应力腐蚀、耐热性能、耐腐蚀性能以及失效方式等均有特殊的要求，出于安全考虑，对其设计、制造与检验、在役检验等均有专门要求，本书均有介绍。

　　本次修订在内容上做了一些调整，充实了近十年来复合材料的新技术、新标准，以及作者的研究成果。第 1 篇进行了较大的删减，对已经有很多参考资料的内容进行了压缩。第 2 篇主要增加了国内外最新复合材料容器（气瓶）方面的最新标准；在 CAD/CAE/CAM 等技术方面，增加了缠绕成型技术及仿真计算的内容，并以碳纤维缠绕铝合金内衬复合材料高压储氢容器作为典型容器加以说明。第 3 篇增加了 V 型气瓶的最新设计技术和标准，尤其是在氢能方面的应用进行了分析；新增了国外 VI 型气瓶的最新技术介绍和案例分析；最后列举塑料内衬碳纤维缠绕高压储氢气瓶作为典型容器加以说明。本书中的典型设计案例均为工程中实际应用的案例，对从事有关压力容器设计的科技人员，有一定的参考价值。

　　本书由浙江大学郑传祥编著。在此衷心感谢美国斯坦福大学终身教授、美国工程院院士Stephen W. Tsai 百忙当中为本书写了序。全书的文字、图片由戴煜宸、林娇、王振宇、卢锦杰进行整理，对他们的辛勤劳动表示感谢。

　　限于作者的知识水平，书中不当之处在所难免，希望广大读者不吝指教。

郑传祥

2022 年 5 月于杭州

目 录

绪论

（1）复合材料的发展历史

复合材料是由两种或两种以上不同材料组合而成的工程材料。各种组成材料在性能上能互相取长补短，产生协同效应，使复合材料的综合性能优于原组成材料，从而满足不同的使用要求。人类使用复合材料的历史十分久远。广义上讲，从古沿用迄今的稻草增强黏土是一种复合材料；水泥作基体，砂、石作为增强材料制成的混凝土也是复合材料，公元前200年左右，意大利罗马的Panteon（万神殿）就是用混凝土建造的。其他如1783年的氢气球是将天然橡胶涂在绢织物上形成的复合材料，1888年用木棉织物增强天然橡胶制成的轮胎也是复合材料。在中国长江下游，发现了7000年前的漆器，是用蔓编织油漆漆了很多遍的器具，这是复合材料的原型，这表明使用复合材料的方法，在很久以前就存在。

从19世纪开始到20世纪初期，人们发明了酚醛树脂、密胺树脂、尿素树脂等热固性树脂，接着发明了环氧树脂、不饱和聚酯树脂，并使之工业化。工业用玻璃纤维在1893年试制成功。玻璃纤维增强塑料（GFRP）的工业化生产最初在1938年开始的。第二次世界大战前，美国开始用玻璃纤维增强的酚醛树脂来代替制造飞机金属零件的金属模具，用玻璃纤维和室温固化型不饱和聚酯树脂来制作飞机的排气管。GFRP可以成型为任意形状，可以透过电波，具有飞行中耐空气阻力的刚性和强度，即使在海上飞行，也不会劣化。1940年左右开始，美国和英国共同开发先进的飞机用雷达罩，其应用已被广泛确认。由于GFRF具有良好的电气绝缘性，被美国海军用作舰艇的电气部分，小型船只则全部用GFRP制成，GFRP迅速发展起来。1950年左右，GFRP技术从美国推向世界。自从发明了玻璃纤维增强塑料（俗称玻璃钢）的雷达罩，复合材料这一名称就出现了。同一时期发展起来的铜-钨和银-钨电触头材料、碳化钨-钴基硬质合金和其他粉末烧结材料，其实质也是复合材料。

20世纪50年代以后陆续出现了碳纤维、石墨纤维和硼纤维等高强度、高模量纤维；20世纪70年代又出现了芳香族聚酰胺纤维（简称芳纶纤维），如聚对苯甲酰胺纤维和碳化硅纤维。这些高强度、高模量纤维能与合成树脂、碳、石墨、陶瓷、橡胶等非金属基体，或铝、镁、钛等金属基体复合形成各具特点的材料，为了区别于一般玻璃纤维增强材料，这种材料称为高级复合材料。

复合材料范围广、品种多、性能优异，有很大的发展前途。玻璃纤维增强热固性塑料中的片状模塑料发展很快，已出现了许多分支，其制品已由非受力件扩大到受力件，如传动支架等。碳纤维增强热塑性塑料的用途越来越广，由于其可回收性好，其发展速度在有的国家已超过热固性塑料的发展速度。

高级复合材料的发展方向是降低成本、扩大应用范围。用两种或两种以上不同的纤维作为增强材料，不但可降低成本，且其混合效应超过一般的混合规律。航空中的基本结构件、工业用机器人、海洋开发用的结构材料、汽车片弹簧和驱动轴等越来越多地采用混合纤维增强复合材料。

定向凝固的铸造复合材料，如碳化钽与镍或钴、碳化铌与铌等的共晶复合材料，以及无机纤维增强陶瓷复合材料，使用温度均超过现有的耐热合金，也具有很好的发展前景。碳纤维与铜的复合材料可用作低电压、大电流电机和超导体等特殊电机的电刷材料、耐磨减摩材料和电子材料。

在成型工艺方面，反应注射成型、增强反应注射成型、热压罐成型和真空浸润成型等均已得到发展。功能复合材料将多种功能集于一身，如将光电材料与电磁材料复合成光磁复合材料，这种材料在功能转换器件中很有发展前途。

（2）复合材料的分类

复合材料有多种分类方法，根据使用性能不同，可分为结构复合材料和功能复合材料等；根据结构特点，可分为纤维复合材料、层叠复合材料、细粒复合材料和骨架复合材料；根据基体材料类型，可分为树脂基复合材料、金属基复合材料、无机非金属复合材料等；根据分散相的形态，可分为连续纤维增强复合材料、纤维织物和编织体增强复合材料、片状材料增强复合材料、短纤维或晶须增强复合材料、颗粒增强复合材料等；根据增强纤维类型，可分为碳纤维复合材料、玻璃纤维复合材料、有机纤维复合材料、陶瓷纤维复合材料等；根据其组成，可分为金属-金属复合材料、金属-非金属复合材料、非金属-非金属复合材料；根据制造方式不同，可分为以下几种：

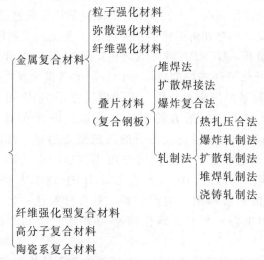

本文采用的分类方法是按不同组分进行分类。

（3）复合材料压力容器的技术进展

日本从1952年左右进口玻璃纤维和不饱和聚酯树脂，到1954年，由于住宅用GFRP波形瓦的需求增加，开始了工业生产，进而促进了研究体制的完备，并成立了增强塑料技术协会。之后，住宅建筑、运输器械、化学装置、电气电子、体育用品等方面的用途不断增加。特别是1955年以后，随着石油化学的发展，热塑性树脂工业急速发展，在工业产品、农渔业产品、土木建筑材料、日用品等方面，广泛使用了聚乙烯、聚丙烯、聚苯乙烯、ABS、聚氯乙烯、聚酰胺、PET、聚碳酸酯等，并因其价格低、易加工而逐步替代了热固性树脂。随着化学工业的不断发展，各种复合钢板压力容器得到了较大规模的推广应用，而飞机工业的发展使复合材料派生出轻量化的发展方向。

20世纪60年代开始开发高模量、高强度纤维。1961年Tekisake公司开始了硼纤维生产，美国联合碳化物公司 UCC、罗尔斯·罗伊斯公司开始了碳纤维生产，杜邦公司开始了芳香族聚酰胺纤维的工业生产。硼纤维增强塑料（BFRP）和碳纤维增强塑料（CFRP）由于质量轻、刚度好、强度高而成为具有竞争力的材料应用于战斗机，从而提升了飞机的速度、飞行距离，以及转弯时的操纵性能等。随着航天技术的发展，这些轻质复合材料被应用于减轻航天器的重量方面，如各种高压储罐、运载火箭外壳和导弹外壳。

1973 年的石油危机对美国的影响比对其他国家的影响更大，从而促使美国开始研究减少石油消费的办法。在飞机的制造上，采用新材料 CFRP 制造机翼，使其重量变轻，而且空气阻力小。以 NASA 为中心的研究机构开始提高发动机性能的研究，从而使燃料的消费量减少一半。他们用 CFRP 零件替代波音 727、波音 737、麦道 DC-10、洛克希德 L-1011 上的金属零件，并进行了 25000～35000h 的飞行试验，证实了由于使用 CFRP，减少了燃料的消费，并且没有安全问题。根据这个结果，在波音 757、767、787、777，麦道 MD-11、MD-80，空中客车 A300、A600、A310、A320、A330、A340、A380 上采用了 CFRP 零件，1980 年以后开发的民用飞机、中小型客机采用了 CFRP。

石油危机的另一个影响是促使替代能源的研发。各种天然气汽车、液化石油气汽车、氢燃料电池汽车也因此得到了开发应用。这些汽车的燃料储罐为了减轻重量、增加储量，致使容器压力越来越高，单一金属材料已经不能满足需要，于是均采用了复合材料压力容器。其他还有很多应用领域，如在高速铁路车辆、舟船、风力发电机、高速转动的制纸机、纤维机、机器人、高层建筑、大桥、开采深海石油等方面的应用，特别是碳纤维价格的下降，使 CFRP 的使用领域越来越广。

随着科技的发展，尤其是碳排放控制要求的提高，碳中和概念的提出，人类越来越意识到必须解决的一个现实问题是如何防止地球环境的恶化。人口的增长和产业的发展，化学燃料使用量的增大，这些都导致空气中的二氧化碳的含量增高及气温上升。为了有效地利用石油、煤炭、天然气，需要移动的器械必须轻量化，而 CFRP 可以使重量变轻，但它的价格比金属高，因此，今后的研究课题是如何降低 CFRP 价格，开发出性能可靠、环境友好的技术，并寻求开发再生技术。价格和可靠性与 CFRP 零件设计、原材料选择、成型加工、保修和废弃再生有关，因此基础研究和应用的研究是不可或缺的。

（4）本书的主要内容

复合材料的应用十分广阔，几乎涵盖了所有的工程技术领域，本文所涉及的仅仅是其中的一个很小的分支，即压力容器领域的复合材料。复合材料能够在压力容器领域内得到很好的应用不是偶然的，这与压力容器的受力特点和使用特点是分不开的，是压力容器轻量化、低成本、高强度和安全可靠发展的趋势所决定的。本书按制造压力容器的复合材料组成不同，即按金属-金属复合材料、金属-非金属复合材料、金复合材料的思路对复合材料压力容器进行叙述，这三类复合材料压力容器各有不同的特点和应用场合。由于压力容器受力的特殊性，以及压力容器制造的特殊要求，本书将详细介绍这三种复合材料压力容器的材料、制造、检验、力学分析和典型应用实例。以下章节中如无特殊用途说明的复合材料，均指压力容器用的复合材料。本文所述气瓶或者压力容器均是指承受内压的承压容器（tank），在分析其强度时受力模型是一样的，因此不加区分，在涉及设计与应用时管辖规范有所差异。本文如没有特殊说明，采用的均为我国现行标准。

本书第一篇主要阐述金属-金属复合材料压力容器的材料、力学分析、设计、制造、检验和典型应用实例。

本书第二篇主要阐述金属-非金属复合材料压力容器的材料、力学分析、设计、制造、检验、有限元分析和典型应用实例。

本书第三篇主要阐述全复合材料压力容器的设计、制造、检验、力学分析、有限元分析和典型应用实例。该篇单列一章介绍美国斯坦福大学终身教授、美国工程院院士 Stephen W. Tsai（蔡为仑）编制的复合材料专用软件 MIC-MAC 及应用、蔡氏模量（Tsai's modulus）的意义及应用。

参考文献

［1］ 蔡为仑.复合材料设计.北京：科学出版社，1989.
［2］ 朱国辉.多功能复合壳创新技术.杭州：浙江大学出版社，2013.
［3］ Tsai S W. Composite structure. Palo Alto：Stanford University Press，2008.
［4］ 杜善义.复合材料细观力学.北京：科学出版社，1998.
［5］ 松井醇一，白云英.复合材料的历史与展望.纤维复合材料，2001（3）：56.
［6］ 赫晓东，王荣国，矫维成，等.先进复合材料压力容器.北京：科学出版社，2016.

第1篇
金属-金属复合材料
压力容器

第1章
概述

金属复合材料的种类很多，但是用于压力容器的金属复合材料主要以复合钢结构为主，本文主要介绍以不同金属材料复合制造的复合钢结构，典型结构为钢带缠绕复合结构压力容器。

1.1 金属-金属复合材料技术进展

金属-金属复合材料是指两种或两种以上的金属经全面叠合，在结合界面上以金属组织结合或者紧密贴合的材料，具有经济性和功能性兼备的特征。形状有板状、棒线和管材等。将基础母材为钢的板状产品叫作复合钢板，这种复合钢板被广泛应用在各个领域。

随着现代科学技术和现代工业的发展，单一的金属或合金已很难完全满足现代化生产对材料综合性能的需要，异种金属以层状结合而形成的新型复合材料，近年来受到世界各国的普遍重视。层状金属复合材料是利用复合技术使两种或两种以上物理、化学、力学性能不同的金属在界面上实现牢固冶金结合而制备的一种新型复合材料。层状金属复合材料在保持母材金属特性的同时具有相补效应，可以弥补各自的不足，经过恰当的组合易于形成优异的综合性能，被广泛地应用于汽车、飞机、环保设备和化工设备等方面。

1.1.1 国外技术进展

复合钢板就是这样一种相补效应的发明，利用基材的高强度和复材的耐腐蚀性相补，具有高强度、耐腐蚀和低成本的优势。复合钢板的生产方法有多种，传统上可以分为两类：固-固相复合法和液-固相复合法。前者包括：爆炸复合法、轧制复合法、挤压复合法和扩散焊接法。后者包括：铸造复合法、钎焊法。

复合钢板最初的制造是在 20 世纪 30 年代初，由美国因科（Inco）公司和 Luckens 公司制造的镍复合钢板，其后开发了不锈钢复合钢板；1960 年开始生产镍复合钢板。美国复合板生产厂家主要有杜邦（DuPont）公司、路易斯维尔公司等。

日本从 20 世纪 40 年代开始生产不锈钢复合钢板，1957 年生产 Ni 复合钢板，1977 年制定 SUS 复合钢板标准，1980 年制定 Ni、Ti、Cu 复合钢板标准。日本是世界上生产复合钢板最多的国家之一，日本的新日铁、川崎制铁、住友金属、旭化成、日本钢管、日本制钢、三岛钢厂等都在研究和大量生产复合钢板。目前中国的产量已经超过日本。

近几年来，由于复合技术的进步和对复合材料优异性能的认识及其在成本方面呈现出的优越性，金属复层材料的种类扩大到 Ni、Cu、Al、Ti 和其他贵金属及以它们为基的合金等各种金属，而且用途也很越来越广泛。薄复合板主要用于制作电磁灶用锅、浴池等民用品和建造桥梁等土木建筑上；厚复合板主要用于石油精炼和化学等各种设备的反应容器、化学罐车，线性电动机的反冲板和水门等化学设备，及造船、运输等领域，目前扩展到土木建筑领域，其用量在不断增加。

复合钢板制造方法方面，除了传统方法外，目前为适应新产品的需要，开发出粉镀-加热法，其工艺方法是将金属粉末与复合剂（含一定比例的黏结剂、还原剂和溶剂）均匀混合后，通过喷涂、刷涂等途径附着在洁净的异种金属的表面上，然后送入加热装置，通过保护气氛在加热炉中进行分级加热。由于温度的作用与变化，在复合层中将进行下列过程：黏结剂被挥发；粉末中部分氧化物颗粒及基材表面氧化层在还原剂及保护气氛作用下被还原；黏结剂残余物在溶剂熔化的表面张力作用下带到表层；粉末颗粒间进行融合；粉末与基体间进行融合扩散；最终获得一定厚度（0.03～0.30mm）的复合层，复合层的厚度可通过浆料涂刷技术调整。相似的还有粉镀-轧制法，该技术是在事先选定的某种金属基材上，根据需要，采取一种特殊的工艺方法，先在金属基材上覆上一层或多层金属粉末，然后再进行冷轧制使基材与复合于表面的金属粉末发生金属键结合——扩散结合，并通过适当的复合后处理工序，制得所需的金属复合材料。其他新技术还在不断涌现，这是工业发展对复合钢板发展需求的结果。

1.1.2 国内技术现状

我国复合钢板的开发和应用起步较晚，1965 年重钢开始进行叠板热轧法、复合铸造法试生产，最后选定了叠板热轧法复合作为工业性生产的工艺。1988 年以后开始有批量商品进入国内市场。营口中板厂于 1983 年大力进行开发试验，1984 年开始有一定数量的产品面市；由于所选定工艺为坯料爆炸加叠板轧制法，工艺难度大，产量受到一定的限制。此外，上钢三厂、秦皇岛首钢板材厂也进行了轧制法试验和试制；太钢于 1988 年开始研究爆炸轧制法直接生产复合板；1990 年开始采用爆炸轧制法和爆炸法直接生产复合板供应市场。几年来又有一些非冶金系统的厂家加盟，经过市场筛选后生存并发展起来的复合钢板厂有：四川宜宾复合材料厂、洛阳 725 所、宝鸡 902 厂、大连爆炸加工研究所等，这些厂采用爆炸法或以爆炸法为主，全国年产量约 20 万 t。另有山东莘县复合材料厂采用金属助焊剂热压法、温州复合材料厂采用高分子黏结法，均有产品上市，但数量不多。经过几十年的发展，我国的复合钢板产量已经居世界前列，质量也有了较大的进步，随着一些民营企业和合资企业的加入，技术水平正在快速提升。

目前我国发展比较好的是爆炸焊接工艺生产的复合钢板，其结合率和结合强度高，工艺性能优良，能经受切割、冷弯、冲压、焊接及热处理等各种冷热机械加工。成品的各项技术指标均达到或超过 ASME、JIS 标准，这类复合钢板已不再像前几年一样依赖进口。而对于轧制复合钢板，我国虽有一定规模和实力的生产厂家，但高质量的复合钢板主要依赖于进口。

标准方面，有关压力容器用复合钢板的标准有 NB/T 47002《压力容器用复合板》，GB/T 6396《复合钢板力学及工艺性能试验方法》，GB/T 7734《复合钢板超声检测方法》。它们将此前分散的标准进行了归总，从产品分类、制造及性能检验等技术要求来看，可满足复合钢板压力容器的设计要求。

1.2 压力容器受力特点

压力容器是一种具有特定使用场合、受到特定内应力的设备，其使用场合往往存在压力、温度、介质腐蚀、辐射等单独或者共同作用，这就增加了压力容器的危险性，为了保证压力容器的安全可靠，各种新技术、新工艺不断应用于压力容器工程，其中复合材料的应用是一个重要的方面。为了很好地发挥复合材料的性能，设计更加安全可靠、经济合理的复合材料压力容器，首先必须了解压力容器的受力特点。

1.2.1 中低压压力容器受力特点

中低压压力容器一般指壁厚 δ 与容器半径 R 之比 $\leqslant 1/10$ 的薄壁容器，薄壁容器筒体内的弯曲应力与其他应力相比很小，近似符合无力矩理论，轴对称容器的无力矩理论由以下公式计算薄膜应力

$$\begin{cases} \dfrac{\sigma_\varphi}{R_1} + \dfrac{\sigma_\theta}{R_2} = -\dfrac{p_z}{\delta} \\ F = 2\pi r \sigma_\varphi \sin\varphi \end{cases} \tag{1-1}$$

式中　σ_φ——经向应力，在高压容器的三向应力中，称为轴向应力，对于圆柱形容器也即为轴向应力，MPa；

σ_θ——周向应力，MPa；

R_1，R_2——薄壁容器的第一、第二曲率半径，mm，对于圆柱形容器，$R_1 = \infty$，$R_2 = R$；对于球形容器，$R_1 = R_2 = R$；

p_z——内压，MPa；

δ——容器壁厚，mm；

F——容器任意截面处的总轴向力，N；

r——容器任意截面处的圆周半径，mm；

φ——任意截面处经线法线与中心轴的夹角。

对于常用的圆柱形容器，具有以下简单的形式

$$\begin{cases} \sigma_\varphi = \dfrac{pR}{2\delta} \\ \sigma_\theta = \dfrac{pR}{\delta} = 2\sigma_\varphi \end{cases} \tag{1-2}$$

对于球形容器，$\sigma_\theta = \sigma_\varphi = pR/2\delta$，应力在整个容器壁内均布。

从中低压容器的应力分布特点可以看出，周向应力是经向应力（轴向应力）的 2 倍，由此可以看出，中低压压力容器筒壁上的应力各向有所不同。如果能开发出周向强度是经向强度 2 倍的材料，则材料的利用率将进一步提高，容器的重量可以进一步降低。显然，普通金属很难满足这个要求，普通复合钢板也很难做到，则就需要开发其他的复合材料。

1.2.2 高压容器受力特点

高压容器一般指压力在 $10 \sim 100$ MPa 的厚壁容器，与薄壁容器相比，厚壁容器承受载荷

作用时所产生的应力具有以下特点：一是薄壁容器中的应力只考虑经向应力和周向应力，而忽略了径向应力；而厚壁容器中因压力很高，径向应力不能被忽略，因而应考虑作三向应力分析。二是在薄壁容器中将二向应力视为沿壁厚均匀分布的薄膜应力，而厚壁容器沿壁厚出现应力梯度，薄膜假设不能成立。三是内外壁间的温差随壁厚的增厚而增加，由此产生的热应力相应增大，因此厚壁容器的热应力不能被忽略。

厚壁容器在承受内压作用下的弹性应力公式如下

$$\begin{cases} \sigma_r = \dfrac{p}{K^2-1}\left(1-\dfrac{R_o^2}{r^2}\right) \\[2mm] \sigma_\theta = \dfrac{p}{K^2-1}\left(1+\dfrac{R_o^2}{r^2}\right) \\[2mm] \sigma_z = \dfrac{p}{K^2-1} \end{cases} \tag{1-3}$$

式中　σ_θ，σ_r，σ_z——高压容器筒体的周向应力、径向应力和轴向应力，MPa；

　　　　p——内压载荷，MPa；

　　　　K——容器外径与内径之比；

　　　　r——筒体壁内任意点的半径，mm；

　　　　R_o——容器外径，mm。

根据以上公式可以作出高压容器筒壁内的应力分布图如图 1-1 所示。

考虑热应力后的高压容器热应力公式如下

$$\begin{cases} \sigma_\theta^t = \dfrac{E\alpha\Delta t}{2(1-\mu)}\left(\dfrac{1-\ln K_r}{\ln K}-\dfrac{K_r^2+1}{K^2-1}\right) \\[2mm] \sigma_r^t = \dfrac{E\alpha\Delta t}{2(1-\mu)}\left(-\dfrac{\ln K_r}{\ln K}+\dfrac{K_r^2-1}{K^2-1}\right) \\[2mm] \sigma_z^t = \dfrac{E\alpha\Delta t}{2(1-\mu)}\left(\dfrac{1-2\ln K_r}{\ln K}-\dfrac{2}{K^2-1}\right) \end{cases} \tag{1-4}$$

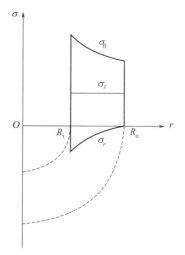

图 1-1　高压容器筒壁应力分布图

式中　E，α，μ——材料的弹性模量、线胀系数及泊松比；

　　　　Δt——筒体内外壁的温差，K；

　　　　K——容器外径与内径之比；

　　　　K_r——容器的外径与任意半径之比。

根据以上公式同样可以作出高压容器筒壁热应力分布图，如图 1-2 所示。

热应力与内压引起的应力叠加后的应力如图 1-3 所示。

由此可见，没有热应力的情况下，高压容器的应力分布有以下特点：一是周向应力及经向应力为拉应力，径向应力为压应力；二是内壁周向应力有最大值，沿壁厚曲线分布，经向应力是周向应力和径向应力的平均值，且为常数；三是应力沿壁厚的不均匀程度与径比 K 值有关，K 值越大，不均匀程度也越严重；当 K 值接近于 1 时，内外壁应力之比也接近于 1，说明薄壁容器的应力沿壁厚接近于均布。

从高压容器的应力分布同样可以看出，容器壁内的应力分布是不均匀的，各向同性的金属材料制造压力容器并没有发挥金属所有的潜能。复合材料的各向异性正好可以弥补这个不足，纤维方向强度最高，用以承受周向应力，其他方向强度较低，则正好承受其他低应力，

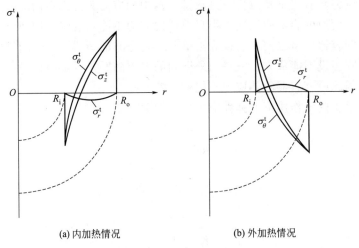

(a) 内加热情况   (b) 外加热情况

图 1-2 单层厚壁圆筒中的热应力

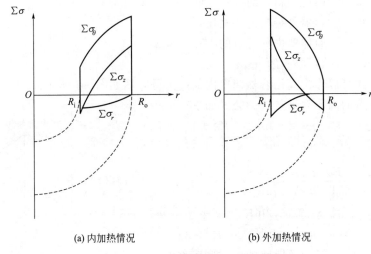

(a) 内加热情况   (b) 外加热情况

图 1-3 高压容器筒壁内的综合应力

可以充分发挥材料的潜能。正是基于这样的需求，各向异性的复合材料很快就在压力容器领域得到应用，并且获得了成功。

参考文献

[1] 徐钢. 中国石化压力容器发展史. 北京：中国石化出版社，2020.

[2] 郑津洋. 过程设备设计. 5 版. 北京：化学工业出版社，2021.

[3] 丁伯民. ASME Ⅷ压力容器规范分析. 北京：化学工业出版社，2018.

[4] 郑伟义. ASME X-2013 纤维增强塑料制压力容器. 北京：化学工业出版社，2018.

[5] Carl T F R. Pressure vessels：external pressure technology. Oxford：Woodhead Publishing，2011.

第2章
钢复合材料强度与力学基础

  根据压力容器的使用特点，在确保安全可靠的条件下，对于需要用贵重材料制造的压力容器，组成容器的全部壁厚不一定需要使用昂贵的金属，还可以采用耐腐蚀的薄复层和低成本高强度的基层组合，这可以大大降低成本，于是钢复合材料应运而生。钢复合材料可以有不同的复合结构，目前常见的有两种钢材紧密结合的，如复合钢板；也有两种钢材松连接的，如扁平钢带复合结构；还有两种钢材用型槽扣合的等多种形式，本章简要介绍复合钢板的结构与强度计算，其他结构在实例中进一步介绍。

2.1　复合钢板概述

  压力容器用复合钢板种类比较多，复合方式也多种多样，本章主要介绍压力容器用复合钢板的分类、制造及力学分析知识。

  压力容器主要采用耐蚀金属材料来解决耐腐蚀问题，已列入各国压力容器规范的耐蚀金属材料有不锈钢、镍和镍合金、铝和铝合金，铜和铜合金、钛和钛合金、铅和铅合金、锆和锆合金等。许多耐蚀金属材料比一般压力容器用的碳钢和低合金钢贵得多，如不锈钢价格约是碳钢的 5～10 倍，钛的价格是碳钢的 10～20 倍，锆的价格是碳钢的 30～40 倍等。由于压力容器承压受力，筒体、封头、管板、法兰等构件所用板材厚度较大，常需十几毫米、几十毫米甚至几百毫米，以满足强度、刚度和稳定性的要求。而从耐腐蚀要求来看，所用板材一般只有一侧的表面接触腐蚀介质，压力容器选用耐蚀材料常按腐蚀率不超过 0.1 毫米/年来考虑的，因此所需耐蚀材料的厚度仅需几个毫米即可满足耐蚀寿命要求。如果容器所用厚板全都采用昂贵的耐蚀材料去承受力学性能的要求，而只有一侧表面的几毫米厚度才发挥耐蚀性能的作用，会造成压力容器造价的提高和昂贵的耐蚀材料的浪费。因此各国压力容器规范均提倡在这种情况下，采用在碳钢或低合金钢表面加耐腐蚀金属覆盖层的形式来解决。采用耐腐蚀金属覆盖层的压力容器在设计、制造、检验等技术方面均已较为成熟。

  耐蚀金属的覆盖有两种方式：一为松衬里，复层与基层之间没有冶金结合，没有连接强度；另一种为复合钢板，复层与基层之间有冶金结合，有连接强度。松衬里一般在容器制造厂进行，由于衬里层与基层材料热胀系数的差别，压力容器在升温、降温过程中容易引起衬里层受拉伸热应力而拉裂，或受压缩热应力而鼓包，因此允许应用的设计温度受到较大限制，如不锈钢衬里容器一般用于 200℃ 以下，钛衬里容器按英国 CP3OO3《化工容器和设备的衬里》规定用于 205℃ 以下。复合钢板一般由钢厂或有色金属加工厂等冶金厂制造供货（堆焊复合除外），由于复合钢板复层和基层金属之间有连接强度，可以均匀地承受由于复层和基层因热胀系数的差别而产生的热应力，因而容器的许用设计温度较高。如 GB/T 150—2011 规定，奥氏体不锈钢复合钢板可用到 400℃。我国 TSG 21《固定式压力容器安全技术监察规程》规定，单层钝钛板设计温度不应高于 230℃，而钛-钢复合板可以用到 350℃。复合钢板的传热性能比衬里好得多，可用作带蒸汽夹套加热的筒体，而衬里则不宜用于传热构件。复合钢板可制造负压容器，衬里则不宜用于负压容器。现在复合钢板用量最多的是不锈钢，其次是钛-钢复合板。镍、铜、铝及其他贵金属的复合钢板也有应用，但用得较少。基层材料除碳钢与低合金钢外，也有用不锈钢或有色金属的场合。

2.2 复合钢板的分类及应用

2.2.1 复合钢板的分类

复合钢板根据厚度不同一般分为薄板 0.4～8mm，中板 9～20mm，厚板 21～150mm；按制造方式不同可分为图 2-1 所示的几种；按复层材料的用途不同可分为表 2-1 所示的几种；目前使用最多的是按制造方式分类。

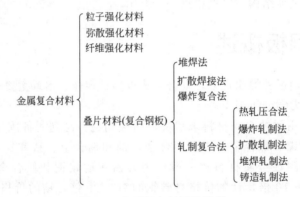

图 2-1　金属复合材料分类图

表 2-1　复合钢板复层材料及用途

复层材料	主要用途示例	市场状况
不锈钢	压力容器，各种化学罐车，石油精炼设备，管线	90%
铜、铜合金	制盐设备	其他合计 10%
镍、镍合金	造纸设备、冷凝器用管板	
铝、铝合金	线性电动机的反冲板，储氢容器	
其他贵金属	高精度反应器	

2.2.2 复合钢板的应用

复合钢板最早用于农业器具及刀具等需要有复合机能的地方，但毕竟是很小的成分。随着近年来对器具、零部件、用具的性能要求越来越高，中厚板用量的增加以及耐腐蚀性要求的提高，复合钢板的用途越来越广。就复合钢板本身而言，使用量最大的是石油精制等化工用板，具体有：

① 石油精制、石油化工用：塔式真空罐、核反应堆、热交换器等。

② 一般化学用：聚氯乙烯重合罐、肥料设备用反应塔、制纸机械用蒸发器、海水淡化用蒸发器、苛性钠设备蒸发器等。

③ 食品酿造用：贮藏用罐、搅拌槽。

④ 药品用：消毒杀菌用机器、农药反应设备等。

⑤ 造船用：化工用罐（船上）、船体用。

⑥ 产业机械用：堤坝闸门、放流管。

⑦ 管用配件等。

⑧ 大型船闸、耐海水设备等。

随着钢板生产的发展，对钢板特殊性能要求不断提高，特别是耐蚀性、热强性等要求，仅仅要求表层是不锈钢、耐热钢等价格昂贵材料时，自然不必要全部结构使用昂贵的材料，因此不锈钢、耐热钢复合钢板发挥了重要作用。预计随着工业的发展和社会的需求，复合钢板的使用量将大大增加。

2.3 复合钢板的制造

根据我国现行标准，复合钢板基层和复层的复合必须是冶金结合，且有一定的连接强度。复合钢板的制造方法有多种，现介绍几种常用方法，其他新方法还有多种，但没有较多的应用，本书不作详细介绍，可参看有关文献。

2.3.1 热轧压合法

热轧压合法也称叠轧法，它将两种金属（如不锈钢和碳钢）板坯叠在一起，四周封焊，结合面抽真空，然后进行热轧，使双金属在高温（固态）下轧制压合产生一定的连接强度。这种复合方法要求轧制时应有较大的轧制压下量和较大的轧机能力，所用板坯也较厚（与爆炸法相比）。热轧压合法用于不锈钢复合钢板和镍与镍合金复合钢板较多。由于轧制后易获得较光洁的表面，因而往往在用其他方法复合后，再用轧制法进行精整。其生产过程如图 2-2 所示。

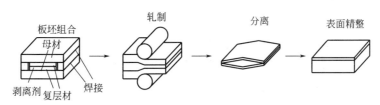

图 2-2　热轧压合生产流程图

板坯的制造结构如图 2-3 所示。

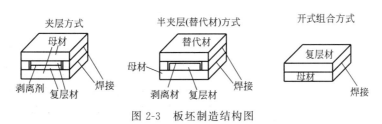

图 2-3　板坯制造结构图

轧制复合钢板的制造流程如图 2-4 所示。

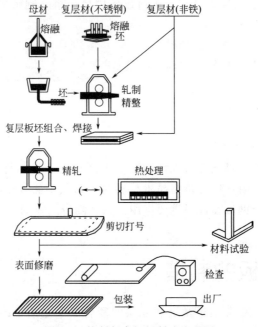

图 2-4　轧制复合钢板制造流程图

2.3.2　浇铸轧制法

浇铸轧制法是用复层材作芯材，在其周围铸进母材，利用金属在液态时亲和力较大的特点，使两层金属产生冶金结合，并具有一定的连接强度，随后进行轧制生产复合板的方法，也称为铸造法。该法可以简化板坯复合工艺，但存在因熔点差而制约母材和复层材复合，及因表面氧化而造成结合强度下降等问题。这种复合方法较难精确控制复合比，工艺较落后，生产中已很少采用。国内一般不用此法，仅日本有的复合钢板标准中列有此种方法。

其工作原理与过程如图 2-5 所示。

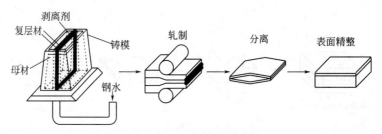

图 2-5　浇铸轧制流程图

2.3.3　爆炸复合法

爆炸复合法是两种金属以一定限度以上的高速冲撞时，利用冲撞面上发生的熔融状态和金属喷射使金属结合的方法。复合板在炸药爆炸力的推动下撞击基层板，接触面产生高温高压，致使撞击表面金属局部熔化，并成锯齿状相互钩在一起，形成较高的连接强度。这种方法对于在钢中溶解度很低的复合层金属如钛、锆等也适用，因此实际上各种复层金属均可采用。爆炸复合不需重大装备，成本低，连接强度高，复合比好控制，基层可比较厚，因而应用越来越广。爆炸复合后，复层不光洁平整，应进行校平和表面精整。现在有时在爆炸后再进行轧制，爆炸面积可以减小，轧制可起到平整作用。爆炸复合要有远离建筑物与人口密集区的场地，因而大城市不具备爆炸复合的条件。爆炸复合板的起爆点区和边缘地区的复合质量往往偏低，应用时要注意尽量避开。应当说明，容器衬里有时采用的爆炸贴紧工艺，是与爆炸复合完全不同的。与轧制法不同，爆炸法可控制结合面的脆化层形成，因此，选择复层材的自由度大，在难结合材和板厚复合钢板的生产中，爆炸法较好，但存在需要进一步研究的药物利用问题以及制造长尺寸钢板等问题。

爆炸复合生产过程如图 2-6 所示，其特点为：①在冷料瞬间压接的结合面上看不到相互扩散和熔融层；②母材为钢，基材可以是不锈钢、铝、铜、镍、钛、锆和钽以及它们的合金等许多金属；③多层压接容易；④界面为波纹状，结合强度高；⑤可进行多品种小批量生产，可以生产板、棒和管等复合材。另一方面，①在板设置中，由于设备及生产方面的尺寸限制，故产品尺寸也受到限制；②复合层厚度不均匀，尺寸精度差；③不适合大批量生产；④爆炸声、振动和炸药的处置存在问题，应根据目的和用途进行选择。

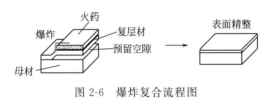

图 2-6　爆炸复合流程图

2.3.4　扩散焊接法

双金属层通过高温加热，结合面通过原子扩散取得一定的连接强度。这种方法国内很少用，只有日本复合板标准中有此方法。

2.3.5　堆焊法

可以把堆焊看成制造复合板的一种特殊形式。复层金属与基层钢板有很好的熔焊性时才能采用此法，因而一般只有不锈钢和镍合金才用堆焊复合。堆焊不作为冶金厂的产品，而作为容器制造厂的一种制造工艺。我国复合板标准并不包括堆焊，只有日本复合板标准包含了堆焊。堆焊可以在成型件（如封头）上进行，一般分过渡层和耐蚀层，过渡层不能计入耐蚀复层中。在同一化学成分的复层金属中，堆焊层为铸造组织，难免有焊接缺陷，而其他复合方法的复层金属是轧制组织，因此堆焊复合层要比其他复合形式复合板的复层耐腐蚀性能稍差些，这已为许多产品应用实践所证实。对于同一个容器构件，既可采用带极堆焊的不锈钢复合钢板，也可以采用其他方法复合的不锈钢复合钢板，究竟采用哪一种更合适，要根据制造厂生产能力和用户的要求进行合理评估，确定合适的方案。堆焊的结构如图 2-7 所示。

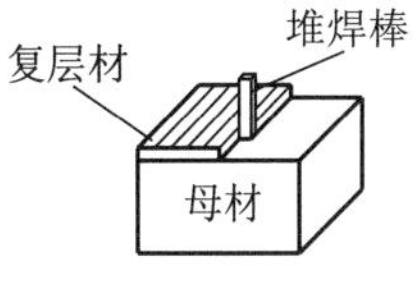

图 2-7　堆焊图

2.3.6　钎焊法

钎焊复合法是在基材与母材间插入一层低熔点金属，并对中间金属加热相互结合，以这种方法制造的复合钢板，利用一部分非铁金属作复合板。该法在铝及铝合金复合钢板上应用较多，其他钢板的复合成本偏高。

2.4 弹性力学分析

复合板的应力分析一直不受人们的重视，主要是复材较薄，一般不予计算，这样就与一般单层钢板的弹性力学一样，我国标准也没有要求。但是，实际上复层不但受力，而且受力比较复杂，这对压力容器疲劳和应力腐蚀分析还是十分重要的。为此，这里对复合钢板压力容器进行了应力计算。

2.4.1 弹性力学的基本概念和分析方法

（1）外力

作用于物体的外力可以分为体积力和表面力，两者也分别简称为体力和面力。

体力指分布在物体体积内的力，例如重力和惯性力。物体内各点受体力的情况一般是不相同的。用体力集度矢量表明该物体某一点所受体力的大小和方向，该矢量在坐标轴 x，y，z 上的投影记为 X、Y、Z，称为体力分量，以沿坐标轴正方向为正，沿坐标轴负方向为负，它们的量纲是 ［力］［长度］$^{-3}$。

面力指分布在物体表面上的力，例如流体压力和接触力。物体在其表面上各点受面力的情况一般也是不相同的。用面力集度矢量表明该物体在其表面上所受面力的大小和方向。该矢量在坐标轴 x，y，z 上的投影记为 $\bar{X}$、$\bar{Y}$、$\bar{Z}$，称为面力分量。同样以沿坐标轴正方向为正，沿负方向为负，它们的量纲是 ［力］［长度］$^{-2}$。

（2）应力

物体受了外力的作用，或由于温度有所变化，其内部将产生内力。为了研究物体在其某一点 P 处的内力，假想用经过 P 点的一个截面 mn 将该物体分为 A 和 B 两部分，而将 B 部分撇开，如图 2-8 所示。撇开的 B 部分将在截面 mn 上对留下的部分 A 作用一定的内力。取这一截面的一小部分，它包含 P 点，而它的面积为 ΔA。设作用于 ΔA 上的力为 ΔQ，则内力的平均集度，即平均应力 $\Delta Q/\Delta A$ 将趋于一定的极限 S，即：$\lim \dfrac{\Delta Q}{\Delta A}=S$。这个极限矢量 S 就是物体在截面 mn 上的 P 点的应力。

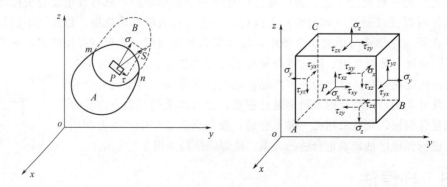

图 2-8 物体的微体应力分量图

对于应力，除了在推导某些公式的过程中以外，通常都不会使用它沿坐标轴方向的分量，因为这些分量和物体的形变或材料强度没有直接的关系。与物体的形变及材料强度直接相关的是应力在作用截面的法向和切向的分量，也就是正应力 σ 和剪应力 τ，如图 2-8 所示。应力及其分量的量纲也是 ［力］［长度］$^{-2}$。

显然，在物体内的同一点 P，不同截面上的应力是不同的。为了分析这一点的应力状态，即各个截面上应力的大小和方向，在这一点取出一个微小的平行六面体，它的棱边平行于坐标轴，而长度为 $PA = \mathrm{d}x$，$PB = \mathrm{d}y$，$PC = \mathrm{d}z$，如图 2-8 所示。将每一面上的力分解为一个正应力和两个剪应力，分别与三个坐标轴平行，正应力用 σ 表示。为了表明这个正应力的作用面和作用方向，加上一个坐标角码。例如，正应力 σ_x 是作用在垂直于 x 轴的面上，同时也沿着 x 轴的方向作用的。剪应力用 τ 表示，并加上两个坐标角码，前一个角码表明作用面垂直于哪个坐标轴，后一个角码表明作用方向沿着哪一个坐标轴。例如剪应力 τ_{xy} 是作用在垂直于 x 轴的面上而沿着 y 轴方向作用的。

如果某一个截面的外法线沿着坐标轴的正方向，这个截面就称为一个正面，而这个面上的应力分量就以沿坐标轴正方向为正，沿坐标轴负方向为负。相反，如果某一个截面上的外法线沿着坐标轴的负方向，这个截面就称为一个负面，而这个面上的应力分量就以沿坐标轴负方向为正，沿坐标轴正方向为负，图 2-8 上所示的应力分量全部都是正的。注意，虽然上述正负号规定，对于正应力来说，结果和材料力学中的规定相同（拉应力为正而压应力为负），但是对于剪应力来说，结果却和材料力学中的规定不完全相同，按照这里的符号规则，剪应力互等定理表达为

$$\tau_{yz} = \tau_{zy}, \ \tau_{zx} = \tau_{xz}, \ \tau_{xy} = \tau_{yx}$$

在物体的任意一点，如果已知 σ_x、σ_y、σ_z、τ_{yz}、τ_{zx}、τ_{xy} 这六个应力分量，就可以求得经过该点的任意截面上的正应力和剪应力。因此，上述六个应力分量可以完全确定该点的应力状态。

（3）形变

所谓形变，就是物体形状的改变。物体的形状总可以用它各部分的长度和角度来表示，因此，物体的形变总可以归结为长度的改变和角度的改变。

为了分析物体在其某一点 P 的形变状态，在这一点沿着坐标轴 x，y，z 的正方向取三个微小的线段 PA、PB、PC，如图 2-9 所示。物体变形以后，这个线段的长度以及他们之间的直角一般都将有所改变。各线段的每单位长度的伸缩，即单位伸缩或相对伸缩，称为正应变。各线段之间的直角变化，用弧度表示，称为剪应变。正应变用字母 ε 表示：ε_x 表示 x 方向的线段 PA 的正应变，其余类推。正应变以伸长时为正，缩短时为负，与正应力的正负号规定相适应。剪应变用字母 γ 表示：γ_{yz} 表示 y 与 z 两方向的线段（即 PB 与 PC）之间的直角变

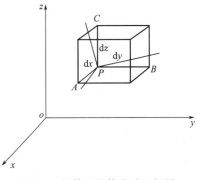

图 2-9　物体的微体位移坐标图

化，其余类推。剪应变以直角变小时为正，变大时为负，与剪应力的正负号规定相适应。正应变和剪应变都是无量纲的量。

在物体的任意一点，如果已知 ε_x、ε_y、ε_z、γ_{yz}、γ_{zx}、γ_{xy} 这六个分量，就可以求得经过该点的任意一线段的正应变，也可以求得经过该点的任意两个线段之间的角度的改变。因此，这六个应变分量，可以完全确定该点的形变状态。

（4）位移

将物体内的任意一点的位移用它在 x、y、z 坐标轴上的投影 u、v、w 来表示，称为该点的位移分量。以沿坐标轴正方向的为正，沿坐标轴的负方向的为负。

一般而论，弹性体内的任意一点处的外力、应力、应变和位移是随着该点位置的变化而变化的，因而都是位置坐标的函数。

弹性力学所研究的绝大多数问题都属于静不定问题，亦即只有静力平衡方程是解不出应力的。因此，必须综合应用平衡（应力、外力之间的关系）、几何（应变、位移之间的关系）和物理（应力、应变之间的关系）三个方面的方程才能得出问题的解。

2.4.2　弹性力学的基本方程与求解

严格地说，弹性力学问题都是空间问题，即弹性体占有三维空间，在外界因素作用下产生的应力、应变与位移也是三维的，而且一般都是三个坐标的函数。弹性力学分析问题从静力学条件、几何条件与物理学条件三方面考虑，分别得到平衡微分方程、几何方程与物理方程，统称为弹性力学的基本方程。

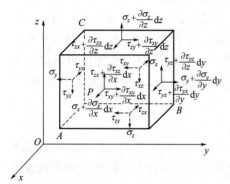

图 2-10　微体应力图

（1）平衡微分方程

在物体内的任意一点 P，割取一个微小的平行六面体，它的六面垂直于坐标轴，而棱边的长度为 $PA = \mathrm{d}x$，$PB = \mathrm{d}y$，$PC = \mathrm{d}z$，受力如图 2-10 所示。

三个力矩平衡方程只是再次证明了剪应力互等关系，由三个投影的平衡方程则不难得到以下空间问题的三个平衡微分方程

$$
\begin{cases}
\dfrac{\partial \sigma_x}{\partial x} + \dfrac{\partial \tau_{xy}}{\partial y} + \dfrac{\partial \tau_{zx}}{\partial z} + X = 0 \\[2mm]
\dfrac{\partial \sigma_y}{\partial y} + \dfrac{\partial \tau_{zy}}{\partial z} + \dfrac{\partial \tau_{xy}}{\partial y} + Y = 0 \\[2mm]
\dfrac{\partial \sigma_z}{\partial z} + \dfrac{\partial \tau_{xz}}{\partial x} + \dfrac{\partial \tau_{yz}}{\partial y} + Z = 0
\end{cases}
\tag{2-1}
$$

（2）几何方程

经过弹性体内任意一点 P，沿坐标轴方向取微分长度 $\mathrm{d}x$、$\mathrm{d}y$、$\mathrm{d}z$，分析应变与位移之间的关系。由应变的定义可知应分别沿三个坐标面方向分析，如沿 xy 坐标面，记 $PA = \mathrm{d}x$ 和 $PB = \mathrm{d}y$（图 2-11）。假定弹性体受力以后，P、A、B 三点分别移动到 P'、A'、B'，其中 P、A、B 三点的位移标注如图 2-11 所示。不计高阶微量，线段 PA 的正应变为

$$
\varepsilon_x = \frac{\left(u + \dfrac{\partial u}{\partial x}\right) - u}{\mathrm{d}x} = \frac{\partial u}{\partial x}
\tag{2-2a}
$$

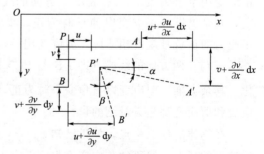

图 2-11　微体平面应力投影

同样，线段 PB 的正应变为

$$\varepsilon_y = \frac{\partial v}{\partial y} \tag{2-2b}$$

再求线段 PA 与 PB 之间的直角改变 γ_{xy}。由图 2-11 可见，这个剪应变是由两部分组成的：一部分是由 y 方向的位移 v 引起的，即 x 方向的线段 PA 的转角 α；另一部分是由 x 方向的位移 u 引起的，即 y 方向的线段 PB 的转角 β。由于是小变形，故

$$\alpha = \frac{\left(v + \frac{\partial v}{\partial x}\mathrm{d}x\right) - v}{\mathrm{d}x} = \frac{\partial v}{\partial x}$$

$$\beta = \frac{\partial u}{\partial y}$$

则

$$\gamma_{xy} = \alpha + \beta = \frac{\partial v}{\partial x} + \frac{\partial u}{\partial y} \tag{2-2c}$$

式（2-2a）、式（2-2b）、式（2-2c）三式即平面问题中的几何方程

$$\begin{cases} \varepsilon_x = \dfrac{\partial u}{\partial x} \\[2mm] \varepsilon_y = \dfrac{\partial v}{\partial y} \\[2mm] \gamma_{xy} = \dfrac{\partial v}{\partial x} + \dfrac{\partial u}{\partial y} \end{cases} \tag{2-3}$$

因此，空间问题在直角坐标中的几何方程为

$$\begin{cases} \varepsilon_x = \dfrac{\partial u}{\partial x}, \varepsilon_y = \dfrac{\partial v}{\partial y}, \varepsilon_z = \dfrac{\partial w}{\partial z} \\[2mm] \gamma_{yz} = \dfrac{\partial w}{\partial y} + \dfrac{\partial v}{\partial z}, \gamma_{zx} = \dfrac{\partial u}{\partial z} + \dfrac{\partial w}{\partial x}, \gamma_{xy} = \dfrac{\partial v}{\partial x} + \dfrac{\partial u}{\partial y} \end{cases} \tag{2-4}$$

（3）物理方程

物理方程是应力分量与应变之间的关系，对于完全弹性的各向同性体，它们由广义胡克定律描述为

$$\begin{cases} \varepsilon_x = \dfrac{1}{E}[\sigma_x - \mu(\sigma_y + \sigma_z)] \\[2mm] \varepsilon_y = \dfrac{1}{E}[\sigma_y - \mu(\sigma_z + \sigma_x)] \\[2mm] \varepsilon_z = \dfrac{1}{E}[\sigma_z - \mu(\sigma_x + \sigma_y)] \\[2mm] \gamma_{yz} = \dfrac{2(1+\mu)}{E}\tau_{yz} \\[2mm] \gamma_{zx} = \dfrac{2(1+\mu)}{E}\tau_{zx} \\[2mm] \gamma_{xy} = \dfrac{2(1+\mu)}{E}\tau_{xy} \end{cases} \tag{2-5}$$

按位移求解时需要的是物理方程的另一种表达形式

$$\begin{cases} \sigma_x = \dfrac{E}{1+\mu}\left(\dfrac{\mu}{1-2\mu}e + \varepsilon_x\right) \\[2mm] \sigma_y = \dfrac{E}{1+\mu}\left(\dfrac{\mu}{1-2\mu}e + \varepsilon_y\right) \\[2mm] \sigma_z = \dfrac{E}{1+\mu}\left(\dfrac{\mu}{1-2\mu}e + \varepsilon_z\right) \\[2mm] \tau_{yz} = \dfrac{E}{2(1+\mu)}\gamma_{yz} \\[2mm] \tau_{zx} = \dfrac{E}{2(1+\mu)}\gamma_{zx} \\[2mm] \tau_{xy} = \dfrac{E}{2(1+\mu)}\gamma_{xy} \end{cases} \tag{2-6}$$

式中，$e = \varepsilon_x + \varepsilon_y + \varepsilon_z$，称为体积应变。

2.4.3 弹性力学空间轴对称问题

2.4.3.1 空间轴对称问题的基本方程及位移解法

（1）空间轴对称问题的基本方程

在空间问题中，如果物体的几何形状、约束情况以及所受的外力都对称于某一轴，即过这个轴的任意平面都是对称面，则物体内的所有应力分量、应变分量和位移分量也都对称于这一轴，这类问题就称为空间轴对称问题。

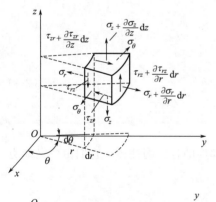

对于空间轴对称问题，采用柱坐标（r，θ，z）要比直角坐标（x，y，z）方便得多，这是因为如果以对称轴为 z 轴，则所有应力分量、应变分量和位移分量都将只是坐标 r 和 z 的函数，而与坐标 θ 无关。压力容器中的极大部分属于空间轴对称问题。

① 平衡方程。用相距 $\mathrm{d}r$ 的两个圆柱面、互成 $\mathrm{d}\theta$ 角的两个铅直面及相距 $\mathrm{d}z$ 的两个水平面从弹性体截取一微元体，如图 2-12 所示。沿 r 方向的正应力称为径向应力，用 σ_r 表示；沿 θ 方向的正应力称为周向应力，用 σ_θ 表示；沿 z 方向的正应力称为轴向应力，用 σ_z 表示；剪应力用 $\tau_{r\theta}$、$\tau_{\theta z}$、τ_{zr} 表示。由于轴对称，$\tau_{r\theta} = \tau_{\theta z} = 0$，体力只有沿 r 和 z 方向的分量 K_r 和 K_z。各应力分量的正负号规定和直角坐标中的一样，即在负面上的应力分量以沿坐标轴负方向为正，沿坐标轴正方向为负。如图 2-12 所示的各应力分量都是正的。

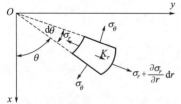

图 2-12 柱坐标中微体受力图

将微元体所受的各力投影到中心径向轴上，并注意到 $\sin\dfrac{\mathrm{d}\theta}{2} \approx \dfrac{\mathrm{d}\theta}{2}$ 及 $\cos\dfrac{\mathrm{d}\theta}{2} \approx 1$，得

$$\left(\sigma_r + \frac{\partial \sigma_r}{\partial r}\mathrm{d}r\right)(r+\mathrm{d}r)\mathrm{d}\theta\mathrm{d}z - \sigma_r r\mathrm{d}\theta\mathrm{d}z - 2\sigma_\theta \mathrm{d}r\mathrm{d}z\,\frac{\mathrm{d}\theta}{2} + \left(\tau_{zr} + \frac{\partial \tau_{zr}}{\partial z}\mathrm{d}z\right)r\mathrm{d}\theta\mathrm{d}z -$$

$$\tau_{zr}r\mathrm{d}\theta\mathrm{d}r + K_r r\mathrm{d}\theta\mathrm{d}r\mathrm{d}z = 0$$

化简并略去高阶微量，得

$$\frac{\partial \sigma_r}{\partial r} + \frac{\partial \tau_{zr}}{\partial z} + \frac{\sigma_r - \sigma_\theta}{r} + K_r = 0 \tag{2-7}$$

再将各力投影到 z 轴上，得

$$\left(\sigma_z + \frac{\partial \sigma_z}{\partial z}\right)r\,\mathrm{d}\theta\,\mathrm{d}r - \sigma_z r\,\mathrm{d}\theta\,\mathrm{d}r + \left(\tau_{rz} + \frac{\partial \tau_{rz}}{\partial r}\,\mathrm{d}r\right)(r+\mathrm{d}r)\,\mathrm{d}\theta\,\mathrm{d}z - \tau_{rz} r\,\mathrm{d}\theta\,\mathrm{d}z + K_z r\,\mathrm{d}\theta\,\mathrm{d}r\,\mathrm{d}z = 0$$

化简并略去高阶微量，得

$$\frac{\partial \sigma_z}{\partial z} + \frac{\partial \tau_{rz}}{\partial r} + \frac{\tau_{rz}}{r} + K_z = 0 \tag{2-8}$$

于是空间轴对称平衡方程为

$$\begin{cases} \dfrac{\partial \sigma_r}{\partial r} + \dfrac{\partial \tau_{zr}}{\partial z} + \dfrac{\sigma_r - \sigma_\theta}{r} + K_r = 0 \\[3mm] \dfrac{\partial \sigma_z}{\partial z} + \dfrac{\partial \tau_{rz}}{\partial r} + \dfrac{\tau_{rz}}{r} + K_z = 0 \end{cases} \tag{2-9}$$

② 几何方程。由于轴对称，应变只有沿三个坐标方向上的正应变 ε_r、ε_θ、ε_z 和 rz 平面内的剪应变 γ_{zr}，位移只有 r 和 z 方向的分量 u 和 w。

在 rz 平面内，与平面问题类同，沿 r 和 z 方向取微小长度 $PA = \mathrm{d}r$，$PC = \mathrm{d}z$，如图 2-13 所示。变形后，P、A、C 分别移至 P'、A'、C'，设 P 点的位移为 u 和 w，则 A 点的位移为 $u + \dfrac{\partial u}{\partial r}\mathrm{d}r$ 和 $w + \dfrac{\partial w}{\partial r}\mathrm{d}r$，$C$ 点的位移为 $u + \dfrac{\partial u}{\partial z}\mathrm{d}z$ 和 $w + \dfrac{\partial w}{\partial z}\mathrm{d}z$。

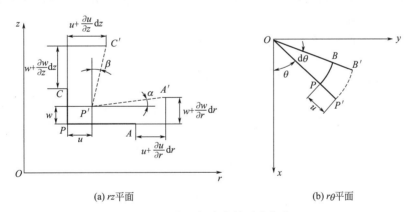

(a) rz 平面　　　　　(b) $r\theta$ 平面

图 2-13　柱坐标中的轴对称位移

由于线段 PA 和 PC 变形后的转角 α、β 都很小，所以线段 PA 和 PC 正应变分别为

$$\varepsilon_r = \frac{P'A' - PA}{PA} \approx \frac{\left(u + \dfrac{\partial u}{\partial r}\mathrm{d}r\right) - u}{\mathrm{d}r} = \frac{\partial u}{\partial r} \tag{2-10}$$

$$\varepsilon_z = \frac{P'C' - PC}{PC} \approx \frac{\left(w + \dfrac{\partial w}{\partial z}\mathrm{d}z\right) - w}{\mathrm{d}z} = \frac{\partial w}{\partial z} \tag{2-11}$$

PA 和 PC 之间的直角变化，即剪应变 γ_{rz} 为

$$\gamma_{rz} = \alpha + \beta = \frac{\partial w}{\partial r} + \frac{\partial u}{\partial z} \tag{2-12}$$

在 $r\theta$ 平面内，沿 θ 方向取微小弧长 $PB=r\mathrm{d}\theta$，如图 2-13 所示，变形后，P、B 分别移到 P'、B'，且位移分量均为 u。由此可得弧 PB 正应变为

$$\varepsilon_\theta=\frac{P'B'-PB}{PB}\approx\frac{(r+u)\mathrm{d}\theta-r\mathrm{d}\theta}{r\mathrm{d}\theta}=\frac{u}{r} \tag{2-13}$$

于是空间轴对称问题的几何方程为

$$\varepsilon_r=\frac{\partial u}{\partial r},\ \varepsilon_\theta=\frac{u}{r},\ \varepsilon_z=\frac{\partial w}{\partial z},\ \gamma_{rz}=\frac{\partial w}{\partial r}+\frac{\partial u}{\partial z} \tag{2-14}$$

③ 物理方程。由式（2-5），可以得出空间轴对称问题的物理方程为

$$\begin{cases}\varepsilon_r=\dfrac{1}{E}[\sigma_r-\mu(\sigma_\theta+\sigma_z)]\\[2mm]\varepsilon_\theta=\dfrac{1}{E}[\sigma_\theta-\mu(\sigma_z+\sigma_r)]\\[2mm]\varepsilon_z=\dfrac{1}{E}[\sigma_z-\mu(\sigma_r+\sigma_\theta)]\\[2mm]\gamma_{rz}=\dfrac{2(1+\mu)}{E}\tau_{rz}\end{cases} \tag{2-15}$$

综上可见，空间轴对称问题共有 10 个基本方程：2 个平衡方程，4 个几何方程和 4 个物理方程。这 10 个基本方程恰好含有 10 个未知数：4 个应力分量，4 个应变分量和 2 个位移分量，基本方程的数目和未知数的数目相等，所以是能够求解的。

（2）空间轴对称问题的位移解

取位移分量为基本未知函数，从 10 个基本方程中，消去应力分量和应变分量，得出包含位移分量的微分方程。

首先，由物理方程式（2-15）解出应力，得

$$\begin{cases}\sigma_r=\dfrac{E}{1+u}\left(\dfrac{\mu}{1-2\mu}e+\varepsilon_r\right)\\[2mm]\sigma_\theta=\dfrac{E}{1+u}\left(\dfrac{\mu}{1-2\mu}e+\varepsilon_\theta\right)\\[2mm]\sigma_z=\dfrac{E}{1+u}\left(\dfrac{\mu}{1-2\mu}e+\varepsilon_z\right)\\[2mm]\tau_{rz}=\dfrac{E}{2(1+\mu)}\gamma_{rz}\end{cases} \tag{2-16}$$

式中，$e=\varepsilon_r+\varepsilon_\theta+\varepsilon_z$。

将几何方程式（2-14）代入式（2-16），得出用位移分量表示的物理方程

$$\begin{cases}\sigma_r=\dfrac{E}{1+\mu}\left(\dfrac{\mu}{1-2\mu}e+\dfrac{\partial u}{\partial r}\right)\\[2mm]\sigma_\theta=\dfrac{E}{1+\mu}\left(\dfrac{\mu}{1-2\mu}e+\dfrac{u}{r}\right)\\[2mm]\sigma_z=\dfrac{E}{1+\mu}\left(\dfrac{\mu}{1-2\mu}e+\dfrac{\partial w}{\partial z}\right)\\[2mm]\tau_{rz}=\dfrac{E}{2(1+\mu)}\left(\dfrac{\partial w}{\partial r}+\dfrac{\partial u}{\partial z}\right)\end{cases} \tag{2-17}$$

式中，$e=\dfrac{\partial u}{\partial r}+\dfrac{u}{r}+\dfrac{\partial w}{\partial z}$。

再将式（2-17）代入平衡方程式（2-9），并采用记号 $\nabla^2 = \dfrac{\partial^2}{\partial r^2} + \dfrac{1}{r}\dfrac{\partial}{\partial r} + \dfrac{\partial^2}{\partial z^2}$，即得按位移求解的基本微分方程

$$\begin{cases} \dfrac{E}{2(1+\mu)}\left(\nabla^2 u - \dfrac{u}{r^2} + \dfrac{1}{1-2\mu}\dfrac{\partial e}{\partial r}\right) + K_r = 0 \\[4mm] \dfrac{E}{2(1+\mu)}\left(\nabla^2 w + \dfrac{1}{1-2\mu}\dfrac{\partial e}{\partial z}\right) + K_z = 0 \end{cases} \tag{2-18}$$

这样，只要从式（2-18）解出位移分量 u、w，然后由式（2-17）求得应力分量 σ_r、σ_θ、σ_z 和 τ_{zr}，再利用边界条件即可得出问题的定解。

2.4.3.2 受内外压作用的单层厚壁圆筒

内外半径分别为 R_i 和 R_o 的单层厚壁圆筒，受均匀内外压 p_i 和 p_o 作用，如图 2-14 所示。由于几何形状、外加载荷及约束情况都对称于筒体曲线。所以是空间轴对称问题。

现用位移法求解。由于外力不沿筒体轴向变化，所以，所有垂直于轴线的截面（除靠近端部外）的变形相同，且变形后仍保持为平面，因此，径向位移 u 只决定于 r，轴向位移 w 只决定于 z，从而 $\gamma_{rz}=0$，$\tau_{rz}=0$，于是

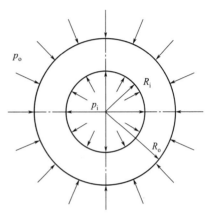

图 2-14 受均匀内外压作用的
厚壁圆筒横截面

$$\nabla^2 u = \frac{\mathrm{d}^2 u}{\mathrm{d}r^2} + \frac{1}{r}\frac{\mathrm{d}u}{\mathrm{d}r}, \quad \nabla^2 w = \frac{\mathrm{d}^2 w}{\mathrm{d}z^2}$$

$$\frac{\partial e}{\partial r} = \frac{\mathrm{d}^2 u}{\mathrm{d}r^2} + \frac{1}{r}\frac{\mathrm{d}u}{\mathrm{d}r} - \frac{u}{r^2}, \quad \frac{\partial e}{\partial z} = \frac{\mathrm{d}^2 w}{\mathrm{d}z^2}$$

将以上结果代入式（2-18），略去体力，并经化简得

$$\frac{\mathrm{d}^2 u}{\mathrm{d}r^2} + \frac{1}{r}\frac{\mathrm{d}u}{\mathrm{d}r} - \frac{u}{r^2} = 0 \tag{2-19}$$

$$\frac{\mathrm{d}^2 w}{\mathrm{d}z^2} = 0, \quad \varepsilon_z = \frac{\mathrm{d}w}{\mathrm{d}z} = 常数 \tag{2-20}$$

式（2-19）就是受均匀内外压作用的厚壁圆筒的基本微分方程，为欧拉型二阶线性齐次微分方程，可写成如下形式

$$\frac{\mathrm{d}}{\mathrm{d}r}\left[\frac{1}{r}\frac{\mathrm{d}}{\mathrm{d}r}(ru)\right] = 0 \tag{2-21}$$

将式（2-21）连续积分得

$$u = C_1 r + \frac{C_2}{r} \tag{2-22}$$

式中，C_1、C_2 是积分常数。

将式（2-20）、式（2-22）代入式（2-17）经整理则得

$$\begin{cases} \sigma_r = A - \dfrac{B}{r^2} \\[4mm] \sigma_\theta = A + \dfrac{B}{r^2} \end{cases} \tag{2-23}$$

$$\sigma_z = 2\mu A + E\varepsilon_z \tag{2-24}$$

$$A = \frac{E}{1+\mu}\frac{C_1+\mu\varepsilon_z}{1-2\mu}, \quad B = \frac{E}{1+\mu}C_2 \tag{2-25}$$

常数 A、B 可利用内外壁上的应力边界条件来确定。内外壁上的应力边界条件为

$$(\sigma_r)_{r=R_i} = -p_i, \quad (\sigma_r)_{r=R_o} = -p_o$$

将式（2-23）中的第一式代入上述边界条件，得

$$A - \frac{B}{R_i^2} = -p_i, \quad A - \frac{B}{R_o^2} = -p_o$$

联立解得

$$\begin{cases} A = \dfrac{R_i^2 p_i - R_o^2 p_o}{R_o - R_i} \\[3mm] B = \dfrac{R_i^2 R_o^2 (p_i - p_o)}{R_o^2 - R_i^2} \end{cases} \tag{2-26}$$

将式（2-26）代入式（2-23）得径向应力和轴向应力为

$$\begin{cases} \sigma_r = \dfrac{R_i^2 p_i - R_o^2 p_o}{R_o^2 - R_i^2} - \dfrac{R_i^2 R_o^2 (p_i - p_o)}{(R_o^2 - R_i^2)r^2} \\[3mm] \sigma_\theta = \dfrac{R_i^2 p_i - R_o^2 p_o}{R_o^2 - R_i^2} + \dfrac{R_i^2 R_o^2 (p_i - p_o)}{(R_o^2 - R_i^2)r^2} \end{cases} \tag{2-27}$$

此即著名的拉美（Lame）公式。

至于轴向应力 σ_z 可直接由端部边界条件求得。当筒端自由时，由于无轴向载荷，因而

$$\sigma_z = 0 \tag{2-28}$$

再由式（2-24），可得

$$\varepsilon_z = -\frac{2\mu}{E}A \tag{2-29}$$

将式（2-25）及式（2-29）代入式（2-25），可解得

$$C_1 = \frac{1-\mu}{E}\frac{R_i^2 p_i - R_o^2 p_o}{R_o^2 - R_i^2}, \quad C_1 = \frac{1+\mu}{E}\frac{R_i^2 R_o^2 U(p_i - p_o)}{R_o^2 - R_i^2}$$

再将求出的 C_1、C_2 代入式（2-22），得端部自由时的径向位移表达式为

$$u = \frac{1-\mu}{E}\frac{R_i^2 p_i - R_o^2 p_o}{R_o^2 - R_i^2}r + \frac{1+\mu}{E}\frac{R_i^2 R_o^2 (p_i - p_o)}{R_o^2 - R_i^2}\frac{1}{r} \tag{2-30}$$

当筒端封闭时，根据轴向力的平衡关系可得轴向力为

$$\sigma_z = \frac{R_i^2 p_i - R_o^2 p_o}{R_o^2 - R_i^2} \tag{2-31}$$

同理可得相应的径向位移表达式为

$$u = \frac{1-2\mu}{E}\frac{R_i^2 p_i - R_o^2 p_o}{R_o^2 - R_i^2}r + \frac{1+\mu}{E}\frac{R_i^2 R_o^2 (p_i - p_o)}{R_o^2 - R_i^2}\frac{1}{r} \tag{2-32}$$

如令 $K = R_o/R_i$（即筒体的外内径比），则筒端封闭时的三向应力由式（2-27）和式（2-31）可简写成

$$\begin{cases} \sigma_r = \dfrac{1}{K^2-1}\left[p_i\left(1-\dfrac{R_o^2}{r^2}\right)-K^2 p_o\left(1-\dfrac{R_i^2}{r^2}\right)\right] \\[3mm] \sigma_\theta = \dfrac{1}{K^2-1}\left[p_i\left(1+\dfrac{R_o^2}{r^2}\right)-K^2 p_o\left(1+\dfrac{R_i^2}{r^2}\right)\right] \\[3mm] \sigma_z = \dfrac{1}{K^2-1}(p_i-K^2 p_o) \end{cases} \tag{2-33}$$

当只受内压作用时（$p_o=0$），即为第 1 章讲到的高压容器的三向应力公式［式 (1-3)］

$$\begin{cases} \sigma_r = \dfrac{p_i}{K^2-1}\left(1-\dfrac{R_o^2}{r^2}\right) \\[3mm] \sigma_\theta = \dfrac{p_i}{K^2-1}\left(1+\dfrac{R_o^2}{r^2}\right) \\[3mm] \sigma_z = \dfrac{p_i}{K^2-1} \end{cases} \tag{2-34}$$

2.4.4　复合板圆筒的弹性力学问题

复合钢板制成的压力容器由两层构成，外面一层是比较厚的承力层，称为基层；里面一层是比较薄的耐腐蚀层，称为复层。由于复层的径向和周向变形被基层紧紧约束，所以在计算处理时可以把复层也当作板厚的一部分。

对于合格的复合钢板产品，假设两层钢板之间是紧密得没有缝隙地粘贴在一起，并且两层钢板之间没有预应力。

设基层钢板的泊松比为 μ_1，弹性模量为 E_1，内外半径分别为 R_c 和 R_o；设复层钢板的泊松比为 μ_2，弹性模量为 E_2，内外半径分别为 R_i 和 R_c。当在内压 p_i 的作用下时，将在容器的径向产生位移，根据变形协调条件，在界面 R_c 处复层的径向位移和基层的要相等。假设在界面 R_c 处，复层受到基层的挤压力为 p_f，根据作用力与反作用力，基层受到复层的挤压力亦为 p_f。则复层相当于是在内压 p_i 和外压 p_f 的共同作用下，它在 R_c 处产生的位移，由式 (2-32) 得

$$u_2 = \frac{1-2\mu_2}{E_2}\frac{R_i^2 p_i - R_c^2 p_f}{R_c^2 - R_i^2}R_c + \frac{1+\mu_2}{E_2}\frac{R_i^2 R_c^2 (p_i - p_f)}{R_c^2 - R_i^2}\frac{1}{R_c} \tag{2-35}$$

基层相当于在内压 p_f 的作用下，它在内壁 R_c 的位移，也可由式 (3-32) 得

$$u_1 = \frac{1-2\mu_1}{E_1}\frac{R_c^2 p_f}{R_o^2 - R_c^2}R_c + \frac{1+\mu_1}{E_1}\frac{R_o^2 R_c^2 p_f}{R_o^2 - R_c^2}\frac{1}{R_c} \tag{2-36}$$

根据上述变形协调条件有，$u_2 = u_1$，将式 (2-35)、式 (2-36) 代入可以解得

$$p_1 = \frac{m_2\dfrac{1}{k_2^2-1}R_c + n_2\dfrac{R_c^2 R_i^2}{R_c^2 - R_i^2}\dfrac{1}{R_c}}{m_2\dfrac{k_2^2}{k_2^2-1}R_c + n_2\dfrac{R_c^2 R_i^2}{R_c^2 - R_i^2}\dfrac{1}{R_c} + m_1\dfrac{1}{k_1^2-1}R_c + n_1\dfrac{R_c^2 R_o^2}{R_o^2 - R_c^2}\dfrac{1}{R_c}}p_i \tag{2-37}$$

式中，$k_1 = R_o/R_c$，$k_2 = R_c/R_i$；$m_1 = \dfrac{1-2\mu_1}{E_1}$，$m_2 = \dfrac{1-2\mu_2}{E_2}$；$n_1 = \dfrac{1+\mu_1}{E_1}$，$n_2 = \dfrac{1+\mu_2}{E_2}$。

由于变形小，变形后的尺寸，即复层的内外半径和基层的内外半径均不变。则复合钢板

压力容器复层的应力可由拉美（Lame）公式［式（2-27）］得到

$$
\begin{cases}
\sigma_r = \dfrac{R_i^2 p_i - R_c^2 p_f}{R_c^2 - R_i^2} - \dfrac{R_i^2 R_c^2 (p_i - p_f)}{(R_c^2 - R_i^2) r^2} \\[4mm]
\sigma_\theta = \dfrac{R_i^2 p_i - R_c^2 p_f}{R_c^2 - R_i^2} + \dfrac{R_i^2 R_c^2 (p_i - p_f)}{(R_c^2 - R_i^2) r^2}
\end{cases}
\tag{2-38}
$$

基层是在内压 p_f 的作用下，即只受内压作用，它的应力可以由式（2-34）得

$$
\begin{cases}
\sigma_r = \dfrac{p_f}{K_1^2 - 1}\left(1 - \dfrac{R_c^2}{r^2}\right) \\[4mm]
\sigma_\theta = \dfrac{p_f}{K_1^2 - 1}\left(1 + \dfrac{R_c^2}{r^2}\right)
\end{cases}
\tag{2-39}
$$

式中，$k_1 = R_o / R_c$。

<h2 style="text-align:center">参考文献</h2>

[1]　徐芝纶.弹性力学.北京：高等教育出版社，2016.

[2]　景梦阳，张正棠.复合钢板压力容器的制造方法.机械制造，2019，59（1）：48-51.

[3]　庄晓东，徐远超，尹梦琦，等.浅析复合材料压力容器.化学工程与装备，2018，5：269-271.

[4]　陈钟宋.Q345R/S31603复合钢板的焊接工艺.焊接技术，2020，49：95-97.

[5]　王学生，惠虎.压力容器.上海：华东理工大学出版社，2018.

第3章
复合钢板压力容器设计、制造与检验

钢复合材料压力容器常见的有钢带（扁平或者型槽）缠绕式压力容器、钢丝环向缠绕压力容器、复合钢板压力容器、绕板式压力容器、多层包扎式压力容器，本章主要以复合钢板压力容器的设计、制造与检验为例。与普通钢制压力容器相比，由于存在复合层，复合钢板压力容器的焊接、成型与检验均有不同。

3.1 复合钢板压力容器的设计

设计压力容器必须要有相应的设计依据，复合钢板压力容器设计也是如此。在各国压力容器规范中对复合钢板构件进行强度计算时有两种方式：一种是不计算复层材料的强度，只计算基层材料的强度；另一种是按复合钢板的总厚度进行强度计算。我国 GB/T 150 中没有规定设计中计入还是不计入复层的强度，但是对于扁平绕带式容器和多层包扎、套合容器却有规定，按照壁厚比得到相应的许用应力。大部分复合钢板的设计例子都不计入复层的强度，只把复层单纯视为起耐蚀作用，这样的强度计算偏安全。

3.1.1 复合钢板压力容器设计标准

（1）中国 GB/T 150 标准

国家标准 GB/T 150.2《压力容器 第 2 部分：材料》在 4.3 条中对复合钢板的使用提出了明确的要求，可参考该标准执行。与之前版本相比，复合层范围也从不锈钢扩大到镍、铜、钛等其他材料。

（2）美国 ASME 规范

美国 ASME《锅炉及压力容器规范》第Ⅷ卷第一分册《压力容器》中的 UCL 篇《耐腐蚀整体复合钢板、堆焊复合钢板或衬里层材料制造的压力容器的要求》中有如下具体规定：

① UCL-11（a）中规定作为结构钢使用的复合钢板，当其设计计算包括复层的总厚度时，所用复合钢板应是如下标准之一：SA-263《耐蚀铬钢复合钢板、带钢技术条件》，SA-264《耐蚀铬镍钢复合钢板、带钢技术条件》；SA-265《镍和镍基合金复合钢板技术条件》。

② UCL-11（b）中规定作为结构钢使用的复合钢板，当其设计计算是基于基层材料时，所用的基层材料可以是 ASME 规范所允许使用的任何材料，复层材料可以是满足使用要求并具有良好可焊性的任何材料。

③ UCL-11（c）中规定作为结构钢使用的复合钢板，当其设计计算是基于包括复层的总厚度时，所用的 SA-263 或 SA-264 或 SA-265 材料应进行基层与复层结合强度的剪切试验，其最小抗剪强度为 140MPa。

④ UCL-11（d）中规定由堆焊方法制成的复合钢板，不需要进行基层与复层的结合强度试验。

⑤ UCL-11（e）中规定当复层厚度的任何部分用作腐蚀裕量时，在制造厂进行拉伸试验前应把这些附加厚度除去。

⑥ UCL-23 中规定当按复合钢板的总厚度进行强度计算时，复合钢板的计算总厚度按下式确定

$$\delta = \delta_1 + \frac{[\sigma_2]}{[\sigma_1]} \delta_2$$

式中　δ_1——基层钢板的名义厚度，mm；

　　　δ_2——复层钢板的名义厚度，不计入腐蚀裕量，mm；

　　$[\sigma_1]$——基层许用应力，MPa；

　　$[\sigma_2]$——复层许用应力，MPa。

⑦ UCL-24 中规定当根据基层材料厚度进行设计计算时，容器的最高使用金属温度为基层材料所允许使用的温度；当根据复合钢板的总厚度进行设计计算时，容器的最高使用金属温度应取基层材料或复层材料中的较小者。

（3）日本 JIS B8243 标准

日本标准 JIS B8243《压力容器结构》对该标准范围内的复合钢板作了如下规定：

① 在 2.3.4 条中规定设计温度下复合钢板许用抗拉应力也是按式（3-2）计算，但是，对于有可能受到腐蚀的压力容器复合钢板，应适当地增加腐蚀裕量，腐蚀裕量的厚度不列入计算公式中。

② JIS B8243 在 3.4 条中规定在复合板上开设信号孔时，孔的深度到复层为止。

③ JIS B8243 在 12.8.1 条中规定对于将复层材料计入强度计算部分的焊接接头，必须进行全部射线检验。

可见各国对复层材料是否计入计算厚度没有强制性规定，一般情况下，可根据实际情况确定，如果复层厚度超过 2mm，腐蚀速度一般，则可以计入计算厚度；否则就不计入计算厚度。

3.1.2　设计公式

（1）圆筒设计

设计温度下复合钢板压力容器的壁厚设计公式按式（3-1）计算，公式的适用范围为 $p_c \leqslant 0.4[\sigma]^t \phi$。

$$\delta = \frac{p_c D_i}{2[\sigma]^t \phi - p_c} \tag{3-1}$$

式中　δ——圆筒或者球壳的计算厚度，mm；

　　p_c——计算压力，MPa；

　　D_i——圆筒内直径，mm；

　　ϕ——焊缝系数；

$[\sigma]^t$——设计温度下复合钢板的许用应力，MPa，按式（3-2）计算。

$$[\sigma]^t = \frac{\delta_1[\sigma]_1^t + \delta_2[\sigma]_2^t}{\delta_1 + \delta_2} \qquad (3-2)$$

式中　$[\sigma]_1^t$——基材抗拉强度下限标准值；

　　　$[\sigma]_2^t$——复材抗拉强度下限标准值；

　　　δ_1——基层厚度；

　　　δ_2——复层厚度。

设计厚度 $\delta_d = \delta + C$，C 为厚度附加量，包括钢材厚度负偏差 C_1 和腐蚀裕量 C_2。δ_d 经过圆整后即可得到名义厚度 δ_n，找到最相近的所需材料。

设计温度下圆筒的计算应力按下式计算

$$\sigma^t = \frac{p_c(D_i + \delta_e)}{2\delta_e} \qquad (3-3)$$

σ^t 值应小于或等于 $[\sigma]^t\phi$。

设计温度下圆筒的最大允许工作压力按下式计算

$$p_w = \frac{2\delta_e[\sigma]^t\phi}{(D_i + \delta_e)} \qquad (3-4)$$

（2）其他容器设计

其他复合钢结构压力容器的设计、外压容器设计均可按 GB/T 150 的有关标准计算，这里不再详细展开。

3.2　复合钢板压力容器的制造

复合钢板压力容器的制造主要有选材、复验、制造加工成型、焊接、检验、热处理等环节组成，质量保证也必须从这几方面着手。

3.2.1　材料选择

压力容器设计选用复合钢板时要考虑复层材料的牌号和热处理状态、复层的厚度、贴合质量的级别等技术问题，也要综合考虑容器制造、检验技术以及经济性。复层材料的牌号选择主要根据容器耐腐蚀的要求与经济性，这和单层容器选用耐腐蚀材料的考虑原则基本一致。由于复层厚度较薄，标准中所推荐的材料牌号，也要考虑尽量与该容器中所用单层耐蚀材料牌号一致。许多复合钢板标准中对热处理状态没有很具体的规定，应当由设计人员根据具体情况提出对交货热处理状态的技术要求，以使复合钢板达到较佳的耐蚀性能和力学性能，保证该容器满足最重要的技术要求。涉及具体指标上，主要考虑以下几方面。

（1）许用设计温度

复合钢板的最高许用设计温度是压力容器用复合钢板的重要参数。GB/T 150 规定基层和复层材料均须符合 GB/T 150.2 中的材料要求，故复合钢板许用设计温度也须按基层、复层材料的许用设计温度；当两者不一致时应以供货时提供的数据为设计依据。

ASME 中对复合钢板容器（实际上只包括不锈钢复合钢板和镍合金复合板）规定，当只按基层厚度进行强度计算时，最高设计温度上限按基层材料选；当按复合板总厚度进行强度计算时，最高设计温度上限按基层与复层中较低者选。复层为含铬量超过 14% 的铬不锈钢时，复合钢板的最高设计温度上限不应超过 425℃。复合钢板的最高设计温度上限取决于下列因素：

① 复层与基层材料各自本身的最高设计温度上限；

② 复层与基层的结合面的结合状态和结合性能不致在高温下恶化；

③ 容器温差变化所引起的热应力不会使结合面的结合状态和结合性能恶化。

复合钢板的最高许用设计温度并不一定比复层与基层中的较低值低，有时还会高些。如对单层纯钛板许多规范都规定可用到 300℃（GB/T 150 规定用到 230℃），而对钛-钢复合板则规定可用到 350℃。这是由于纯钛板在高温下强度下降较多，且有蠕变，钛-钢复合板在高温下由于基层钢的作用，总的强度下降不多，也不会有明显蠕变。

（2）订货技术要求

① 化学成分。复合钢板的化学成分分别按照基层和复层材料化学成分的要求检验。一般不检验结合面的化学成分。

② 强度。复合钢板的强度 σ_s 和 σ_b（或 $\sigma_{p0.2}$）一般应不低于相应国家标准规定的要求：我国不锈钢复合钢板标准规定复合钢板的 σ_s 和 σ_b（或 $\sigma_{p0.2}$）应不低于基材的下限标准值。

③ 伸长率。复合板的伸长率按一般的复合板标准规定应不低于基材与复材各自伸长率下限标准值中的较低值。我国不锈钢复合钢板标准则规定不低于基材的下限标准值。德国标准规定，当复材伸长率低于基材时，应去除基材后再作拉伸试验，复材伸长率 $\delta' \geqslant 12\%$。

④ 弯曲试验。复合钢板应通过内外 180°弯曲试验。对于弯曲内直径 d 的规定，一般内弯（复层在内侧）时按基层材料弯曲规定，外弯（复层在外侧）时按复材弯曲规定。我国不锈钢复合钢板标准规定，当板总厚 $\delta \leqslant 25mm$ 时，试样宽度 $b = 2\delta$；当 $\delta > 25mm$ 时，试样宽度 $b = 2\delta$。我国钛复合钢板标准规定，内外弯曲时，弯曲内直径除分别按基材和复材的弯曲规定外，还同时要求：当内弯时，$b \geqslant 2\delta$；当外弯时，$b = 3\delta$。日本复合板标准规定，内外弯曲时，弯曲内直径除分别按基材与复材的弯曲规定外，还同时要求 $b \geqslant 2\delta$。

⑤ 贴合质量。贴合质量是复合钢板重要的质量要求。复合钢板标准中对贴合质量规定的项目有：贴合面的抗剪强度、贴合面的分离强度、不贴合面积占每张复合钢板总面积或每平方米面积的比例、单个不贴合区的最大长度、单个贴合区的最大面积（与个数）等。应该说，我国复合钢板贴合质量的技术要求和国外复合钢板标准是相当的，我国标准中某些等级的复合钢板贴合质量的技术指标比国外标准的技术指标还要高些，如我国有 0 级，其他国家就没有。

⑥ 耐腐蚀性能。复合钢板复层材料的耐蚀性能检验在复合钢板订货中一般都作为附加技术条件，如不锈钢、镍合金等复层的晶间腐蚀敏感性检验等。检验的必要性、试验方法和合格指标一般和复层板材相同。应当考虑到，由于复合钢板的热处理方式对于发挥复层材料的耐腐蚀性能常常并不是最理想的，有时复层材料的耐蚀性能比同种材料的单层板材稍差。

⑦ 其他。复合钢板标准中还有一些技术和质量要求，如尺寸精度、表面质量、表面处理、复层与基层复合前允许不允许拼焊及返修等，都必须进行说明。此外还可根据特殊需要提出附加要求。

（3）交货状态

复合钢板复合后，为了获得尽量好的力学性能和耐蚀性能，一般应当以热处理状态交货，热处理规范的确定要考虑下述因素：

① 基层材料具有良好的力学性能；

② 复层材料具有良好的耐蚀性能和力学性能；

③ 热处理不会使结合质量下降，要符合 GB/T 150 钢板标准的质量要求；

④ 尽量消除复合过程（爆炸、叠轧等）产生的复合钢板中的残余应力；

⑤ 热处理不致引起复合钢板的过分变形，增加校平难度，也不致引起表面的过分污染，增加表面处理的困难。

复层、基层和结合面分别有自身的最佳热处理规范，这些热处理规范并不一致，而整个复合板又只能用同一种规范进行热处理，造成了热处理上的矛盾。例如复层奥氏体不锈钢或镍合金一般要求冷固溶处理才能获得最好的耐蚀性，但这种热处理会使基层钢淬硬。退火与回火可使基层钢软化，但这种热处理又会使复层不锈钢或镍合金软化，产生晶间腐蚀敏感性。所以，多数标准中把热处理作为必备条件，有的作为协议条件，有的规定很不具体，只规定应热处理，具体的热处理规范并没有规定。一般复合钢板的热处理应在订货时根据具体使用要求协商制定。由于规定的热处理规范并不能使复层和基层都获得最佳性能，所以要采用兼顾折中的热处理方式。

3.2.2 准备与制造

复合钢板压力容器较相同规格的不锈钢板压力容器价格便宜，在满足使用要求的情况下，用户常采用前者。但对于容器制造企业则情况有所不同。一方面复合钢板规格型号少，常需要外协复合加工，延长了制造周期；另一方面复合钢板压力容器的制造工艺较为严格，使加工难度和成本有所上升。本书简单介绍复合钢板压力容器的一些制造工艺及要求。

3.2.2.1 容器制造前准备

复合钢板压力容器制造前须对复合钢板进行抽查验收，即复验，主要对以下指标进行复验：

① 外观检验，目测不能有明显的缺陷。

② 化学成分检验，分别对基层和复层进行检验，一般是同炉、同批号抽检一张，抽验合格标准按 GB/T 8165 及相关标准确定。

③ 力学性能检验，包括强度、塑性、韧性等各项有关指标的检验，一般是同炉、同批号中，每五张抽验一张，超过五张时，抽验二张。

④ 结合强度检验，检查基层与复层间的贴合抗剪强度。

⑤ 层下贴合度超声波检查，以 100mm×100mm 的间距进行纵向和横向的 100% 超声波检查，检查基层与复层之间有无不贴合的地方，面积多大。

⑥ 晶间腐蚀检验，仅对复层进行检验。对不同的复合材料应按相应的标准规定进行复验，检测结果应符合相应标准的要求才可以进行下一步的制造。

3.2.2.2 容器制造

制造过程主要包括划线、下料、刨边、卷圆、焊接、热处理、筒节组装、封头组装、检验、喷漆、包装、出厂等工序，这与一般压力容器制造相同。在制造过程中的以下几个关键点需要严格控制质量。

（1）下料

复合钢板筒体卷圆后的筒体与封头二者直径应一致，一般可先加工好封头，再根据封头的实际中径来确定筒体的展开尺寸。对于均质板，按封头中径展开是完全可行的，不会出现筒体与封头环缝错边量超标问题。但对复合板，如果仍然按中径公式展开则会出现筒体直径大于封头直径的问题，致使环缝错边量大大超标，故卷圆前要准确计算下料长度。一般认为，板材在卷圆过程中受到弯曲作用，其中应力为零的那一层称为中性层，中性层周长不变。故按封头的中性层周长来确定筒体展开长度是合理的。另外，复合板筒体或封头的中性层所处的直径小于中径，筒体展开长度为

$$L = \pi(D_i + 2\delta_h) \tag{3-5}$$

$$\delta_h = \frac{\sigma_s^1(\delta + \delta_2) - \delta_2\sigma_s^2 + k_0\sigma_s^2\delta_2^2/(2R)}{k_0\sigma_s^2\delta_2/R + 2\sigma_s^1} \tag{3-6}$$

式中 D_i——封头实测内径，mm；

δ_h——封头中性层离内壁的距离，mm；

δ——复合板的总厚度，mm；

δ_2——复层厚度，mm；

R——中性层的曲率半径，mm；

k_0——复层强化系数，对 0Crl8Ni9 取 $k_0 = 360$；

σ_s^1、σ_s^2——基层或复层的屈服极限，MPa。

根据式（3-5）计算筒体展开长度精度比较高，这样可以保证卷圆后与封头的错边量不超标。

确定尺寸后划线，就可以下料。不锈钢复合钢板下料可以用机械切割、气割或等离子弧切割等方法，无论用哪种方法，首先必须保证复层材料在该工序中不会遭到破坏。一般厚度在 12mm 以下的复合钢板，用剪板机剪切，在剪切时，应将基层放在下面，不损伤复合材料。所有的复合钢板都可以用气割或等离子弧切割，但此时应将复层放在下面，这主要是防止放在上面的复层材料因气割或等离子弧切割时可能发生的偏吹、偏烧而遭到破坏。

（2）卷圆

下料完成后即可进行卷圆，复合钢板弯曲、卷圆或深拉加工应采用冷态加工。当不得采用热加工时，必须注意如下几点：

① 加热前应除去油污和附着物；

② 燃料含硫低；加热火焰或固体燃料不得直接接触复层，且温度要分布均匀；

③ 加热气氛应保持弱氧化性，不得采用还原性；

④ 根据不同的复层材料控制加热温度范围，加工之后最好空冷。

卷圆时要严格控制错边量，一般错边量不能大于复层金属厚度的一半，否则就会出现复层金属与基层金属短接的现象，起不到耐腐蚀的效果。

（3）焊接

卷圆以后进入焊接工序，焊接是制造复合钢板压力容器的一道相当重要的工序，焊接质量的好坏，直接影响压力容器的质量。用复合钢板制造压力容器时，尤其应控制其焊接质量。为了保证复合钢板不失去原有的综合性能，基层与复层应分别进行焊接。各层焊接时工艺上无特殊要求，基层焊接工艺与同种钢相同，复层的焊接工艺与相应的不锈钢相似。但是，在基层与复层交界处的焊接是属于异种金属焊接，应予以重视。

不锈钢复合钢板焊接时，为了保证复合钢板保持原有的综合性能，复层与基层必须分别进行焊接，其焊接材料、焊接参数等的选择应根据复层和基层的材料决定。对于基层与复层交界处的焊接，因属于异种钢的焊接，其焊接性能主要取决于基层与复层的物理性能、化学成分、接头形式、填充金属成分等。为了使基层与复层交界处焊缝不脆化并能在复层与基层

之间起"隔离"作用，一般采取在复层与基层之间加焊过渡层的办法来解决。因此，除了复层与基层的焊接外，又出现了过渡层的焊接问题。焊接过渡层时，为了减少基层对过渡层焊缝的稀释作用，可采用小电流，降低熔合比，选用铬、镍当量高的奥氏体焊接材料。对厚度小于25mm的不锈钢复合钢板，可先用纯铁焊条焊一层过渡层，然后用碳钢焊条焊接基层。在不锈钢复合钢板的焊接中，要严格防止在不锈钢复层上采用碳钢或低合金钢焊条焊接，只容许采用不锈钢焊条在碳钢基层上焊接。具体焊接工艺可参考有关制造标准。

（4）组装

卷圆后完成纵向焊接后的筒节需要校圆，要在最后组装前进行矫正，尽量用压力或压辊进行，此时注意不得损坏复层材料。达到规定要求以后加工焊接坡口，再与其他筒节或者封头进行对接组装，组装时进行环焊缝的对接焊接。对接焊缝装配时的错边量，比单层钢板的要求更严，许多产品要求其错边量小于或等于1mm，主要是为了保证复层材料的连贯性。

（5）其他

① 在检验、运输及各种制造作业过程中，都要防止复层表面划伤、污染。不得用划针等锐器划线，不得用墨汁、油漆标记等，必要时应设置保护层。

② 尽可能减少热加工及热处理的工序及加热时间，以免降低复合处的连接强度，防止复层与基层分离以及防止降低复层的耐腐蚀性。卷板、校圆、冲压、弯曲等最好在冷态下进行，应尽量减少进炉加热及焊后热处理的次数、时间等。必须采用热卷时最好用电炉加热，加热时间为2mm/min，且不超过15min。如果采用火焰加热，则火焰及固体燃料不得与复层接触，以防渗碳。应避免在敏化温度范围（550～850℃）加工，以防产生晶间腐蚀。由于复合钢板两种金属的热胀系数不一样，热处理过程中残余应力有可能增大，所以一般不作消除应力处理。

③ 除按图样规定对复合钢板焊缝进行射线检测或超声波检测外，对所有的复层焊缝也应作渗透检测，以检验焊缝表面有无裂纹。

④ 带不锈钢衬里碳钢接管的端面应有（4±1）mm的堆焊层，不锈钢接管也应伸入容器内壁（4±1）mm。

⑤ 设备制造完毕，有防腐要求的复层表面应进行酸洗钝化处理。

3.3 复合钢板压力容器的附件

复合钢板压力容器的附件主要指封头、接管和法兰，因为这些部件与介质直接接触，也存在与筒体的连接问题，而且加工难度大，所以这里也单独进行介绍。其他还有很多附件如支座、吊耳、夹套等，这些与普通压力容器的制造完全相同，可参看有关文献，故这里不再介绍。

3.3.1 封头成型

复合钢板封头成型尽量采用冷成型为宜。冷成型时，原则上按基层所允许的变形程度进行。也可以采用热成型，但应注意如下几项：①尽可能缩短加热时间，加热次数不超过2次。②加热前应除净复层表面油污及其他附着物。③加热炉燃料中含硫量要低，不得超过0.5%。④加热时不应使加热火焰或固体燃料直接与复层接触，并均匀加热。⑤炉内不得采用还原性气氛，要保持中性或微氧化性。一般地说，封头冷、热成型后都须热处理，即：热成型后，复层不锈钢应进行固溶处理，热处理温度为 $950\sim1150℃$；冷成型后，基层碳素钢或低合金钢应进行消除应变时效处理，热处理温度为 $880\sim910℃$。若制造单位能确保冷成型后的材料性能符合设计、使用要求，可不受此限。封头成型，可采用冲压，也可采用旋压，具体取决于生产批量和封头直径的大小。大批量冲压经济，大直径旋压合理。

（1）热压成型

压力容器不锈钢复合钢板封头压制分为冷压和热压。因设备条件的限制，对于基层厚度较大的不锈钢复合钢板封头的压制，一般采用热压成型。复合钢板封头热压成型，目前国内尚无成熟的经验，其关键在于加热温度很难掌握，既要保证基层的力学性能，又要保证复层的耐腐蚀能力。基层的加热温度必须使其处于原始正火状态，而且加热过程中又要防止复层产生敏化现象，因为敏化后的材料易于产生晶间腐蚀。冲压封头的加热温度既要高于复合层的敏化温度（$538\sim800℃$），又不能过高地超过基层的正火温度（$900\sim950℃$）。鉴于此，将冲压复合钢板封头的始压温度定在 $920\sim950℃$，并严格控制终压温度，使之脱胎时不低于 $800℃$。为了防止复合层产生敏化，应严格控制冲压过程中处于敏化温度的时间。

（2）冷压成型

冷压成型工艺与一般压力容器的封头成型工艺一样，这里不详细介绍，可参考有关文献。

（3）检验

① 复合钢板封头材料。除一般力学性能试验外，应增加复层晶间腐蚀试验、贴合抗剪强度试验（按 GB/T 6396 做），还应做 100%超声波探伤检查。

② 封头检验。对封头在压制过程中焊接接头是否产生超标缺陷应进行检验，拼接焊缝除做 100%射线探伤检查外，复层焊缝应做 100%表面渗透探伤；应检查钢板贴合质量和实测封头厚度，及其形状偏差。对于大直径厚封头，拼接焊缝冲压特别是旋压后易形成裂纹，因此，封头拼接焊缝的探伤检查，必须以成型后的检查结果为准。同时，为了确认复层材料在加热过程中有无产生晶间腐蚀倾向，应在封头直边余料处沿板材轧制方向取出 2 个规格为 $100mm\times25mm$ 的复层作为试样毛坯，按 GB/T 4334 进行试验。

3.3.2 接管

复合钢板接管的焊接坡口可按 NB/T 47015《压力容器焊接规程》加工，其他焊接工艺与复合钢板对接接头焊接工艺相同。

3.3.3 法兰

复合钢板的法兰焊接主要是法兰面与筒体的焊接，焊缝属于角焊缝，坡口形式和焊接工艺与接管焊接相同。对于堆焊法兰来说，堆焊层厚度应该大于法兰面加工尺寸与耐腐蚀必需的厚度之和；对于复合钢板加工而成的法兰面，复层厚度同样应该大于法兰面加工尺寸与耐腐蚀必需的厚度之和。

3.4 复合钢板压力容器的检验

复合钢板压力容器的检验，与其他钢材压力容器的检验程序、项目和内容大致相同，相同部分在此不赘述。所不同的主要为两个方面：一是重点检验复合层与基层结合部位的焊接缺陷，主要是夹渣和热裂纹；二是复合层的表面缺陷检验。

不锈钢复合钢板焊缝焊接无损检测的程序、评定标准，国内现有相关制造规范要求不一，但归纳起来有两种：

① 基层、过渡层和复层焊缝全部焊接完后，按图纸设计要求分别进行射线检测和复层表面渗透检测，评定结果符合相应要求。

② 在满足焊接接头处基层的厚度不小于设计计算值，和复层为非空气淬硬的不锈钢材料等条件时，可在基层焊缝焊接完后，按图纸设计要求进行射线检测，合格后再焊过渡层和复层，复层焊缝表面做渗透检测。ASME《锅炉及压力容器规范》第Ⅷ卷第一册《压力容器》相关规定也是这个原则。

在实际制造过程中，大多数不锈钢复合钢板压力容器按第二种程序进行焊接和无损检测。如果全部焊完进行射线检测，则对返修不利，而且过渡层焊接接头的组织和性能非常不均匀，返修中极易产生裂纹。避免过渡层焊接返修是制造单位选择工艺中考虑的关键问题之一。按第二种程序进行焊接和无损检测，可使复层、过渡层和基层严格区分，便于提高焊接质量，因而是制造单位的首选工艺。因此，实际上不锈钢复合钢板压力容器的基层焊缝的无损检测及评定与过渡层、复层焊缝的无损检测及评定往往是有所区别的，基层的无损检测及评定同常规容器，过渡层和复层的无损检测目的仅仅是发现是否有裂纹，无裂纹则合格，对气孔、夹渣、未熔合等其他缺陷均无要求。

参考文献

[1] 班慧勇，梅镳潇，石永久.不锈钢复合钢材钢结构研究进展.工程力学，2021，38：1-23.

[2] 中国机械工程学会焊接分会.焊接手册.北京：机械工业出版社，1992.

[3] TSG 21—2016.固定式压力容器安全技术监察规程.

[4] ASME boiler and pressure vessel code.

[5] GB/T 150.压力容器.

[6] 景梦阳，张正棠.复合钢板压力容器的制造方法，2021，59（1）：48-51.

[7] 罗日萍，黄泽，张志光.压力容器用复合钢板的使用及技术分析.石化技术.2015，22（03）：79.

[8] 侯法臣，赵路遇，彭初廉，等.热处理温度对 254SMO/16MnR 爆炸复合板组织和性能的影响.钢铁，1995，30（12）：39.

[9] 刘恩彪.复合钢板压力容器制造工艺应用研究.化工设计通讯，2018，44（04）：169-170.

[10] 李焰锋，刘杰.特厚不锈钢复合板压力容器制造技术.大型铸锻件，2018（04）：49-51.

[11] 殷建军，赵海敏，安丽君，等.GB 6396—1995《复合钢板力学及工艺性能试验方法》简介.理化检验（物理分册），2000（6）：276.

[12] 刘娟，丁大伟，于鸿飞.复合钢板压力容器的制造.化工装备技术，2016，37（02）：58-60.

[13] 朱国辉.应用范围宽阔的重大钢制压力容器工程装备：多功能复合壳创新技术回顾与展望.压力容器，2015，32（06）：1-12.

[14] Kasano H，Hasegawa O，Miyasaka C. Recent advances in nondestructive evaluation techniques for material science and industries. Pressure Vessels and Piping Division，2004，484.

[15] 陈盛秒.钛钢复合板设备设计制造技术探讨.石油化工设备技术，2014，35（06）：50-55.

第4章
典型应用实例

　　钢复合结构压力容器是压力容器的一种新结构，其技术已经比较完整，已经被广泛应用。钢复合结构压力容器的出现，大大丰富了压力容器结构的内容，其结构和制造工艺也超出现有 GB/T 150 压力容器标准的范围。然而这些产品却很好地解决了很多技术难题，很有必要进行理论和标准的研究。这些压力容器目前有些已经纳入规范，有些正在制定规范，有些才刚刚起步。本章以扁平钢带倾角错绕式压力容器作为实例。

4.1　钢带缠绕钢复合结构压力容器

4.1.1　基本结构

（1）筒体结构

　　扁平钢带倾角错绕式压力容器（简称扁平绕带压力容器）是指在较薄的单层或多层组合内筒外面倾角错绕多层扁平钢带（层数一般为偶数），钢带两端分别与端部法兰和底部封头焊接所组成的压力容器，如图 4-1 所示。它由薄内筒、端部法兰、底部封头、钢带层、外保护薄壳和密封装置及接管等组成。薄内筒一般为钢板卷焊而成的单层结构，其厚度为筒体总厚度的 1/6～1/4。在某些特殊场合，如介质腐蚀性很强，可采用耐腐蚀钢板，也可采用多层组合薄内筒。端部法兰通常为锻件，亦可用多层组合法兰。底部封头为锻制平盖、锻制紧缩口封头或半球形封头。在距离与内筒相连接的焊接接头 20mm 处，端部法兰、底部封头上都有 35°～45°的斜面，供各层钢带的始末两端与其相焊接，这样设计有利于分散焊缝。钢带是宽为 80～120mm、厚为 4～8mm 的热轧扁平钢带，以相对于容器环向 15°～30°倾角逐层交错进行多层多根预应力缠绕，每层钢带始末两端斜边用通常的焊接方法与端部法兰和底部封头上的斜面相焊接。外保护薄壳为厚 3～6mm 的优质薄板，以包扎方法焊接在钢带层外部，以防雨水侵蚀钢带，也可装设一种简单可靠的在线安全状态监控保护装置。密封装置也可

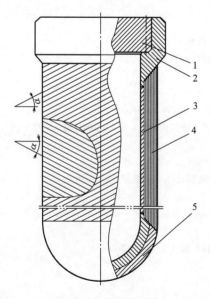

图 4-1　扁平钢带缠绕钢复合结构压力容器图
1—封头；2—法兰；3—内壳；
4—绕带层；5—半球形封头

采用现有各种高压密封装置。

（2）检漏孔结构

介质具有强腐蚀性的特殊用途压力容器，如尿素合成塔、石油加氢反应器和煤液化反应器等，需要有耐腐蚀层和检漏系统，以保护耐腐蚀性较差的承压壳体用钢，防止恶性爆炸事故。扁平钢带倾角错绕式压力容器可采用单层耐腐蚀金属内层或者组合薄内筒，就可方便地达到防腐检漏的目的。

组合薄内筒的第一层由耐腐蚀不锈钢优质薄板（厚6～8mm）直接卷焊，经严格的焊缝质量检查合格后，按层板包扎技术要求，先包扎带检漏沟槽厚约6mm的盲层，再包扎2～4层（厚12～24mm，视容器总壁厚大小而定）的强度层。强度层可用16MnR、15MnVR、16MnRC和$2\frac{1}{4}$Cr-1Mo钢板等。与检漏孔相通的检漏沟槽横截面为半径3mm的半圆形。薄内筒筒节包扎完成后对2～4层包扎层打出ϕ8mm层板透气孔（亦可在包扎前打好），并按图4-2所示的检漏孔设计要求进行打孔、垫入检漏桥块、填焊及做检漏试验等，然后将筒节与筒节、筒节与端部法兰和底部封头组焊在一起，即成为带检漏报警系统的组合薄内筒。将组合薄内筒安装于绕带机床上，便可实现钢带的倾角错绕。

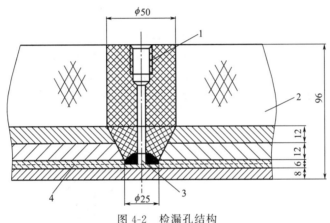

图4-2　检漏孔结构

1—检漏孔；2—缠绕钢带层；3—垫块；4—检漏沟槽

（3）绕带筒节连接结构

在绕带机床长度受到限制的情况下，为满足生产需要可采用下列绕带筒节连接结构。

① 单层短接筒厚环焊缝连接。结构尺寸如图4-3所示，短接筒一般为锻件。

② 绕层厚环焊缝堆焊连接。绕带筒用内夹法在绕带机床上于内筒外面完成绕带后，加上焊接保护板（厚6～10mm），然后用氧乙炔焰割去工艺余头，加工环焊缝坡口并进行表面堆焊，最后焊接环焊缝并进行无损检测。其结构见图4-4。

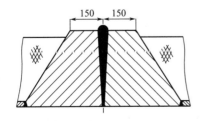

图4-3　单层短接筒厚环焊缝连接结构

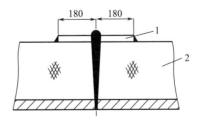

图4-4　绕层厚环焊缝堆焊连接结构

1—保护层；2—绕层

③ 多层板错开环焊缝连接。绕带筒节用内夹法或外支承法在绕带机床上于已包扎焊接多层板法兰的内筒外面完成绕带后，即可将二绕带筒节组装起来，由内至外用与多层法兰每层厚度相应的弧形板，通过卡紧螺栓逐层将其两边与多层法兰焊成一体。由于多层板法兰和弧形板均不宽，其制作与贴紧不难，焊接质量易于保证，且可在完成每层的焊接连接后进行无损检测。这种连接结构在工厂条件和使用现场均适用，特别适用于大型扁平钢带倾角错绕式压力容器，其结构尺寸如图 4-5 所示。但是扁平绕带容器的优势在于整体缠绕整个容器，短圆筒用厚环焊缝加长除非万不得已，一般不推荐采用。

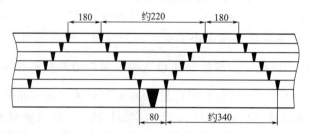

图 4-5　多层板错开环焊缝连接结构

（4）端部法兰

端部法兰结构如图 4-6 所示。斜角 γ 的值取 $35°\sim45°$，其目的是采用斜面焊缝，提高焊接接头的可靠性，而又不致使斜面过长。施焊长度 l 不小于 150mm。由于钢带缠绕时，内筒受背压作用，直径要缩小，第一层钢带间必须留有 1mm 以上的间隙，而间隙太大又会影响内筒的强度，故宜将间隙 Δ 控制在 $1\sim3$mm。厚度 S 应不小于筒体壁厚加 10mm，以便为钢带层外加保护薄壳留出位置。对于特殊要求的高压容器，可以在斜面处堆焊性能良好的材料，或在端部 A 处增设钢带加强层。

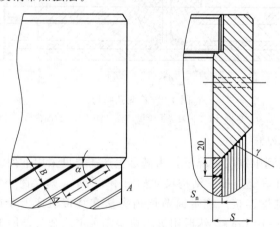

图 4-6　端部法兰结构图

（5）底部封头

底部封头有平封头、紧缩口封头和半球形封头等三种，如图 4-7 所示。

在一般情况下，特别是小直径的高压容器采用平封头。但平封头比较笨重，费材料，如用在大直径高压容器上，更显得笨重，且加工困难。因此，目前趋向于尽量采用半球形封头。

如图 4-7（c）所示的与筒体等厚度的半球形封头仅适用于容器较小、壁厚不大的场合。在容器较大、筒壁较厚时，宜采用图 4-8 所示的与筒体不等厚度的半球形封头。制造实践表明，若用图 4-8 所示的结构代替图 4-7（a）所示的平封头，一台 ϕ800mm、设计压力 32MPa 的高压容器就可减少 3t 以上的材料。

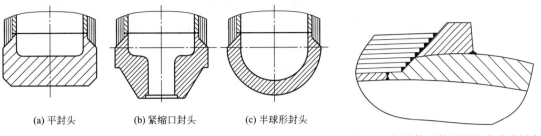

<table>
<tr><td>(a) 平封头</td><td>(b) 紧缩口封头</td><td>(c) 半球形封头</td></tr>
</table>

图 4-7　底部封头结构　　　　　　　　　图 4-8　与筒体不等厚度的半球形封头

4.1.2　失效方式

扁平钢带倾角错绕式筒体可能发生的失效方式有：薄内筒环向或轴向破坏、钢带断裂、端部斜面焊接接头破坏及薄内筒和钢带层同时破坏等。

（1）工作压力下内筒的失效方式

在工作压力下，扁平钢带倾角错绕式筒体的失效方式为"只漏不爆"，不会发生整体脆性破坏。这是由扁平缠带压力容器的结构特点决定的：

① 内筒应力水平低。在钢带缠绕预应力作用下，内筒沿周向、轴向同时收缩。收缩引起的压缩预应力可以部分甚至全部抵消工作压力引起的拉伸应力，使内筒处于低应力水平。

② 内筒与钢带材料性能优良。在材料化学成分和轧制状态相同的条件下，薄钢板、窄薄钢带的断裂韧性高于厚钢板，裂纹、分层等缺陷存在的可能性少，且尺寸小。

③ 钢带层摩擦阻力有"止裂"作用。当筒体承受内压时，若内筒上的裂纹开始扩展，位于裂纹上方的钢带层会在裂纹附近产生一附加背压和阻止裂纹张开的摩擦力，抑制裂纹扩展。显然，裂纹张开的和外鼓的趋势越大，钢带层的约束作用越明显，这种约束阻力也越大。

④ 泄漏的介质不能剪断钢带层。内筒裂穿时，由于裂口不可能很大，泄漏的介质不足以剪断钢带层，只能通过钢带间隙形成的曲折通道，逐渐向外泄漏到外保护壳内。

（2）工作压力下钢带层的失效方式

在工作压力下，钢带层有三种可能的失效方式：最外层钢带断裂，钢带层内某根钢带断裂，钢带层中钢带全部断裂。

① 最外层钢带断裂。由于钢带层数多，即使最外层钢带全部断裂，对筒体强度的影响也不大，仍能承受工作压力，只是强度储备有所减小。且钢带断裂后能松脱而"报警"，一旦发现异常尚有时间采取应急措施。

如某化肥厂一台内径 $\phi450$mm、内筒厚 14mm、外绕四层 80×4mm^2 规格扁平钢带的氨合成塔，使用中发现筒体上部一处保温层严重破裂，打开检查，发现 8 根钢带因腐蚀而在远离端部焊接接头处断裂。由于及时发现异常，避免了一起重大事故。

② 钢带层内某根钢带断裂。若内部某根钢带断裂，钢带层间的摩擦力会阻止钢带在断口处的相对位移，使断掉的钢带只是在短距离内失去作用，且不会危及其余钢带，不会影响容器的整体强度。

③ 钢带层中钢带全部断裂。这是钢带失效最危险的方式。例如，广西某化肥厂一台内径 $\phi505$mm、内筒厚 18mm、工作压力 19.6MPa、内筒外面以约为 22°的倾角绕四层 80×4mm^2 规格扁平钢带的氨合成塔，因停电被迫停车，在合成系统超常规保温保压待命过程中（保压压力 17.64MPa、保温温度 495℃），发生了外部四层钢带全部断裂的事故，钢带断裂

时塔内仍有 8.82MPa 压力。事后查明，该塔钢带是在循环应力及腐蚀性环境共同作用下产生的腐蚀疲劳断裂。循环应力主要是由频繁的停电卸压和日常操作中较大的压力波动引起的。腐蚀的主要原因是该塔无防雨防潮设施和塔周围存在因生产排放或阀门泄漏所造成的多种成分的腐蚀性气氛。稍加分析可知，如果该塔按 1985 年《钢制石油化工压力容器设计规定》设计，取内筒厚度为 8mm，则有可能引起恶性爆炸事故。然而，只要采取以下措施，是可以避免钢带全部断裂的。

a. 若外保护壳上不接在线安全状态监控装置，则外保护壳对接处用间断焊，并钻一定数量的泄放孔。

b. 健全防雨措施，严禁将扁平钢带倾角错绕式压力容器置于受雨水侵蚀处，以防顶盖及外保护壳发生腐蚀。

c. 防止腐蚀性物质掺入保温层，并使保温层的各个部位始终处于干燥状态。

d. 突然断电且在半小时内难以恢复供电时，应将保压压力降至原设计压力的 70％ 以下，以防由于壁温升高，材料强度降低，内外壁热应力增大而酿成事故。

e. 外保护壳上装接在线安全状态监控装置。

f. 按劳动部颁发的有关检验规程，如《在用压力容器检验规程》《在用压力容器检验和缺陷处理参考意见》等，结合扁平钢带倾角错绕式压力容器的特点，进行定期检验。

（3）端部斜面焊接接头的安全性

端部斜面焊接接头的受力面积大，焊接质量易于保证。即使内筒和端部法兰或底部封头相连的环向焊接接头断裂，也不会引起端部斜面焊接接头断裂而导致两端抛飞。其依据为：

① 带人工裂纹的斜面焊接接头疲劳试验研究表明，开在斜面焊接接头试样单层侧热影响区且平行于斜面的人工裂纹，在外载作用下，会改变扩展方向，沿单层侧厚度方向扩展；开在斜面焊接接头近多层侧的人工裂纹，在外载作用下，最后一层一层破坏，而不会发生快速脆性破坏。

② 由于端部法兰和底部封头的加强作用，内筒与封头和法兰连接处的应力水平要比内筒中部低，其环向应力之比约为 80％，轴向应力之比约为 67％。

③ 一台内径 $\phi1000$mm 的试验绕带容器，由于把 18MnMoNb 底盖误作 20MnMo 锻件，因而与内筒连接的焊接接头质量不好，打压至约 49MPa 时，内筒在该焊接接头处开裂而卸压，补焊后再打压到 68.5MPa 时又严重开裂而卸压，但斜面焊接接头依然完好无损。经检查，内筒在环向焊接接头处几乎已整圈断裂。提高预热温度进行补焊后，容器在 90.2MPa 下发生环向破坏。

（4）静压爆破失效方式

扁平钢带倾角错绕式压力容器的静压爆破失效方式，取决于内筒材料的塑性变形能力和钢带层间的贴合质量。

内筒塑性变形能力差或钢带层间间隙太大，就可能发生内筒裂穿但钢带不发生断裂的失效，这已为多次被以灰铸铁为内筒的模拟容器及缠绕钢带模拟容器爆破试验所证实。

内筒塑性变形能力好且钢带贴合质量好，在爆破压力下可能发生内筒和钢带层同时断裂失效。钢带断口与其长度方向成一倾角，且爆破从外壁面开始，向内逐层裂开，这与一般厚壁容器的爆破情况相同。因为容器屈服是从内层到外层，至全屈服后其外壁应力比内壁大。显然，扁平钢带倾角错绕式压力容器跟其他类型的高压容器一样，也安装有压力表、温度计、安全阀、防爆膜等安全附件，一般可以避免因超压、超温及化学爆炸引起的超强度破坏。

4.1.3 在线安全状态监控

扁平钢带倾角错绕式压力容器可采用图 4-9 所示的在线安全状态监控装置。该装置由外保护薄壳、接管、压力表、压力传感器、安全阀、爆破片、电磁阀、微型抽气泵以及操作台等组成。

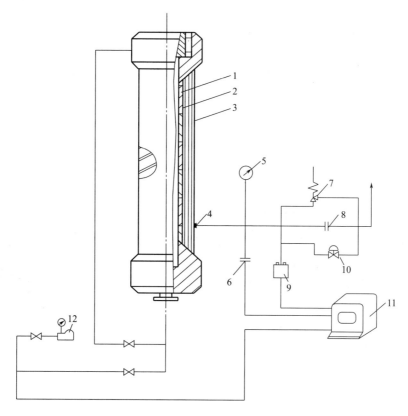

图 4-9 压力容器在线安全状态监控装置

1—内筒；2—钢带层；3—外保护薄壳；4—接管；5—压力表；6—压力传感器；
7—安全阀；8—爆破片；9—电磁阀；10—抽气泵；11—操作台；12—压气机

由于扁平绕带容器在工作压力下具有"只漏不爆"的特性，一旦发生泄漏，保护薄壳内将被容器内部的介质充满，并逐渐升压到一定程度。基于这一特性，借助于微型抽气泵，随时将外保护薄壳内的气体抽出，通过对气体成分变化情况的分析和温度、压力等参量的测定，就可预测内筒是否发生泄漏。同时可将容器内筒泄漏出来的介质收集起来，将易燃、易爆及有毒介质排放到预定地点，以避免二次爆炸和环境污染。接管 4 的直径仅为 60mm 便足以在低压下将从裂缝中泄漏出来的介质及时排放出去。低压电接点压力表 5 和低压压力传感器 6 均用于控制外保护薄壳内的压力，并向控制操作系统发送压力信号。当外保护薄壳内的压力达到某一定值时，安装在管道上的全启式安全阀 7 和电磁阀 9 便自动打开，爆破片 8 也可能破裂，泄漏出来的介质沿管道自动排到预定地点，同时还通过警铃或蜂鸣器发出警报。微型抽气泵 10 可把外保护薄壳内的气体定期抽出，或置换成新鲜干燥空气。这样既避免了因氢渗透及潮湿空气对容器的腐蚀，也可通过对外保护薄壳内气体成分变化情况的分析来获得容器内筒是否存在裂纹穿透扩展的早期预报信号。操作台 11 内装有报警显示装置和控制装置。压气机 12（或泵）必要时也可通过控制操作台发出信号，切断电源，按预定步骤停止生产。

4.2　钢带缠绕筒体的应力和强度

4.2.1　钢带受力分析模型

在没有考虑摩擦力作用的情况下，钢带受力情况如图 4-10 所示，钢带轴线方向的应力和筒体周向应力存在以下关系

$$\begin{cases} \sigma_\theta = \sigma_T \cos^2\alpha \\ \sigma_z = \sigma_T \sin^2\alpha \end{cases} \tag{4-1}$$

式中　σ_T——钢带长度方向的应力，MPa；
　　　　α——缠绕钢带相对于容器环向截面倾角，（°）。

4.2.2　内压引起的弹性应力计算

扁平绕带容器的力学计算模型有多种，可以参考有关文献，本文介绍一种基于承力面积修正的计算方法。

内筒的轴向应力 σ_{nz} 按式（4-2）计算

$$\sigma_{nz} = \frac{p_i}{(K_1^2 - 1) + (K^2 - K_1^2)(\sin^2\alpha + f\cos^2\alpha)} \tag{4-2}$$

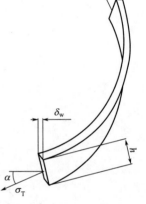

图 4-10　钢带微体受力图

式中　K——容器径比，$K = R_o/R_i$；
　　　　K_1——内筒径比，$K_1 = R_j/R_i$；
　　　　R_o——筒体外径，mm；
　　　　R_i——内筒内径，mm；
　　　　R_j——内筒外径，mm；
　　　　f——钢带之间的摩擦系数；
　　　　p_i——内压，MPa。

内筒的径向应力 σ_{nr} 和环向应力 $\sigma_{n\theta}$ 为

$$\begin{cases} \sigma_{nr} = \dfrac{p_i}{K_a^2 - 1}\left(1 - \dfrac{R_j^2}{r^2}\right) \\[3mm] \sigma_{n\theta} = \dfrac{p_i}{K_a^2 - 1}\left(1 + \dfrac{R_j^2}{r^2}\right) \end{cases} \tag{4-3}$$

式中　K_a——径比，$K_a = R_j/R_i$。

4.2.3　钢带缠绕的预应力优化设计

（1）钢带缠绕预应力的作用

扁平绕带容器的每层钢带预应力是可调的，这就让该类容器壁面上的应力分布在一定程度上可以根据需要进行设计，如内壁和外壁进行均化设计，可以提高所有材料强度的挥发

率，又如将内壁应力降低到一定程度，可以提高吸收介质作用的内壁抗应力腐蚀、抗疲劳性能。

设钢带层数为 m、钢带厚度为 t、第 k 层（$1 \leqslant k \leqslant m$）钢带的平均缠绕预拉应力为 $(\sigma_{r0})_k$，相对于容器环向的平均缠绕倾角为 α_k，内、外半径分别为 R_k 和 R_{k+1}（$R_1 = R_j$，$R_m = R_o$），如图 4-11 所示。

绕制好的第 k 层钢带对内筒及该层钢带以内的钢带层的作用由以下两部分组成：

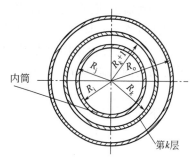

图 4-11　绕带容器横截面图

① 第 $k-1$ 层钢带外表面的接触压力 p_k

$$p_k = \frac{t}{R}(\sigma_{T0})_k \cos^2 \alpha_k \tag{4-4}$$

② 在轴向产生的拉力 F_k

$$F_k = \pi(R_{k+1}^2 - R_k^2)(\sigma_{T0})_k \sin^2 \alpha \tag{4-5}$$

按轴对称筒体的弹性力学公式，可求得 p_k 和 F_k 引起的内筒环向预压应力 $\sigma_{gn\theta,k}$、径向预压应力 $\sigma_{gnr,k}$ 和轴向预压应力 $\sigma_{gdz,k}$，以及第 k 层钢带以内绕层上的带长方向预压应力 $\sigma_{gT,k}$ 和径向预压应力 $\sigma_{gdr,k}$。m 层钢带全部缠绕完毕后，内筒上的预应力为

$$\begin{cases} \sigma_{gnz} = \displaystyle\sum_{k=1}^{m} \sigma_{gdz,k} \\[2mm] \sigma_{gn\theta} = \displaystyle\sum_{k=1}^{m} \sigma_{gn\theta,k} \\[2mm] \sigma_{gnr} = \displaystyle\sum_{k=1}^{m} \sigma_{gnr,k} \end{cases} \tag{4-6}$$

第 k 层钢带上的预压应力为

$$\begin{cases} \sigma_{gT} = (\sigma_{T0})_k - \displaystyle\sum_{k+1}^{m} \sigma_{gT,k} \\[2mm] \sigma_{gdr} = \displaystyle\sum_{k+1}^{m} \sigma_{gdr,k} \end{cases} \tag{4-7}$$

扁平绕带压力容器带层间贴合情况，在内压作用下会有所调整，使得预应力降低。研究表明，按式（4-6）、式（4-7）计算预应力时，应引入修正系数 $0.85 \sim 0.95$，即实际预应力为计算值的 $0.85 \sim 0.95$ 倍。

（2）缠绕预应力的优化设计

如果将式（4-6）、式（4-7）的最后预应力值与内压引起的应力值进行叠加，并写成矩阵形式，即有最终应力

$$\begin{aligned} \boldsymbol{\sigma}_r &= \boldsymbol{\sigma}_{r,\mathrm{pre}} + \boldsymbol{\sigma}_{r,\mathrm{p}} \\ \boldsymbol{\sigma}_\theta &= \boldsymbol{\sigma}_{\theta,\mathrm{pre}} + \boldsymbol{\sigma}_{\theta,\mathrm{p}} \\ \boldsymbol{\sigma}_z &= \boldsymbol{\sigma}_{z,\mathrm{pre}} + \boldsymbol{\sigma}_{z,\mathrm{p}} \end{aligned} \tag{4-8}$$

式中　　$\boldsymbol{\sigma}_r$，$\boldsymbol{\sigma}_\theta$，$\boldsymbol{\sigma}_z$——最终筒体上的径向、环向和轴向应力；

$\boldsymbol{\sigma}_{r,\mathrm{pre}}$，$\boldsymbol{\sigma}_{\theta,\mathrm{pre}}$，$\boldsymbol{\sigma}_{z,\mathrm{pre}}$——因钢带缠绕引起的径向、环向和轴向预应力；

$\boldsymbol{\sigma}_{r,\mathrm{p}}$，$\boldsymbol{\sigma}_{\theta,\mathrm{p}}$，$\boldsymbol{\sigma}_{z,\mathrm{p}}$——因内压引起的径向、环向和轴向应力。

从上式可以看出，容器上的最终应力可通过对绕带层钢带预应力和钢带缠绕倾角的调节

来达到所需的应力状态，故只要将扁平绕带容器最后期望的应力分布作为目标控制值，然后通过矩阵逆运算即可得到最初所需的钢带预应力和缠绕倾角。

因为 $\boldsymbol{\sigma}_p$ 是由操作压力 P 决定，可由拉美公式（2-27）改写成矩阵形式后直接求出。若最终所需的状态为 $\boldsymbol{\sigma}$，则 σ_{pre} 可由式（4-8）求出

$$\boldsymbol{\sigma}_{\text{pre}} = \boldsymbol{\sigma} - \boldsymbol{\sigma}_p \tag{4-9}$$

下面具体计算三向应力

① 环向应力。如果最终希望的环向应力是 $\boldsymbol{\sigma}_\theta$，从公式（4-8）可得

$$\boldsymbol{\sigma}_{\theta,\text{pre}} = \boldsymbol{\sigma}_\theta - \boldsymbol{\sigma}_{\theta,p} \tag{4-10}$$

$\boldsymbol{\sigma}_{\theta,p}$ 可以通过矩阵变换得出，则

$$\boldsymbol{\sigma}_{\theta,\text{pre}} = \boldsymbol{L}_\theta \boldsymbol{P}_r^{\text{T}} + \boldsymbol{MF}^{\text{T}} = (\delta_r \cos^2\alpha \boldsymbol{L}_\theta \boldsymbol{R}^{-1} + \boldsymbol{M})\boldsymbol{T}^{\text{T}} \tag{4-11}$$

因此式（4-9）可写成

$$(\delta_r \cos^2\alpha \boldsymbol{L}_\theta \boldsymbol{R}^{-1} + \boldsymbol{M})\boldsymbol{T}^{\text{T}} = \boldsymbol{\sigma}_\theta^{\text{T}} - \boldsymbol{\sigma}_{\theta,p}^{\text{T}} \tag{4-12}$$

从以上公式就可以计算缠绕预应力 $\boldsymbol{T}$。

② 轴向应力。由于绕带容器的轴向应力与环向应力有一定关联，其大小可通过倾角 α 来相互关联。设计时一般使轴向强度略强于环向强度，故可选定轴向强度的目标值，如使轴向应力为环向应力的 ζ 倍，ζ 一般取 0.9，允许偏差为 ε。然后通过不断改变倾角 α 的值来逼近，直到达到规定要求。

③ 径向应力。由于径向应力的值相对较小，在本设计中其值不作控制，由三向应力自动协调。

（3）优化设计流程图

由以上分析可以实现容器应力的优化设计，具体可控性设计的计算流程图如图 4-12 所示。

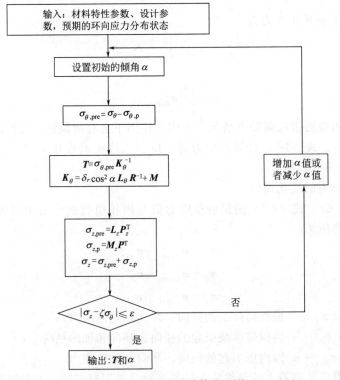

图 4-12　优化设计计算流程图

4.2.4 爆破压力计算

不计钢带层间摩擦力时，如果钢带缠绕倾角过小，钢带层的轴向强度必小于环向强度；内筒的轴向强度大于环向强度。因而，当内筒薄且钢带缠绕倾角小时，扁平绕带容器就有可能发生轴向破坏。环向破坏是指内筒裂口主方向为轴向的破坏；轴向破坏是指内筒裂口主方向为环向的破坏。

(1) 环向爆破压力计算

许多作者提出了扁平绕带容器的环向爆破压力公式，现将 7 个主要公式介绍如下。

① 第四强度理论公式

$$p_b^0 = \frac{K^2-1}{\sqrt{3}\,K^2}\sigma_{b综} \tag{4-13}$$

式中　$\sigma_{b综}$——综合抗拉强度，$\sigma_{b综} = \beta\sigma_{nb}+(1-\beta)\sigma_{db}$；

　　　β——壁厚比，$\beta = \dfrac{\delta_n}{\delta_n+\delta_d}$；

　　　p_b^0——环向爆破压力，MPa；

　　　σ_{nb}——内筒材料的抗拉强度，MPa；

　　　σ_{db}——钢带材料的抗拉强度，MPa。

② 中径公式

$$p_b^0 = 2\sigma_{b综}\frac{K-1}{K+1} \tag{4-14}$$

③ 基于 Tresca 屈服条件的公式

$$p_b^0 = \sigma_{nb}\ln K_1 + \sigma_{db}\cot^2\alpha(K_2^{\sin^2\alpha}-1) \tag{4-15}$$

④ Faupel 公式

$$p_b^0 = \frac{2}{\sqrt{3}}\sigma_{n综}\left(2-\frac{\sigma_{s综}}{\sigma_{b综}}\right)\ln K \tag{4-16}$$

式中　$\sigma_{s综}$——综合屈服强度，$\sigma_{s综} = \beta\sigma_{ns}+(1-\beta)\sigma_{ds}$；

　　　σ_{ns}——内筒材料的屈服强度，MPa；

　　　σ_{ds}——钢带材料的屈服强度，MPa。

⑤ 基于 Mises 屈服条件的公式

$$p_b^0 = \frac{K_1^2-1}{\sqrt{3}\,K_1^2}\sigma_{nb} + \frac{2}{\sqrt{3}}\sigma_{db}\cos^2\alpha\ln K_2 \tag{4-17}$$

⑥ 修正中径公式

$$p_b^0 = \frac{2(\delta_d+0.9\delta_d)}{D_i+(\delta_n+0.9\delta_d)}\sigma_{b综} \tag{4-18}$$

式中　δ_n——内衬厚度，mm；

　　　δ_d——钢带厚度，mm。

⑦ 基于混合屈服条件的公式

$$p_b^0 = \frac{2}{\sqrt{3}}\sigma_{nb}\ln K_1 + \sigma_{db}\cos^2\alpha\ln K_2 \tag{4-19}$$

内径从 $\phi49\text{mm}$ 至 $\phi1000\text{mm}$，且钢带缠绕松紧程度及预拉应力大小不同的 12 台典型扁平绕带容器，其环向爆破压力实测值和按式（4-13）～式（4-19）求得的计算值相比较，第四强度理论公式、中径公式和 Faupel 公式因都未考虑钢带缠绕倾角的影响，相对误差的平方和较大；其中中径公式和 Faupel 公式的计算值均高于实测值，最大相对误差分别为18.1％和21.9％。其余四个环向爆破压力公式都考虑了钢带缠绕倾角的影响，相对误差的平方和及最大相对误差有所偏小。基于 Tresca 屈服条件公式的计算值大多数大于实测值，但偏差不大；基于混合屈服条件的公式与实测值吻合得最好，修正中径公式次之。

（2）轴向爆破压力计算

综合考虑钢带层间摩擦力加强作用后，扁平钢带倾角错绕式压力容器的轴向爆破压力计算公式为

$$p_b^z = \frac{K_1^2 - 1}{K_1^2}\sigma_{nb} + (K_2^2 - 1)(\sin^2\alpha + 0.125\cos^2\alpha)\sigma_{db} \qquad (4-20)$$

式中　p_b^z——轴向爆破压力，MPa。

式（4-20）的计算值和实测值相比较，最大相对误差为 5.1％，平均误差为 2.5％。

4.3　设计、制造与应用

扁平钢带倾角错绕式压力容器设计包括选材、绕带筒体设计、封头设计、筒体端部法兰设计、开孔和开孔补强设计等内容。除绕带筒体设计外，其余内容均可参照 GB/T 150《压力容器》、JB 4732《钢制压力容器分析设计标准》进行设计。绕带筒体设计的核心问题是在保证安全的前提下，合理地确定内筒壁厚、钢带层厚度、钢带错绕倾角和预拉应力等参数。扁平绕带式压力容器的制造包括内筒制造、钢带交错倾角缠绕、封头制造、开孔和接管制造，以及其他附件的制造与检验。

4.3.1　适用范围

常规设计法适用于：

① 设计压力大于等于 1.0MPa 且不大于 35MPa 的内压容器；

② 设计温度范围按钢材许用温度确定；

③ 容器内直径为 500～3500mm、长度为 2～40m。

不适用于：

① 直接火焰加热的容器；

② 经常搬运的容器。

4.3.2　筒体壁厚设计

（1）壁厚计算

绕带筒体的壁厚可按式（4-21）计算

$$\delta = \frac{pD_i}{2[\sigma]^t - p} \qquad (4-21)$$

式中　p——设计压力，MPa；

　　　D_i——绕带筒体的内直径，mm；

　　　δ——绕带筒体的计算厚度，mm；

$[\sigma]^t$——设计温度下绕带筒体许用应力，MPa。

筒体许用应力 $[\sigma]^t$ 按式（4-22）计算

$$[\sigma]^t = \beta[\sigma]_n^t \phi_n + (1-\beta)[\sigma]_d^t \phi_d y \tag{4-22}$$

式中 β——壁厚比，设计时根据实际情况一般在 1/6～1/4 内选取；

$[\sigma]_d^t$——设计温度下钢带材料的许用应力，MPa；

$[\sigma]_n^t$——设计温度下内筒材料的许用应力，MPa；

ϕ_n——内筒的焊缝系数；

ϕ_d——钢带的焊缝系数；

y——钢带倾角错绕引起的环向削弱系数，取 $y=0.95$。

内筒的设计厚度 δ_{nd} 按式（4-23）计算

$$\delta_{nd} = \beta\delta + C_2 \tag{4-23}$$

式中 C_2——腐蚀余量。对于碳素钢和低合金钢，取 $C_2 \geqslant 1mm$；对于不锈钢，当介质的腐蚀极微时，取 $C_2 = 0$。

设计厚度 δ_{nd} 加上内筒钢板或钢管的厚度负偏差 C_{n1}，并向上圆整至钢板标准规格的厚度就是内筒的名义厚度 δ_{nn}。当钢材的厚度负偏差不大于 0.25mm，且不超过名义厚度 δ_{nn} 的 6% 时，取 $C_{n1} = 0$。

钢带层的设计厚度 δ_{dd} 为

$$\delta_{dd} = (1-\beta)\delta \tag{4-24}$$

若钢带实际厚度为 t（即钢带名义厚度 t_n 减去其厚度负偏差 C_{d1}），则设计钢带层数 M_d 为

$$M_d = \delta_{dd}/t \tag{4-25}$$

名义钢带层数 M_n 为大于且接近于设计钢带层数 M_d 的偶数。钢带层的名义厚度 $\delta_{dn} = M_n t_n$。

筒壁的应力按式（4-26）校核

$$\sigma^t = \frac{p(D_i + \delta_e)}{2\delta_e} \leqslant [\sigma]^t \tag{4-26}$$

式中 δ_e——筒体的有效厚度，$\delta_e = \delta_{nn} + \delta_{dd} - C_1 - C_2$，mm；

C_1——钢板的总负偏差，$C_1 = C_{n1} + MC_{d1}$，mm。

筒壁应力校核时，计算筒体许用应力用的壁厚比应按下式计算

$$\beta = \frac{\delta_{nn} - C_{n1} - C_2}{\delta_{nn} + \delta_{nd} - C_1 - C_2} \tag{4-27}$$

（2）壁厚比

从理论上讲，只要选择合适的钢带缠绕倾角，即使壁厚比 β 很小，甚至内筒薄到只起筒身密封作用，钢带层也可以承受内压的作用。在介质具有强腐蚀性时，或者在其他特殊条件下，很薄的内筒虽然能够节省特种钢材（如不锈钢），但有可能给制造带来许多不便，如在缠绕第一层时，内筒刚性不足等。一般说来，取壁厚比 $\beta \geqslant 1/6$，已足以满足制造大型高压容器的要求。若取壁厚比 $\beta = 1/6$，即使容器总壁厚高达 420mm，其内筒厚度也仅有 70mm，在一般的卷板机上就可完成内筒的卷圆。

（3）安全系数

安全系数是容器经济性和安全性的综合体现，与容器结构本身的可靠性紧密相关。研究表明，对于扁平绕带容器，可取常温下最低抗拉强度的安全系数，常温下或设计温度下屈服

强度的安全系数 $n_s^t = n_s \geqslant 1.4$。若利用 GB/T 150 中的材料许用应力，对于钢材、钛及钛合金，可取 $n_b \geqslant 2.7$，$n_s \geqslant 1.5$；对于铝材、铜及其合金，可取 $n_b \geqslant 3.0$，$n_s \geqslant 1.5$。

（4）焊缝系数

扁平钢带倾角错绕式压力容器内筒较薄，焊接和无损检测的质量易于保证，一般采用双面焊或相当于双面焊的全熔透对接焊，且经过 100% 无损检测，故其纵向焊缝系数可取 $\phi_n = 1.0$。一般情况下，钢带只有两端存在焊接接头，即与端部法兰和底部封头相连的斜面焊缝，而筒身上无焊缝。和一般的深焊接接头相比，斜面焊接接头增加了受力面积，具有相当高的可靠性。因此，钢带的焊接系数 ϕ_d 也可取 1.0。

4.3.3　钢带缠绕参数计算

（1）钢带缠绕倾角

钢带缠绕倾角确定的原则是，绕带筒体的环向爆破压力为轴向爆破压力的 95%。由式（4-19）和式（4-20）得钢带缠绕倾角 α 为

$$\alpha = \arccos \sqrt{\frac{0.95(K_2^2-1)\sigma_{db} + \sigma_{nb}\left[\dfrac{0.95(K_1-1)}{K_1^2} - \dfrac{2}{\sqrt{3}}\ln K_1\right]}{\sigma_{db}[\ln K_2 + 0.83125(K_2^2-1)]}} \tag{4-28}$$

（2）钢带缠绕预应力

在工作状态，钢带层受到钢带预应力缠绕引起的残余应力和内压引起的应力的作用，根据等强度设计准则，满足容器内外表面环向同时屈服的钢带缠绕预应力 $\sigma_{T\theta}$ 为

$$\sigma_{T\theta} = \frac{2}{\sqrt{3}} \frac{K_\alpha^2 \sigma_{ds} - \sigma_{ns}}{K_\alpha^2 + A} \tag{4-29}$$

式中　K_α——径比，$K_\alpha = \dfrac{R_\alpha}{R_i} = \dfrac{R_i + \delta_{nn} + \delta_{dn}\cos^2\alpha}{R_i}$；

$\quad\quad A$——系数，$A = \cos^2\alpha \ln \dfrac{R_o^2 - R_i^2}{R_j^2 - R_i^2}$。

满足容器内外表面轴向同时屈服的钢带缠绕预应力 σ_{Tz} 为

$$\sigma_{Tz} = \frac{2}{\sqrt{3}} \frac{(F_p + F_{zeff})F_n \sigma_{ds} - F_n F_p \sigma_{ns}}{F_d F_p \sin^2\alpha + F_n(F_p + F_{zeff})} \tag{4-30}$$

式中　F_p——系数，$F_p = \pi R_i^2$；

$\quad\quad F_{zeff}$——系数，$F_{zeff} = \pi(R_j^2 - R_i^2) + \pi(R_o^2 - R_j^2)\sin^2\alpha$；

$\quad\quad F_n$——内筒轴向横截面积，$F_n = \pi(R_j^2 - R_i^2)$；

$\quad\quad F_d$——绕带层轴向横截面积，$F_d = \pi(R_o^2 - R_j^2)$。

设计中可取 $\sigma_{T\theta}$ 和 σ_{Tz} 的平均值作为最佳预拉应力 σ_{To}^*，即

$$\sigma_{To}^* = \frac{1}{2}(\sigma_{T\theta} + \sigma_{Tz}) \tag{4-31}$$

考虑到钢带缠绕时不可能完全贴紧，根据目前控制钢带层松动面积不超过 25% 的要求，宜取实际钢带缠绕预应力 σ_T^* 为

$$\sigma_T^* = (1.1 \sim 1.3)(1 \pm 10\%)\sigma_{To}^* \tag{4-32}$$

式中　$\pm 10\%$——钢带预应力变化的允许偏差范围。

国外对型槽带容器钢带预应力的允许偏差为±20％。因而，由式（4-32）确定的钢带缠绕预应力已可满足工程需要。

4.3.4 压力试验和致密性试验

扁平钢带倾角错绕式压力容器制成后必须进行液压试验。压力试验一般采用液压试验。对于不适合做液压试验的容器，例如容器内不允许有微量残留液体的，可以采用气压试验。

（1）液压试验压力

内筒制造完成后，液压试验压力 p_{T1} 按式（4-33）确定

$$p_{T1} = 1.25 [\sigma]_n^t \frac{\delta_{nn}}{R_i} \tag{4-33}$$

钢带缠绕完后，液压试验压力 p_{T2} 按式（4-34）确定

$$p_{T2} = 1.25 p \frac{[\sigma]}{[\sigma]^t} \tag{4-34}$$

（2）气压试验压力

钢带缠绕完后，气压试验压力 p_T 按式（4-35）确定

$$p_T = 1.15 p \frac{[\sigma]}{[\sigma]^t} \tag{4-35}$$

（3）气密性试验压力

如果图样有要求，容器经液压试验合格后还进行气密性试验，试验压力为设计压力。

（4）压力试验时的应力校核

压力试验时，绕带筒体的应力仍按式（4-26）校核，只是压力试验压力代替设计压力 p。在试验压力时，用试验温度下内筒体材料屈服强度的90％代替许用应力；在气压试验时，用试验温度下内筒材料屈服强度的80％代替许用应力 $[\sigma]^t$。

4.4 应用实例

4.4.1 设计条件

某高压容器，要求耐腐蚀，年腐蚀量 0.1mm/年，设计压力 $p = 32$MPa，内直径 $D_i = 1000$mm，设计温度为常温。要求内筒用 0Cr18Ni9 材料，$\sigma_{ns} = 229$MPa，$\sigma_{nb} = 520$MPa，$[\sigma]_n^t = 137$MPa；钢带截面积规格 80×3.8mm^2，$\sigma_{ds} = 420 \sim 440$MPa，$\sigma_{db} = 550 \sim 570$MPa，$[\sigma]_d^t = \min \left(\frac{\sigma_s}{1.6}, \frac{\sigma_b}{3.0} \right) = 186.7$MPa。

4.4.2 筒体壁厚计算

设壁厚比 $\beta = 1/6$，由式（4-22）得筒体许用应力 $[\sigma]^t$ 为

$$[\sigma]^t = m[\sigma]_n^t \phi_n + (1-m)[\sigma]_d^t \phi_d y = \frac{1}{6} \times 137 + \left(1 - \frac{1}{6}\right) \times 186.7 \times 0.95 = 170.6 (\text{MPa})$$

绕带筒体的计算厚度按式（4-21）计算

$$\delta = \frac{pD_i}{2[\sigma]^t - p} = \frac{32 \times 1000}{2 \times 170.6 - 32} = 103.5 (\text{mm})$$

内筒的设计厚度按式（4-23）计算

$$\delta_{nd} = m\delta + C_2 = 103.5/6 + 1 = 18.25 \text{(mm)}$$

钢板的厚度负偏差 $C_{n1} = 0.8$mm，圆整后，取内筒的名义厚度 $\delta_{nn} = 20$mm。

设计钢带层数 M_d 按式（4-24）和式（4-25）计算

$$M_d = (1-m)\delta/t = \frac{\left(1-\frac{1}{6}\right) \times 103.5}{3.8} = 22.7 \text{(层)}$$

取名义钢带层数为 $M_n = 24$ 层。钢带负偏差很小，取 $C_{d1} = 0$，则钢带层的名义厚度 $\delta_{dn} = M_n t_n = 24 \times 3.8 = 91.2 \text{(mm)}$。

实际壁厚比 m 按式（4-27）计算

$$m = \frac{\delta_{nn} - C_{n1} - C_2}{\delta_{nn} + \delta_{nd} - C_1 - C_2} = \frac{20 - 0.8 - 1}{20 + 91.2 - 0.8 - 1} = 0.1664$$

实际筒体许用应力 $[\sigma]^t$ 为

$$\begin{aligned}
[\sigma]^t &= m[\sigma]_n^t \phi_n + (1-m)[\sigma]_d^t \phi_d y \\
&= 0.1664 \times 137 + (1 - 0.1664) \times 186.7 \times 0.95 \\
&= 170.6 \text{(MPa)}
\end{aligned}$$

筒壁应力按式（4-26）校核

$$\begin{aligned}
\sigma^t &= \frac{p(D_i + \delta_e)}{2\delta_e} \\
&= \frac{32 \times (1000 + 20 + 91.2 - 0.8 - 1)}{2 \times (20 + 91.2 - 0.8 - 1)} = 162.3 \text{(MPa)} < [\sigma]^t
\end{aligned}$$

可见，筒壁厚强度足够，满足设计要求。因此，筒体壁厚设计结果为：

内筒名义厚度：$\delta_{nn} = 20$mm。

钢带层名义厚度：$\delta_{dn} = 91.2$mm。

筒体名义厚度 $\delta_n = 111.2$mm。

4.4.3 钢带缠绕参数计算

（1）钢带缠绕倾角

内筒的径比 $K_1 = \frac{R_j}{R_i} = \frac{520}{500} = 1.04$，钢带层的径比 $K_2 = \frac{R_o}{R_j} = \frac{611.2}{520} = 1.175 \approx 1.18$，由式（4-28）得钢带相对于容器环向的平均缠绕倾角 α 为

$$\alpha = \arccos\sqrt{\frac{0.95(K_2^2-1)\sigma_{db} + \sigma_{nb}\left[\frac{0.95(K_1^2-1)}{K_1^2} - \frac{2}{\sqrt{3}}\ln K_1\right]}{\sigma_{db}[\ln K_2 + 0.83125(K_2^2-1)]}}$$

$$= \arccos\sqrt{\frac{0.95 \times (1.18^2-1) \times 560 + 520 \times \left[\frac{0.95 \times (1.04^2-1)}{1.04^2} - \frac{2}{1.732} \times \ln 1.04\right]}{560 \times [\ln 1.18 + 0.83125 \times (1.18^2-1)]}}$$

$$= \arccos 0.8989$$

$$= 25.9861°$$

按平均缠绕倾角 $\alpha = 25.9861°$ 计算，钢带层的平均导程为

$$H=2\pi\left(\frac{R_o+R_j}{2}\right)\tan\alpha=2\times3.14\times\left(\frac{611.2+520}{2}\right)\times\tan25.9861°=1731.3(\mathrm{mm})$$

（2）钢带缠绕预应力

① 按等预应力设计。由式（4-29）中 K_α 表达式可得

$$K_\alpha=\frac{R_i+\delta_{nn}+\delta_{dn}\cos^2\alpha}{R_i}=\frac{500+20+91.2\times\cos^225.9861°}{500}=1.193$$

$$A=\cos^2\alpha\ln\frac{R_o^2-R_i^2}{R_j^2-R_i^2}=\cos^225.9861°\times\ln\frac{611.2^2-500^2}{520^2-500^2}=1.455$$

$$\sigma_{T\theta}=\frac{2}{\sqrt{3}}\frac{K_\alpha^2\sigma_{ds}-\sigma_{ns}}{K_\alpha^2+A}=\frac{2}{1.732}\times\frac{1.193^2\times430-210}{1.193^2+1.455}=161.28(\mathrm{MPa})$$

由式（4-30）可得

$$F_p=\pi R_i^2=3.14159\times500^2=785397.5(\mathrm{mm}^2)$$

$$\begin{aligned}F_{zeff}&=\pi(R_j^2-R_i^2)+\pi(R_o^2-R_j^2)\sin^2\alpha\\&=3.14159\times(520^2-500^2)+3.14159\times(611.2^2-520^2)\times\sin^225.9861°\\&=126309.23(\mathrm{mm}^2)\end{aligned}$$

$$F_n=\pi(R_j^2-R_i^2)=3.14159\times(520^2-500^2)=64088.44(\mathrm{mm}^2)$$

$$F_d=\pi(R_o^2-R_j^2)=3.14159\times(611.2^2-520^2)=324103.51(\mathrm{mm}^2)$$

$$\begin{aligned}\sigma_{Tz}&=\frac{2}{\sqrt{3}}\frac{(F_p+F_{zeff})F_n\sigma_{ds}-F_nF_p\sigma_{ns}}{F_dF_p\sin^2\alpha+F_n(F_p+F_{zeff})}\\&=\frac{2}{\sqrt{3}}\times\frac{(785397.5+126309.23)\times64088.44\times430-64088.44\times785397.5\times229}{324103.51\times785397.5\times\sin^225.9861+64088.44\times(785397.5+126309.23)}\\&=146.41(\mathrm{MPa})\end{aligned}$$

$$\sigma_{To}^*=\frac{1}{2}(\sigma_{T\theta}+\sigma_{Tz})=\frac{1}{2}\times(161.28+146.41)=153.85(\mathrm{MPa})$$

$$\sigma_T^*=1.1\times\sigma_{To}^*=1.1\times153.85=169.23(\mathrm{MPa})$$

② 按预应力优化设计。假设预期的应力分布状态为内筒应力为零，而绕带层应力均布，则根据相应的优化设计公式与计算机反复计算，得出当每层预应力见表 4-1 所示。

表 4-1　各层预应力优化计算结果

项目	内筒	1层	2层	3层	4层	5层	6层	7层	8层	9层	10层	11层
钢带预应力 σ_θ/MPa	—	182.16	172.16	155.08	143.08	131.32	122.32	117.23	110.23	102.95	96.95	91.52
残余应力 σ_θ/MPa	−157.79	19.76	29.78	30.26	31.15	32.21	32.99	36.75	37.96	38.05	38.45	38.71

项目	12层	13层	14层	15层	16层	17层	18层	19层	20层	21层	22层	23层	24层
钢带预应力 σ_θ/MPa	87.52	85.89	80.89	78.20	77.20	75.26	71.26	69.77	68.77	66.77	65.77	64.88	64.88
残余应力 σ_θ/MPa	39.65	41.17	41.62	42.46	44.45	45.51	45.71	45.75	47.08	47.46	48.54	49.62	51.51

根据以上钢带预应力进行缠绕，最后得到表中所得的残余应力，在内压作用下，经过叠加后最终得到内层应力为零，而钢带层几乎均布为 181.1MPa 的理性应力分布状态。

4.4.4 水压试验时的应力校核

水压试验压力

$$p_T = 1.25p = 1.25 \times 32 = 40 (\text{MPa})$$

水压试验时的筒壁应力

$$\sigma' = \frac{p_T(D_i + \delta_e)}{2\delta_e} = \frac{40 \times (1000 + 20 + 91.2 - 0.8 - 1)}{2 \times (20 + 91.2 - 0.8 - 1)} = 202.9(\text{MPa}) < 206.1(\text{MPa}) = 0.9\sigma_{ns}$$

扁平绕带容器以其低应力内筒、高强度绕带层和灵活的设计方法，在压力容器领域独树一帜，其规范已经列入美国 ASME 规范。目前国内在用的超过 7000 台，无一台发生灾难性的事故，其安全性很高。

参考文献

[1] 朱国辉，郑津洋.扁平绕带式压力容器.北京：机械工业出版社，1995.

[2] 朱国辉.应用范围宽阔的重大钢制压力容器工程装备：多功能复合壳创新技术回顾与展望.压力容器，2015，32 (06)：1-12.

[3] Zheng C X. Journal of pressure vessel technology. Transaction of the ASME，2000 (5)：366.

[4] 俞仲华，郑传祥.扁平绕带式压力容器层间摩擦力作用机理分析研究.现代机械，1999 (2)：34-37.

[5] 郑津洋，陈志平.特殊压力容器.北京：化学工业出版社，1997.

第2篇
金属-非金属复合材料
压力容器

第5章
金属-非金属复合材料及应用

复合材料近 20 年来得到了蓬勃发展。玻璃纤维缠绕的压力容器是首先问世的、强度较高的复合材料制件，继而从 20 世纪 60 年代以来，碳纤维、硼纤维复合材料应用于飞机制造业中次要的受力构件，从此把复合材料的应用推进到了一个崭新的阶段。可以预期 21 世纪复合材料将会广泛用于军用和民用的主要承力结构，而航天技术的需要推动了金属基、陶瓷基和碳-碳复合材料的发展。

复合材料的基本性能特点是各向异性、可设计性和复合结构特性。这些性质以及它们引起的特殊力学行为是均质的各向同性材料所不具备的。在研究、应用和发展复合材料时，不论组成复合材料的是何种纤维和何种基体，都需要了解有关复合材料的理论，掌握其力学行为的基本特征及有效的试验方法。

5.1 复合材料技术进展

复合材料是由两种或多种性质不同的组分构成的材料，材料各组分具有不同的物理性质，组分间存在明显的界面，且复合后材料的性质也明显不同于组分性质。在复合材料中包含了一种或几种不连续相和一种连续相，不连续相镶嵌于连续相中。通常不连续相的强度和硬度比连续的相高，称作增强组分或增强材料，而连续相称为基体。本章所讨论的是作为结构材料使用的复合材料，也就是指以高性能的玻璃纤维、碳纤维、硼纤维、有机纤维、陶瓷纤维、晶须、碳化硅和氮化硅等为增强材料，以树脂、金属、陶瓷为基体的复合材料。

5.1.1 复合材料的定义和分类

复合材料是由两种或两种以上异质、异形、异性的材料复合形成的新型材料。复合材料的组分材料虽然保持其相对独立性，但复合材料的性能却不是组分材料性能的简单叠加。增强材料以独立的形态分布在基体中，二者之间存在相界面。增强体可以是纤维、颗粒状填料等。

由于复合材料涵盖的范围太广，种类繁多，本章主要讲述纤维增强类复合材料的有关内容。复合材料有多种分类方法，常见的有以下几种：

① 按增强体分类。分为连续纤维增强复合材料，不连续纤维增强复合材料、颗粒增强复合材料等。

② 按基体分类。分为聚合物基复合材料、金属基复合材料、无机非金属基复合材料。

③ 按用途分类。分为结构复合材料、功能复合材料。

纤维增强复合材料的分类如图 5-1 所示。

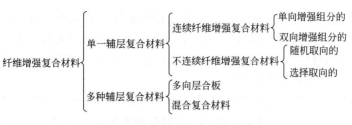

图 5-1　纤维增强复合材料分类

5.1.2　复合材料的性能特点和增强机理

（1）性能特点

复合材料的性能特点取决于基体和增强体的特性、含量、分布等，归纳有以下特点：

① 高比强度、比模量。复合材料的突出优点是比强度和比模量（强度、模量与密度之比）高。密度只有 $1800kg/m^3$ 的碳纤维的强度可达到 $3700\sim19500MPa$，即使这样也只发挥了碳纤维 1% 的理论强度；石墨纤维的模量可达 550GPa；硼纤维、碳化硅纤维的密度为 $2500\sim3400kg/m^3$，模量为 $350\sim450GPa$。加入高性能纤维作为复合材料的主要承载体，可使复合材料的比强度、比模量较基体的比强度、比模量成倍提高。图 5-2 为复合材料与其他材料的比强度、比模量对比图。用高比强度、比模量复合材料制成的构件重量轻、刚性好、强度高，是航天航空技术领域的理想结构材料，也是汽车、工程结构用的轻质材料。

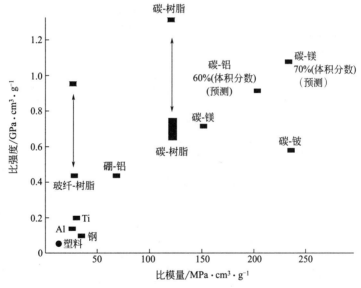

图 5-2　复合材料与其他材料的比强度、比模量对比图

② 各向异性。纤维增强复合材料在弹性常数、热胀系数、强度等方面具有明显的各向异性。通过铺层设计的复合材料，可能出现各种形式和不同程度的各向异性。各向异性这一特性使复合材料及其结构的力学行为复杂化，但也可作为一种优点在设计时加以利用。因为结构的形式、加载方式、边界条件和使用要求不同，结构在不同方向对强度、刚度的要求也往往不同，如对于压力容器，可以设计环向增强是轴向增强的二倍，采用合理的增强层设计使不同的方向分别满足设计要求，使结构设计更为合理，能明显地减轻重量和更好地发挥结构的效能。

③ 抗疲劳性好。金属材料的疲劳破坏是没有明显预兆的突发性破坏，而纤维复合材料中纤维与基体的界面能阻止裂纹扩展。因此，纤维复合材料疲劳破坏总是从纤维的薄弱环节开始，逐渐扩展到结合面上，破坏前有明显的预兆。大多数金属材料疲劳极限是其抗拉强度的 40%～50%，而复合材料可达 70%～80%。

④ 减振性能好。构件的自振频率除了与其本身结构有关外，还与材料比模量的平方根成正比。纤维复合材料的比模量大，因而它的自振频率很高，在通常加载速率下不容易出现因共振而快速脆断的现象。同时复合材料中存在大量纤维与基体的界面，由于界面对振动有反射和吸收作用，所以复合材料的振动阻尼强，即使激起振动也会很快衰减。

⑤ 可设计性强。通过改变纤维、基体的种类及相对含量、纤维集合形式及排布方式等，可满足复合材料结构与性能的设计要求。

复合材料高比强度、高比模量的特点，是由于这种材料在受力时高强度、高模量的增强纤维承受了大部分载荷，基体只是作为传递和分散载荷给纤维的媒介所致。如聚苯乙烯塑料，加入玻璃纤维后，抗拉强度可从 60MPa 提高到 1000MPa，弹性模量从 3000MPa 提高到 8000MPa，−40℃下的冲击强度可提高 10 倍。复合材料所用的增强体品种很多，如碳纤维、氧化铝纤维、玻璃纤维、碳化硅纤维等，表 5-1 为常见的纤维、晶须和块状纤维的性能对比，其中发展最快、应用最广的是碳纤维。本书复合材料压力容器的设计例子也是以碳纤维复合材料为增强纤维的。

表 5-1　常见纤维和块状材料的性能比较

材料	直径 /μm	密度 /g·cm^{-3}	弹性模量 /GPa	抗拉强度 /MPa	比模量 /GPa·cm^3·g^{-1}	比强度 /GPa·cm^3·g^{-1}
碳纤维 T300	7	1.76	230	3550	130.68	2.02
碳纤维 T700	7	1.80	230	4900	127.8	2.72
碳纤维 T1000	7	1.80	294	6370	163.3	3.54
碳纤维 M60J	5	1.91	588	3820	307.85	2
E 玻璃纤维	12	2.54	72.5	3430	28.54	1.35
S 玻璃纤维		2.48	85.5	460	34.5	1.85
碳化硅纤维	14	2.74	270	2800	98.54	1.02
氧化铝纤维	3	3.3	300	2000	90.91	0.61
硼纤维（B）	100	2.58	360	3280	139.53	1.27
钨纤维	13	19.4	413	4060	21.29	0.21
铍纤维	100～250	1.83	250	1300	136.61	0.71
SiC 晶须	0.2～1	3.15	490	7000～35000	155.56	2.22～11.11
Al$_2$O$_3$ 晶须	0.2～1	3.90	480～1000	13800～28000	25.641～123.08	3.54～7.18
二氧化硅纤维		2.19	72.4	580	33.1	2.65
kevlar 49 纤维		1.44	131	362	91.0	2.51
钢		7.8	210	340～2100	26.92	0.04～0.27
铝合金		2.7	70	140～620	25.93	0.05～0.23
玻璃		2.5	70	700～2100	28	0.28～0.84
木材		0.39	13			

（2）复合材料的增强机理

如图 5-1 所示，大致可将纤维增强复合材料分成单一铺层和多种铺层两类。单一铺层复合材料由性质和方向都相同的铺层构成。在不连续纤维增强复合材料模塑过程中，纤维在铺层平面内取向。虽然这种取向性沿整个层板厚度并不一致，然而分不出单个的铺层，因此把整个复合材料视为一个铺层，列入单一铺层复合材料。用于工程结构的大多数复合材料是多种铺层的，它们包含了一些性质或方向不同的铺层。每个铺层就是单一铺层复合材料，各个铺层的方向按设计要求而定。复合材料的单一铺层一般很薄，不能直接使用。几个相同的或不同的铺层粘在一起，构成多种铺层复合材料，才能用于工程结构。当每个铺层的组分材料相同仅方向不同时，构成普通的多向层合板。如铺层组分材料不同，则称为混杂复合材料。例如，混杂复合材料的一些铺层可以由玻璃纤维与环氧树脂基体组成，而另一些铺层可以由碳纤维与环氧树脂基体组成。在单一铺层内也能混杂不同的纤维，但这种混杂方式较少采用。因此，从结构分析的观点来看，单一铺层代表了复合材料结构的一个基本构筑单元。在以后的力学分析、有限元分析中也沿用这个概念。

在单一铺层中，增强纤维的长度与整个铺层的线度相比有长有短。由长纤维构成的复合材料叫连续纤维增强复合材料；由短纤维构成的复合材料叫不连续纤维增强复合材料，可直接称短纤维复合材料。二者的差别还在于短纤维复合材料的力学性能受纤维长度的影响。而在讨论连续纤维增强复合材料时，假设载荷直接施加于纤维，处于载荷方向上的纤维是主要承载组分。

在单一铺层中连续的增强组分也可以是双向的，例如玻璃纤维或碳纤维织物，这样能使复合材料在纵、横两个方向上有比较均衡的性能。一般双向织物在纵、横两个方向的强度近于相等。有时双向织物在垂直于主轴方向上配置极少量纤维，这样做只是为了防止材料在运输中或制造过程中由于横向强度差而发生沿纤维开裂。

要控制短纤维复合材料中纤维的方向是不容易的，通常把短纤维复合材料中的纤维视作随机取向的。然而，在短纤维增强塑料注射成型时，纤维沿塑料流动方向发生了明显的取向，而在同一注塑零件的其他截面上，纤维方向可能很不相同。短纤维，有时也称作短切纤维，可以与液体树脂一起喷射到模具上，制成增强塑料结构。在这样的工艺过程中，短切纤维通常平行于模具表面，且在平行于模具表面的面内随机取向。因此，这样的不连续纤维增强复合材料是面内各向同性的。

连续纤维增强复合材料的一个明显特征是比强度和比模量高。表 5-1 列出了常用的纤维复合材料双向层合板和常规结构材料的比强度和比模量。

纤维增强复合材料的另一特征是各向异性的可控制性。在单向复合材料中，通过改变组分和组分含量可以改变纵向与横向性能以及它们的比值；同样变换铺层材料和铺层方位也可以在相当大的范围内改变层合板的性能。也就是说，纤维增强复合材料是一种性能可设计的材料。

纤维增强复合材料的各向异性特征，使其在外载作用下的变形行为也不同于各向同性材料。复合材料在一种外力作用下可以产生多种基本变形。例如正应力不仅可以引起正应变，还可以引起切应变。这类现象称为耦合效应。

5.1.3 金属-非金属复合材料的发展趋势

金属-非金属复合材料是目前发展最快的高新技术领域之一，总体而言，目前的发展趋势主要为：

① 向功能化方向发展，使复合材料能够满足某种功能。

② 向高参数化方向发展，使用场合越来越苛刻，使复合材料的某些性能参数越来越高，如碳纤维的抗拉强度已经达到 19500MPa，可以进一步减轻航空器的质量。容器压力越来越高，100MPa 以上的储氢容器已经在加氢站得到应用。容器容积也越来越大，航空航天飞行器的复合材料燃料储箱容积可达上百立方以上。

③ 不同材料的结合能力越来越好，复合材料复合后的综合性能越来越高，基体与增强纤维的结合性能越来越好。

④ 生产工艺越来越新颖，为满足各种功能的复合材料生产，新工艺新方法不断涌现。

⑤ 产品成本越来越低，复合材料使用越来越广，也越来越接近人们的日常生活。只有符合市场需求的产品，才是有生命力的产品。

5.2 复合材料的应用

复合材料的应用已经遍及人们生活的每一个角落，但是复合材料的最早应用起源于航天航空，以及战争等军事用途，目前最大的需求和目标仍是如此，只是很多产品因为价格的下降，渐渐转向民用。下面介绍一些新型复合材料的应用情况。

5.2.1 航空、航天领域

（1）航天

这是复合材料应用最早、最广的领域。随着科学技术的进步，人类太空活动日益频繁，各种宇宙飞行器、探测器、空间站、战略武器和人造卫星等在太空轨道中飞行后，重返大气层时需经苛刻的高温环境，在这些恶劣的环境中飞行，碳纤维复合材料起了不可替代的作用。各种飞行器的使用环境与温度见表 5-2。由表 5-2 可知，洲际导弹再入大气层的温度达到 6600℃，任何金属材料都会化为灰烬，只有碳-碳复合材料仅烧蚀减薄，不会熔融。由表 5-2 还可以看出，轨道飞行器再入时的温度相对较低，但时间长，总的加热量比导弹再入时还要大。这就要求材料抗热冲击能力强，适应环境交变能力强。火箭与洲际导弹采用先进的碳纤维复合材料还可有效减轻质量，减重可降低运载火箭的发射功率，或增加有效负荷。对固体火箭来说，大部分结构质量集中在发动机外壳和喷嘴部，发动机壳体是弹身的重要组成部分，既是发动机推进剂的贮存箱体，又是推进剂的燃烧室，工作环境十分恶劣，需承受 3500℃ 的高温和 5~15MPa 的高压。为把有效载荷与总质量之比提高到 0.92 以上，要求机壳采用轻质量高性能碳纤维等复合材料，一般采用纤维缠绕工艺制造芳纶纤维/环氧、碳纤维/环氧复合材料固体发动机壳，不仅耐腐蚀、耐高温、耐辐射、阻燃、耐老化，而且经过与纤维复合增强作用使固体火箭发动机壳密度小、刚性好、强度高、尺寸稳定。导弹弹头和卫星整流罩、宇宙飞船的防热材料大量采用了碳纤维、高硅氧纤维增强酚醛树脂。高强度中模量碳纤维的批量生产，提供了优质的碳纤维增强塑料（CFRP），美国的三叉戟二型导弹、侏儒导弹和大力神-4 运载火箭（直径为 3.2m）均采用了高强度中模量碳纤维复合材料。在航天领域还有很多其他应用，不一一详述。

（2）航空

碳纤维复合材料无论现在还是未来在航空领域中都是十分重要的材料之一，碳纤维复合

表 5-2 各种飞行器的使用环境与温度

部件	热循环/次	温度/℃	总热寿命/s	环境
飞机刹车片	1500~4000	825	30~50	空气
固体火箭喷管喉衬	1	3200	0.02	燃气
导弹再入飞行器鼻锥	1	6600	50~100	离解气体
地球轨道飞行器鼻锥	100	1500	25~100	空气
超音速飞行器及其部件	50	1650	—	空气
宇宙飞船散热器	10000	4	15	真空
航天发动机推力室	1000	1650		燃气

材料在这一领域里的应用大致可以分为两大类：一是碳-碳复合材料，用于耐烧蚀材料和高温结构材料；二是碳纤维增强树脂基复合材料，用来制造舱门、机械臂和压力容器等。民用客机已经离不开高性能工程塑料与塑料复合材料的支持，纤维增强塑料（FRP）在前起落架舱门、内外侧副翼、方向舵、升降舵、扰流板的应用，可有效减轻飞机质量、提高商用载荷、节省能源；工程塑料制成的客舱内的顶板、侧壁板、行李箱、蜂窝结构的地板支架、各类仪表盘和机身空调舱盖板等，轻质美观耐用；可耐 350℃ 高温的聚酰亚胺替代金属材料用于发动机整流罩、进气机闸等部位，实现减重效果。正在建造中的欧洲空中客车公司 A380-800 飞机长 73m、高 24.1m、翼展 79.8m，它是民航飞机中最先进、最具代表性、也是采用复合材料比例最高的机种。A380—800 飞机中先进纤维复合材料用量高达 20~35t，复合材料使用量占整机的 25%，其中碳纤维复合材料占用量的 90%，热塑性复合材料占 10%，包括玻璃纤维增强铝和玻璃纤维，主要应用于机翼部件、垂直尾翼、水平尾翼、尾锥、引擎罩、机头罩、尾部受压舱等主要结构件。波音 777 飞机上采用的纤维增强塑料用量达到 9900kg，可见高性能塑料复合材料在航空领域的应用越来越普遍。

在战斗机上的应用方面，现在日本生产的主力机种 F2 是以 F16 为母机开发的，主机翼面积扩大了 20%，以主翼和尾翼为中心采用了高强度复合材料，占机体质量的 18%（710kg），可减轻飞机质量约 250kg。特别是主机翼在世界上首次采用整体成型结构，不仅提高了减重率，也提高了飞机的起飞着陆性能、飞行回旋性能，而且使部件数量、组装工序数大大减少，使成本降低。

直升机是靠机翼的旋转得到的升力和推力，主旋转叶片旋转 200~300 次/分钟，构件受到高周反复负荷，处于非常苛刻的疲劳环境中，因此，以损伤许可性的观点出发，必须采用复合材料。一般旋转叶片用复合材料的强化纤维是碳纤维。

我国尖端塑料复合材料应用于航空工业已经有 20 多年的历史，目前军用歼击机复合材料用量达到 25%，军用直升机最高用量可达 50%，民用客机也达到 10%~20%。我国尖端塑料复合材料主要用于军用飞机的机身、机翼壁板、机身尾段、平尾、垂尾、尾桨叶、方向舵等部位，大大降低了飞机的自重。

5.2.2 建筑与土木工程领域

复合材料在建筑上可作为结构材料、装饰材料、功能材料，也可用于制作各种卫生洁具和水箱等。

（1）替代高强度钢筋混凝土结构

纤维增强塑料（FRP）从 20 世纪 60 年代开发以来，因其具有质量轻、强度高、耐腐蚀、耐疲劳和易加工等优点,越来越广泛地应用于土木工程中的工业与民用建筑工程、桥梁工程、海岸和近海工程、地下工程及塔桅、储液罐、管道、烟囱等特种结构之中。土木建筑行业可用玻璃纤维增强混凝土(GRC)代替传统钢筋混凝土,它通常采用耐碱玻纤为增强材料与低碱水砂浆或混凝土基材混合使用。该复合材料呈各向异性,抗压强度极高。玻纤既能代替钢筋起增强作用,又无生锈之忧,比钢筋增强时具有更高的分散性和阻裂作用,弥补了水泥或混凝土制品自重大、韧性差、抗冲击性能低等缺陷。这方面的应用现已占复合材料市场的30%左右。如美国已经开发出商品化的可替代传统混凝土中钢筋的碳纤维复合材料棒材,其重量仅为钢材的1/4,热胀系数较钢材更接近混凝土,界面黏结强度比钢材与水泥的大50%~60%,同时具有耐腐蚀、强度高等特点。纤维增强建筑构件的主要特点是:质量轻,密度仅为钢材的25%~40%;抗拉强度高,抗拉强度明显高于普通钢筋,如碳纤维增强塑料(CFRP)的抗拉强度高于高强度钢丝,日本已经开发出抗拉强度为钢筋10~40倍的碳纤维建筑材料;耐腐蚀、耐疲劳及无须定期维护,因而可提高结构的耐久性和可靠性;线胀系数与混凝土接近,保证了温度变化时二者可以协同工作;抗剪强度低,弹性模量小。

(2)新建结构中的应用

在新建结构中可利用纤维增强复合材料的轻质、高强度、防腐和线性膨胀系数与混凝土接近的特点,将其制成棒材用于大跨度混凝土预制梁及板,还可将纤维增强复合材料加工成束状或索状,充当大型土木工程的拉索或悬索;FRP用于公路路面工程可提高公路的质量和耐久性等。在民用建筑领域它具有广阔的应用前景,目前已应用于外挂墙板、内隔墙板、保温板、屋面防水等方面,还可利用玻璃钢制作水箱、冷却塔、卫生洁具、水处理设备及门窗等。如碳纤维具有高强度、高模量、耐高温、耐腐蚀、耐疲劳、抗蠕变、导电、传热等特性,随着碳纤维成本的降低及低成本复合材料制造技术的突破,碳纤维复合材料在建筑工业的应用将越来越广。如碳纤维增强混凝土材料,自1984年日本Kajima公司在伊拉克首次使用至今,已有30多座大型建筑使用了碳纤维增强混凝土外墙墙板。日本东京一座高层建筑使用了320块碳纤维增强混凝土墙板,每块墙板的尺寸为1.47m×3.76m,由于碳纤维增强混凝土的密度小、强度高,因此外墙可实现减重40%,进而又可使大楼钢架质量减轻400t,效果十分明显。

(3)结构加固、改造和补强

由于施工质量、使用功能改变、地震及环境影响等多方面原因,每年有大量建筑结构需要进行加固补强和改造翻新,纤维增强复合材料在结构加固改造和补强中的应用十分广泛。通常结构加固中用量较多的是纤维增强聚合物片材,表5-3列举了几种纤维增强聚合物片材的种类和力学性能。纤维增强聚合物片材通常可应用在公路、铁路桥梁及城市立交桥、高架桥,工业与民用建筑,各种隧道、涵洞及烟囱等特种结构的加固改造及补强等方面。纤维增强复合材料加固改造及补强技术较常用的方法有加大构件截面法、粘钢法、预应力加固法和改变结构传力途径法等。如1991年瑞士伊巴赫桥的加固首次应用CFRP板加固技术,该桥为总长228m的多跨连续箱梁,腹板中的几根预应力钢筋不慎被割断,损坏的桥跨长39m,原计划用175kg钢板将桥梁承载能力恢复到设计值,后改为用CFRP板进行补强,共采用了2块1.75mm×50mm×5000mm CFRP板和一块2mm×150mm×5000mm CFRP板,其质量仅为6.2kg。在我国用CFRP板对现有建筑结构进行修复和加固的应用也日渐增多,其中北京民族文化宫大修工程首次应用CFRP对大型建筑屋架进行加固修复,是国内结构修复中的一个典型实例。

表 5-3　纤维增强聚合物片材的种类和力学性能

片材	单位面积质量/g·m^{-2}	设计厚度/mm	抗拉强度/MPa	弹性模量/10^5MPa
FTS-C1-20（碳纤维）	200	0.11	3550	2.35
FTS-C1-30（碳纤维）	300	0.167	3550	2.35
FTS-AK-40（聚酰胺纤维）	280	0.193	2100	1.20
FTS-GE-30（E玻璃纤维）	300	0.118	1500	0.74

纤维增强复合材料的优点：高强高效，适合于各种结构的加固修补；重量轻、厚度薄，基本不增加原结构自重及截面尺寸，加固改造后的结构仍具有良好的建筑效果，尤其适用于古建筑的加固；适用面广，广泛适用于工业与民用建筑及桥梁、隧道、烟囱等构筑物的结构补强及抗震加固，用于曲面及结点等特殊形状及部位的结构加固；施工便捷，质量易保证，无须大型施工机具，没有湿作业，无须其他固定设施，施工效率高；良好的耐久性和耐腐蚀性，耐酸、碱、盐及大气环境的腐蚀，无须定期维护；与纤维光学传感技术相结合，有利于实现结构的智能监测和诊断；综合成本低，与普通方法相比降低工程成本 20%～30%。

5.2.3　能源、交通运输领域

清洁、可再生能源和轻量化交通工具为复合材料的应用提供了广阔市场前景，该类产品必须满足高性能及规模化制造技术的要求。

（1）清洁、可再生能源用复合材料

① 风力发电用复合材料。风力是可再生、清洁能源。从 20 世纪 90 年代起，国际上大型并网型风力发电机组发展很快，机组已由百千瓦级发展到兆瓦级。丹麦提出 2030 年要使风电占全国电力 50%；德国规划 2050 年风电占全国电力 50%，并积极发展海上风电场。我国风能资源在北部和沿海也很丰富，20 世纪 90 年代装机大量采用国外风力发电机组，并逐步实施国产化计划，我国风电 2020 年达到 7.167×10^7kW 装机容量，正处于进入高速发展期。风力机组叶片是大型复合材料结构产品，已成功地在国外兆瓦级风力机组上得到应用，1.5MW 风力机组的复合材料叶片长达 34～37m，2.5MW 风力机组叶片长度超过 40m，10MW 风力机组叶片长度超过 70m。复合材料使用量很大。

② 烟气脱硫装置。以煤为燃料的火电厂烟气脱硫装置是电厂改善环境的重要环保设备，新厂建设和老厂改造都需要配套，其中复合材料管已成功地在国外进口装置上使用，将有广阔的应用前景。

③ 输变电设备。我国已实现 50～75 万伏电力输送，输变电设备所需绝缘制品耐电压等级相应提高，电力建设在快速发展，需要大量高电绝缘复合材料制品为电力发展配套。

（2）汽车、城市轨道交通用复合材料

① 汽车用复合材料　实现轿车轻量化时，提高燃油效率和减少尾气排放是当前汽车工业发展的主要方向，也是国内外轿车及材料专家一直致力于研究的重要课题之一。国外研究显示，汽车重量减轻 25%，其燃油消耗将减少 13%。目前国外为实现汽车轻量化除在材料上采用高强度钢、镁铝合金外，还采用轻量化的金属基或树脂基复合材料。美国 2002 年汽车用复合材料占全年总量的 31%，欧盟占总量的 25%。在工业发达国家，汽车轻量化的发

展得到了政府的支持和指导，如美国政府的新一代汽车合作计划（PNGV）和日本新能源与工业技术开发机构（NEDO）都将汽车轻量化作为汽车新技术的重点发展方向。树脂基复合材料具有轻质、高强度、材料可设计性的特点，国外已广泛应用于高级轿车、赛车和城市新型客车的车身构架和车体外覆盖件上。其中热塑性复合材料具有材料可回收性，能满足日益严格的环保要求，国外已用于制造保险杠、前脸、进气歧管、蓄电池托架、后升降门骨架、座椅靠背等部件。在国内，随着道路高速建设和轿车进入家庭，我国汽车工业已进入高速发展期，汽车轻量化已被列入汽车产业发展重要课题之一，汽车复合材料将有广阔市场前景。

② 城市轨道交通用复合材料。国际大都市通常以大容量快速城市轨道交通（地下铁道、高架轻轨等）为主体，配以其他形式交通工具，彼此协调配合，形成一个综合的、立体的城市公共交通网络。纽约、伦敦、巴黎、莫斯科、东京等都有完整的城市快速轨道交通网，还建有数量可观的轻轨市郊铁路，其所承担的客运量一般为 70% 左右，高的达到 85%，在城市公共交通中起到骨干作用。复合材料可在轨道交通中用于制造车辆车体、车门、车窗、座椅、电缆槽、电缆架、走道格栅、护栏格栅、防噪板、电器箱等。金属基复合材料可制造高性能导电滑板、电刷、高低压电触头，碳-碳复合电刷与刹车片等部件。

③ 各种氢燃料电池汽车、天然气汽车、液化石油气汽车压力容器储罐。使用清洁燃料是解决城市污染、减少 CO_2 气体排放量的一个最有希望的方向，氢燃料电池汽车、天然气汽车、液化石油气汽车上均需要高压气体储罐，为了减轻重量，普遍采用纤维缠绕轻质复合材料高压容器。

（3）船艇用复合材料

① 游艇。游艇是水上娱乐的高级耐用消费品，它集航海、运动、娱乐、休闲功能于一身，以满足人们享受生活的需要。国际游艇业在欧美有很大市场，已有较大的产业。美国每年游艇销售额达 250 亿美元，是全球游艇最大销售市场，并建有 12000 个水上活动中心供游艇使用。为了减轻重量，增加负载能力，艇身及艇上用品大量使用复合材料。

② 渔船。由于近海鱼类资源减少，我国已成功研制外海作业的金枪鱼复合材料渔船，随着国内鱼类市场需求的增大，海洋捕鱼业也持续得到发展，复合材料渔船也会有良好的发展前景。

③ 潜艇。潜艇用的高压气瓶，采用复合材料钛合金内衬气瓶可以减轻潜艇的重量。潜艇内各类杆件逐步用复合材料杆件替代。

由于复合材料具有轻质、高强度等优异特性，随着现代工业发展，国家实施可持续发展政策的实施，清洁能源和轻量化高速运行交通工具的快速发展的要求，将需要开发一批高性能复合材料制品满足其配套需要。通过借鉴工业发达国家的成功应用经验和技术，结合国内经济发展的需求实际，产学研紧密结合，我国复合材料产业在交通、能源领域将会健康、快速发展。

5.2.4 装备技术领域

（1）压力容器工程

较早应用复合材料压力容器的卫星是休斯公司的 H8-601 卫星平台，其推进系统配置了两个碳纤维/环氧缠绕铝内衬圆柱形气瓶，由结构复合工业公司（SCI）生产。最小体积 43L，最大工作压力 28.96MPa，最小安全系数 1.5，气瓶质量 7.57kg。以空间系统/劳拉公司 FS-1300 平台为基础的国际通信卫星 7 号和 7A 均应用了复合材料气瓶，其中前者配置 2 个，后者配置 3 个球形气瓶，均为 T-40/6061 石墨缠绕铝内衬，最大工作压力 27.58 MPa，Brunswick 公司生产，安全系数 1.5，质量 9.05kg，体积 49.11L，负载寿命 1 年，循环寿命 88 次，存放时间 5 年，内衬厚度 1.12mm，缠绕厚度 6.1mm。欧洲星 2000 加强型平台卫星应用了英国 MatraMarconi 公司和 ARDE 公司联合研制的 I-718 合金内衬的碳纤维缠绕复合材料气瓶，该气瓶为扁球圆柱形，体积 97L，直径 423mm，长度 880mm，最大工作压力 31MPa，安全系数 1.5，质量 183kg，电推进氙气贮存采用同样的复合气瓶。轨道科学公司计划为可重复使用发射运载火箭研制的 X-34 推进系统采用无内衬的碳复合煤油推进剂贮箱，配置了 4 个铝内衬复合材料气瓶，工作压力 34.5MPa。其他还有用于军事空间计划的 ARDE 公司的 IM7/301CRES 球形气瓶，最大工作压力 31MPa，安全系数 1.5，外直径 483mm，内衬厚度 0.9mm，缠绕层厚度 46mm；用于深空计划的 Lincoln 公司 T40/5086Al 球形气瓶，最大工作压力 34.47MPa，外直径 260mm，内衬厚度 1.27mm，缠绕层厚度 46mm；结构复合工业公司的 T-1000/6061-T62 柱形气瓶，用于神马飞行计划，长度 508mm，直径 168mm，内衬厚度 0.9mm，缠绕层厚度 16mm，工作压力 41.37MPa。Kaiser 公司的氙离子推进系统氙气贮存的 T-1000 圆锥气瓶，容积 32.5L，工作压力 17.24MPa，安全系数 1.5，质量 6.35kg；应用碳纤维/环氧气瓶或贮箱的空间系统包括航天飞机、Titan/Cemaur、火星观察者等。

其他应用还有仿生人体、水下深潜机器人外壳、鱼雷外壳等，应用领域十分广阔。

（2）石油设备

复合材料由于可减少设备重量、节约资金、耐腐蚀、耐燃、抗磁撞，并把机构性能、热性能、声学性能结合在一起而独具优点，在石油工业和化学工业的生产、贮存，及制冷设备、气缸、海上平台原油输送等方面已获得广泛应用。

① 长距离压力管道。随着国民经济的发展，大口径运输管道的研制和生产迫在眉睫，尤其是"西气东输"工程需要大量的大口径管道，总量长达数十万千米，而目前最关键的技术在于解决管道的长寿命防腐蚀问题，正在研究金属基复合材料管道代替金属管道，采用钢塑复合管由内外两层塑料和中间的钢层经特殊生产工艺复合而成，它结合了高分子材料和钢材的各自特点，经过物理复合和化学复合过程，将两者的优点充分发挥出来。具有耐高压、耐高温（110℃）、耐低温（-70℃）、流动阻力小、重量轻、抗老化、对大多数化学物质有耐腐蚀性等特点。克服了传统管材寿命短、易腐蚀、耐性差、不耐高温等缺点，使用寿命大大延长，可以广泛用于热水、暖气、压缩空气、石油、天然气、化学物质等各种介质的液体和气体的运输。

② 海上钻井设备。对于海上石油钻井平台设施，树脂基复合材料开始被广泛应用。复合材料结构与钢结构相比，不仅本身造价低廉，而且安装费也便宜，其维护费用更低。目前将复合材料用于新型中等规模的近海石油钻井平台上一些设施，其费用可较传统材料节省50%左右。如用复合材料代替钢材制造钻井平台的水箱，具有费用低、耐腐蚀、寿命长的特点。

③ 复合材料钻管。钢钻管目前可能达到的最大钻进深度为 10km，使用复合材料钻管最大钻进深度可增至 15km，这个钻进深度对于许多海上石油平台来说有很重要的意义。使用复合材料钻管能增大钻进深度的原因是复合材料比强度和比模量高于钢。钢由于密度大，用钢制的钻杆长度受到限制，在纵弯曲之前所能钻进的距离也受到限制。现在正在开发的复合材料钻管可以很大程度克服解决这个问题。复合材料钻管的另一优点是它可制造成电感透

明，从而可使用电感式仪器，钻管对信号几乎无衰减作用。这可以大大减少进行测井时失去的钻进时间。复合材料钻管是用长丝缠绕法制造的。

④ 渐进空腔泵和电动机用复合材料定子。渐进式空腔（PC）泵的原理是使用螺旋形转子与互补的螺旋形定子，转子和定子沿密封线相互啮合，当转子相对定子转动时，两者间形成向轴向前进的空腔。现有制造定子的技术需要往钢管中注射弹性体，使弹性体成型成所需内部形状，这种方法用于制造定子已多年。Spencer复合材料公司开发成功一种用复合材料制造定子的新技术，这种方法只使用一薄层弹性体，其余的空间填充复合材料。可使用玻璃纤维或碳纤维作增强纤维，视所需要的模量和强度而定。Spencer公司设计制造成的复合材料定子性能明显优于现有技术制造的定子。最近对装有复合材料定子的PC泵与标准PC泵的试验数据进行了比较，泵在高速时的性能提高达400%。复合材料定子每级产生的压力也较高，无润滑运转寿命较长，没有现有定子中弹性体引起的滞后问题。复合材料定子采用了由长丝缠绕于弹性体衬里上的复合材料结构。

⑤ 盘管。盘管一般用于辅助井，现在也少量用于钻井和生产井。钢制盘管受其疲劳寿命的限制，只能盘卷和伸长有限次。可以制成有足够强度并有低弯曲刚性的复合材料盘管，解决可盘伸次数有限的问题。制造复合材料盘管中有待解决的问题是研制能经受177℃的管内衬和金属端与复合材料接合。

⑥ 条带杆。已研制成用于替代钢抽油杆的复合材料条带杆（ribbon rod）。条带杆可提高抽油机的性能，抽油机性能的改良可使产油公司继续使用经济效益好的抽油设备以提高抽油量。条带杆可增加抽油能力，提高效率，减少抽油杆的损坏。条带杆的优点有：用现有设备达到较高的生产能力；减少抽油杆重量50%，减少流量的限制；增大泵的活塞冲程；能适应井况的变化，管磨损较小；不易腐蚀。

5.2.5 电子与电气领域

（1）特种印刷电路基板

由于微电子组装技术的发展，20世纪70年代后期出现了表面安装技术（SMT），目前它已经成为举世瞩目的技术之一。表面安装技术采用短引线或无引线芯片载体及小型片状元器件，在严苛环境和高可靠性条件下工作的电子设备，表面安装技术必须采用密封陶瓷载体。多层印刷电路板是近几年开发的一种颇具竞争力的电路板，由芳纶纤维等材料制成的多层封装电路板在军事和工业领域得到了应用，由于芳纶纤维具有的低介电损耗系数和介电常数，它更适用于高速电路传输。它在纤维方向负的热胀系数，可使整个基板的线胀系数降到$(3\sim7)\times10^{-6}\mathrm{K}^{-1}$，减少了陶瓷多层封装电路板开裂的可能性，同时还比相同的玻璃纤维复合材料基板轻20%左右。

（2）雷达天线罩及其雷达天线功能结构件

以往雷达天线罩多是由玻璃钢及其玻璃钢蜂窝夹层结构制造而成，自从芳纶纤维问世以后，国内外均开展了用芳纶纤维及其织物复合材料研制雷达天线罩的工作。由于芳纶纤维具有高强度、高模量和低密度的特点，又是良好的介电材料，能透过电磁波，耐腐蚀性和大气紫外线性能良好，因此是制造雷达天线罩的优质材料。

（3）运动电子电器部件

近几年的研究发现，芳纶短切纤维具有优异的耐磨和耐损耗表面特性。传统的团状模塑料（BMC）是以不饱和聚酯树脂为基体，加入低收缩剂、交联剂、引发剂、填料和短切玻璃纤维等,均匀混合成半成品,大多用于电器和机械部件的制造中。玻璃纤维在团状模塑料中的作用是改善材料的弯曲和冲击强度,减少尺寸收缩,但是玻璃纤维在团状模塑料成型过程中受磨易脆断,造成团状模塑料制品表面磨损,限制了它在有特殊耐磨要求的电气设备中的应用。用芳纶纤维代替玻璃纤维有效地解决了这一问题,以芳纶短纤维增强的团状模塑料比传统的玻璃纤维增强团状模塑料的纤维含量低,但两者的力学性能和电性能却相当,更为突出的是它的耐磨性比传统的 BMC 高几十甚至几百倍。芳纶 BMC 的这些性能使其在做高速运动的电子电气部件等方面有着广阔的应用,这些应用包括电子电气设备上用的制动器(闸)、离合器、断路器等。

其他还有隐身复合材料、防弹装甲复合材料、生物医药复合材料等的应用。

综上所述,复合材料已经应用到人们生活的各个领域,相信以后随着性能的提高、价格的降低,用量将越来越大。同时,以上复合材料应用领域也是相互交叉、互为联系的,如航天航空中的压力容器、汽车工业中的高压储气容器、化学工业中的反应器等均为压力容器领域,其知识面也是互相交叉、渗透的,本书以压力容器工程为主线,以化工合成、材料科学、计算机、有限元技术等为辅助进行阐述。

5.3 金属-非金属复合材料的制造

这里指的金属-非金属复合材料范围比较宽,其内涵在不同领域也有所不同,为了明确其内涵,本章将金属-非金属以各种方式复合的复合材料都进行简要介绍。

5.3.1 金属-非金属复合材料的分类

金属基复合材料可分为宏观组合型和微观强化型两大类。宏观组合型指其组分能用肉眼识别和具备两种以上组分性能的材料(如双金属、复合钢板、层合板等);微观强化型指其组分需用显微镜才能分辨的以提高强度为主要目的的材料。为全面了解金属-非金属复合材料的制备,本节对两类复合材料均作简要的介绍。金属基复合材料根据基体不同可划分为铝基、镁基、钢基、铁基及铝合金基复合材料等;按增强相形态的不同可划分为颗粒增强金属基复合材料、晶须或短纤维增强金属基复合材料及连续纤维增强金属基复合材料。颗粒增强金属基复合材料利用了颗粒自身的强度,基体起着把颗粒组合在一起的作用,颗粒平均直径在 $1\mu m$ 以上,强化相的容积比 (V_f) 可达 90%。纤维增强金属基复合材料是利用无机纤维(或晶须)及金属细线等增强金属得到的轻而强的材料,纤维直径从 $3\mu m$ 到 $150\mu m$(晶须直径小于 $1\mu m$),纵横比(长度/直径)在 10^2 以上。

5.3.2 微观强化型金属基复合材料的制备方法

金属基复合材料的复合工艺相对比较复杂和困难,这是由于金属熔点较高,需要在高温下操作;同时不少金属对增强体表面润湿性很差,甚至不润湿,加上金属在高温下很活泼,易与多种增强体发生反应。目前虽然已经研制出不少复合工艺,但各自存在一些问题。现在较普遍的制造方法可分为扩散黏结法、铸造法及叠层复合法。本小节把制备方法按增强相的不同进行分类。

(1)颗粒增强金属基复合材料的制备方法

根据制备过程中基体的温度不同可将制备工艺分为液相工艺、固相工艺和液-固两相工艺。针对不同工艺又可以分出以下不同的制备方法。

① 液态金属/陶瓷颗粒搅拌铸造法。Surappa 和 Rohtgi 最早采用搅拌法制备了颗粒增强金属基复合材料（PRMMC），通过机械搅拌在熔体中产生涡流引入颗粒；还可采用其他方法引入颗粒，如离心铸造法、气流喷射分散法及零动力工艺等。Lovd D. J. 采用涡流法制备了 SiCp/2L108 复合材料，其颗粒分布均匀；研究结果还显示了对 SiC 颗粒进行预处理有利于制备 PRMMC。搅拌工艺取得的最重要的突破来自于美国，由 Skibo 和 Schuster 开发了 Duralcan 工艺。这种工艺使用普通的铝合金和未涂覆处理的陶瓷颗粒，采用搅拌法引入增强相，颗粒尺寸可小到 $10\mu m$，增强相体积分数可达 25%，Duralcan 工艺在产业化进程中处于领先地位。另外，Hydro Aluminum AS 公司和 Comala 公司可制备与 Duralcan 工艺相媲美的复合材料。尽管搅拌铸造法的开发取得了令人鼓舞的成果，但是一些问题仍然存在，且有待进一步解决，包括搅拌过程的陶瓷颗粒偏聚、颗粒在液体中的分散和界面反应等。此外体积分数还受到一定的限制。

② 熔体浸渗法。熔体浸渗工艺包括压力浸渗和无压浸渗。当前工艺是利用惰性气体和机械装置作为压力介质将金属熔体浸渗进多气孔的陶瓷预制块中，可制备体积分数高达 50% 的复合材料，随后采用稀释的方法降低体积分数。这种方法被广泛采用，已用于制造丰田汽车发动机活塞（Al_2O_3/短纤维/Al 合金）；我国也用于生产 Al_2O_3 短纤维局部增强铝活塞。最新的液相工艺是金属基无压浸渗工艺，在氮气气氛下不需施加任何压力，Al-Mg 合金熔体就能良好浸渗陶瓷粉末堆积体，可制备体积分数高达 55% 的复合材料，增强相可以是 SiC 和 Al_2O_3，颗粒尺寸可小至 $1\mu m$。液态金属浸渗法是一种制备大体积分数复合材料的好方法，但是也存在缺点，如预制块的变形、微观结构不均匀、晶粒尺寸粗大和界面反应等。

③ 固相工艺粉末冶金（PM）法。粉末冶金（PM）法是最早开发制备颗粒增强金属基复合材料（PRMMC）的工艺之一，一般包括混粉、冷压、除气、热压和挤压过程。它的优点是任何金属都可以作为基体材料，允许使用所有种类的增强相，可以使用非平衡合金，如快凝合金和快淬粉末可以制备大体积分数的复合材料，最大限度地提高材料的弹性模量，降低热胀系数。但是它也存在许多缺点，如需要存储大量具有高反应性和爆炸性的微细粉末，生产过程复杂，产品的形状受到限制，生产成本很高等，使得这种方法很难在生产中获得广泛的应用。高能高速工艺实质上也是一种 PM 工艺，它通过在短时间内利用高电能和机械能快速固结金属-陶瓷混合物，短时快速加热可以控制相转变和显微结构粗化，这是普通 PM 工艺不能达到的。

④ 流变铸造法。流变铸造法是对处于固-液两相区的熔体施加强烈搅拌形成低黏度的半固态浆液，同时引入陶瓷颗粒，利用半固态浆液的触变特性分散增强相，但存在搅拌工艺所有的问题。

⑤ 喷射沉积技术。喷射沉积（spray deposition）技术最初是 Singer 开发的，由 Osprey Metals 公司投入生产应用。在其雾化器内，陶瓷颗粒与金属熔体相混合，随后被雾化喷射到水冷基底上形成激冷复合颗粒，需随后进行固结才能制成大块复合材料。可变多相共积（VCM）技术是 Osprey 的一种改进型，其区别在于陶瓷颗粒是喷射到已雾化的金属熔滴流中，金属熔滴与陶瓷颗粒同时沉积。VCM 工艺的沉积率可达 $6\sim10kg/min$。Alcan 公司对此工艺进行产业开发，可生产 200kg 的铸锭。Cuptal 等采用 VCM 制备了体积分数为 20% 的 SiC/Al-Li 复合材料。喷射沉积技术用于制备 PRMMC 具有以下优点：所得基体组织属于快凝范畴；陶瓷颗粒与金属熔滴接触的时间极短，界面化学反应得到有效控制；控制工艺气氛可以最大限度地减少氧化；几乎适合任何基体/陶瓷体系。采用此技术生产 PRMMCs 的

成本介于粉末冶金法与液相搅拌法之间。

⑥ XD 技术。这是由 Martin Marietta 公司开发的专利技术。其利用金属-金属之间或金属-化合物之间发生的放热反应，在金属熔体中原位产生新的所需要的金属间化合物-陶瓷增强相，例如：$2B+Ti+Al \longrightarrow TiB_2+Al$；$3B_2O_3+3TiO_2+10Al \longrightarrow 3TiB_2+5Al_2O_3$；$3SiO_2+4Al \longrightarrow 2Al_2O_3+3Si$；$C+Ti+Al \longrightarrow TiC+Al$。另外一种原位反应合成方法是向金属液中喷入氨气或含碳气体而成：$N_2+Al \longrightarrow AlN+Al$；C（含碳气体）$+Ti+Al \longrightarrow TiC+Al$。

原位反应产生的增强相颗粒尺寸一般为 $0.2 \sim 1\mu m$。采用此工艺技术制备复合材料时，增强相被液态金属润湿，界面结合牢固，因而非常具有发展前景，但过于细小的颗粒会显著增加熔体的黏度，难以进一步铸造成型。

（2）纤维增强金属基复合材料的制备方法

纤维增强金属基复合材料（FRM）的制造方法有固相扩散结合法、粉末冶金法、铸造法及定向凝固法等几大类。铸造法根据增强材料的加入方法分为熔浸法和事先混合法两类。对长纤维和连续纤维增强金属基复合材料，为控制好纤维分布状态，往往先制出纤维预成型体，把纤维预成型体放到铸型中，然后浇入金属液，这是制备纤维增强金属基复合材料的最简单方法。但此方法获得的材料中存在大量孔洞，原因是金属液对纤维的润湿性不好。故制造纤维增强金属基复合材料的关键是采取措施，使金属液浸透到增强纤维的间隙内，从而确保复合材料的致密性和结合强度。常用的方法有真空吸铸、加压凝固铸造及压铸等。对短纤维和颗粒增强材料随机均匀分布的金属基复合材料（MMC）来说，多采用事先混合法。该法按复合时金属液状态分为液相法和半固态法。液相法采用搅拌器搅动金属液产生旋涡后加入增强材料，从而使增强材料在金属液中均匀分布；半固态法是把增强材料加入到半固态金属中后搅拌。显然事先混合法不适于制造连续纤维增强复合材料。

① 真空铸造法。用真空铸造法制造纤维增强金属基复合材料（FRMMC）时，先把连续纤维缠绕在绕线机上，用聚甲基丙烯酸等能加热分解的有机高分子化合物黏结剂制成半固化带，再把数片半固化带叠加在一起压制成预成型体。把预成型体放入铸型中，加热到500℃，使有机高分子分解去除。铸型的一端浸入基体金属液中，另一端抽真空，将金属液吸入铸型内浸透纤维，待冷却凝固后从铸型内取出，即成为纤维增强金属基复合材料。

② 加压凝固铸造法。该法是将金属液浇注入铸型后，加压使金属液在压力下凝固。金属从液态到凝固均处于高压下，故能充分浸渗、补缩并防止产生气孔，得到致密铸件。铸、锻相结合的方法又称挤压铸造、液态模锻、锻铸法。此法最适于制造纤维增强金属基复合材料。加压凝固铸造法可制造较复杂的异型金属基复合材料零件，亦可局部增强。由于复合材料是在熔融状态在压力下复合，故结合十分牢固，可获得力学性能很高的零部件。这种高温下制成的复合坯，二次成型比较方便，可实施各种热处理，达到对材料的多种要求。

③ 压铸法。压铸法是把金属液压射到铸模内，在压力下凝固的方法。该法需要解决的问题是如何把纤维加到金属液中，还有随静止时间加长，纤维或上浮或沉淀，难于在铸型内均匀分布。

④ 半固态复合铸造法。此法是从半固态铸造法发展而来的。半固态合金具有流变性，可进行流变铸造；半固态浆液具有触变性，可将流变铸造锭重新加热到所要求固相组分的软化度，送到压铸机中压铸，由于压铸时浇口处的剪切作用，可恢复其流变性而充满铸型，故称为触变铸造。颗粒或短纤维增强材料加入到强烈搅拌的半固态合金中以后，由于半固态浆液中球状碎晶粒子对添加的分散和捕捉作用，既防止了添加粒子的上浮、下沉和凝聚，

又使添加粒子在浆液中均匀分散，可使润湿性改善，促进界面结合，复合性能十分理想。

⑤ 定向凝固法。纤维增强金属基复合材料按其纤维置入方法不同分为两大类：一类是将纤维掺入基体中的人工合成法；另一类是使纤维在基体中生长出来，即自身生长出各向异性的纤维组织，得到原位型复合材料。该法是把熔融共晶成分或近共晶成分的合金以大的温度梯度及适当的冷却速度按指定方向凝固，第二相金属间化合物就按一定的方向长成晶须状，得到晶须增强金属。

⑥ 离心铸造法。该法是将增强体颗粒或短纤维预先置入离心机内，靠离心力甩出预成型套，然后浇入液态金属，利用增强相与基体密度不同，而得到复合材料，但是该方法还存在增强体在基体中分布不均及界面问题。

5.3.3　宏观组合型金属基复合材料的制备方法

宏观组合型金属基复合材料主要有二类，一类是宏观层合板，如复合钢板、多层复合板、铝塑复合板等；另一类是缠绕结构，如扁平钢带缠绕压力容器、纤维缠绕压力容器。复合钢板已经在第一篇里作了详细的介绍，这里不再重复；纤维缠绕压力容器在后面将作详细介绍，这里也不详细介绍。由于每种层合板有不同的工艺种类，内容也相差很大，而且不能作为压力容器材料使用，所以这里不再展开。

5.4　金属-非金属复合材料标准

5.4.1　复合材料相关标准

有关金属-非金属复合材料的标准有很多，而且均分散于不同材料制备的标准中，比较成熟相关标准有以下几个，主要有 GB/T 8237《纤维增强塑料用液体不饱和聚酯树脂》，GB/T 16778《纤维增强塑料结构件失效分析一般程序》，GB/T 135465.3《聚合物基复合材料疲劳性能测试方法 第 3 部分：拉-拉疲劳》，GB/T 4944《玻璃纤维增强塑料层合板间拉伸强度试验方法》，GB/T 3365《碳纤维增强塑料孔隙含量和纤维体积含量试验方法》，GB/T 5258《纤维增强塑料面内压缩性能试验方法》，GB/T 13096《拉挤玻璃纤维增强塑料杆力学性能试验方法》GB/T2567《树脂浇铸体性能试验方法》。

5.4.2　复合材料压力容器相关标准

复合材料应用于压力容器领域有较长历史，近年来呈现快速发展的趋势，标准种类已经非常多，此处介绍几个压力容器相关的标准。

5.4.2.1　纤维缠绕复合材料压力容器标准情况

美国 ASME 标准第Ⅹ篇为纤维增强塑料压力容器。该标准于 1974 年开始准备并起草，1977 年获得通过，现行版本为 2019 年版和补遗。最初标准范围仅包括玻璃纤维压力容器。该规范以设计为基础，爆破压力要求为 5 倍的额定工作压力，在最低设计温度下 3000 次疲劳，在最高设计温度下 30000 次疲劳。纤维缠绕容器开口在端部，最大工作压力 3000psi（20.68MPa，1psi≈6.8948kPa），碳纤维和芳纶纤维是以后补上去的，采用和玻璃纤维一样的要求，安全系数都是 5。全缠绕设计一般用非金属内衬，固定使用（安装于地面或平台），是不移动的，不限制使用寿命。疲劳试验和爆破试验仅限于试验要求，没有在用检验和水压试验要求。

我国 GB/T 150 没有复合材料相关的条文，也没有引用标准。我国其他有关容器产品的标准有 HY/T 067《水处理用玻璃钢罐》、SC/T 8065《玻璃钢渔船船体结构节点》、GB/T 7190《机械通风冷却塔》、JC/T 587《玻璃纤维缠绕增强热固性树脂耐腐蚀立式贮罐》、GB/T 6058《纤维缠绕压力容器制备和内压试验方法》等。

5.4.2.2　气瓶标准

（1）呼吸气瓶标准

英国健康与安全执行局（HSE）于 1994 年 1 月发布第一个政府许可的碳纤维复合气瓶（呼吸器）标准，压力为 207bar 或 300bar（30MPa，1bar≈10^5Pa）。自 1994 年 1 月以来，欧洲成员国政府许可扩大到 19 个国家。美国和日本于 1997 年取得了必需的政府许可。在美国，DOT 管理要求的标准是 DOT-CFFC，现行版本为 2000 年 11 月第四次修订版《铝内衬全缠绕碳纤维增强气瓶的基本要求》。气瓶的最大水容积≤90.7L，工作压力≤34.5MPa。

我国的标准有 GB/T 28053《呼吸器用复合气瓶》以及相关的强度试验的一系列标准。

（2）车用压缩天然气气瓶标准

1989 年 ISO/TC58/SC3/WG17 着手制定《车用压缩天然气气瓶》国际标准，于 1992 年提出标准草案，经过多次修改，ISO 11439《车用压缩天然气高压气瓶》现已被包括中国在内的世界上大多数国家认可，标准第一版已于 2000 年 9 月 15 日正式颁布，它包括 CNG-1 金属气瓶、CNG-2 金属内衬环向缠绕气瓶、CNG-3 金属内衬全缠绕气瓶和 CNG-4 塑料内衬全缠绕气瓶。ISO 11439《车用压缩天然气高压气瓶》是在此前 20 年来各国经验的基础上制定的，因此目前国内车用压缩天然气气瓶也多参考该标准。关于碳纤维复合气瓶主要的欧洲标准是英国 HSE-A1-FW2（0.5251）以及欧洲大陆已批准的衍生版本、欧洲标准化技术委员会（CEN）编制的复合气瓶规范 EN 12245：2002《可运输气瓶——全缠绕复合材料气瓶》，和 EN 12257：2002《可运输气瓶——无缝环向缠绕复合材料容器》，当然还有其他钢制气瓶标准如 EN 1964-1《无缝钢制气瓶》和 EN 1964-2《无缝钢制气瓶》，两者管辖的压力范围不一样。

比较有代表性的是国际标准化组织 ISO 于 2002 年批准的纤维缠绕复合气瓶标准：ISO 11119《复合结构气瓶——规范和试验方法》。具体包括：

第一部分：ISO 11119-1《环向缠绕复合气瓶》；

第二部分：ISO 11119-2《承载金属内胆纤维增强全缠绕复合气瓶》；

第三部分：ISO 11119-3《非金属内胆和不承载金属内胆纤维增强全缠绕复合气瓶》。

ISO 11119 标准适用于容积 450L 以下的容器，用于储存和运送压缩气体和液化气体，其水压试验压力≤650bar（65MPa）。ISO 11119 标准规定设计寿命从 10 年到不限；对设计寿命超过 15 年的气瓶，为了继续使用应重新进行评定。无缝金属内衬材质可为钢、不锈钢或铝合金。缠绕纤维可为碳纤维、玻璃纤维、有机纤维或其混杂，但对环向缠绕标准中规定亦可采用钢丝缠绕进行周向加强。

美国航空航天学会（AIAA）的 S-081《非金属内胆复合全缠绕压力容器》（2000 年 4 月 3 日草案）标准为美国国家标准协会（ANSI）批准的最终阶段标准，它是针对进行中的发射运载工具和有效载荷制定的。它与 S-080《金属压力容器》一起延续并取代 Mid-std-1552A-1984 美国空军（USAF）《加压导弹和航天系统安全设计系统和操作的总要求标准》。

S-081 标准为材料的选择和安全指南提供了广泛的指导，设计思路基于材料应力破裂而建立飞行寿命的最低可靠性，对碳纤维的最小安全系数为 1.5，芳纶为 1.75、玻璃纤维为 2.25。

我国有 GB/T 24160《车用压缩天然气钢质内胆环向缠绕气瓶》。

（3）高压储氢气瓶标准

随着氢能技术的发展，高压储氢气瓶技术逐步成熟，标准也逐步完善。国外主要有欧盟标准 CGH2R：2006《氢动力汽车储氢系统》，日本标准 JIGA-T-S：2004《氢动力汽车高压储氢气瓶》，美国 DOT-CFFC《铝内衬全缠绕碳纤维增强气瓶的基本要求》，国际标准 ISO 15869：2009《车用氢气及氢混合气体储存气瓶》，国际标准 ISO/CD 19881：2015《车用压缩氢气瓶》，联合国欧洲经济委员会工作组 UN/ECE/WP.29/AC.3 HFCV 氢燃料电池汽车全球技术法规（简称 GTR）等，EN 17533：2020《气态氢气——用于固定储存的气瓶和管道》。通过消化吸收国外先进技术和标准，我国现在也有了一系列标准。如 GB/T 35544《车用压缩氢气铝内胆碳纤维全缠绕气瓶》等标准。

5.5 金属-非金属复合材料压力容器结构

由于压力容器的特殊受力情况，金属-非金属复合材料压力容器的结构与制造工艺也有其与众不同的地方，主要体现在一是复合成型方式与一般复合材料不同，二是不同构件之间的连接方式与一般复合材料不同。本节介绍金属-非金属复合材料压力容器的特点和结构。

5.5.1 复合材料压力容器特点

（1）重量轻

早期的高压容器多为钢制金属容器，由于金属强度有限，为了提高容器工作压力，只能增加容器厚度。由于金属材料密度大，这样就增加了容器的质量，而用复合材料制成的压力容器，内衬是很薄的金属甚至非金属，外面纤维缠绕层是由密度很小（$1.5 \sim 2.9 \mathrm{g/cm^3}$）、强度很高（抗拉强度可达几千兆帕）的增强纤维构成，能减轻容器质量。

（2）抗爆、可监控

现有单层结构压力容器无法实现经济可靠的在线安全状态自动监控和容器内部介质泄露自动处理，一旦出现裂纹后裂纹会持续扩展，导致容器爆炸。而复合材料压力容器因为具有多层结构，即使内衬出现裂纹扩展，层间具有止裂作用，不会影响到外层，外层能继续起到承压的作用，这就为做出妥善的安全处理赢得时间。对于重要复合材料压力容器可以设计安全监控系统，当内衬出现介质泄漏时，设置在外层的在线安全状态自动监控装置能够及时自动报警，从而达到安全的失效方式。

（3）易制造、成本低

单层结构压力容器"厚板卷焊"，尤其"筒节锻焊"制造技术，其热态弯卷、锻压、焊接、检验和大型机械加工机整体热处理等都较困难，劳动强度大，生产效率低，制造成本高，其隐藏和萌生的疲劳、腐蚀等裂纹缺陷往往也难以避免。而复合材料压力容器内衬不需要很厚，所以焊接量很少，而且很容易。纤维用专用的缠绕机床缠绕，机械化程度高。如玻璃纤维除了强度高外，还有一个优点是成本相对较低。

（4）容器结构设计灵活

单层厚壁容器结构的设计灵活性小，其抗冲击能力通常也不够理想。而复合材料压力容器除了内壁衬里或堆焊耐腐蚀层以外，具有可按功能需要灵活改变内外层材料的设计，包括铝和钛合金的合理选用，适应各种应用需求，而且也可在内层、外层和层间按需设置在线安全状态自动监控装置或者其他如阻隔辐射等某种特殊功能的装置。

5.5.2 复合材料压力容器常用结构

在本书的第一篇里，将扁平钢带缠绕钢复合结构压力容器作为金属复合材料压力容器的典型结构，如果将扁平钢带替换为各种大丝束纤维，则就是金属-非金属复合材料压力容器的基本结构，制造方式和结构都有一定的相似之处。

复合材料压力容器主要有圆柱形、球形、环形、矩形等容器。就圆柱形压力容器而言，可分为环向缠绕、纵向缠绕和螺旋缠绕三种类型，而环向缠绕和纵向缠绕广义上就是螺旋缠绕，只是螺旋缠绕特殊的一种缠绕角度。

（1）环向缠绕容器

缠绕时，内衬沿自己轴线作匀速转动，绕丝头在平行于内衬轴线方向均匀缓慢地移动，内衬每转一周，绕丝头向前移动一个纱片宽度，如此循环直至纱片均匀布满内衬筒身段为止。如图 5-3 所示。

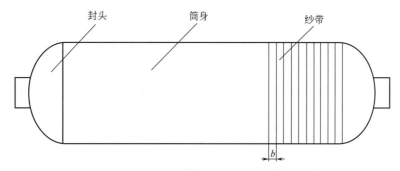

图 5-3　环向缠绕复合材料容器

环向缠绕只在筒身段进行，不能缠绕封头，邻近纱片之间相接而不相交。缠绕角度一般为 $85°\sim90°$（相对于环向）。环向缠绕的纤维方向即为筒体的一个主应力方向，较好地利用了纤维的单向强度，但没有对轴向进行加强，所以一般内压容器的成型都是采用环向缠绕和纵向缠绕结合的方式。

（2）纵向缠绕容器

纵向缠绕又称平面缠绕。这种缠绕规律的特点是绕丝头在固定平面内做圆周运动，内衬绕自己的轴线做慢速间隙转动，绕丝头每转一周，内衬转过一个微小角度，反映在内衬表面上是一个纱片宽度。纱片和内衬轴线之间成 $0°\sim25°$ 的交角，纤维轨迹是一条单圆平面封闭曲线。缠绕规律的线型如图 5-4 所示。

纱片与纵轴的交角称为缠绕角（α），由图 5-4 可知，纵向纤维缠绕的缠绕角正切为

$$\tan\alpha = \frac{x_1 + x_2}{l + y_1 + y_2} \tag{5-1}$$

式中　x_1，x_2——两封头的极孔半径；

　　　y_1，y_2——两封头高度；

　　　　　l——筒身段长度。

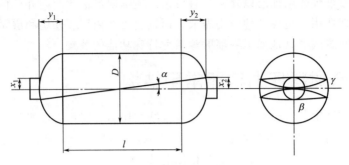

图 5-4　纵向缠绕线型图

（3）螺旋缠绕容器

螺旋缠绕又称测地线缠绕。缠绕时，内衬绕自己轴线匀速转动，绕丝头按特定速度沿内衬轴线方向往复运动，于是在内衬的筒身和封头上就实现了螺旋缠绕，如图 5-5 所示。其缠绕角约为 12°～17°。

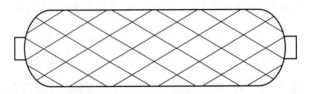

图 5-5　螺旋缠绕线型图

螺旋缠绕的特点是每条纤维都对应极孔圆周上的一个切点；相同方向邻近纱片之间相接而不相交。因此，当纤维均匀缠满内旦表面时，就形成了双纤维层，与扁平钢带缠绕比较相似。

（4）球形容器

根据第 1 章压力容器的受力特点分析，这类容器的受力状态是最理想的，周向应力和环向应力相等，所以容器壁可以最薄。但是由于球形容器在制造方面的难度较大，一般只有在航天器等特殊场合使用，如图 5-6 所示。

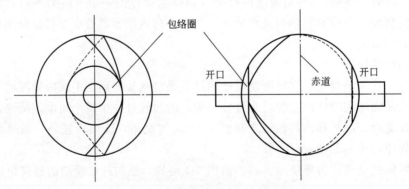

图 5-6　球形容器缠绕过程示意图

（5）环形容器

这类容器在工业生产中十分罕见，但是在某些特定场合还是需要这种结构，如空间飞行器为了节约空间，充分利用有限空间，就会采用这种特殊的结构，如图 5-7 所示。

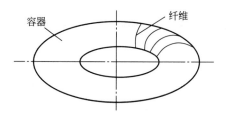

图 5-7　复合材料环形容器

（6）矩形容器

矩形容器主要为满足当空间有限时，为了最大限度地利用空间而采用的结构，如汽车矩形槽车、铁路罐车等，这类容器一般为低压或者常压容器，而重量要求越轻越好。

参考文献

[1]　任毅，等.复合材料 FRP 在工程结构中的应用.地下空间与工程学报，2005（5）：809-812.

[2]　王旭，晏雄.纤维增强复合材料的特点及其在土木工程中的应用.玻璃钢/复合材料，2005（6）：55-56.

[3]　何宏伟.碳纤维/环氧树脂复合材料改性处理.北京：国防工业出版社，2014.

[4]　《碳纤维复合材料轻量化技术》编委会.碳纤维复合材料轻量化技术.北京：科学出版社，2015.

[5]　胡宁，赵丽滨.航空航天复合材料力学.北京：科学出版社，2021.

[6]　李峰，李若愚.复合材料力学与圆管计算方法.北京：科学出版社，2021.

[7]　Anastasios P V. Fatigue life prediction of composites and composite structures. Duxford：Woodhead Publishing, an imprint of Elsevier，2020.

[8]　Tsai S W. Strength & life of composites. Palo Alto：Stanford University Press，2008.

[9]　Tsai S W. Composites design. Dayton：United States Air Force Materials Laboratory，1986.

[10]　刘松平，刘菲菲.先进复合材料无损检测技术.北京：航空工业出版社，2017.

[11]　谢富原.先进复合材料制造技术.北京：航空工业出版社，2017.

[12]　保罗·戴维姆.复合材料加工技术.安庆龙，陈明，宦海祥，译.北京：国防工业出版社，2016.

[13]　王晓洁，等.高性能碳纤维复合材料耐压容器研究进展.宇航材料工艺，2003（4）：20-23.

[14]　陈汝训.纤维缠绕圆筒压力容器结构分析.固体业箭技术，2004（2）：105-107.

[15]　林再文，等.几种纤维复合材料压力容器的性能对比研究.纤维复合材料，2005（1）：21-22.

[16]　任明法，王荣国，陈浩然.具有金属内衬复合材料纤维缠绕容器固化过程的数值模拟.复合材料学报，2005（4）：118-124.

[17]　克莱因 T W，威瑟斯 P J.金属基复合材料导论.余永宁，房志刚，译.北京：冶金工业出版社，1996.

第6章
力学分析

复合材料作为一种新型材料，近几十年以来获得了迅速发展，随着航天、航空、电子、汽车等高技术领域的迅速发展，对材料性能的要求日益提高，单一的金属、陶瓷、高分子等工程材料已难以满足迅速增长的性能要求。为了克服单一材料性能上的局限性，根据构件的性能要求和工况条件，选择两种或两种以上化学、物理性质的材料，按一定的方式、比例、分布组合成复合材料，使其具有单一材料所无法达到的特殊性能或综合性能。

复合材料性能的基本特点是各向异性、可设计性，这些特性以及它们所引起的特殊力学行为与均质各向同性材料是不同的。复合材料压力容器是由金属内衬和纤维缠绕复合材料组成的，二层材料结构差异较大，适用于二层分开进行分析。本章首先分析复合材料有关的力学行为和基本特征，然后对金属-非金属复合材料进行力学分析。

6.1　复合材料的力学性能

任何结构设计必须有材料的性能数据。对于均质的各向同性材料，设计人员在选定材料的同时可以根据材质（或牌号）从手册或厂家提供的材料说明书获得性能数据，在特殊的情况下还可以从实验中获得可靠的性能数据。可将复合材料看作一种结构，其组分材料为增强材料、基体材料等原材料。对于复合材料的原材料，其性能数据一般没有给出。如纤维材料的性能是与工艺条件、存放时间和环境等多种因素有关；基体材料的性能变化幅度更大，影响因素更多。因此在进行复合材料设计工作之前，要对原材料的性能进行测试。由于复合理论在目前只有定性估算的意义（因为只有纵向拉伸性能的预测比较符合实际），在定量方面还很不足，将预测值用于初步方案设计还勉强可以，作为设计依据还不够充分。实际设计所需要的单层板的基本性能参数只能靠宏观试验得到，因此必须对复合材料的基本性能进行测试。复合材料的力学试验是复合材料力学的重要组成部分。

复合材料非均质、各向异性，这决定了它的力学试验与均质、各向同性材料的力学试验有所不同。试件的形状、尺寸、制备工艺必须考虑复合材料的特点，夹具和试验设备也有许多特殊要求。在复合材料力学试验中，单向纤维复合材料的力学试验占有重要地位。本节将着重介绍单向纤维复合材料的试件、试验方法和性能。

6.1.1　纤维与基体力学试验及性能

（1）纤维

玻璃纤维、碳纤维、芳纶纤维、硼纤维、高强高模聚乙烯纤维、碳化硅和氮化硅纤维等是目前复合材料常用的增强材料。这些纤维的典型应力-应变曲线如图 6-1 所示。他们都是线弹性的，其强度为 $1700\sim6500\mathrm{MPa}$，目前高强度碳纤维的抗拉强度可达 $19500\mathrm{MPa}$；破坏应变为 $0.4\%\sim4\%$；拉伸模量为 $7\times10^{4}\sim4.2\times10^{5}\mathrm{MPa}$。纤维的密度也是十分重要的参数。部分纤维目前的强度、模量、密度等性能见表 6-1。

表 6-1　各种纤维的性能

纤维种类	密度 /kg·cm^{-3}	拉伸模量/GPa	比模量 /GPa·cm^3·g^{-1}	抗拉强度/MPa	比强度 /GPa·cm^3·g^{-1}
E 玻璃纤维	2550	73.8	29.0	3510	1.38
S 玻璃纤维	2490	87.9	35	4920	1.97
碳纤维（高强度）	1750	200～250	114～143	2500～9900	1.43～5.66
碳纤维（高模量）	1950	350～380	177～195	2000～6900	1.03～3.54
石墨纤维	1710	273	160	2500	1.46
有机纤维（kevlar-49）	1450	133	917	1700～4950	1.17～3.41

图 6-1 和表 6-1 中纤维强度都是指单丝的强度，纤维制造厂家把若干根单丝组成一股或一束，制造复合材料时通常把若干股或若干束并在一起使用，设计复合材料时不能使用上述单丝的强度值作为纤维强度的设计值。复合材料破坏时，纤维中的平均应力比单丝强度低很多，它与工艺水平和工艺方法有关。纤维的设计强度要靠相应的试验确定。

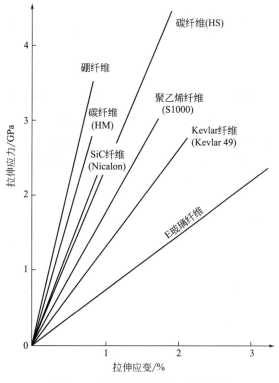

图 6-1　各种纤维的应力-应变曲线

（2）树脂基体

树脂基体有高性能环氧、双马来酰亚胺树脂、聚酰亚胺树脂、芳基乙炔树脂、酚醛树脂、热塑性树脂、双马树脂、聚氨酯树脂等。

在热固性复合材料中，目前使用最多的基体是不饱和聚酯、环氧树脂及酚醛、聚酰亚胺等。它们各自的固化剂、稀释剂、增韧剂及促进剂是多种多样的。热塑性塑料也越来越多使用，它能改善复合材料的冲击性能。结构用环氧树脂的应力-应变曲线如图 6-2 所示。几种基体的性能如表 6-2 所示。

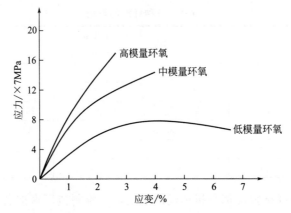

图 6-2　环氧树脂的应力-应变曲线

表 6-2　几种常见树脂的性能

树脂种类	密度 /g·cm^{-3}	抗拉强度 /MPa	拉伸模量 /GPa	剪切模量 /GPa	抗压强度 /MPa	泊松比	破坏应变 /%
聚酯	1.28	56	3.57	—	142	—	2
环氧	1.11	80	3.50	1.4	—	0.4	2~10
聚酰亚胺	1.90	196	3.15	—	293.3	—	—

可以看出，环氧树脂的性能范围是很宽的。复合材料的主要力学性能取决于增强材料，但是对于某些性能，如剪切性能、老化性能、电性能、热性能等，基体起主要作用。在树脂基体中加入一些微粒，可大幅度提高复合材料的韧度，对于耐疲劳、抗裂纹扩展极为有益。这样的基体本身就是两相的，属于粒子复合材料。

在本章以下叙述中，下标"c""f""m"，分别代表复合材料、纤维、基体；下标"L""T"代表复合材料的纵向和横向，以后不再一一说明。

6.1.2　环形试件的制造与测试

6.1.2.1　环形试件

为了测定单向纤维增强材料的力学性能，使用的试件常有两种类型。一种单向环试件，一种单向薄平板试件。这两类试件的出现与纤维复合材料的发展有密切关系。

纤维复合材料的发展，特别是纤维缠绕技术的发展，使得这种材料很快在某些重要结构上得到应用，固体发动机壳体这类高压容器就是其中一例。这种容器的设计通常用网格分析。网格分析不计树脂作用，只重视纤维提供的纤维方向的强度和刚度。环形试件就是在这样的基础上发展起来的。环形试件对压力容器设计具有重要意义。

环形试件是由美国海军军械实验室（naval ordnance laboratory）首先使用的，所以常称为 NOL 环。我国常称 NOL 环为强力环。

对环形试件进行拉压试验是通过一对半圆形的分离盘实现的。常用它测定纤维方向的抗拉强度、拉伸模量、抗压强度及压缩模量。也可以从圆环上切下弧段做短梁剪切试验，测量其层间抗剪强度。常用这种试验对树脂基体的性能作比较。

试件的形状和尺寸如图 6-3 所示，拉伸用分离盘如图 6-4 所示，压缩用分离盘如图 6-5 所示。

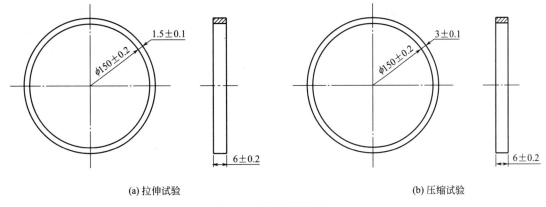

(a) 拉伸试验　　　　　　　　　　　　　　　　(b) 压缩试验

图 6-3　环形试件的尺寸

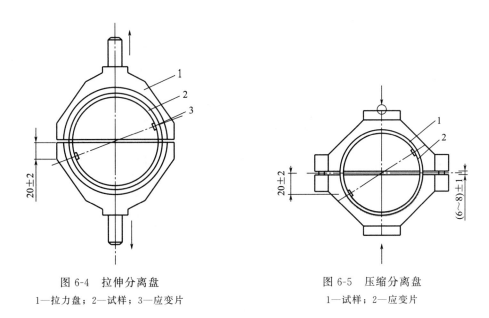

图 6-4　拉伸分离盘　　　　　　　　图 6-5　压缩分离盘

1—拉力盘；2—试样；3—应变片　　　　1—试样；2—应变片

用厚环做纤维方向压缩试验及层向剪切试验；用薄环做纤维方向拉伸试验。可参照国家标准 GB/T 5258、GB/T 35465.3、GB/T 4944、GB/T 2567、GB/T 1458 的有关规定，一般强力环的尺寸见表 6-3 所示。

表 6-3　强力环的尺寸

内径 D_i/mm	宽度 b/mm	厚度 t/mm
150	6	1.5
150	6	3

6.1.2.2 环形试件的制造方法

关于环形试件的制造，GB/T 5258、GB/T 35465.3、GB/T 4944、GB/T 2567、GB/T 1458 中有详细的规定，但有几个问题值得注意。

（1）缠制方法对环形试件性能的影响

环形试件通常在专门小缠绕机上缠绕。有两种做法，一是单环绕制，如图 6-6 所示；二是筒切环，先环向缠绕圆筒，然后切割成环，环的尺寸与单个绕制的环相同，环的表面可以加工，也可以不加工。经过表面加工的环，其强度值高、离散系数小。不加工的环，表面树脂层厚度不同，凹凸不平，尺寸偏差大。用同种玻璃纤维和同种环氧树脂缠绕的环的性能如表 6-4 所示。对碳纤维试件试验结果显示，加工后试件强度略低于单个环试件，原因是碳纤维有割断现象。

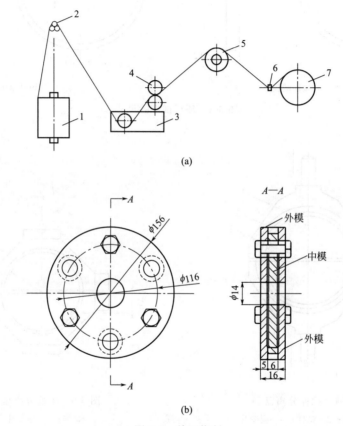

(a)

(b)

图 6-6　单环绕制

1—纱团；2—张力辊；3—胶槽；4—胶辊；5—张力控制装置；6—绕丝嘴；7—模具

筒切环比单个绕制的环强度低。这是因为从圆筒上切取环时，一些纤维被切断，而单个绕制的环是由一根连续纤维组成。筒切环也有优点，譬如缠制方便，效率高、数据稳定等，适合做性能的相对比较。

（2）缠绕张力对环形试件性能的影响

在环形试件的制造过程中，纤维缠绕张力是一个很重要的因素。在保持其他条件不变的情况下，用六种不同张力缠绕环形试件，进行拉伸和短梁剪切试验，结果如表 6-5 所示。其中拉伸试件每组 5 个；剪切试件每组 24 个；使用的纤维为南京产高强玻璃纤维，60 支/15 股；基体为环氧 618。缠绕张力太小，不能使纤维受力均匀，环的强度偏低；缠绕张力太大，会使纤维磨损严重，产生断丝，而且随着缠绕张力的增加，环的含胶量下降。建议缠绕张力取纤维束拉断力的 5%～8%。试验证明，对于同种纤维，不同的树脂基体对应着不同的最优缠绕张力。用上述纤维及六个张力等级分别对三种基体做了试验。试验结果如表 6-6 及图 6-7、图 6-8 所示。可以看出，推荐的缠绕张力还是比较合适的。

表 6-4　环形试件的外表面加工与不加工的性能比较

测试性能	单环绕制制作方法		备注
	外表面加工	外表面不加工	
抗拉强度/MPa	1300±40.2	1270±83.8	
离散系数/%	3.09	6.59	
抗压强度/MPa	464±14.5	459±42.4	1. 拉伸压缩试验每组 5 个试样。弯曲、剪切试验每组 9 个试样
离散系数/%	3.13	9.24	
弯曲强度/MPa	1070±98	942±135	2. 纤维：南京产高强 60 支/15 股，树脂为环氧 618
离散系数/%	9.16	14.33	
抗剪强度/MPa	29.1±2.8	29.3±5.4	
离散系数/%	9.62	18.4	

表 6-5　不同缠绕张力对环形试件强度的影响

测试性能	张力/（千克/股）					
	0.01	0.04	0.08	0.12	0.16	0.20
树脂含量/%	27.02	24.46	20.82	19.66	16.6	14.5
纤维强度/MPa	2160	2240	2310	2240	1920	1917
抗拉强度/MPa	1130±74.7	1320±61.2	1460±90.2	1470±80.1	1380±110.7	1390±28.4
离散系数/%	6.6	4.7	6.2	5.5	8.1	2.1
剪切强度/MPa	38.3±3.7	45±3.2	42.8±3.7	45.5±4.9	42.5±7	40.1±7.8
离散系数/%	9.5	7.0	2.0	10.8	16.5	19.4

表 6-6　不同缠绕张力对不同基体的环形试件性能的影响

序号	原材料	测试项目	张力/（千克/股）					
			0.01	0.04	0.08	0.12	0.16	0.20
1	环氧618、环氧70酸酐、环氧丙烷、苄基三甲胺	抗拉强度/MPa	1130±74.7	1320±61.8	1460±90.2	1470±80.1	1380±110.7	1390±28.4
		离散系数/%	6.6	4.7	6.2	5.5	8.1	2.1
		纤维强度/MPa	2160	2240	2310	2240	1920	1920
		含胶量/%	27.02	24.46	20.82	19.66	16.60	14.50
		抗剪强度/MPa	28.3±3.7	45±3.2	42.8±8.7	45.5±4.9	42.5±7.9	411±7.8
		离散系数/%	9.5	7.0	2.0	10.8	16.5	19.4
2	环氧618、300、400，环氧70酸酐、苄基三甲胺	抗拉强度/MPa	1320±80.9	1370±32.4	1440±23.5	1480±46.4	1450±15.8	1450±15.8
		离散系数/%	6.3	2.4	1.6	3.1	1.1	1.1
		纤维强度/MPa	2090	2180	2180	2100	2160	2090
		含胶量/%	26.29	31.30	19.01	16.10	18.101	16.96
		抗剪强度/MPa	49.5±4.8	49.7±6.3	51.6±3.7	45.4±6.1	61.1±6.2	53±5
		离散系数/%	9.6	12.7	7.2	13.4	8.5	5.3

序号	原材料	测试项目	张力/(千克/股)					
			0.01	0.04	0.08	0.12	0.16	0.20
3	环氧618、环氧丙烷、二乙烯三胺	抗拉强度/MPa	1170±32.4	1350±47.4	1360±12.6	1330±43.6	1340±71.1	1460±47.4
		离散系数/%	2.8	5.4	9.3	3.3	5.2	3.3
		纤维强度/MPa	1990	2090	2040	1830	1840	2170
		含胶量/%	24.35	20.11	16.26	14.72	13.93	18.223
		抗剪强度/MPa	397±37	497±30	385±103	330±750	343±84	495±28
		离散系数/%	9.6	6.1	2.7	2.3	2.4	5.6

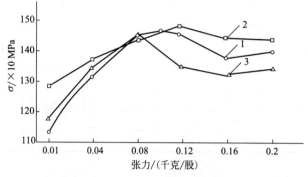

图 6-7　三种树脂系统抗拉强度比较

1，2，3—对应表 6-6 三种树脂系统

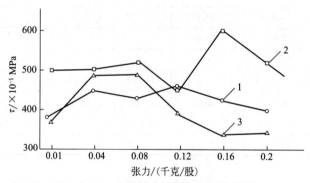

图 6-8　三种树脂系统抗剪强度比较

1，2，3—对应表 6-6 三种树脂系统

（3）缠绕速度对环形试件性能的影响

缠绕环形试件时的缠绕速度影响树脂基体对纤维的浸润程度及试件制作的效率。表 6-7 给出了缠绕速度对环形试件性能的影响。缠绕张力为 0.08kg/股；纤维为 80 支/15 股南京产高强粗纱；基体是以环氧 70 酸酐为固化剂的环氧 618。建议缠绕速度不超过 60r/min。

表 6-7　缠绕速度对环形试件性能的影响

测试性能	缠绕速度/(r/min)		
	30	60	90
抗拉强度/MPa	1490±50.7	1470±80.1	1550±56.8
离散系数/%	3.14	5.45	3.7
纤维强度/MPa	2100	2240	2170

测试性能	缠绕速度/(r/min)		
	30	60	90
含胶量/%	16.14	15.51	15.56
抗剪强度/MPa	43±5.1	45.5±4.8	35.7±6.7
离散系数/%	11.8	10.8	18.7

（4）固化前环形试件的存放时间对其性能的影响

环形试件绕制后，应立即固化为宜。固化之前存放时间对抗拉强度、含胶量及层间抗剪强度都有影响。表6-8给出了能说明这种影响的一组数据。随着存放时间的增加，层间抗剪强度明显下降。

表6-8 固化前存放时间对环形试件性能的影响

性能	存放时间			
	缠完后立即固化	18h	24h	48h
抗拉强度/MPa	1520	1520	1600	1620
纤维强度/MPa	2220	2120	2220	2230
含胶量/%	15.51	15.48	15.21	14.69
抗剪强度/MPa	—	42.7	36.7	31.6

（5）使用纤维的股数（或束数或显密度）对环形试件性能的影响

因为环形试件的宽度只有6mm；厚度是1.5mm和3mm，缠绕时使用的纤维束的横截面积不能太大，否则会影响环形试件的性能。表6-9列出的一组数据说明了这一影响的大概范围。

表6-9 缠绕时使用纤维的股数对环形试件性能的影响

股数	性能				
	抗拉强度/MPa	纤维强度/MPa	弯曲强度/MPa	抗剪强度/MPa	含胶量/%
5股 C_v/%	1788±62.6 3.50	2710±96.2 3.55	1374±49 3.59	49.5±2.58 5.21	19.61
10股 C_v/%	1685±81 4.80	2900±139.6 4.80	1122±40.3 3.60	45.4±1.23 2.71	26.00
20股 C_v/%	1820±83.4 4.58	2640±112.5 4.27	1062±60.4 5.75	49±2.1 4.29	21.30
40股 C_v/%	1159±51.6 4.45	2590±115 4.44	944.5±64 6.74	43.5±1.7 4.02	37.49
80股 C_v/%	1127±31.2 2.77	2580±71.5 2.78	909±45.8 5.04	42.5±1.39 3.27	38.30

注：C_v为强度的离散系数。

（6）纤维的表面处理

在制造试件之前，对所用纤维的表面处理是很重要的，一般纤维表面会吸附水分，特别是玻璃纤维和有机纤维对水有很强的吸附能力。因此，在制造试件之前对纤维要进行干燥处理，既要很快地除掉纤维表面的吸附水分，又要使纤维表面的处理剂不能因为加热而失效。

对玻璃纤维建议在80℃恒温4h，其他纤维根据具体情况而定。表6-10和表6-11的数据说明了这一处理条件的适宜性。

表6-10 玻璃纤维的烘干试验

项目	编号	烘前质量/g	加热后质量/g				含水率/%	干燥器（烘箱）	存放条件
			恒温2h	3h	4h	5h			
80支/40股	1	1.3026	1.3003	1.2992	1.2998	1.2998	0.260		25℃相对湿度67%
	2	1.2762	1.2738	1.2731	1.2738	1.2731	0.243		
	3	1.2538	1.2514	1.2508	1.2512	1.2509	0.239		
	4	1.2724	1.2700	1.2693	1.2694	1.2693	0.244		
	5	1.2055	1.2029	1.2025	1.2027	1.2026	0.249	升温至80℃后恒温	
80支/20股	1	1.3255	1.3238	1.3232	1.3232	1.3232	0.174		
	2	1.2543	1.2529	1.2526	1.2525	1.2526	0.144		
	3	1.5056	1.5043	1.5033	1.5027	1.5033	0.193		
	4	1.2191	1.2175	1.2173	1.2169	1.2173	0.180		
80支/40股	1	2.2145	2.2089		2.2093	2.2092	0.253		24℃相对湿度72%
	2	1.9295	1.9251		1.9246	1.9250	0.254		
	3	1.2489	1.2457		1.2458	1.2459	0.256		

表6-11 纤维表面处理剂烘干后变化情况

试样	烘干前		升温80℃恒温12h	
	含胶量/%	固化度/%	含胶量/%	固化度/%
80支/20股	0.99	31.96	1.00	33.40
80支/40股	1.63	68.36	1.57	70.25

6.1.2.3 对环形试件的试验

（1）拉伸试验

将两个半圆分离盘对装起来，把环放在圆槽内，相对拉伸。用这种试验可以测定环形试件沿纤维方向的抗拉强度、拉伸模量及纤维的抗拉强度。试件尺寸如图6-3所示，试件装入拉力盘上的位置如图6-4所示，拉力盘的结构与尺寸如图6-9所示。

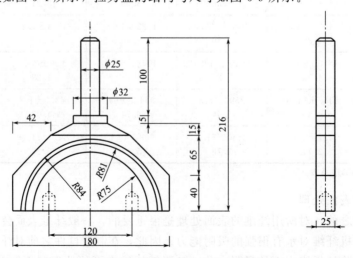

图6-9 拉力盘的结构与尺寸示意图

环在纤维方向的抗拉强度 F_{Lt} 和折算的纤维强度 F_f 为

$$F_{Lt} = \frac{P_B}{2bt} \tag{6-1}$$

$$F_f = \frac{P_B}{2bt V_f} \tag{6-2}$$

式中　P_B——拉伸破坏荷载，N；

　　　　b——试件宽度，mm；

　　　　t——试件厚度，mm；

　　　　V_f——纤维体积分数，%。

测定拉伸模量时，可在靠近分离位置的环上沿纤维贴应变片。拉伸模量 E_{LT} 按下式计算

$$E_{LT} = \frac{\Delta P}{2bt \Delta \varepsilon} \tag{6-3}$$

式中，ΔP 和 $\Delta \varepsilon$ 分别为荷载增量和应变增量。

用此方法测得的纤维强度 F_f 可以作为设计纤维缠绕内压容器的纤维设计强度。

（2）压缩试验

用两个半圆压力盘相对压缩，可以测环形试件在纤维方向的抗压强度与压缩模量。压缩环形试件如图 6-3 所示；环形试件在压力盘上的位置如图 6-5 所示。压缩分离盘的结构与尺寸如图 6-10 所示。

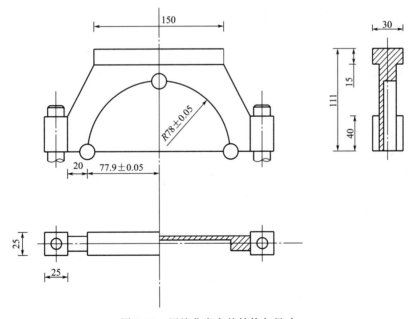

图 6-10　压缩分离盘的结构与尺寸

计算环形试件在纤维方向的抗压强度与压缩模量与式（6-1）和式（6-3）相似，符号相应修改。

（3）剪切试验

对从环形试件上切取的弧形试件做三点弯曲试验，可以测定环形上的层间抗剪强度。剪切试件的尺寸如图 6-11 所示，其跨长是以发生剪切破坏为依据而确定的。试验夹具应有允许试件自由伸长的支座，如图 6-12 所示。加载头的半径为 3mm。层间抗剪强度 F_s 为

$$F_s = \frac{3P_B}{4bt} \qquad\qquad (6\text{-}4)$$

式中　P_B——破坏时载荷；

　　　b，t——环形试件的宽度和厚度。

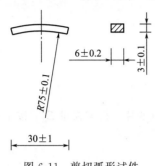

图 6-11　剪切弧形试件

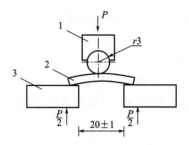

图 6-12　剪切试验装置

1—上压头；2—试样；3—滑动支座

6.1.3　单向复合材料试件及试验

环形试件制造简单，但是只能用它测定单向材料纵向（纤维方向）的拉压性能，而且环形试件也不能排除附加弯曲的影响。

复合材料的进一步发展，特别是层合板、层合理论的发展，需要单向板的完整数据，只有纵向的性能数据是不够的，这就要求有合适的单向复合材料板，由单向复合材料板再切割成需要的试件，试件标准按我国试件标准确定。随着纤维材料科学的发展，对单向纤维增强塑料平板试件的要求越来越严格。制造这种试件的办法也各不相同，有的用纤维缠绕法，有的用手铺放。即使对于同样的材料，不同的制造方法和工艺会产生不同的性能。影响因素与环形试件的情况大同小异，这里不再展开。

连续纤维在基体中呈同向平行排列的复合材料，叫作单向连续纤维增强复合材料。典型单向复合材料铺层如图 6-13、图 6-14 所示。一般来说，单向铺层呈现正交各向异性，并有三个对称平面：平行于纤维的方向通常叫作纵向（x 轴）；垂直于纤维方向叫作横向（在 yz 平面中的任意一个方向）。在纵向上铺层性能不同于其他两个方向（y、z）；而在横向上（y、z）材料的性能近似相等。

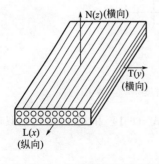

图 6-13　单向复合材料铺层示意图

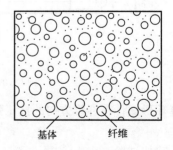

图 6-14　铺层横截面示意图

单向复合材料的强度和刚度都随方向而改变，有 5 个特征强度值，即纵向抗拉强度、横向抗拉强度、纵向抗压强度、横向抗压强度、面内抗剪强度，这些强度在宏观尺度上是彼此无关的；有 4 个特征弹性常数，即纵向弹性模量、横向弹性模量、主泊松比、切变模量，这四个弹性常数也是彼此独立的。复合材料的强度和弹性模量均由组合材料的特性、增强体的取向、体积分数决定。可见，单向复合材料有 9 个基本性能数据。当研究一种新材料时，如筛选试验或制定材料规范，要考虑 9 个性能指标。在为结构设计提供材料数据时，也必须提供 9 个性能数据。这些性能数据是由标准试验方法测定的。

6.1.3.1 拉伸试验

目前大多采用长条形试件，试件两端部用金属薄片或玻璃钢片加固。

（1）加固片的粘接及粘接长度

首先对试件和加固片要进行表面处理，一般可先用乙酸乙酯去除试件表面的脱模剂，再用丙酮清洗一遍。一般用铝合金板或玻璃钢板制作加固片，铝加固片的表面处理方法是将裁好的加固片放在酸处理液中加热到 65℃，并放置 15min，再用自来水冲洗干净，然后在 105℃下烘 2h，以除去水分；玻璃钢加固片的表面处理与试件相同。酸处理液的质量配比为硫酸：水：重铬酸钾＝10：30：1。

由于单向复合材料在纤维方向上的抗拉强度很高，拉伸时加固片容易滑脱，所以要选用高强度黏结剂。建议黏结剂的配比（质量）为环氧 618：200 型聚酰胺：二缩水甘油醚：咪唑＝100：80：15：2。试件和加固片涂好黏结剂，黏在一起加接触压力固化。固化方法为：室温升到 60℃，保温两小时再升到 120℃，保温 8h，降至室温。垂直纤维方向的拉伸试件和偏轴拉伸试件的强度较低，黏结加固片的黏结剂可以用常温胶。也可以用其他方法黏结加固片。

（2）试件尺寸

单向复合材料平板试件的长度主要取决于工作区和加固片的长度。工作区太长会使抗拉强度偏低，太短会使工作区的应力场不均匀。加固片的长度建议取 50mm。试件的尺寸如图 6-15 和表 6-12 所示。碳纤维和有机纤维的价格较高，建议试件尺寸稍小一些。

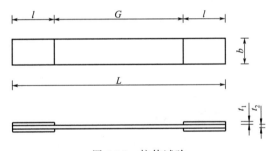

图 6-15　拉伸试验

表 6-12　单向纤维增强材料拉伸试件的尺寸

纤维方向	纤维种类	试件尺寸/mm					
		L	l	G	b	t_2	t_1
0°拉伸	玻璃	230	50	130	12	1.5	2
	碳	170	50	70	12	1.5	2
90°拉伸	玻璃	170	50	70	25	1.5	2
	碳	170	50	70	25	1.5	2
测量泊松比	玻璃	230	50	130	25	1.5	2
	碳	170	50	70	25	1.5	2

不同国家和国际组织的测试标准对试件有尺寸要求，具体可参看不同标准的对应要求。

使用单向拉伸试件可以测定纤维方向（0°方向）和垂直方向（90°方向）的拉伸模量 E_{LT}、E_{TT}，抗拉强度 F_{LT}、F_{TT}，泊松比 ν_{LT} 或 ν_{TT}。为了判别试验是否可靠，建议检查一下 $E_{LT}\nu_{TT}$ 和 $E_{TT}\nu_{LT}$ 是否近似相等。

6.1.3.2　压缩试验

压缩试验的难度稍大，也有争论。薄板压缩试验的试件如图 6-16 所示。其端部加固片的材料和黏结方法与拉伸试件相同。试件夹具如图 6-17 所示。为了避免试件提前发生屈曲破坏，压缩试件的工作段很短，测应变时要用较小的应变片。用这种压缩试件可以测定纤维方向和垂直方向的压缩模量 E_{LO}、E_{TO}，抗压强度 F_{LO}、F_{TO} 及相应的泊松比。

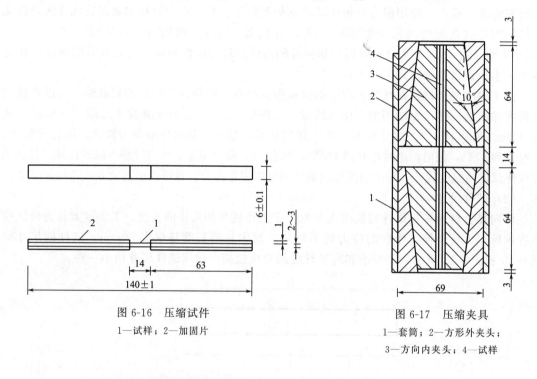

图 6-16　压缩试件

1—试样；2—加固片

图 6-17　压缩夹具

1—套筒；2—方形外夹头；

3—方向内夹头；4—试样

6.1.3.3　面内剪切试验

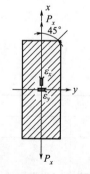

图 6-18　45°偏轴
　　　　拉伸试验

面内剪切试验的目的是测定面内纵横剪切模量 G_{LT} 和抗剪强度 F_{LT}。多数复合材料具有较低的剪切模量和抗剪强度。基体性能、基体纤维界面性能对面内剪切的应力-应变关系有很大影响，所以面内剪切应力-应变曲线可能会有明显的非线性。目前的几种剪切试验的试件大多用多铺层试件，并利用层合板理论导出剪切模量和抗剪强度的表达式。这就难免受到层间应力、交叉效应和耦合效应的影响。欲使试件中产生纯剪切状态是困难的。现有的许多方法仍属于近似试验方法。

（1）用偏轴拉伸法测定面内剪切模量 G_{LT}、抗剪强度 F_{LT}

① 45°偏轴拉伸法。用单向平板切割成如图 6-18 所示的偏轴拉伸试件，在载荷 P_x 的作用下，试件处于平面应力状态。在偏轴方向上，应力-应变关系由式（6-5）给出，详细的推导过程将在下一节中给出。

$$\begin{Bmatrix} \varepsilon_x \\ \varepsilon_y \\ \gamma_{xy} \end{Bmatrix} = \begin{bmatrix} \overline{S}_{11} & \overline{S}_{12} & \overline{S}_{16} \\ \overline{S}_{12} & \overline{S}_{22} & \overline{S}_{26} \\ \overline{S}_{16} & \overline{S}_{26} & \overline{S}_{66} \end{bmatrix} \begin{Bmatrix} \sigma_x \\ \sigma_y \\ \tau_{xy} \end{Bmatrix} \tag{6-5}$$

式中，非主方向柔度系数用工程常数给出，有

$$\begin{cases}
\overline{S}_{11} = \dfrac{\cos^4\alpha}{E_{LT}} + \left(\dfrac{1}{G_{LT}} - 2\dfrac{\nu_{LT}}{E_{LT}} \right)\sin^2\alpha\cos^2\alpha + \dfrac{\sin^4\alpha}{E_{TT}} \\[3mm]
\overline{S}_{12} = -\dfrac{\nu_{LT}}{E_{LT}} + \left(\dfrac{1}{E_{LT}} + \dfrac{1}{E_{TT}} + 2\dfrac{\nu_{LT}}{E_{LT}} - \dfrac{1}{G_{LT}} \right)\sin^2\alpha\cos^2\alpha \\[3mm]
\overline{S}_{22} = \dfrac{\cos^4\alpha}{E_{TT}} + \left(\dfrac{1}{G_{LT}} - 2\dfrac{\nu_{LT}}{E_{LT}} \right)\sin^2\alpha\cos^2\alpha + \dfrac{\sin^4\alpha}{E_{LT}} \\[3mm]
\overline{S}_{66} = \dfrac{1}{G_{LT}} + 4\left(\dfrac{1}{E_{LT}} + \dfrac{1}{E_{TT}} + 2\dfrac{\nu_{LT}}{E_{LT}} - \dfrac{1}{G_{LT}} \right)\sin^2\alpha\cos^2\alpha \\[3mm]
\overline{S}_{16} = \dfrac{2(1+\nu_{LT})}{E_{LT}}\sin\alpha\cos^3\alpha - \dfrac{2(1+\nu_{TT})}{E_{TT}}\sin^3\alpha\cos\alpha + \dfrac{1}{G_{LT}}(\sin^2\alpha - \cos^2\alpha)\sin\alpha\cos\alpha \\[3mm]
\overline{S}_{26} = \dfrac{2(1+\nu_{LT})}{E_{LT}}\sin^3\alpha\cos\alpha - \dfrac{2(1+\nu_{TL})}{E_{TT}}\sin\alpha\cos^3\alpha + \dfrac{1}{G_{LT}}(\cos^2\alpha - \sin^2\alpha)\sin\alpha\cos\alpha
\end{cases} \tag{6-6}$$

取 $\alpha = 45°$，$\sigma_x = P_x/tb$，$\sigma_y = \tau_{xy} = 0$，由式（6-5）、式（6-6）得

$$\begin{cases}
\varepsilon_x = \overline{S}_{11}\sigma_x = \sigma_x\left[\dfrac{1}{4E_{LT}} + \dfrac{1}{4E_{TT}} + \dfrac{1}{4}\left(\dfrac{1}{G_{LT}} - \dfrac{2\nu_{LT}}{E_{LT}} \right) \right] \\[3mm]
\varepsilon_y = \overline{S}_{12}\sigma_x = \sigma_x\left[-\dfrac{\nu_{LT}}{E_{LT}} + \dfrac{1}{4}\left(\dfrac{1}{E_{LT}} + \dfrac{1}{E_{TT}} + \dfrac{2\nu_{LT}}{E_{LT}} - \dfrac{1}{G_{LT}} \right) \right]
\end{cases}$$

两式相减，有

$$\varepsilon_x - \varepsilon_y = \dfrac{\sigma_x}{2G_{LT}}$$

于是

$$G_{LT} = \dfrac{\sigma_x}{2(\varepsilon_x - \varepsilon_y)} = \dfrac{P_x}{2tb(\varepsilon_x - \varepsilon_y)} \tag{6-7}$$

在 $P_{x\max}$ 作用下，试件在 45°方向上剪切破坏。面内抗剪强度 F_{LT} 为

$$F_{LT} = \dfrac{P_{x\max}}{2tb} \tag{6-8}$$

由于在非主方向存在面内交叉效应的影响，单向纤维增强板材受偏轴拉伸时将产生图 6-19 虚线所示的变形。但是夹头一般会约束试件端部的这种剪切变形，对试件产生了附加作用力。当采用足够大的长宽比的试件时，就能把这种影响减小到可以忽略的程度。

② 两层板的偏轴拉伸法。如图 6-20 所示，设 α 向单向层为"1"层，$-\alpha$ 向单向层为"2"层，于是有下述关系

$$\begin{cases}
\{\sigma_x^{(1)}\} = [\overline{Q}_{ij}(\alpha)]\{\varepsilon_x^{(1)}\} \\
\{\sigma_x^{(2)}\} = [\overline{Q}_{ij}(-\alpha)]\{\varepsilon_x^{(2)}\}
\end{cases} \quad (i,j=1,2,6)$$

$$\{\varepsilon_x^{(1)}\} = \{\varepsilon_x^{(2)}\} = \{\varepsilon_x\}$$

$$\{\sigma_x\} = \dfrac{1}{2}\left[\{\sigma_x^{(1)}\} + \{\sigma_x^{(2)}\} \right] = \dfrac{1}{2}\{[\overline{Q}_{ij}(\alpha)] + [\overline{Q}_{ij}(-\alpha)]\}\{\varepsilon_x\}$$

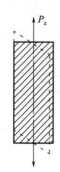

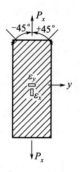

图 6-19　偏轴拉伸时的剪切变形　　　　图 6-20　±45°偏轴拉伸试验

因为 $\overline{Q}_{11}$、$\overline{Q}_{12}$、$\overline{Q}_{22}$、$\overline{Q}_{66}$ 是 α 角的偶函数，$\overline{Q}_{16}$、$\overline{Q}_{26}$ 是 α 角的奇函数，所以

$$\frac{1}{2}\{[\overline{Q}_{ij}(\alpha)]+[\overline{Q}_{ij}(-\alpha)]\}=\begin{bmatrix} \overline{Q}_{11} & \overline{Q}_{12} & 0 \\ \overline{Q}_{12} & \overline{Q}_{22} & 0 \\ 0 & 0 & \overline{Q}_{66} \end{bmatrix}$$

于是，有

$$\begin{Bmatrix} \sigma_x \\ \sigma_y \\ \tau_{xy} \end{Bmatrix} = \begin{bmatrix} \overline{Q}_{11} & \overline{Q}_{12} & 0 \\ \overline{Q}_{12} & \overline{Q}_{22} & 0 \\ 0 & 0 & \overline{Q}_{66} \end{bmatrix} \begin{Bmatrix} \varepsilon_x \\ \varepsilon_y \\ \gamma_{xy} \end{Bmatrix} \tag{6-9}$$

式中：

$$\overline{Q}_{11}=Q_{11}\cos^4\alpha+2(Q_{12}+2Q_{66})\sin^2\alpha\cos^2\alpha+Q_{22}\sin^4\alpha$$

$$\overline{Q}_{12}=Q_{12}+(Q_{11}+Q_{22}-2Q_{12}-4Q_{66})\sin^2\alpha\cos^2\alpha$$

$$\overline{Q}_{22}=Q_{12}\cos^4\alpha+2(Q_{12}+2Q_{66})\sin^2\alpha\cos^2\alpha+Q_{11}\sin^4\alpha$$

$$\overline{Q}_{66}=Q_{66}+(Q_{11}+Q_{22}-2Q_{12}-4Q_{66})\sin^2\alpha\cos^2\alpha$$

$$Q_{11}=-\frac{S_{22}}{S_{11}S_{22}-S_{12}^2}$$

$$Q_{12}=-\frac{S_{12}}{S_{11}S_{22}-S_{12}^2}$$

$$Q_{22}=-\frac{S_{11}}{S_{11}S_{22}-S_{12}^2}$$

$$Q_{66}=1/S_{66}$$

将 $\alpha=45°$ 代入上式有

$$\sigma_x=\varepsilon_x\left[\frac{1}{4}\left(\frac{E_{\text{LT}}+E_{\text{TT}}}{1-\nu_{\text{LT}}\nu_{\text{TT}}}\right)+\frac{1}{2}\frac{E_{\text{TT}}\nu_{\text{LT}}}{1-\nu_{\text{LT}}\nu_{\text{TT}}}+G_{\text{LT}}\right]$$

$$+\varepsilon_y\left[\frac{1}{4}\left(\frac{E_{\text{LT}}+E_{\text{TT}}}{1-\nu_{\text{LT}}\nu_{\text{TT}}}\right)+\frac{1}{2}\frac{E_{\text{TT}}\nu_{\text{LT}}}{1-\nu_{\text{LT}}\nu_{\text{TT}}}-G_{\text{LT}}\right] \tag{6-10}$$

$$\sigma_y = \varepsilon_x \left[\frac{1}{4} \left(\frac{E_{LT} + E_{TT}}{1 - \nu_{LT}\nu_{TT}} \right) + \frac{1}{2} \frac{E_{TT}\nu_{LT}}{1 - \nu_{LT}\nu_{TT}} - G_{LT} \right]$$

$$+ \varepsilon_y \left[\frac{1}{4} \left(\frac{E_{LT} + E_{TT}}{1 - \nu_{LT}\nu_{TT}} \right) + \frac{1}{2} \frac{E_{TT}\nu_{LT}}{1 - \nu_{LT}\nu_{TT}} + G_{LT} \right] \quad (6\text{-}11)$$

因为 $\sigma_y = 0$，所以由式（6-11）得

$$G_{LT}(\varepsilon_x - \varepsilon_y) = \left[\frac{1}{4} \left(\frac{E_{LT} + E_{TT}}{1 - \nu_{LT}\nu_{TT}} \right) + \frac{1}{2} \left(\frac{E_{TT}\nu_{LT}}{1 - \nu_{LT}\nu_{TT}} \right) \right] (\varepsilon_x + \varepsilon_y)$$

代入式（6-10），得

$$G_{LT} = \frac{\sigma_x}{2(\varepsilon_x - \varepsilon_y)} = \frac{P_x}{2tb(\varepsilon_x - \varepsilon_y)} \quad (6\text{-}12)$$

另外

$$F_{LT} = \frac{\sigma_{x\max}}{2} = \frac{P_{x\max}}{2tb} \quad (6\text{-}13)$$

可以看出，$\pm 45°$双层板偏轴拉伸法求 G_{LT}、F_{LT} 的计算公式与 $45°$ 单层板偏拉法的相同。这种方法消除了面内交叉效应所引起的剪切变形，但是存在着层间应力的影响，即边界效应。试件的宽度大一些可以减弱边界效应造成的影响。

③ 其他角度的偏轴拉伸法。如图 6-21 所示，单向薄板承受某角 α 的偏轴拉伸。试验中用应变片电测 ε_x、ε_y、$\varepsilon_{45°}$。

因为
$$\tau_{LT} = -\sigma_x \sin 2\alpha / 2$$

$$\gamma_{LT} = (\varepsilon_x - \varepsilon_y)\sin 2\alpha + \gamma_{xy}\cos 2\alpha$$

并且
$$\gamma_{xy} = -\varepsilon_x + 2\varepsilon_{45°} - \varepsilon_y$$

于是，根据已知的 $\sigma_x (= P_x/tb)$ 和测得的 ε_x、ε_y、$\varepsilon_{45°}$ 可计算出 τ_{LT} 和 γ_{xy}。也就可计算 $G_{LT} = \tau_{LT}/\gamma_{LT}$。有文献提出最优偏轴拉伸角的概念，即选择偏轴拉伸角 α，使得在这一偏角下偏轴拉伸破坏时，剪应力对破坏的贡献最大。他们提出的最优偏轴拉伸角依赖于材料主方向的强度比。

（2）用方平板对角拉伸法测定 G_{LT}、F_{LT}

试件为单向复合材料方形或 $0°$、$+90°$正交铺设的方板，每边用螺栓将两根钢制边条和试件连接在一起，沿一对角施加拉伸荷载，通过边条夹紧试件产生的摩擦力形成面内剪切，如图 6-22 所示。试验证明，试件的大部分区域接近纯剪应力场。若方板边长为 a，在拉伸荷载 P_x 作用下，边缘上的剪应力为 τ，板厚为 t，则

$$2ta\tau\cos 45° = P_x$$

$$\tau_{LT} = \frac{P_x}{\sqrt{2}\,at}$$

并且
$$\gamma_{LT} = \varepsilon_x - \varepsilon_y$$

于是
$$\begin{cases} G_{LT} = \dfrac{\tau_{LT}}{\gamma_{LT}} = \dfrac{P_x}{\sqrt{2}\,at(\varepsilon_x - \varepsilon_y)} \\[3mm] F_{LT} = \dfrac{P_{x\max}}{\sqrt{2}\,at} \end{cases} \quad (6\text{-}14)$$

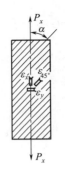

图 6-21 α 角偏轴拉伸试验 　　　　　　　图 6-22 方平板对角拉伸法

（3）用轨道剪切法测定 G_{LT}、F_{LT}

试件为单向方板或矩形板，试验装置如图 6-23 所示。

因为　　　　　　　　　　$\tau_{LT} = P/2at,\qquad \gamma_{LT} = \varepsilon_1 - \varepsilon_2$

所以

$$\begin{cases} G_{LT} = \dfrac{P}{2at(\varepsilon_1 - \varepsilon_2)} \\[3mm] F_{LT} = \dfrac{P_{max}}{2at} \end{cases} \tag{6-15}$$

式中，ε_1、ε_2 分别为 $+45°$ 和 $-45°$ 方向的应变。

（4）用薄壁圆筒扭转法测定 G_{LT}、F_{LT}

试件为单向纤维缠绕成环向薄壁圆筒，如图 6-24 所示。圆筒端部施加扭矩 M，圆筒半径和厚度分别为 r 和 t，则

$$\tau_{LT} = \frac{M}{2\pi r^2 t}$$

$$\gamma_{LT} = \varepsilon_{45°} - \varepsilon_{-45°}$$

于是

$$\begin{cases} G_{LT} = \dfrac{M}{2\pi r^2 t(\varepsilon_{45°} - \varepsilon_{-45°})} \\[3mm] F_{LT} = \dfrac{M_{max}}{2\pi r^2 t} \end{cases} \tag{6-16}$$

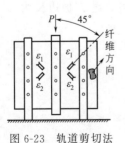

图 6-23 轨道剪切法 　　　　　　　图 6-24 薄壁圆筒扭转法

（5）其他方法

除以上几种用单向复合材料板做试件的测试方法外，还有必须用层合板的弯扭法、四点弯曲法等，这些方法都假定剪应力沿厚度方向线性分布而推导出 G_{LT} 的表达式。

6.1.3.4 弯曲试验

弯曲试验与上述三种试验不同，它不是提供材料设计数据的试验。这种试验常用于选材试验和质量控制，用来确定单向复合材料最外层的材料强度和模量。最常使用的方法是三点弯曲试验（见图 6-25）。其最大弯曲应力 σ_f 和弯曲模量 E_f 为

$$\sigma_f = 3pL/2bh^2 \tag{6-17}$$

$$E_f = 11\Delta pL^3/64bh^3\Delta f \tag{6-18}$$

式中，Δp 为载荷-挠度曲线上直线段的载荷增量；Δf 为相应于 Δp 的跨距中点挠度增量。

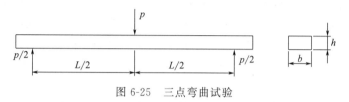

图 6-25　三点弯曲试验

对于产生较大挠度的材料适于采用四点弯曲试验（见图 6-26）。其相应的最大弯曲应力和弯曲模量为

$$\sigma_f = 3pL/4bh^2 \tag{6-19}$$

$$E_f = 11\Delta pL^3/64bh^3\Delta f \tag{6-20}$$

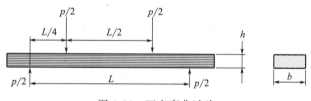

图 6-26　四点弯曲试验

跨厚比 L/h 的选择取决于材料的拉伸和层间抗剪强度之比，应保证试样在弯矩作用下的失效发生在层板的最外层。推荐的跨厚比值为 16、32、40 和 60。在拉伸或压缩破坏之前或试样外层纤维达到最大纤维应变之前，试样一直产生挠曲变形。但是中点挠度不应超过试样跨距的 10%。对于大挠度的试样，在处理试样数据时应考虑采用修正系数。

6.1.3.5 层间剪切试样

层间剪切试样也是用于选材和质量控制的简单试样。采用短梁弯曲方法测量单向复合材料的表观层间抗剪强度 τ_s，得到

$$\tau_s = 3p/4bh \tag{6-21}$$

控制较小的跨厚比（例如 $L/h=5$），以便提高中性面切应力与外层拉（压）应力的比值，造成中性面层间剪切失效。然而层板失效常常不是发生在预期的中性面，而是在其他层间。因此对失效位置和模式的观察和分析是重要的。

6.1.3.6 线胀系数的测定

单向复合材料主方向的线胀系数 α_L、α_T 是计算热应力、热应变的重要参数，因而对它们的试验测试也是非常重要的。试件可以从单向复合材料平板上沿纤维方向和垂直纤维方向切取；矩形端面必须平整，并且与试件长轴相垂直，断面尺寸以能放入膨胀计为度；两端面

不平行度应小于 0.04mm，试件长度可为 50mm 或 (100±0.1)mm。对于碳纤维复合材料，其 α_L 值很小，要求测量精度更高。

6.1.4 组分对单向复合材料刚度的贡献

单向复合材料的性能取决于组分的性质、分布及相互间的物理、化学作用，因此它是一定范围内性能可设计的材料。单向复合材料的性能可以通过前面介绍的各种试验来测定，试验的方法是简单而直接的。然而一次试验只能测定一种制造工艺确定的纤维-树脂体系的性质，当体系的任何参数发生变化时，如组分的性质、组分的相对体积、制造工艺变化时，就必须重新试验，因而耗费时间和经费。如能用理论的和半经验的方法来确定单向复合材料的性能，预估体系参数变化对单向复合材料性能的影响，那将是十分方便的。虽然这类计算方法并非对单向复合材料的所有性能都是准确的，然而，这些分析方法有助于了解组分对于单向复合材料性能的贡献；同时，对于正确理解用试验方法测出的结果也有帮助。本书第 15 章将介绍由 Stephen Tsai 提出的一种预测方法，并可由 MIC-MAC 软件进行计算。

确定复合材料性能的一个重要因素是基体和增强材料的相对比例，这个相对比例的数值可以用质量分数或体积分数来表示。质量分数在复合材料的制造过程中很容易得到，或者在制备后用试验方法测定，而体积分数只能用复合材料理论分析求得。因此希望在质量分数和体积分数之间建立一个相互转换的关系式。

假设复合材料的体积为 V_c，它由纤维的体积 V_f 和基体材料的体积 V_m 组成。令 m_c、m_f 和 m_m 分别代表复合材料、纤维和基体材料的质量。令体积分数和质量分数相应地用字母 φ 和 w 表示。则体积分数可定义为

$$\varphi_f = V_f/V_c, \quad \varphi_m = V_m/V_c \tag{6-22}$$

而

$$V_c = V_f + V_m \tag{6-23}$$

质量分数定义为

$$w_f = m_f/m_c, \quad w_m = m_m/m_c \tag{6-24}$$

而

$$m_c = m_f + m_m \tag{6-25}$$

为建立质量分数和体积分数之间的转换关系式，首先应知道复合材料的密度 ρ_c、纤维的密度 ρ_f 和基体材料的密度 ρ_m。

根据式 (6-22) 的定义，并在该式中用质量与密度的商代替体积，得

$$\varphi_f = \frac{V_f}{V_c} = \frac{m_f/\rho_f}{m_c/\rho_c} = \frac{\rho_c}{\rho_f}\frac{m_f}{m_c}$$

$$\begin{cases} \varphi_f = \dfrac{\rho_c}{\rho_f} w_f \\[2mm] \varphi_m = \dfrac{\rho_c}{\rho_m} w_m \end{cases} \tag{6-26}$$

相反的关系式可以从式 (6-24) 推导，或由式 (6-26) 导出

$$\begin{cases} w_f = \dfrac{\rho_f}{\rho_c} \varphi_f \\[2mm] w_m = \dfrac{\rho_m}{\rho_c} \varphi_m \end{cases} \tag{6-27}$$

当然，如果已知体积分数或质量分数，根据式 (6-23) 或式 (6-25)，可以计算 ρ_c

$$\rho_c = \rho_f \varphi_f + \rho_m \varphi_m \tag{6-28}$$

或

$$\rho_c = \frac{1}{w_f/\rho_f + w_m/\rho_m} \tag{6-29}$$

式（6-26）～式（6-29）仅适于双组分的复合材料，但能够推广到任意组分的复合材料。推广的关系式为

$$
\begin{cases}
\rho_c = \sum_{i=1}^{n} \rho_i \varphi_i \\[2mm]
\rho_c = \dfrac{1}{\sum\limits_{i=1}^{n} (w_i/\rho_i)} \\[4mm]
w_i = \dfrac{\rho_i}{\rho_c} \varphi_i \\[2mm]
\varphi_i = \dfrac{\rho_c}{\rho_i} w_i
\end{cases}
\tag{6-30}
$$

式中，n 为组分数，i 为组分序数。

需要指出，用式（6-29）从质量分数得到的复合材料密度可能与试验测定的密度不一致。当复合材料中存在孔隙时，就会发生这种情况。密度的差异表明了孔隙的存在。如果理论计算的复合材料密度用 ρ_c' 表示，试验测定的密度用 ρ_c 表示，则孔隙的体积分数为

$$\varphi_{孔隙} = 1 - \frac{\rho_c}{\rho_c'} \tag{6-31}$$

（1）纵向刚度

设想一个单向复合材料的模型。假设整个复合材料中纤维的性质和直径都是均匀的，而且纤维是连续的和彼此平行的（见图 6-27）。进而假设在纤维与基体间存在着理想的粘接，以致在界面不发生滑移，且纤维、基体和复合材料的应变是相等的

$$\varepsilon_f = \varepsilon_m = \varepsilon_c \tag{6-32}$$

如果纤维和基体呈现弹性变形，则应力为

$$
\begin{cases}
\sigma_f = E_f \varepsilon_f \\
\sigma_m = E_m \varepsilon_m
\end{cases}
\tag{6-33}
$$

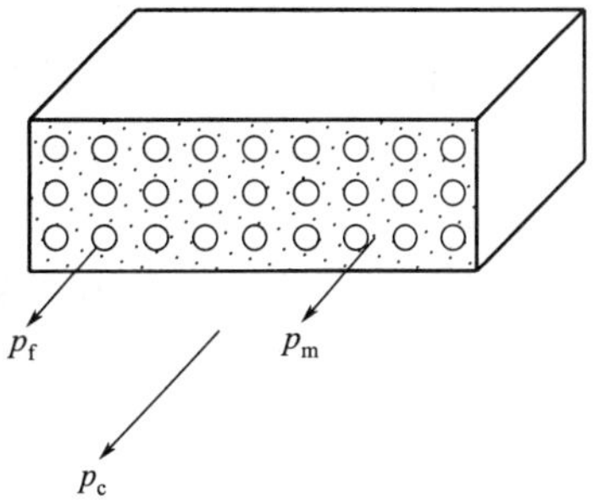

应力 σ_f 和 σ_m 分别作用在纤维的整个横截面积 A_f 和基体整个横截面积 A_m 上。因而纤维和基体所传递的载荷 p_f 和 p_m 为

$$
\begin{cases}
p_f = \sigma_f A_f = E_f \varepsilon_f A_f \\
p_m = \sigma_m A_m = E_m \varepsilon_m A_m
\end{cases}
\tag{6-34}
$$

被复合材料传递的总载荷 p_c 是纤维和基体传递的载荷之和

$$p_c = p_f + p_m \tag{6-35}$$

图 6-27　预测单向复合材料纵向性能的模型

这个总载荷引起了作用于复合材料整个横截面 A_c 上的平均应力 σ_c。因而

$$
\begin{cases}
p_c = \sigma_c A_c = \sigma_f A_f + \sigma_m A_m \\[2mm]
\sigma_c = \sigma_f \dfrac{A_f}{A_c} + \sigma_m \dfrac{A_m}{A_c}
\end{cases}
\tag{6-36}
$$

对于具有平行纤维的复合材料，体积分数能按横截面积写出

$$\varphi_f = A_f / A_c, \quad \varphi_m = A_m / A_c \tag{6-37}$$

因此
$$\sigma_c = \sigma_f \varphi_f + \sigma_m \varphi_m \tag{6-38}$$

现将式（6-38）对应变求导

$$\frac{d\sigma_c}{d\varepsilon} = \frac{d\sigma_f}{d\varepsilon} \varphi_f + \frac{d\sigma_m}{d\varepsilon} \varphi_m \tag{6-39}$$

式中，$d\sigma/d\varepsilon$ 代表相应的应力-应变曲线在给定应变点的斜率。如材料的应力-应变特性是直线，则斜率 $d\sigma/d\varepsilon$ 是常数。这时式（6-39）中的 $d\sigma/d\varepsilon$ 能用相应的弹性模量代替。于是

$$E_c = E_L = E_f \varphi_f + E_m \varphi_m \tag{6-40}$$

式（6-38）～式（6-40）表明，纤维和基体对复合材料的平均性能所做的贡献是与它们的体积分数成比例的。这样的关系称为混合定律。式（6-38）和式（6-40）能推广为

$$\begin{cases} \sigma_c = \sum_{i=1}^{n} \sigma_i \varphi_i \\ E_L = \sum_{i=1}^{n} E_i \varphi_i \end{cases} \tag{6-41}$$

研究纤维和基体的应力-应变曲线说明式（6-38）的预测。现在来看两种复合材料，在这两种复合材料中使用的纤维，其应力-应变特性直至断裂保持直线关系。一种复合材料的基体材料也有直线的应力-应变关系；而另一种基体材料的应力-应变特性是非线性的（见图 6-28）。复合材料在给定应变下的应力可按式（6-38）计算。即首先从相应的应力-应变曲线上找到给定应变下的基体应力和纤维应力，而后按它们的体积分数叠加。对于许多应变值重复这个过程，直到纤维断裂应变为止。这样就得到了复合材料的一个完整的应力-应变图。需要注意，这个方法适用于上述两种复合材料。因为在推导式（6-38）过程中没有对组分材料的性质做任何假设。因此图 6-28（a）的复合材料应力-应变特性是直线，而图 6-28（b）的复合材料应力-应变特性不是直线。使复合材料应力-应变曲线变成非直线的那个复合材料应变点，就是使基体应力-应变曲线变成非直线那个应变点。然而，由于纤维的性能占优势，所以复合材料应力-应变关系的非线性可能不很明显。特别是当纤维体积分数高时，更是如此。在任何时候，复合材料的应力-应变曲线都处于纤维和基体的应力-应变曲线之间。该曲线的实际位置取决于组分的相对体积分数。如果纤维体积分数高，复合材料应力-应变曲线靠近纤维应力-应变曲线；反之，当基体体积分数高时，复合材料应力-应变曲线靠近基体应力-应变曲线。因此，在预测复合材料应力时，对聚合物基体所做的线弹性假设不会引起大的误差。

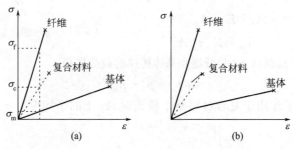

图 6-28　两种复合材料的应力-应变曲线

当施加的载荷是拉伸载荷时，用式（6-39）和式（6-40）预测的结果是很准确的，与实验结果很相符。然而在施加压缩载荷时，理论预测与实验结果有很大偏差。这可能是因为在受压缩载荷的复合材料中，纤维的特性类似于一个弹性基础上柱体的特性。因此复合材料对压缩载荷的响应强烈地依赖于基体性质，如它的剪切刚度。这一点与复合材料对拉伸载荷的响应不同。纵向拉伸性能主要取决于纤维。

了解载荷在复合材料的组分之间怎样分配和组分所承受的应力是有重要意义的。为此，可从式（6-32）～式（6-41）得到下列应力和载荷的比值

$$\frac{\sigma_f}{\sigma_m}=\frac{E_f}{E_m}, \quad \frac{\sigma_f}{\sigma_c}=\frac{E_f}{E_L} \tag{6-42}$$

$$\frac{p_f}{p_m}=\frac{\sigma_f \varphi_m}{\sigma_m \varphi_m}=\frac{E_f}{E_m}\frac{\varphi_f}{\varphi_m} \tag{6-43}$$

$$\frac{p_f}{p_c}=\frac{E_f \varepsilon_f \varphi_f}{E_f \varepsilon_f \varphi_f+E_m \varepsilon_m \varphi_m}=\frac{E_f/E_m}{E_f/E_m+\varphi_m/\varphi_f} \tag{6-44}$$

式（6-42）表明，组分应力比与相应的弹性模量比相等。为了在纤维中达到高应力以便充分发挥高强度纤维的效用，纤维的弹性模量应远大于基体的弹性模量。组分载荷的比值取决于弹性模量的比值和体积分数的比值。在各种纤维体积分数下，纤维与基体的载荷比作为其弹性模量比的函数示于图6-29。当纤维与基体模量比大，且纤维体积含量高时，纤维传递载荷的比例就大。因此对于一个给定的纤维-树脂体系，如欲使纤维传递复合材料总载荷中一个较大的比例，则纤维体积分数应达到最大值。虽然从几何排布上看，包容于复合材料中的圆柱形纤维最大体积分数几乎可达91%，但实际上超过80%时，复合材料的性能就要下降。这是因为基体不足以湿润和渗透纤维束，以致纤维贫胶，且在复合材料中产生孔隙。

玻璃纤维增强的复合材料具有良好的强度和比强度，这是由于高强度纤维的存在和复合材料充分发挥了高强度纤维效能的结果。因为组分模量比 E_f/E_m 近于20，即使玻璃纤维的体积仅占10%，纤维承担的载荷也将占总载荷的70%。

（2）横向刚度

研究复合材料的横向性能亦可选择一个简单的数学模型。可以假定在整个复合材料中纤维的性质和直径是均匀的，且纤维是连续的和彼此平行的。当复合材料在横向受力，即载荷方向垂直于纤维，这一模型如图6-30所示，这个图示意地代表了一个由纤维和基体构成的等厚度铺层。在载荷的作用下，复合材料沿载荷方向的伸长为 δ_c，则 δ_c 是纤维的形变 δ_f 和基体的形变 δ_m 的和

$$\delta_c=\delta_f+\delta_m \tag{6-45}$$

材料的形变等于应变与它的累积宽度 b 的乘积，于是有

$$\begin{cases} \delta_c=\varepsilon_c b_c \\ \delta_f=\varepsilon_f b_f \\ \delta_m=\varepsilon_m b_m \end{cases} \tag{6-46}$$

将式（6-46）代入式（6-45），有

$$\varepsilon_c b_c=\varepsilon_f b_f+\varepsilon_m b_m$$

或

$$\varepsilon_c=\varepsilon_f \frac{b_f}{b_c}+\varepsilon_m \frac{b_m}{b_c} \tag{6-47}$$

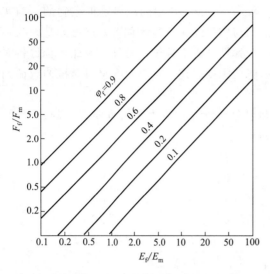

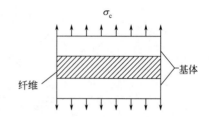

图 6-29　在不同纤维体积分数下，纤维和基体的
载荷比与相应弹性模量的关系

图 6-30　预测单向复合材料横向性能的模型

由于等厚度铺层组分的体积分数正比于组分的宽度，则

$$\varepsilon_c = \varepsilon_f \varphi_f + \varepsilon_m \varphi_m \tag{6-48}$$

假定纤维和基体均处于弹性变形状态，则

$$\frac{\sigma_c}{E_c} = \frac{\sigma_f}{E_f} \varphi_f + \frac{\sigma_m}{E_m} \varphi_m \tag{6-49}$$

然而在纤维和基体中的应力与复合材料中的应力是相等的，因而式（6-49）可简化为

$$\frac{1}{E_c} = \frac{\varphi_f}{E_f} + \frac{\varphi_m}{E_m} \tag{6-50}$$

为表明 E_c 是复合材料的横向弹性模量，下标改用"T"，则有

$$\frac{1}{E_T} = \frac{\varphi_f}{E_f} + \frac{\varphi_m}{E_m} \tag{6-51}$$

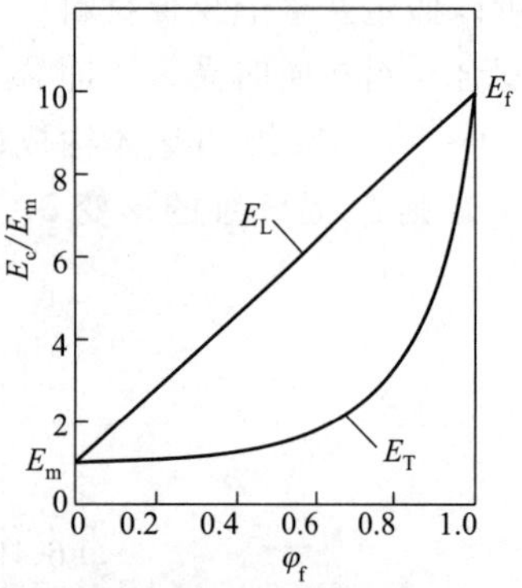

用式（6-51）预测的复合材料横向弹性模量示于图 6-31 中。图中同时绘出了用式（6-40）预测的纵向弹性模量。可见纤维在提高复合材料横向弹性模量方面的作用远小于纵向。例如，为把复合材料横向弹性模量提高到基体模量的两倍，纤维体积分数需超过 55%，而对于纵向弹性模量欲达到同样目的，纤维体积分数仅需 11%。从理论上看，只要有 90% 的纤维，横向弹性模量就能提高到基体模量的 5 倍。如前所述，这样高的纤维含量实际上是不可能的。因此除非纤维体积分数很高，否则纤维对提高横向弹性模量没有多大贡献。

图 6-31　复合材料横向模量、纵向
模量与纤维体积分数的关系

上述的简单模型在数学上是不精确的。如图 6-14 所示，在实际复合材料中，平行的纤维随机地分布在基体材料中。在给定的纵向截面（如图 6-13 中之 xy 平面和 xz 平面）内，都同时存在着纤维和基体两种组分。因此纤维和基体等应力的假设是不准确的。等应力假设还导致在纤维-基体界面上沿载荷方向的应变不一致。式（6-51）不精确的另一个原因是纤维和基体的泊松比不一致，它引起纤维和基体中的纵向应力，并使复合材料中存在不纯的纵向合力。在实际设计过程中，通常期望有一个简单而迅速的计算方法来估算复合材料的性质，即使仅是近似的估算也好。

Halpin 和 Tsai 提出了一个简单且有普遍性的公式，能得到较为精确的细观力学分析结果。只要纤维体积分数不接近 1，这个公式的预测就是相当精确的。适于复合材料横向弹性模量的 Halpin-Tsai 方程为

$$\frac{E_T}{E_m} = \frac{1 + \xi\eta\varphi_f}{1 - \eta\varphi_f} \tag{6-52}$$

$$\eta = \frac{E_f/E_m - 1}{E_f/E_m + \xi} \tag{6-53}$$

这里，ξ 是对增强作用的量度。其数值取决于纤维几何形状、填充排列的几何形状与载荷状况。ξ 的数值是经比较式（6-52）、式（6-53）与弹性力学精确解，通过曲线拟合法得到的。当估算横向弹性模量时，对于圆柱形或正方形截面的纤维，且成正方形阵列时，ξ 值取 2；对于矩形截面纤维，ξ 值按下式计算

$$\xi = 2a/b \tag{6-54}$$

式中，a/b 是矩形横截面的长宽比，在加载方向上量取尺寸 a。

可见，由于纤维的存在，复合材料的纵向和横向刚度均比相应基体材料的刚度有所改善。纵向刚度的改善十分显著，是由于纤维起了主导作用。复合材料对纵向载荷的响应基于载荷在纤维和基体间的分担。由于纤维的模量比基体高，所以它承担了载荷的主要部分，使复合材料性能相比基体性能大为提高。当复合材料承受横向载荷时，不存在这种组分分担载荷的情况。高模量纤维起着限制基体变形的作用，这导致复合材料横向弹性模量高于基体模量，即使仅是或多或少地提高。因此，复合材料横向弹性模量的大小不仅与组分的性能和含量有关，而且与组分的分布和相互作用有关。

（3）面内切变模量和主泊松比

预测单向复合材料面内切变模量 G_{LT} 模型如图 6-32 所示。假设纤维和基体中的切应力相等，有

$$\tau_c = \tau_f = \tau_m \tag{6-55}$$

且切应力-切应变关系是线性的，则总剪切变形为

$$\Delta_c = \Delta_f + \Delta_m \tag{6-56}$$

若复合材料、纤维和基体的切应变分别为 γ_c、γ_f 和 γ_m，则

$$\gamma_c(a+b) = \gamma_f b + \gamma_m a \tag{6-57}$$

同样地

$$\gamma_c = \gamma_f \varphi_f + \gamma_m \varphi_m \tag{6-58}$$

由于假设切应力-切应变关系是线性的，即

$$\gamma_c = \frac{\tau_c}{G_{LT}}, \ \gamma_f = \frac{\tau_f}{G_f}, \ \gamma_m = \frac{\tau_m}{G_m} \tag{6-59}$$

将式（6-59）代入式（6-58），并考虑到式（6-55）的假设，有

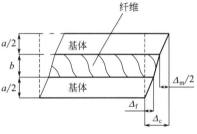

图 6-32　预测单向复合材料
面内切变模量的模型

$$\frac{1}{G_{\mathrm{LT}}}=\frac{\varphi_{\mathrm{f}}}{G_{\mathrm{f}}}+\frac{\varphi_{\mathrm{m}}}{G_{\mathrm{m}}} \tag{6-60}$$

然而式（6-60）的预测与实验结果偏差很大。用 Halpin-Tsai 方程预测 G_{LT} 结果较好。适用于面内切变模量的 Halpin-Tsai 方程为

$$\frac{G_{\mathrm{LT}}}{G_{\mathrm{m}}}=\frac{1+\xi\eta\varphi_{\mathrm{f}}}{1-\eta\varphi_{\mathrm{f}}} \tag{6-61}$$

式中，$\eta=\dfrac{G_{\mathrm{f}}/G_{\mathrm{m}}-1}{G_{\mathrm{f}}/G_{\mathrm{m}}+\xi}$；而 $\xi=1$。

当单向复合材料在纤维方向受到拉伸时，由于泊松效应，在横向要发生收缩。单向复合材料的正交各向异性决定了材料在纵、横两个方向呈现的泊松效应不同，因而有两个泊松比。主泊松比定义为

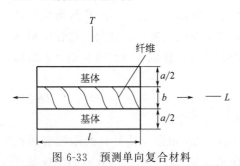

图 6-33　预测单向复合材料
主泊松比的模型

$$\nu_{\mathrm{LT}}=-\varepsilon_{\mathrm{T}}/\varepsilon_{\mathrm{L}} \tag{6-62}$$

ν_{LT} 的预测可用类似于纵向拉伸性能的简单模型（见图 6-33）。首先考虑纵向变形，由于等应变假设，有

$$\varepsilon_{\mathrm{L}}=\varepsilon_{\mathrm{fL}}=\varepsilon_{\mathrm{mL}} \tag{6-63}$$

式中，ε_{L} 是复合材料纵向应变；$\varepsilon_{\mathrm{fL}}$ 和 $\varepsilon_{\mathrm{mL}}$ 分别为纤维和基体的纵向应变。

其次考虑横向变形，复合材料的横向变形是由纤维和基体的横向变形叠加构成的

$$\varepsilon_{\mathrm{T}}(a+b)=\varepsilon_{\mathrm{mT}}a+\varepsilon_{\mathrm{fT}}b \tag{6-64}$$

$$\begin{cases}\varepsilon_{\mathrm{T}}=\varepsilon_{\mathrm{mT}}\dfrac{a}{a+b}+\varepsilon_{\mathrm{fT}}\dfrac{b}{a+b}\\[2mm]\varepsilon_{\mathrm{T}}=\varepsilon_{\mathrm{mT}}\varphi_{\mathrm{m}}+\varepsilon_{\mathrm{fT}}\varphi_{\mathrm{f}}\end{cases} \tag{6-65}$$

将式（6-63）和式（6-65）代入式（6-62）的定义中，有

$$\nu_{\mathrm{LT}}=-\frac{\varepsilon_{\mathrm{fT}}\varphi_{\mathrm{f}}+\varepsilon_{\mathrm{mT}}\varphi_{\mathrm{m}}}{\varepsilon_{\mathrm{L}}}=-\frac{\varepsilon_{\mathrm{fT}}}{\varepsilon_{\mathrm{L}}}\varphi_{\mathrm{f}}-\frac{\varepsilon_{\mathrm{mT}}}{\varepsilon_{\mathrm{L}}}\varphi_{\mathrm{m}} \tag{6-66}$$

根据纤维泊松比 ν_{f} 和基本泊松比 ν_{m} 的定义，则

$$\nu_{\mathrm{LT}}=\nu_{\mathrm{f}}\varphi_{\mathrm{f}}+\nu_{\mathrm{m}}\varphi_{\mathrm{m}} \tag{6-67}$$

这就是适用于主泊松比的混合定律。与纵向拉伸模量相似，用式（6-67）预测的结果很好。

6.1.5　复合材料的失效和强度

从广义上讲，当一个构件不能满意地使用时，就认为此构件失效了，因而材料的用途不同，失效的定义也不同。在一些场合，材料产生了一个很小的变形，即可认为失效；而在另一些场合，材料断裂才失效。对复合材料来说，材料内部的损伤通常远远早于能观察到宏观外貌或特性的变化。复合材料内部损伤有许多形式，如：纤维断裂；基体微观开裂；纤维与基体分离（即脱胶）；在层合复合材料中铺层彼此分离（即分层）。这些损伤形式可能单独地发生，也可能联合出现。仅当内部损伤累积到一定程度时，才能观察到内部损伤对材料宏观性能的影响。

复合材料的强度与其失效模式有密切联系，通过对失效模式的分析可以了解材料失效机理，进而对强度进行预测。下面介绍在不同载荷条件下单向复合材料的断裂模式。

（1）在纵向拉伸载荷下的失效

单向复合材料在拉伸载荷下变形的过程可以分为四个阶段：

① 纤维和基体变形都是弹性的；

② 纤维保持弹性变形，而基体变形是非弹性的；

③ 纤维和基体二者变形都是非弹性的；

④ 纤维断裂，继而复合材料断裂。

玻璃纤维、碳纤维、硼纤维和陶瓷纤维增强的热固性树脂基复合材料的变形特性只有第一和第四阶段。而在金属基和热塑性树脂基复合材料的应力-应变曲线中，第二阶段占据一个很大的部分。对于脆性纤维复合材料，观察不到第三阶段。但韧性纤维复合材料的变形过程明显包含了第三阶段。

由韧性或脆性纤维和金属或其他韧性基体构成的复合材料，其应力-应变曲线如图 6-34所示。复合材料的应力-应变曲线处于纤维和基体的应力-应变曲线之间。脆性纤维复合材料通常在达到纤维的断裂应变时断裂。然而，如韧性纤维在基体内部产生塑性变形，则在复合材料中纤维断裂应变可能大于纤维单独试验（无基体）时的断裂应变。因而复合材料的断裂应变可以超过纤维断裂应变。两个断裂应变间差别增加，φ_f 的减少，基体与纤维强度比值的增大。

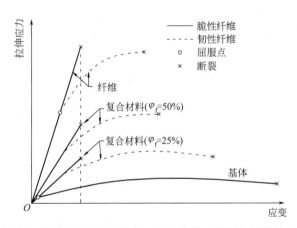

图 6-34　韧性或脆性纤维与金属或其他韧性基体构成的复合材料的应力-应变曲线

由脆性纤维组成的单向复合材料，在承受逐渐增加的拉伸载荷时，失效起始于纤维在其最薄弱的横截面上断裂。随着载荷的增加，有更多的纤维断裂。对于一个代表单向复合材料的模型，纤维断裂累积数目随着载荷增加而变化的情况如图 6-35 所示。可以看到在小于极限载荷的 50％时，单根纤维就开始断裂了。纤维的失效完全是一个随机过程。由于纤维断裂数目的增加，复合材料的某个横截面可能变得太薄弱，支承不了增长着的载荷，于是导致整个材料断裂。因为纤维末端产生应力集中，所以在断裂纤维界面产生脱胶，因而将促使复合材料在给定横截面上分离。在另一种情况下，复合材料不同横截面上的断裂，可以靠纤维沿其长度方向脱胶或基体的剪切破坏连接起来。因此，单向复合材料在纵向拉伸载荷的作用下，至少有三种失效模式，即脆性断裂［图 6-36（a）］，带有纤维拔出的脆性断裂［图 6-36（b）］，带有纤维拔出、界面基体剪切破坏和组分脱胶的脆性断裂［图 6-36（c）］。

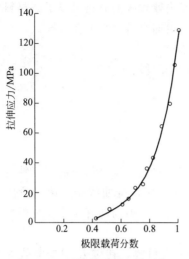

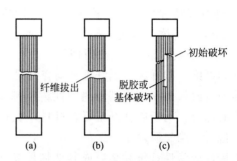

图 6-35　纤维断裂累积数目与　　　　　图 6-36　单向复合材料承受纵向
施加载荷的关系　　　　　　　　拉伸荷载时的失效模式

在纤维之间，基体的剪切失效和组分脱胶或者单独发生，或者联合发生。也就是说，图 6-36（c）中的破坏途径，一段靠脱胶，另一段靠基体剪切失效。纤维体积分数低的（$\varphi_f <$ 0.4）玻璃纤维复合材料主要呈现脆性失效模式；中等纤维体积分数（$0.4 < \varphi_f < 0.65$）的复合材料呈现带纤维拔出的脆性失效；高纤维体积分数时（$\varphi_f > 0.65$）呈现带有纤维拔出和组分脱胶或基体剪切破坏的脆性断裂。如果复合材料中孔隙含量可以忽略不计，这些区分界线是可用的。碳纤维复合材料通常为如图 6-36（a）和图 6-36（b）型的失效模式。

连续纤维增强复合材料的初始破坏发生在纤维应变达到其断裂应变时（假定所有纤维都破坏于相同的应变）。如纤维体积分数超过某一个最小值 φ_{min}，当所有纤维均破坏了，这时基体不能支持整个复合材料的载荷，复合材料也随之破坏。在这种条件下，复合材料抗拉强度极限能用如下混合定律预测

$$\sigma_{cu} = \sigma_{fu} \varphi_f + (\sigma_m)^*_{\varepsilon f} (1 - \varphi_f) \tag{6-68}$$

式中，σ_{cu} 为复合材料强度极限；σ_{fu} 是纤维强度极限；$(\sigma_m)^*_{\varepsilon f}$ 是基体应变等于纤维断裂应变时的基体应力。

纤维的增强作用只有在复合材料的强度极限超过基体的强度极限时才有效，亦即

$$\sigma_{cu} = \sigma_{fu} \varphi_f + (\sigma_m)^*_{\varepsilon f} (1 - \varphi_f) \geqslant \sigma_{mu} \tag{6-69}$$

式中，σ_{mu} 是基体强度极限。这个等式定义了一个临界纤维体积分数 φ_{cr}，为了达到增强效果，纤维实际体积分数应超过它。从式（6-69）可知

$$\varphi_{cr} = \frac{\sigma_{mu} - (\sigma_m)^*_{\varepsilon f}}{\sigma_{fu} - (\sigma_m)^*_{\varepsilon f}} \tag{6-70}$$

当纤维体积分数小于 φ_{min} 时，在式（6-68）预测的应力下，复合材料不会断裂。在这样的体积分数下，纤维对抑制基体的伸长是无效的，以致纤维迅速拉长到它们断裂应变。全部纤维失效不导致复合材料立即破坏。复合材料在应力为 $\varphi_m \sigma_{mu}$ 时断裂。因此当纤维体积分数小于 φ_{min} 时，复合材料的强度极限按下式给出

$$\sigma_{cu} = \sigma_{mu}(1 - \varphi_f) \tag{6-71}$$

可见，式（6-68）仅适用于纤维体积分数超过下列关系式定义的 φ_{min} 时

$$\begin{cases} \sigma_{cu} = \sigma_{fu}\varphi_f + (\sigma_m)_{\varepsilon f}^*(1-\varphi_f) \geqslant \sigma_{mu}(1-\varphi_f) \\ \varphi_{min} = \dfrac{\sigma_{mu} - (\sigma_m)_{\varepsilon f}^*}{\sigma_{fu} + \sigma_{mu} - (\sigma_m)_{\varepsilon f}^*} \end{cases}$$

$$(6\text{-}72)$$

复合材料强度极限与纤维体积分数的函数关系如图 6-37 所示。两条直线分别代表式（6-68）和式（6-71），直线的实线部分表明了他们各自的适用范围。基体可以是一种形变硬化的金属或一种非弹性的聚合物。图 6-37 中还绘出了典型的应力-应变曲线。检验式（6-70）和式（6-71）表明，基体的形变硬化和塑性流动会使 φ_{cr} 和 φ_{min} 增高，且基体强度高于纤维断裂应变下的基体应力。在金属基复合材料中，φ_{cr} 和 φ_{min} 因基体形变硬化程

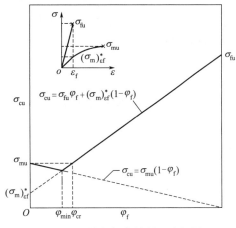

图 6-37　单向复合材料强度极限与纤维体积分数的关系

度增大而增大，也因基体强度接近纤维强度而增大。因而当一个强基体被一个强度勉强合格的纤维增强时，若要显出增强效果，纤维体积分数必须很大。表 6-13 给出了在韧性基体中不同强度纤维的 φ_{cr} 值。在聚合物基体的复合材料中 φ_{cr} 和 φ_{min} 的数值都很小。因为大多数塑料的塑性流动和形变硬化影响有限。例如，假设玻璃纤维增强塑料的强度是 2.8GPa（$E=70$GPa），则复合材料最大破坏应变将是 4%，以致典型环氧树脂的 $\sigma_{mu} = (\sigma_m)_{\varepsilon f}^*$ 可为 7～28MPa。因而 φ_{min} 将在 0.25%～1% 的范围内。

表 6-13　在韧性金属中不同强度纤维的 φ_{cr} 值

基体材料	σ_{mu}/MPa	$(\sigma_{mu})_{\varepsilon f}^*$/MPa	临界纤维体积分数 φ_{cr}/%			
			$\sigma_{fu}=0.7$GPa	$\sigma_{fu}=1.75$GPa	$\sigma_{fu}=3.5$GPa	$\sigma_{fu}=7$GPa
铝	84	28	8.33	3.25	1.61	0.80
铜	210	42	25.53	9.84	4.86	2.41
镍	315	63	39.56	14.94	7.33	3.63
不锈钢	455	175	53.33	17.78	8.42	4.10

（2）在横向拉伸载荷下的失效

垂直于加载方向的纤维，本质上的作用是在界面上和基体内产生应力集中。因此单向复合材料受横向拉伸载荷时失效起源于基体或界面的拉伸破坏。尽管在某些场合，纤维横向抗拉强度较低，复合材料能因纤维横向拉伸破坏而失效，但这不是通常的情况。因此，复合材料在横向拉伸载荷下失效的模式可以描述为：基体拉伸失效；组分脱胶和（或）纤维开裂。基体拉伸失效如图 6-38 所示。带有组分脱胶的基体拉伸失效意味着断裂表面的某些部分是由于纤维和基体间界面粘接破坏形成的。

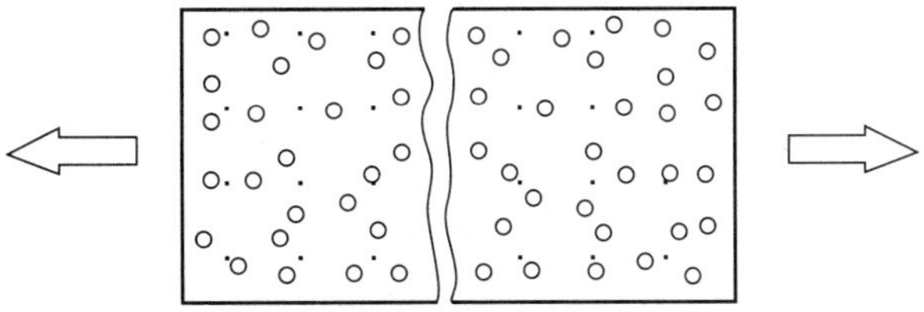

图 6-38　单向复合材料在横向拉伸载荷下的失效

预测复合材料横向抗拉强度能用两种方法：材料的强度法、弹性力学的数值解法。在这两种方法中，假设复合材料的横向强度 σ_{Tu} 是靠基体强度极限 σ_{mu} 控制的，进而假设复合材料强度比基体强度低的程度用一个系数 S 表示，S 叫作强度降低系数，它取决于纤维和基体的相对性质及其体积分数。因而复合材料的横向强度可以写成

$$\sigma_{Tu} = \sigma_{mu}/S \tag{6-73}$$

式中，S 可分别按两种方法确定。

在材料强度法中，系数 S 被定为应力集中系数 S_σ 或应变增大系数 S_ε。采用应变增大系数时使用如下表达式

$$\varepsilon_{Tu} = \varepsilon_{mu}/S_\varepsilon \tag{6-74}$$

式中，ε_{Tu} 和 ε_{mu} 分别为复合材料横向应变极限和基体应变极限。用简单的数学模型可以计算 S_σ 和 S_ε。当忽略了泊松效应时，计算公式可取下列简化形式

$$\begin{cases} S_\sigma = \dfrac{1 - \varphi_f(1 - E_m/E_f)}{1 - \left(\dfrac{4\varphi_f}{\pi}\right)^{1/2}(1 - E_m/E_f)} \\[4mm] S_\varepsilon = \dfrac{1}{1 - \left(\dfrac{4\varphi_f}{\pi}\right)^{1/2}(1 - E_m/E_f)} \end{cases} \tag{6-75}$$

在数值方法中，用有限差分法或有限元法获得复合材料的应力状态。例如，图 6-39 示出了适用于横向加载的复合材料纤维间应力集中的有限元应力分析结果。基体的破坏需按一个适宜的失效准则来预测。最大变形能准则是最常用的准则，这个准则规定，当材料内任何一点的变形能达到一个临界值时，材料失效。根据此准则，强度降低系数 S 能写成

$$S = U_{max}^{1/2}/\sigma_c \tag{6-76}$$

式中，U_{max} 是基体中任意一点的最大标准变形能；σ_c 是在复合材料上施加的应力。

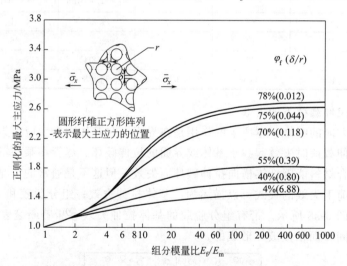

图 6-39　圆形纤维正方形阵列的复合材料仅受平均横向拉伸正应力分量作用时，
正则化的基体最大主应力（$\nu_f = 0.20$，$\nu_m = 0.35$）

在给定复合材料应力 σ_c 的条件下，变形能 U_{max} 是纤维体积分数、纤维排布、纤维基体界面状况和组分性质的函数。这个方法是比较准确和精确的。

适于预测纤维复合材料横向抗拉强度的更进一步的经验公式已为 Nielsen 阐明。复合材料的失效应变大致如下式

$$\varepsilon_{Tu} = \varepsilon_{mu}(1-\varphi_f^{1/3}) \tag{6-77}$$

式中，ε_{Tu} 是复合材料横向断裂应变；ε_{mu} 是基体断裂应变。

如果基体和复合材料有线弹性的应力应变关系，则

$$\sigma_{Tu} = \sigma_{mu}\frac{E_T}{E_m}(1-\varphi_f^{1/3}) \tag{6-78}$$

式中，E_T 是复合材料横向弹性模量；E_m 为基体模量。

上述公式都假定在各组分间有理想的黏附，因而失效发生于界面或靠近界面处，起因于基体破坏。

（3）在纵向压缩载荷下的失效

当复合材料承受压缩载荷时，连续纤维的作用就像细长柱体，纤维会发生微屈曲。若复合材料纤维体积分数很低，甚至当基体应力在其弹性范围内时，纤维也会发生微屈曲。然而在实际的纤维体积分数下（$\varphi_f > 0.4$），纤维微屈曲通常出现于基体屈服、组分脱胶和基体微裂之后。单向复合材料在纤维方向受压失效，将开始于复合材料的横向开裂或失效。也就是说，泊松效应引起的横向拉伸应变可能超过复合材料的横向变形能力极限，导致界面上产生裂纹。剪切失效是承受纵向压缩载荷的复合材料发生的另一种失效模式。因此，在纵向压缩载荷作用下，单向复合材料的失效模式有：

① 横向拉伸失效；

② 在下列情况下纤维微屈曲：基体仍是弹性的；在基体屈服后；在组分脱胶后；

③ 剪切失效。

横向拉伸失效和纤维微屈曲如图 6-40 所示。相邻的纤维可以独立地弯曲，也可以以联合方式弯曲。在前一种情况中，纤维的横向变形是由于彼此相对的相位差［见图 6-40（b）］。在基体中产生的应变主要是拉应变，因此这种屈曲模式称作拉伸模式，仅当纤维间距离相当大时，亦即纤维体积分数很小时，这种屈曲模式才可能发生。第二种屈曲模式较为常见，它可能发生在大多数真实体积分数下。在这种情况中，相邻纤维的横向变形同相位，在基体中产生的应变主要是切应变，因此这种屈曲模式称作剪切模式。

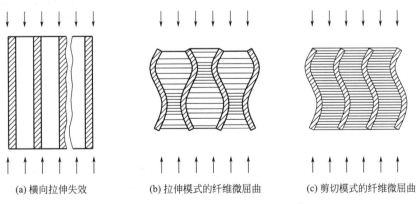

(a) 横向拉伸失效　　　　(b) 拉伸模式的纤维微屈曲　　　(c) 剪切模式的纤维微屈曲

图 6-40　横向拉伸失效和纤维微屈曲

图 6-41 绘出了在压缩试验中发生的剪切失效模式。Hancox 的实验结果表明碳纤维复合材料在与载荷轴接近 45°方向上以剪切模式失效，而且有纤维发生局部转动的现象，这种现象可能发生在失效之前或失效过程中。

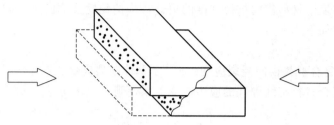

图 6-41　单向复合材料在纵向压缩载荷下的剪切失效

上述的压缩失效模式已用来推导预测纵向抗压强度的过程。Rosen 推导的公式，就是认为压缩失效起始于纤维的微屈曲。如发生剪切模式的屈曲，则有

$$\sigma'_{Lu} = G_m / (1 - \varphi_f) \tag{6-79}$$

式中，σ'_{Lu} 是复合材料纵向抗压强度；G_m 是基体切变模量。

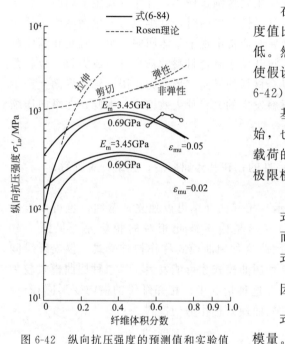

图 6-42　纵向抗压强度的预测值和实验值

在合理的纤维体积分数下，这个公式预测的强度值比假设纤维以拉伸模式微屈曲预测的强度值要低。然而式（6-79）预测的结果远大于实验值，即使假设基体呈现非弹性，预测结果仍然太大（见图 6-42）。

基于观察到横向开裂和脱胶可能是失效的起始，也能推导一个简单的理论公式。由于纵向压缩载荷的作用，其横向拉伸应变可能超过复合材料的极限横向变形能力。这时，失效准则可表达为

$$\varepsilon_T > \varepsilon_{Tu} \tag{6-80}$$

式中，ε_T 是横向应变；ε_{Tu} 是横向应变极限。

而

$$\varepsilon_T = \varepsilon_L \nu_{LT} \tag{6-81}$$

式中，ε_L 为纵向应变。

因此

$$\varepsilon_T = -\frac{\sigma'_L}{E_{Lc}} \nu_{LT} \tag{6-82}$$

式中，σ'_L 是纵向压缩应力；E_{Lc} 是纵向压缩模量。

则抗压强度为

$$\sigma'_{Lu} = -E_{Lc} \varepsilon_{Tu} / \nu_{LT} \tag{6-83}$$

引用式（6-77）中横向应变极限，并认为纵向压缩模量与拉伸模量相等，则

$$\sigma'_{Lu} = -\frac{(E_f \varphi_f + E_m \varphi_m)(1 - \varphi_f^{1/3}) \varepsilon_{mu}}{\nu_f \varphi_f + \nu_m \varphi_m} \tag{6-84}$$

式中，ε_{mu} 是基体应变极限。

式（6-84）也示于图 6-42 中，且与实验数据较为一致。特别是 $\varepsilon_{mu} = 0.05$ 时（这样的 ε_{mu} 对用于复合材料的环氧数值是合适的），与实验值更接近。如上所述，预测的强度受基体应变极限影响（如果界面破坏或纤维失效发生在基体失效之前，则是受复合材料横向应变极限的影响）很大，且在某一确定的纤维体积分数下有一最大值。

（4）在横向压缩载荷下的失效

在横向压缩载荷作用下，单向复合材料的失效通常是由于基体的剪切破坏，同时可能

伴随着组分脱胶和纤维的破碎。因此，在承受横向压缩载荷时，单向复合材料的失效模式为：基体剪切破坏；带组分脱胶和（或）纤维破碎的基体剪切破坏。这些失效模式如图 6-43 所示，其中破坏表面的一部分是由组分脱胶引起的。Collings 研究了碳纤维复合材料受横向压缩载荷的破坏。他指出：失效是由于在平行于纤维的平面上与纤维垂直的剪切作用引起的，且发生在那些预料到的角度上。纤维与树脂的胶黏破坏促使材料破坏，因此横向抗压强度要低于纵向抗压强度。如果对试样施加约束，防止其在垂直于载荷-纤维平面的方向上变形，可能得到能够与纵向抗压强度相比较的横向抗压强度。因为这时失效是由纤维剪切破坏引起的，纤维抗剪强度高于基体强度和黏结强度，所以能观察到材料抗压强度的提高。

（5）在面内剪切载荷下的失效

在这种情况下，复合材料失效是由于基体剪切破坏、组分脱胶，或是二者的联合作用。因而失效模式是：基体剪切破坏；带组分脱胶的基体剪切破坏；组分脱胶。这些失效模式如图 6-44 所示，其中破坏表面也包含脱胶部分。

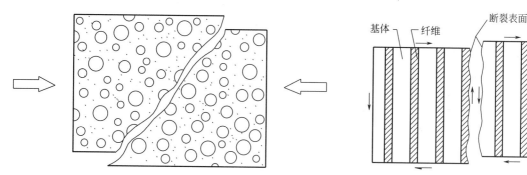

图 6-43　单向复合材料在横向压缩载荷下的失效　　图 6-44　单向复合材料面内剪切失效

6.1.6　单向复合材料的混杂效应

结构复合材料的早期研究主要是追求尽可能高的强度和刚度，因此往往只选用一种增强纤维，用以生产较高的但常常是极端的性能。例如刚度较高的碳纤维增强材料及强度较高的高强玻璃纤维增强材料，这种材料的性能优化是针对预定荷载和变形通过选择铺层方向来实现的。

从 20 世纪 70 年代起，人们开始研究混杂复合材料。它是在同一基体中具有两种或更多种增强纤维的复合材料，有时称之为多元复合材料。这种材料能同时满足两种或更多种的性能要求，允许在更大的范围内改变材料的组成，使设计灵活性增加。

设计得当的混杂复合材料具有优异的性能，它可以同时兼顾到强度和刚度、弯曲和薄膜力学性能、提高热变形稳定性、减少重量和造价、提高耐疲劳和抗冲击能力、减少缺口敏感性、提高断裂韧度（阻止裂缝扩展的能力）。

（1）混杂效应

在研究混杂复合材料力学性能时，发现一个现象：混杂复合材料的应力-应变曲线的直线部分所对应的最大应变，超过该混杂复合材料中具有低延伸率的纤维所对应复合材料的破坏应变。例如，碳-玻璃纤维/环氧混杂复合材料的应力-应变曲线的直线部分，超过纯碳纤维复合材料的破坏应变。这一现象称为混杂效应（hybrid effect）。表 6-14 是一组碳-玻璃纤维混杂效应的试验数据。这里用纯碳纤维增强材料的破坏应变作为基准，把混杂复合材料受拉时碳纤维的破坏应变与它相比较，其相对增加量定义为混杂效应的量度。

表 6-14 碳-玻璃纤维/环氧混杂复合材料的拉伸性能

试件类型	试件参数测定值						
	纤维体积含量/%	碳纤维体积含量系数	拉伸模量/GPa	第一次破坏时的应力/MPa	第一次破坏时的应变/10^{-2}	混杂效应	混杂类型
0#	60	1.00	124	1000	1.00	0	无
1#	60.3	0.30	84.2	961	1.12	0.12	层间混杂
2#	63.6	0.33	59.1	828	1.40	0.40	层内混杂
3#	—	0.36	72.5	921	1.28	0.28	层内混杂
4#	55.9	0.55	76.7	1013	1.33	0.33	—
5#	60.8	0.73	119	856	0.73	−0.27	

（2）碳-玻璃纤维/环氧单向混杂复合材料拉伸性能及破坏模式

单向混杂复合材料的承载能力理论上可以用图 6-45 表示。A 点表示碳纤维含量为零时，即玻璃纤维/环氧的强度；D 点表示碳纤维/环氧的强度。碳纤维的延伸率低，约 1%，而玻璃纤维的延伸率高，2.5% 以上。当混杂复合材料的平均应变达到碳纤维的破坏应变时，碳纤维破坏，混杂复合材料发生第一次破坏，它承担的荷载卸给玻璃纤维。如果碳纤维含量较小（与玻璃纤维含量比），这种卸载不会立即引起玻璃纤维的破坏。AC 表示的就是在这种条件下混杂复合材料的强度。BC 则是对应着第一次破坏时混杂复合材料中的应力。尽管碳纤维破坏，但混杂复合材料的强度还是上升至 AC。在 C 点的右边，一旦碳纤维破坏，荷载卸给玻璃纤维，立即引起玻璃纤维的破坏，混杂复合材料彻底失效。混杂单向复合材料的强度与碳纤维含量系数的关系曲线是 ACD，而不是 AD。AD 是用简单混合律表示的单向混杂复合材料的强度。BCD 表示混杂复合材料第一次破坏时的应力。

碳-玻璃纤维/环氧单向混杂复合材料的应力-应变关系曲线（荷载-伸长曲线）直到第一次破坏表现良好的线性，如图 6-45 所示，第一次宏观破坏对应着明显的荷载跌落现象；第一次破坏对应的应变都大于全碳纤维增强材料的极限延伸率，混杂效应高达 40% 之多。碳纤维含量系数增加，混杂效应减小；拉伸模量介于玻璃纤维增强材料和碳纤维增强材料之间，并随碳纤维含量的增加而增加；拉伸破坏强度低于两组分复合材料的强度。

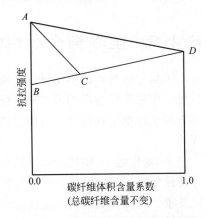

图 6-45 碳-玻璃纤维/环氧单向混杂复合材料的理论强度

层间混杂复合材料的第一次破坏对应着中间碳纤维层的横向断裂及碳层与玻璃纤维增强的脱黏。这时声发射率急剧增加，随着一声巨响，荷载垂直下落，如图 6-46 所示。但玻璃纤维完好，荷载下跌后又回升，声发射率下降，最后玻璃纤维层纵向分离而破坏。层内混杂复合材料的破坏与此类似。但在第一次破坏、荷载下跌后，会出现连续不断的爆豆似的声响，玻璃纤维束分别突然破断；荷载刚要回升或升得很少，又对应着小幅度阶梯下跌，直至最后破坏（图 6-47）。

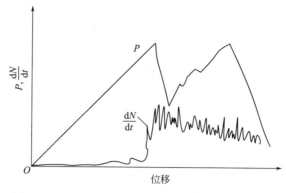

图 6-46　层间混杂载荷、声发射率 $\mathrm{d}N/\mathrm{d}t$-位移曲线

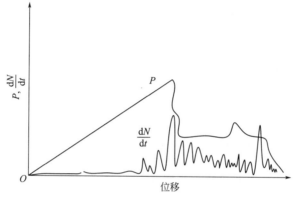

图 6-47　层内混杂载荷、声发射率 $\mathrm{d}N/\mathrm{d}t$-位移曲线

6.1.7　环境条件对复合材料性能的影响

　　复合材料构件都是在一定的环境中使用的。例如，长期暴露在水、蒸汽或腐蚀性介质中，在低温或高温下使用，以及进行长期物理和化学稳定性试验等。一般来说，这些不利的环境条件会使复合材料的性能指标降低，因此，了解环境条件对复合材料性能的影响是必要的。复合材料性能的恶化可能由于如下原因：

　　① 由于应力腐蚀作用，纤维强度下降；

　　② 由于纤维-基体界面受损，界面粘接强度下降；

　　③ 基体材料的化学降解；

　　④ 基体强度和模量对时间和温度的依赖性；

　　⑤ 温度和化学介质的联合作用使材料加速老化。

　　环境因素同时影响纤维、基体和界面，因此，复合材料不仅随着个别组分的老化而衰变，而且随着组分间相互作用的削弱而衰变。

6.2　复合材料层合板的力学性能

　　单向复合材料在纵横两个材料主方向上性能有很大差异，在工程结构中使用纯粹的单向复合材料的情况是很少的，大量应用的是复合材料层合板结构。层合板通常是由许多纤维方

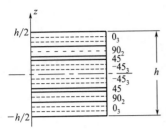

图 6-48 层合板的铺层顺序

位不同的铺层，按照一定的顺序铺叠构成的。单一铺层称为单层板，是层合板结构的基本结构单元。层合板的铺层顺序可以用一个符号表示。这个符号叫作层合板标记。例如图 6-48 表示的铺层顺序，可以写成如下标记 $[0_3/90_2/45/-45_3]_S$，即从层合板底部开始，第一个铺层组有三层 0°方向的铺层，接着是两层 90°方向的铺层，依次是一层 +45°和三层 -45°的铺层。下标 S 表示该层顺序只是层板几何中面以下的一半，上半部分的铺层顺序与下半部分以几何中面成镜面对称。对于非对称层合板，必须标出全部铺层顺序，并以下标 T 标注。例如：$[45/0/45/90_2/30]_T$。这种标记仅表明由层板底面至顶面的铺层顺序，因此不能把顺序颠倒。

层合板在外载作用下呈现复杂的变形行为，即高度的耦合效应。复合材料的这一特性给结构设计和制造提供了独特的机会。本节首先讨论单层板在复杂应力状态下的应力-应变特性，在此基础上介绍复合材料层合板力学性能的基本特征。

6.2.1 单层板的正轴应力-应变关系

应力和应变是描述材料力学性能的基本变量。材料的变形行为和失效机理也能用应力和应变的状况来说明。

在讨论复合材料力学性能时提到的应力常常指某一尺度范围内的平均应力。复合材料的铺层由性质完全不同的纤维和基体构成，是非均质的。在分析组分性能与材料总体性能的关系时，使用基体平均应力和纤维平均应力概念。若把一个铺层视为一个均匀连续体，则得到的平均应力称为铺层应力，这时不再考虑组分相性能的差异。同样，若把整个层合板视为均匀连续体，则得到的平均应力称为层板应力，即不再考虑各个铺层应力的差异。

在一个铺层或铺层组中的应力状态主要是平面应力状态。可用 σ_x 和 σ_y（或 σ_1 和 σ_2）表示正应力分量，τ_{xy}（或 τ_{12}）表示切应力分量（见图 6-49），下标 x、y 分别表示材料的两个主轴方向（正轴向），下标 1、2 表示任意的坐标方向（偏轴向）。

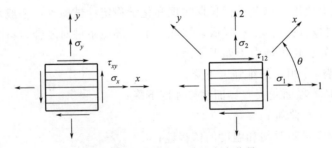

图 6-49 坐标系与相应的应力分量

对于各向同性的常规工程材料，应力符号的正负往往不重要。然而对各向异性的复合材料来说，正负符号则非常关键。复合材料的抗拉和抗压强度可相差数倍，正负抗剪强度之间亦能有很大差别。因此，研究复合材料时，必须严格遵守符号规则。

正应力的符号规则是拉伸为正、压缩为负。切应力的符号规则为切应力作用在正面上并指向正轴向，或切应力作用在负面上并指向负轴向，则切应力为正；若作用面和指向一正一负，则切应力为负。这里，截面的外法线方向与坐标方向一致时为正面，反之为负面。

如果物体内任意二点的相对位移均没有变化，则物体只存在刚体运动，而未发生形变。

当物体发生形变时，总要伴随产生相对位移的变化。因此应变是相对位移的空间变化，应变和位移均为几何量，二者之间的关系不涉及物体的性能。

经过弹性体内的任意一点 P，沿 x 轴和 y 轴方向取二微小线段 $PA = \mathrm{d}x$ 和 $PB = \mathrm{d}y$（见 6-50）。假设弹性体受力后，P、A、B 三点分别移动到 P'、A'、B'点。设 P 点在 x 方向的位移分量为 u，则 A 点在 x 方向的位移分量将是 $u + (\partial u/\partial x)\,\mathrm{d}x$。那么，线段 PA 的正应变为

$$\varepsilon_x = \frac{\left(u + \dfrac{\partial u}{\partial x}\mathrm{d}x\right) - u}{\mathrm{d}x} = \frac{\partial u}{\partial x} \tag{6-85}$$

这里，由于位移是微小的，在 y 方向的位移 v 所引起线段 PA 的伸缩是高阶微量，因而可以忽略。同理可得线段 PB 的正应变为

$$\varepsilon_y = \frac{\partial v}{\partial y} \tag{6-86}$$

现在来求线段 PA 和 PB 代表的微元体的切应变与位移分量的关系。切应变 γ_{xy} 就是线段 PA 和 PB 间直角的改变。由图 6-50 可见，此切应变由两部分组成：一部分是由 y 方向的位移 v 引起的，即 x 方向的线段 PA 的转角 α；另一部分是由 x 方向的位移 u 引起的，即 y 方向的线段 PB 的转角 β。

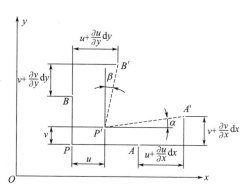

图 6-50　微元体的形变

设 P 点在 y 方向的位移是 v，则 A 点在 y 方向的位移分量为 $v + (\partial v/\partial x)\mathrm{d}x$。因此线段 PA 的转角

$$\alpha \approx \tan\alpha = \frac{\left(v + \dfrac{\partial v}{\partial x}\mathrm{d}x\right) - v}{\mathrm{d}x} = \frac{\partial v}{\partial x} \tag{6-87}$$

同理可得线段 PB 的转角

$$\beta = \frac{\partial u}{\partial y} \tag{6-88}$$

于是切应变

$$\gamma_{xy} = \alpha + \beta = \frac{\partial v}{\partial x} + \frac{\partial u}{\partial y} \tag{6-89}$$

对于单向铺层或铺层组，用 ε_x 和 ε_y（或 ε_1 和 ε_2）表示正应变分量，用 γ_{xy}（或 γ_{12}）表示切应变分量。正应变符号规则是伸长为正，缩短为负。切应变的符号规则是与两个坐标方向一致的直角减小为正，增大为负。图 6-51 表示的应变均为正值。

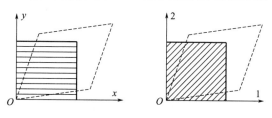

图 6-51　应变与坐标系的关系

这里讨论的复合材料限定为线弹性材料。实验表明单向复合材料几乎比所有的金属材料和塑料都更接近于线弹性材料。其纵、横向拉伸和压缩特性直至失效都保持着良好的线性关系。尽管剪切特性呈现明显的非线性，但考虑到在小变形的条件下进行分析，线弹性的假设仍然是适用的。因此，可以应用叠加原理推出单向层板的正轴向应力-应变关系，即几个应力分量引起的某一方向的应变分量等于各应力分量引起的该方向应变分量的代数和。

当基准坐标轴与单层板的材料对称轴重合时，称为正轴向。若基准坐标轴不与材料对称轴重合，则称为偏轴向。下面讨论单层板在正轴向的应力-应变关系。

如前所述，在单层板的纵向（x 轴）作用单轴应力 σ_x，将引起双轴应变

$$\begin{cases} \varepsilon_x = \dfrac{1}{E_L}\sigma_x \\ \varepsilon_y = -\dfrac{\nu_{LT}}{E_L}\sigma_x \end{cases} \tag{6-90}$$

在单层板的横向（y 轴）作用单轴应力 σ_y，也引起双轴应变

$$\begin{cases} \varepsilon_y = \dfrac{1}{E_T}\sigma_y \\ \varepsilon_x = -\dfrac{\nu_{TL}}{E_T}\sigma_y \end{cases} \tag{6-91}$$

单层板在材料的两个主轴方向上受剪（见图 6-19）有

$$\gamma_{xy} = \dfrac{1}{G_{LT}}\tau_{xy} \tag{6-92}$$

利用叠加原理，可以得到 σ_x、σ_y 和 γ_{xy} 同时作用于单向复合材料时的应力-应变关系

$$\begin{cases} \varepsilon_x = \dfrac{1}{E_L}\sigma_x - \dfrac{\nu_{TL}}{E_T}\sigma_y \\ \varepsilon_y = -\dfrac{\nu_{LT}}{E_L}\sigma_x + \dfrac{1}{E_T}\sigma_y \\ \gamma_{xy} = \dfrac{1}{G_{LT}}\tau_{xy} \end{cases} \tag{6-93}$$

这就是单向层板正轴应力-应变关系式，也称广义胡克定律。式（6-93）写成矩阵形式为

$$\begin{bmatrix} \varepsilon_x \\ \varepsilon_y \\ \gamma_{xy} \end{bmatrix} = \begin{bmatrix} \dfrac{1}{E_L} & -\dfrac{\nu_{TL}}{E_T} & 0 \\ -\dfrac{\nu_{LT}}{E_L} & \dfrac{1}{E_T} & 0 \\ 0 & 0 & \dfrac{1}{G_{LT}} \end{bmatrix} \begin{bmatrix} \sigma_x \\ \sigma_y \\ \tau_{xy} \end{bmatrix} \tag{6-94}$$

式中，E_L、E_T、ν_{LT}、ν_{TL} 和 G_{LT} 是单向复合材料的五个工程弹性常数。令

$$S_{xx} = \dfrac{1}{E_L},\ S_{yy} = \dfrac{1}{E_T},\ S_{ss} = \dfrac{1}{G_{LT}} \tag{6-95}$$

$$S_{xy} = -\dfrac{\nu_{TL}}{E_T},\ S_{yx} = -\dfrac{\nu_{LT}}{E_L}$$

这些量称为柔度分量（简称柔量），则式（6-94）可改成

$$\begin{bmatrix} \varepsilon_x \\ \varepsilon_y \\ \gamma_{xy} \end{bmatrix} = \begin{bmatrix} S_{xx} & S_{xy} & 0 \\ S_{yx} & S_{yy} & 0 \\ 0 & 0 & S_{ss} \end{bmatrix} \begin{bmatrix} \sigma_x \\ \sigma_y \\ \tau_{xy} \end{bmatrix} \tag{6-96}$$

由式（6-94）可以解出

$$\begin{cases} \sigma_x = mE_L(\varepsilon_x + \nu_{TL}\varepsilon_y) \\ \sigma_y = mE_T(\nu_{LT}\varepsilon_x + \varepsilon_y) \\ \tau_{xy} = G_{LT}\gamma_{xy} \end{cases} \tag{6-97}$$

式中，$m = (1 - \nu_{LT}\nu_{TL})^{-1}$。令

$$Q_{xx} = mE_L，\quad Q_{yy} = mE_T，\quad Q_{ss} = G_{LT}$$
$$Q_{xy} = m\nu_{TL}E_L，\quad Q_{yx} = m\nu_{LT}E_T \tag{6-98}$$

这些量称为模量分量（或刚度分量）。将式（6-98）代入式（6-97），写成矩阵形式为

$$\begin{bmatrix} \sigma_x \\ \sigma_y \\ \tau_{xy} \end{bmatrix} = \begin{bmatrix} Q_{xx} & Q_{xy} & 0 \\ Q_{yx} & Q_{yy} & 0 \\ 0 & 0 & Q_{ss} \end{bmatrix} \begin{bmatrix} \varepsilon_x \\ \varepsilon_y \\ \gamma_{xy} \end{bmatrix} \tag{6-99}$$

可以证明模量和柔量矩阵有对称性

$$Q_{ij} = Q_{ji}，\quad S_{ij} = S_{ji} \tag{6-100}$$

即

$$\frac{\nu_{LT}}{\nu_{TL}} = \frac{E_L}{E_T} \tag{6-101}$$

可见，单向复合材料的五个弹性常数中，只有四个是独立常数。

总之，单向复合材料正轴向的变形行为依然符合广义胡克定律，这一点与常规各向同性材料相似，差别只是弹性常数不同。各向同性材料的弹性常数有三个，即 E、G 和 ν，由于 $G = E/2(1 + \nu)$，独立常数是两个。而单向复合材料有五个弹性常数，其中独立常数是四个。

单向复合材料的弹性常数通常是用实验方法确定的，其典型数值举例列于表6-15。

表 6-15 典型单向复合材料的工程弹性常数

材料	φ_t	E_L/GPa	E_T/GPa	ν_{LT}	G_{LT}/GPa
碳纤维/环氧 T300/5208	0.70	181	10.3	0.28	7.17
碳纤维/环氧 T300/914c	0.60	129	9.4	0.29	5.2
碳纤维/环氧 T300/648	0.65	137	9.1	0.31	5.3
碳纤维/环氧 AS/3501	0.66	138	8.96	0.30	7.1
碳纤维/环氧 B（4）/5505	0.50	204	18.5	0.23	5.79
玻璃纤维/环氧	0.45	38.6	8.27	0.26	4.14
凯芙拉 49/环氧	0.60	76	5.5	0.34	2.3

6.2.2 单层板的偏轴应力-应变关系

单层板在材料主轴方向的刚度特性仍然符合广义胡克定律，只是独立的弹性常数是四个。而单层板面内刚度随缠绕角而变化才是复合材料独有的特点，单层板的这一特性是构成层合板复杂的力学性能的基础。

对于复合材料力学性能的分析来说，铺层方向的符号，即纤维相对基准坐标轴转角的符

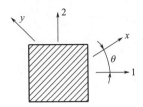

图 6-52　铺层方向角 θ

号规定非常重要。本书采用图 6-52 所示的规定。图中 $x\text{-}y$ 坐标系是材料主轴构成的坐标系，称为正轴向坐标系。如前所述，单层板在正轴向呈现正交各向异性。非材料主轴的方向称为偏轴向，用坐标系 1-2 表示。x 轴与 1 轴构成一个转角 θ，规定以逆时针为正，顺时针转向为负。单层板在偏轴向呈现一般各向异性。

6.2.2.1　应力和应变的转换

单层板刚度随缠绕角的改变与应力、应变随坐标轴变化的规律有密切关系。因此首先介绍在二向应力状态下不同坐标系的应力和应变转换关系式。

（1）应力的转换

现在用截面法来推导两组应力分量之间的关系。一组应力分量以 1-2 坐标系表示，另一组以 $x\text{-}y$ 坐标系表示，后者是在前者的基础上旋转了一个正的角度 θ ［见图 6-53（a）］。

在图 6-53（b）表示的单元体中沿垂直于 x 轴的斜截面切出一个三角形分离体，如图 6-54 所示。令此直角三角形的斜边为单位长度，则二直角边为

$$\begin{cases} m = \cos\theta \\ n = \sin\theta \end{cases} \tag{6-102}$$

图 6-54 中标出了作用于三角形分离体各边的应力。根据静力平衡原理，沿 1 轴和 2 轴力的平衡为

$$\begin{cases} m\sigma_1 + n\tau_{12} - m\sigma_x + n\tau_{xy} = 0 \\ n\sigma_2 + m\tau_{12} - n\sigma_x - m\tau_{xy} = 0 \end{cases} \tag{6-103}$$

求解得

$$\begin{cases} \sigma_x = m^2\sigma_1 + n^2\sigma_2 + 2mn\tau_{12} \\ \tau_{xy} = -mn\sigma_1 + mn\sigma_2 + (m^2 - n^2)\tau_{12} \end{cases} \tag{6-104}$$

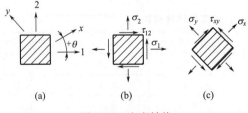

图 6-53　应力转换

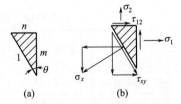

图 6-54　分离体及其上的应力分量（一）

用同样的方法，在图 6-53（b）的单元体中垂直于 y 轴切出三角形分离体（见图 6-55），建立如下力的平衡关系

$$\begin{cases} n\sigma_1 - m\tau_{12} - n\sigma_y + m\tau_{xy} = 0 \\ m\sigma_2 - n\tau_{12} - m\sigma_y - n\tau_{xy} = 0 \end{cases} \tag{6-105}$$

求解得

$$\begin{cases} \sigma_y = n^2\sigma_1 + m^2\sigma_2 - 2mn\tau_{12} \\ \tau_{xy} = -mn\sigma_1 + mn\sigma_2 + (m^2 - n^2)\tau_{12} \end{cases} \tag{6-106}$$

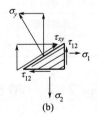

图 6-55　分离体及其上的应力分量（二）

式（6-104）和式（6-106）的第二式是相同的。因此应力转换的三个方程是式（6-104）

和式（6-106）第一式。写成矩阵形式为

$$\begin{bmatrix} \sigma_x \\ \sigma_y \\ \tau_{xy} \end{bmatrix} = \begin{bmatrix} m^2 & n^2 & 2mn \\ n^2 & m^2 & -2mn \\ -mn & mn & m^2-n^2 \end{bmatrix} \begin{bmatrix} \sigma_1 \\ \sigma_2 \\ \tau_{12} \end{bmatrix} \tag{6-107}$$

（2）应变的转换

根据应变的定义，应变的转换不涉及材料性质和力的平衡，只是几何关系的变换。在平面应力状态下，某一点的应变状态是通过一定坐标系中的应变分量给出的（见图 6-56）。在 x-y 坐标系 O 点的应变分量为

$$\begin{cases} \varepsilon_x = \dfrac{\partial u}{\partial x}, \ \varepsilon_y = \dfrac{\partial v}{\partial y} \\ \gamma_{xy} = \dfrac{\partial v}{\partial x} + \dfrac{\partial u}{\partial y} \end{cases} \tag{6-108}$$

而在 1-2（即 x'-y'）坐标系为

$$\begin{cases} \varepsilon_1 = \dfrac{\partial u'}{\partial x'}, \ \varepsilon_2 = \dfrac{\partial v'}{\partial y'} \\ \gamma_{12} = \dfrac{\partial v'}{\partial x'} + \dfrac{\partial u'}{\partial y'} \end{cases} \tag{6-109}$$

在 1-2 坐标系中，坐标和位移分量都加注一撇（ $'$ ），以便与 x-y 坐标系的相应分量相区别。

在图 6-56 中表示的位移矢量在 1-2 和 x-y 两坐标系中的分量有如下关系

$$\begin{cases} u = mu' + nv' \\ v = -nu' + mv' \end{cases} \tag{6-110}$$

相反

$$\begin{cases} u' = mu - nv \\ v' = nu + mv \end{cases} \tag{6-111}$$

式中，$m = \cos\theta$；$n = \sin\theta$。

同样，平面上任意一点在两坐标系中的坐标 (x, y) 和 (x', y') 也存在类似的关系

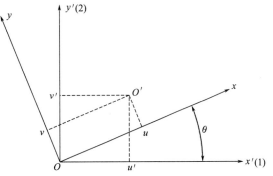

图 6-56　位移矢量在不同坐标系的分量

$$\begin{cases} x = mx' + ny' \\ y = -nx' + my' \end{cases} \tag{6-112}$$

$$\begin{cases} x' = mx - ny \\ y' = nx + my \end{cases} \tag{6-113}$$

由式（6-113），得偏微分

$$\begin{aligned} \frac{\partial x'}{\partial x} &= m, \ \frac{\partial x'}{\partial y} = -n \\ \frac{\partial y'}{\partial x} &= n, \ \frac{\partial y'}{\partial y} = m \end{aligned} \tag{6-114}$$

由式（6-108）得

$$\varepsilon_x = \frac{\partial u}{\partial x}$$

若把 u 看成 x'、y' 的函数，而 x'、y' 又看成 x，y 的函数，运用复合函数微分法则得

$$\varepsilon_x = \frac{\partial u}{\partial x'}\frac{\partial x'}{\partial x} + \frac{\partial u}{\partial y'}\frac{\partial y'}{\partial x}$$

再令 u 对 u'、v' 求导，u'、v' 对 x'、y' 求导，并根据式（6-110）和式（6-114）有

$$\varepsilon_x = \left(m\frac{\partial u'}{\partial x'} + n\frac{\partial v'}{\partial x'} \right)m + \left(m\frac{\partial u'}{\partial y'} + n\frac{\partial v'}{\partial y'} \right)n \qquad (6\text{-}115)$$

将式（6-109）代入式（6-115）得

$$\varepsilon_x = m^2\varepsilon_1 + n^2\varepsilon_2 + mn\gamma_{12} \qquad (6\text{-}116)$$

类似的推导可得

$$\varepsilon_y = n^2\varepsilon_1 + m^2\varepsilon_2 - mn\gamma_{12} \qquad (6\text{-}117)$$

$$\gamma_{xy} = -2mn\varepsilon_1 + 2mn\varepsilon_2 + (m^2 - n^2)\gamma_{12} \qquad (6\text{-}118)$$

写成矩阵形式为

$$\begin{bmatrix} \varepsilon_x \\ \varepsilon_y \\ \gamma_{xy} \end{bmatrix} = \begin{bmatrix} m^2 & n^2 & mn \\ n^2 & m^2 & -mn \\ -2mn & 2mn & m^2 - n^2 \end{bmatrix} \begin{bmatrix} \varepsilon_1 \\ \varepsilon_2 \\ \gamma_{12} \end{bmatrix} \qquad (6\text{-}119)$$

6.2.2.2　单层板的偏轴应力-应变特性

　　为了建立复合材料单层板在偏轴向的应力-应变关系，需要确定单层板的偏轴模量或偏轴柔量。前者可以按图 6-57 所示的步骤进行。

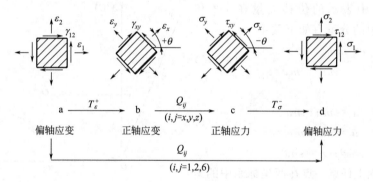

图 6-57　偏轴模量的确定

① 利用式（6-119）进行的应变转换，从偏轴应变得到正轴应变

$$\begin{cases} \varepsilon_x = m^2\varepsilon_1 + n^2\varepsilon_2 + mn\gamma_{12} \\ \varepsilon_y = n^2\varepsilon_1 + m^2\varepsilon_2 - mn\gamma_{12} \\ \gamma_{xy} = -2mn\varepsilon_1 + 2mn\varepsilon_2 + (m^2 - n^2)\gamma_{12} \end{cases} \qquad (6\text{-}120)$$

② 将式（6-120）代入式（6-99）的正轴应力-应变关系，求得正轴应力分量

$$\begin{aligned} \sigma_x &= Q_{xx}\varepsilon_x + Q_{xy}\varepsilon_y \\ &= Q_{xx}(m^2\varepsilon_1 + n^2\varepsilon_2 + mn\gamma_{12}) + Q_{xy}(n^2\varepsilon_1 + m^2\varepsilon_2 - mn\gamma_{12}) \\ &= (m^2Q_{xx} + n^2Q_{xy})\varepsilon_1 + (n^2Q_{xx} + m^2Q_{xy})\varepsilon_2 + (mnQ_{xx} - mnQ_{xy})\gamma_{12} \end{aligned} \qquad (6\text{-}121)$$

同理，得

$$\begin{cases} \sigma_y = (m^2Q_{xy} + n^2Q_{yy})\varepsilon_1 + (n^2Q_{xy} + m^2Q_{yy})\varepsilon_2 + (mnQ_{xy} - mnQ_{yy})\gamma_{12} \\ \tau_{xy} = -2mnQ_{ss}\varepsilon_1 + 2mnQ_{ss}\varepsilon_2 + (m^2 - n^2)Q_{ss}\gamma_{12} \end{cases} \qquad (6\text{-}122)$$

③ 利用式 (6-107) 进行应力的负转换，求得偏轴应力

$$\sigma_1 = m^2\sigma_x + n^2\sigma_y - 2mn\tau_{xy}$$

$$= m^2[(m^2Q_{xx} + n^2Q_{xy})\varepsilon_1 + (n^2Q_{xx} + m^2Q_{xy})\varepsilon_2 + (mnQ_{xx} - mnQ_{xy})\gamma_{12}] +$$

$$n^2[(m^2Q_{xy} + n^2Q_{yy})\varepsilon_1 + (n^2Q_{xy} + m^2Q_{yy})\varepsilon_2 + (mnQ_{xy} - mnQ_{yy})\gamma_{12}] -$$

$$2mn[-2mnQ_{ss}\varepsilon_1 + 2mnQ_{ss}\varepsilon_2 + (m^2 - n^2)Q_{ss}\gamma_{12}]$$

$$= [m^4Q_{xx} + n^4Q_{yy} + 2m^2n^2Q_{xy} + 4m^2n^2Q_{ss}]\varepsilon_1 +$$

$$[m^2n^2Q_{xx} + m^2n^2Q_{yy} + (m^4 + n^4)Q_{xy} - 4m^2n^2Q_{ss}]\varepsilon_2 +$$

$$[m^3nQ_{xx} - mn^3Q_{yy} + (mn^3 - m^3n)Q_{xy} + 2(mn^3 - m^3n)Q_{ss}]\gamma_{12}$$

写成
$$\sigma_1 = Q_{11}\varepsilon_1 + Q_{12}\varepsilon_2 + Q_{16}\gamma_{12} \tag{6-123}$$

同理，得
$$\begin{cases} \sigma_2 = Q_{21}\varepsilon_1 + Q_{22}\varepsilon_2 + Q_{26}\gamma_{12} \\ \tau_{12} = Q_{61}\varepsilon_1 + Q_{62}\varepsilon_2 + Q_{66}\gamma_{12} \end{cases} \tag{6-124}$$

式 (6-123)、式 (6-124) 即单层板偏轴应力-应变关系式，写成矩阵式为

$$\begin{bmatrix} \sigma_1 \\ \sigma_2 \\ \tau_{12} \end{bmatrix} = \begin{bmatrix} Q_{11} & Q_{12} & Q_{16} \\ Q_{21} & Q_{22} & Q_{26} \\ Q_{61} & Q_{62} & Q_{66} \end{bmatrix} \begin{bmatrix} \varepsilon_1 \\ \varepsilon_2 \\ \gamma_{12} \end{bmatrix} \tag{6-125}$$

式中 Q_{ij} (i, $j=1$, 2, 6) 为单层板的偏轴模量。它们与单层板正轴模量的关系如下

$$\begin{bmatrix} Q_{11} \\ Q_{22} \\ Q_{12} \\ Q_{66} \\ Q_{16} \\ Q_{26} \end{bmatrix} = \begin{bmatrix} m^4 & n^4 & 2m^2n^2 & 4m^2n^2 \\ n^4 & m^4 & 2m^2n^2 & 4m^2n^2 \\ m^2n^2 & m^2n^2 & m^4+n^4 & -4m^2n^2 \\ m^2n^2 & m^2n^2 & -2m^2n^2 & (m^2-n^2)^2 \\ m^3n & -mn^3 & mn^3-m^3n & 2(mn^3-m^3n) \\ mn^3 & -m^3n & m^3n-mn^3 & 2(m^3n-mn^3) \end{bmatrix} \begin{bmatrix} Q_{xx} \\ Q_{yy} \\ Q_{xy} \\ Q_{ss} \end{bmatrix} \tag{6-126}$$

式 (6-126) 是以幂函数形式表示的单层板偏轴模量与正轴模量的关系。这些关系式通过三角恒等式可以变换成倍角三角函数形式

$$\begin{cases} m^4 = (3 + 4\cos2\theta + \cos4\theta)/8 \\ m^3n = (2\sin2\theta + \sin4\theta)/8 \\ m^2n^2 = (1 - \cos4\theta)/8 \\ mn^3 = (2\sin2\theta - \sin4\theta)/8 \\ n^4 = (3 - 4\cos2\theta + \cos4\theta)/8 \end{cases} \tag{6-127}$$

将式 (6-127) 代入式 (6-126) 得

$$Q_{11} = m^4Q_{xx} + n^4Q_{yy} + 2m^2n^2(Q_{xy} + 2Q_{ss})$$

$$= (3 + 4\cos2\theta + \cos4\theta)Q_{xx}/8 + (3 - 4\cos2\theta + \cos4\theta)Q_{yy}/8 + (1 - \cos4\theta)(Q_{xy} + 2Q_{ss})/4$$

$$= (3Q_{xx} + 3Q_{yy} + 2Q_{xy} + 4Q_{ss})/8 + \frac{1}{2}(Q_{xx} - Q_{yy})\cos2\theta + \frac{1}{8}(Q_{xx} + Q_{yy} - 2Q_{xy} - 4Q_{ss})\cos4\theta$$

$$= U_1 + U_2\cos2\theta + U_3\cos4\theta \tag{6-128}$$

同样可以得到其他模量分量的表达式，以矩阵形式表示为

$$\begin{bmatrix} Q_{11} \\ Q_{22} \\ Q_{12} \\ Q_{66} \\ Q_{16} \\ Q_{26} \end{bmatrix} = \begin{bmatrix} U_1 & \cos2\theta & \cos4\theta \\ U_1 & -\cos2\theta & \cos4\theta \\ U_4 & 0 & -\cos4\theta \\ U_5 & 0 & -\cos4\theta \\ 0 & \dfrac{1}{2}\sin2\theta & \sin4\theta \\ 0 & \dfrac{1}{2}\sin2\theta & -\sin4\theta \end{bmatrix} \begin{bmatrix} 1 \\ U_2 \\ U_3 \end{bmatrix} \tag{6-129}$$

式中

$$U_1 = (3Q_{xx} + 3Q_{yy} + 2Q_{xy} + 4Q_{ss})/8$$

$$U_2 = (Q_{xx} - Q_{yy})/2$$

$$U_3 = (Q_{xx} + Q_{yy} - 2Q_{xy} - 4Q_{ss})/8$$

$$U_4 = (Q_{xx} + Q_{yy} + 6Q_{xy} - 4Q_{ss})/8$$

$$U_5 = (Q_{xx} + Q_{yy} - 2Q_{xy} + 4Q_{ss})/8$$

U_1、U_4、U_5 是单层板正轴模量的线性组合，因此它们也是材料常数，而与铺层方向角 θ 无关。

第一，从式（6-125）可见，单层板偏轴应力-应变特性与正轴应力-应变特性的主要差别在于偏轴模量矩阵中增加了两组分量：一组是联系正应力和切应变的剪切耦合分量 Q_{16} 和 Q_{26}；另一组是联系切应力和正应变的法向耦合分量 Q_{61} 和 Q_{62}。也就是说，处于偏轴向的单层板，在正应力作用下能够引起切应变，而切应力也能引起正应变。前者称为拉-剪耦合效应；后者称为剪-拉耦合效应。这种偶合效应在各向同性材料中或在单向复合材料的正轴方向上是不存在的。总之，偏轴模量除了包括法向分量、泊松分量、剪切分量外，还有法向-剪切耦合分量。这可以说是偏轴模量的第一个重要特点。同样可以证明，偏轴模量的泊松分量和法向-剪切耦合分量均有对称性，即

$$Q_{ij} = Q_{ji} \tag{6-130}$$

第二，从式（6-129）可见，偏轴模量的前四个分量都是由两部分构成：一个是常数项，另一个是周期变量项。图 6-58 示出了一种典型的碳纤维/环氧单层板的偏轴模量与缠绕角的关系。

在模量分量 Q_{11}、Q_{22}、Q_{12} 和 Q_{66} 中，不变量 U_1、U_4 和 U_5 分别代表了材料在刚度上的潜在能力，并且规定了偏轴模量可以调整的范围。例如，Q_{11} 是由一个常数 U_1 和一个 θ 的倍频变量与一个 θ 的四倍频变量组成

$$Q_{11} = U_1 + U_2\cos2\theta + U_3\cos4\theta \tag{6-131}$$

Q_{11} 的变化周期是 $-\pi/2 \sim \pi/2$。现研究在 $0 \leqslant \theta \leqslant \pi/2$ 区间曲线 Q_{11} 下面所包围的面积

$$\int_0^{\pi/2} Q_{11} \mathrm{d}\theta = \frac{\pi}{2}U_1 \tag{6-132}$$

即该面积是一常量。周期变化项 $U_2\cos2\theta$ 和 $U_3\cos4\theta$ 的作用仅在于在不同方向时对偏轴模量的调整，而模量曲线下的面积并未改变。即 U_1 表示了单层板在纵向刚度上的潜在能力。

同理有

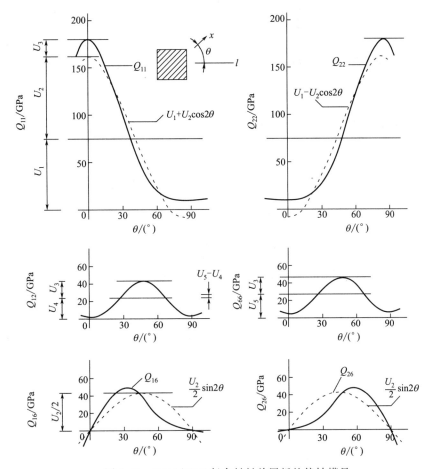

图 6-58　T300/5208 复合材料单层板的偏轴模量

$$\begin{cases} \displaystyle\int_0^{\pi/2} Q_{22}\,\mathrm{d}\theta = \frac{\pi}{2}U_1 \\[2mm] \displaystyle\int_0^{\pi/4} Q_{12}\,\mathrm{d}\theta = \frac{\pi}{4}U_4 \\[2mm] \displaystyle\int_0^{\pi/4} Q_{66}\,\mathrm{d}\theta = \frac{\pi}{4}U_5 \end{cases} \qquad (6\text{-}133)$$

这就是说，人们可以利用单层板的各向异性，通过改变缠绕角度，在预期的方向上提高材料刚度。然而，它的调整范围受到单层板刚度的潜在能力的制约，在一个方向上刚度的增加必须由其他方向上的刚度降低来补偿。

第三，式（6-129）表明，前四个模量分量 Q_{11}、Q_{22}、Q_{12} 和 Q_{66} 是偶函数。也就是说，当铺层方向角改变正负符号时，模量分量不改变正负号。而法向与剪切耦合分量 Q_{16}、Q_{26} 是奇函数，当 θ 角改变正负符号时，它们也要随之变换正负符号。

第四，图 6-58 表明，偏轴模量 Q_{11} 与 Q_{22} 以及 Q_{16} 与 Q_{26} 分别存在着对称关系。如果把 Q_{11} 曲线的横坐标轴移动 90°，则与曲线 Q_{22} 重合。而 Q_{16} 曲线在横坐标轴移动 90°后，还要绕横坐标轴旋动 180°，方能与 Q_{26} 曲线重合。这可根据式（6-129）来证明

$$Q_{11}(\theta+90°)=U_1+U_2\cos2(\theta+90°)+U_3\cos4(\theta+90°)=U_1-U_2\cos2\theta+U_3\cos4\theta=Q_{22}(\theta)$$

$$(6\text{-}134)$$

$$Q_{16}(\theta+90°)=\frac{1}{2}U_2\sin2(\theta+90°)+U_3\sin4(\theta+90°)=-\left(\frac{1}{2}U_2\sin2\theta-U_3\sin4\theta\right)=-Q_{26}(\theta)$$

$$(6-135)$$

式（6-129）还表明，Q_{12} 和 Q_{66} 的变化频率和幅值均相同，两曲线相应各点纵坐标恒差 U_5-U_4。据式（6-129）有

$$U_5-U_4=Q_{ss}-Q_{xy} \tag{6-136}$$

第五，偏轴模量的法向-剪切分量 Q_{16} 和 Q_{26} 不是独立的常数，它们可以由 Q_{11} 和 Q_{22} 取导数求得。由式（6-129）有

$$\frac{\partial Q_{11}}{\partial\theta}=-2U_2\sin2\theta-4U_3\sin4\theta=-4Q_{16} \tag{6-137}$$

$$\frac{\partial Q_{22}}{\partial\theta}=2U_2\sin2\theta-4U_3\sin4\theta=4Q_{26} \tag{6-138}$$

以上二式表明，Q_{11} 和 Q_{22} 的极值点分别与 Q_{16} 和 Q_{26} 的零点相对应。这就是单层板在正轴向的行为。此外，Q_{11} 和 Q_{22} 的拐点与 Q_{16} 和 Q_{26} 的极值点对应。

与求偏轴模量的方法相似，可以按照图 6-59 所示的顺序来求偏轴柔量和以柔量表示的偏轴应变-应力关系式

$$\begin{bmatrix}\varepsilon_1\\\varepsilon_2\\\gamma_{12}\end{bmatrix}=\begin{bmatrix}S_{11}&S_{12}&S_{16}\\S_{21}&S_{22}&S_{26}\\S_{61}&S_{62}&S_{66}\end{bmatrix}\begin{bmatrix}\sigma_1\\\sigma_2\\\tau_{12}\end{bmatrix} \tag{6-139}$$

式中，偏轴柔量矩阵中各分量与正轴柔量的转换关系为

$$\begin{bmatrix}S_{11}\\S_{22}\\S_{12}\\S_{66}\\S_{16}\\S_{26}\end{bmatrix}=\begin{bmatrix}m^4&n^4&2m^2n^2&m^2n^2\\n^4&m^4&2m^2n^2&m^2n^2\\m^2n^2&m^2n^2&m^4+n^4&-m^2n^2\\4m^2n^2&4m^2n^2&-8m^2n^2&(m^2-n^2)^2\\2m^3n&-2mn^3&2(mn^3-m^3n)&mn^3-m^3n\\2mn^3&-2m^3n&2(m^3n-mn^3)&m^3n-mn^3\end{bmatrix}\begin{bmatrix}S_{xx}\\S_{yy}\\S_{xy}\\S_{ss}\end{bmatrix} \tag{6-140}$$

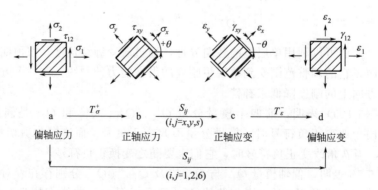

图 6-59　确定偏轴柔量的步骤

偏轴柔量也有与偏轴模量相似的一些特点，无须复述。典型的偏轴柔量如图 6-60 所示。同样能够证明 $S_{ij}=S_{ji}$，即偏轴柔量矩阵是对称矩阵。

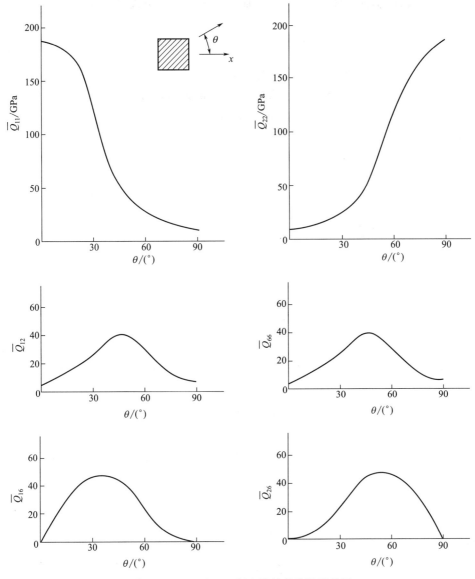

图 6-60   T300/5208 复合材料的偏轴柔量图

6.2.3   偏轴工程常数

如前所述，对于单向复合材料在正轴向的单轴应力或纯切应力下测得的材料刚度性能参数 E_L、E_T、ν_{LT} 和 G_{LT}，称为正轴向工程弹性常数。在单轴应力或纯切应力下，例如在拉伸、压缩、扭转、弯曲等基本变形情况下研究构件刚度或强度时，可以直接引用这些实测的性能参数。当单层板处于偏轴向时，也有类似的材料刚度性能参数，称为偏轴工程弹性常数。

偏轴工程弹性常数亦如正轴工程弹性常数那样可以用试验测定。然而，偏轴的角度可以是任意的，因此需要测定无穷多个铺层方向的偏轴工程弹性常数。实际上这是办不到的。此外，在偏轴向的单轴或纯剪试验中，由于耦合效应会产生多种基本变形，给实施这类试验带来很多困难。因此，常用的方法是利用偏轴应力-应变关系式［式（6-139）］来计算偏轴工程弹性常数。

① 讨论沿 1 轴的单轴拉伸，即 $\sigma_1 \neq 0$，而 $\sigma_2 = \tau_{12} = 0$。由式（6-139）得

$$\begin{cases} \varepsilon_1 = S_{11}\sigma_1 \\ \varepsilon_2 = S_{21}\sigma_1 \\ \gamma_{12} = S_{61}\sigma_1 \end{cases} \tag{6-141}$$

可定义在 1 轴方向的拉伸模量、泊松比、拉-剪耦合系数为

$$\begin{cases} E_1 = \sigma_1/\varepsilon_1 \\ \nu_{21} = -\varepsilon_2/\varepsilon_1 \\ \eta_{61} = \gamma_{12}/\varepsilon_1 \end{cases} \tag{6-142}$$

根据式（6-141）有

$$\begin{cases} E_1 = 1/S_{11} \\ \nu_{21} = -S_{21}/S_{11} \\ \eta_{61} = S_{61}/S_{11} \end{cases} \tag{6-143}$$

或者

$$\begin{cases} S_{11} = 1/E_1 \\ S_{21} = -\nu_{21}S_{11} = -\nu_{21}/E_{11} \\ S_{61} = \eta_{61}S_{11} = \eta_{61}/E_{11} \end{cases} \tag{6-144}$$

② 讨论沿 2 轴的单轴拉伸，即 $\sigma_2 \neq 0$，而 $\sigma_1 = \tau_{12} = 0$。由式（6-139）得

$$\begin{cases} \varepsilon_1 = S_{12}\sigma_2 \\ \varepsilon_2 = S_{22}\sigma_2 \\ \gamma_{12} = S_{62}\sigma_2 \end{cases} \tag{6-145}$$

同样可定义在 2 轴方向的拉伸模量、泊松比、拉-剪耦合系数为

$$\begin{cases} E_2 = \sigma_2/\varepsilon_2 \\ \nu_{12} = -\varepsilon_1/\varepsilon_2 \\ \eta_{62} = \gamma_{12}/\varepsilon_2 \end{cases} \tag{6-146}$$

据式（6-145），有

$$\begin{cases} E_2 = 1/S_{22} \\ \nu_{12} = -S_{12}/S_{22} \\ \eta_{62} = S_{62}/S_{22} \end{cases} \tag{6-147}$$

或者

$$\begin{cases} S_{22} = 1/E_2 \\ S_{12} = -\nu_{12}S_{22} = -\nu_{12}/E_2 \\ S_{62} = \eta_{62}S_{22} = \eta_{62}/E_2 \end{cases} \tag{6-148}$$

③ 在 1-2 坐标系的面内剪切，即 $\tau_{12} \neq 0$，而 $\sigma_1 = \sigma_2 = 0$。由式（6-139），有

$$\begin{cases} \gamma_{12} = S_{66}\tau_{12} \\ \varepsilon_1 = S_{16}\tau_{12} \\ \varepsilon_2 = S_{26}\tau_{12} \end{cases} \tag{6-149}$$

可定义在 1-2 坐标系面内切变模量、剪-拉耦合系数为

$$\begin{cases} G_{12} = \tau_{12}/\gamma_{12} \\ \eta_{16} = \varepsilon_1/\gamma_{12} \\ \eta_{26} = \varepsilon_2/\gamma_{12} \end{cases} \qquad (6\text{-}150)$$

据式（6-149）有

$$\begin{cases} G_{12} = 1/S_{66} \\ \eta_{16} = S_{16}/S_{66} \\ \eta_{26} = S_{26}/S_{66} \end{cases} \qquad (6\text{-}151)$$

将偏轴工程常数引入式（6-139），可以得到以工程常数表示的偏轴应力-应变关系式

$$\begin{bmatrix} \varepsilon_1 \\ \varepsilon_2 \\ \gamma_{12} \end{bmatrix} = \begin{bmatrix} \dfrac{1}{E_1} & -\dfrac{\nu_{12}}{E_2} & \dfrac{\eta_{16}}{G_{12}} \\[2mm] -\dfrac{\nu_{21}}{E_1} & \dfrac{1}{E_2} & \dfrac{\eta_{26}}{G_{12}} \\[2mm] \dfrac{\eta_{61}}{E_1} & \dfrac{\eta_{62}}{E_2} & \dfrac{1}{G_{12}} \end{bmatrix} \begin{bmatrix} \sigma_1 \\ \sigma_2 \\ \tau_{12} \end{bmatrix} \qquad (6\text{-}152)$$

由于柔量矩阵有对称性，因此

$$\begin{cases} \dfrac{\nu_{21}}{\nu_{12}} = \dfrac{E_1}{E_2} = \dfrac{S_{22}}{S_{11}} = a \\[2mm] \dfrac{\eta_{61}}{\eta_{16}} = \dfrac{E_1}{G_{12}} = \dfrac{S_{66}}{S_{11}} = b \\[2mm] \dfrac{\eta_{62}}{\eta_{26}} = \dfrac{E_2}{G_{12}} = \dfrac{S_{66}}{S_{22}} = c \end{cases} \qquad (6\text{-}153)$$

式（6-153）中，a 是 1 和 2 两个方向上泊松比的比，或是两个方向上的拉伸模量比。b 和 c 分别为两个方向上的拉-剪耦合系数与剪-拉耦合系数比，或者是拉伸模量与面内切变模量之比。它们表示了弯曲和扭转之间的相对刚度。由于偏轴工程弹性常数随铺层方向角而变化，因此比值 a、b 和 c 也随铺层方向变化。

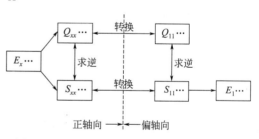

图 6-61　正轴与偏轴工程弹性常数间的关系

可以通过图 6-61 所示的途径，从正轴工程弹性常数计算偏轴工程弹性常数。所导出的二者间的关系式如下

$$\frac{1}{E_1} = \frac{1}{E_{\mathrm{L}}} m^4 + \left(\frac{1}{G_{\mathrm{LT}}} - \frac{2\nu_{\mathrm{LT}}}{E_{\mathrm{L}}} \right) m^2 n^2 + \frac{1}{E_{\mathrm{T}}} n^4$$

$$\frac{1}{E_2} = \frac{1}{E_{\mathrm{L}}} n^4 + \left(\frac{1}{G_{\mathrm{LT}}} - \frac{2\nu_{\mathrm{LT}}}{E_{\mathrm{L}}} \right) m^2 n^2 + \frac{1}{E_{\mathrm{T}}} m^4$$

$$\frac{1}{G_{12}} = 2 \left(\frac{2}{E_{\mathrm{L}}} + \frac{2}{E_{\mathrm{T}}} + \frac{4\nu_{\mathrm{LT}}}{E_{\mathrm{L}}} - \frac{1}{G_{\mathrm{LT}}} \right) m^2 n^2 + \frac{1}{G_{\mathrm{LT}}} (m^4 + n^4) \qquad (6\text{-}154)$$

$$\nu_{21} = E_1 \left[\frac{\nu_{\mathrm{LT}}}{E_{\mathrm{L}}} (m^4 + n^4) - \left(\frac{1}{E_{\mathrm{L}}} + \frac{1}{E_{\mathrm{T}}} - \frac{1}{G_{\mathrm{LT}}} \right) m^2 n^2 \right]$$

$$\nu_{12} = E_2 \left[\frac{\nu_{\mathrm{LT}}}{E_{\mathrm{L}}} (m^4 + n^4) - \left(\frac{1}{E_{\mathrm{L}}} + \frac{1}{E_{\mathrm{T}}} - \frac{1}{G_{\mathrm{LT}}} \right) m^3 n^2 \right]$$

$$\begin{cases} \eta_{61} = E_1(Am^3n - Bmn^3) \\ \eta_{62} = E_2(Amn^3 - Bm^3n) \\ \eta_{16} = G_{12}(Am^3n - Bmn^3) \\ \eta_{26} = G_{12}(Amn^3 - Bm^3n) \end{cases}$$

式中

$$m = \cos\theta$$

$$n = \sin\theta$$

$$A = \frac{2}{E_L} + \frac{2\nu_{LT}}{E_L} - \frac{1}{G_{LT}}$$

$$B = \frac{2}{E_T} + \frac{2\nu_{LT}}{E_L} - \frac{1}{G_{LT}}$$

从式（6-154）可知 E_1、E_2、ν_{21}、ν_{12} 和 G_{12} 是铺层方向角 θ 的偶函数，而 η_{61}、η_{62}、η_{16} 和 η_{26} 是铺层方向角 θ 的奇函数。

如前所述，法向与剪切的耦合效应是偏轴单层板力学行为的一个重要特征。从式（6-139）可知 S_{16} 和 S_{26} 的物理意义。S_{16} 和 S_{26} 的值分别表示单位切应力在 1 轴和 2 轴方向引起的正应变，而 S_{61} 和 S_{62} 的值分别表示在 1 轴和 2 轴方向上的单位正应力引起的切应变。同样由式（6-142）和式（6-146）可知，η_{61} 的值表示在 1 轴方向的正应力引起单位正应变时耦合产生的切应变，η_{62} 的值表示在 2 轴方向的正应力引起单位正应变时耦合产生的切应变。而 η_{16} 和 η_{26} 的值分别表示当切应力 τ_{12} 引起单位切应变时在 1 轴和 2 轴方向上耦合产生的正应变。

下面通过分析偏轴单层板在单轴应力和纯切应力作用下的变形行为来进一步理解法向-剪切耦合效应。

（1）受 1 轴方向的单轴拉伸作用

由图 6-62（a）有 $\theta > 0$，$\sigma_1 > 0$，$\sigma_2 = \tau_{12} = 0$，代入式（6-139），并引入式（6-144），得

$$\begin{cases} \varepsilon_1 = S_{11}\sigma_1 = \sigma_1/E_1 > 0 \\ \varepsilon_2 = S_{21}\sigma_1 = -\nu_{21}\sigma_1/E_1 < 0 \\ \gamma_{12} = S_{61}\sigma_1 = \eta_{61}\sigma_1/E_1 < 0 \end{cases} \tag{6-155}$$

因此，单层板的几何形状将变成如图 6-62（a）中的虚线所示。

（2）受 1 轴方向的单轴压缩作用

由图 6-62（b）有 $\theta > 0$，$\sigma_1 < 0$，$\sigma_2 = \tau_{12} = 0$，同上可得

$$\begin{cases} \varepsilon_1 = S_{11}\sigma_1 = \sigma_1/E_1 < 0 \\ \varepsilon_2 = S_{21}\sigma_1 = -\nu_{21}\sigma_1/E_1 > 0 \\ \gamma_{12} = S_{61}\sigma_1 = \eta_{61}\sigma_1/E_1 > 0 \end{cases} \tag{6-156}$$

因此，单层板变形后的几何形状如图 6-62（b）中虚线所示。

（3）受 1-2 平面的正纯切应力作用

由图 6-62（c）有 $\theta > 0$，$\sigma_1 = \sigma_2 = 0$，$\tau_{12} > 0$，同上可得

$$\begin{cases} \varepsilon_1 = S_{16}\tau_{12} = \eta_{16}\tau_{12}/G_{12} < 0 \\ \varepsilon_2 = S_{26}\tau_{12} = -\eta_{26}\tau_{12}/G_{12} < 0 \\ \gamma_{12} = S_{66}\tau_{12} = \tau_{12}/G_{12} > 0 \end{cases} \tag{6-157}$$

因此，单层板变形后的形状如图 6-62（c）中虚线所示。

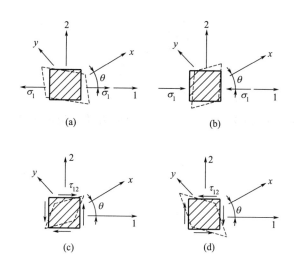

图 6-62　偏轴单层板在单轴应力和纯切应力下的变形

（4）受 1-2 平面的负纯切应力作用

由图 6-62（d）有 $\theta > 0$，$\sigma_1 = \sigma_2 = 0$，$\tau_{12} < 0$，同上可得

$$\begin{cases} \varepsilon_1 = S_{16}\tau_{12} = \eta_{16}\tau_{12}/G_{12} > 0 \\ \varepsilon_2 = S_{26}\tau_{12} = -\eta_{26}\tau_{12}/G_{12} > 0 \\ \gamma_{12} = S_{66}\tau_{12} = \tau_{12}/G_{12} < 0 \end{cases} \tag{6-158}$$

因此，单层板的变形如图 6-62（d）所示。

6.2.4　层合板变形的基本特征

如前所述，在工程结构中大量使用的是复合材料层合板，或叫多向层合板。层合板的结构行为使它具有许多各向同性材料所不具备的特征。这些特征在单向复合材料中还不能充分表现出来。层合板的力学性能不仅决定于单层板的性能和厚度，而且取决于铺层的方向、层数和顺序，了解了这些特征才能正确地认识复合材料的力学性能，充分发挥复合材料的可设计性特点，设计像复合材料压力容器这样的高结构效率的结构。

层合板的应力-应变关系式通常较为复杂，本节将直接给出这些关系式，以便说明层合板变形行为的一些基本特征。

（1）对称层合板的面内应力-应变关系

对称层合板是层合板的一种特殊形式，各铺层的方向相对于层板几何中面是镜面对称的（见图 6-48），即

$$\theta(z) = \theta(-z) \tag{6-159}$$

且各铺层的弹性常数也是对称的

$$Q_{ij}(z) = Q_{ij}(-z) \tag{6-160}$$

当外力的合力作用线位于对称层合板的几何中面时，由于层合板刚度的对称性，层合板只发生面内变形，不会发生弯曲变形。通常层合板的厚度与其长度、宽度相比是很小的，因此在厚度方向上的变形可以忽略。在这种情况下，由于层合板各个铺层保持良好粘接，因此可以认为在层合板厚度方向上应变保持不变，即应变不随层合板厚度方向上的坐标 z 而变化

$$\begin{cases} \varepsilon_1(z) = \varepsilon_1^0 \\ \varepsilon_2(z) = \varepsilon_2^0 \\ \gamma_{12}(z) = \gamma_{12}^0 \end{cases} \tag{6-161}$$

ε_1^0、ε_2^0 和 γ_{12}^0 就是整个层板的面内应变。

然而层合板各铺层的刚度 Q_{ij} 是不同的,所以应力随着坐标 z 变化。于是,可以计算沿层合板厚度 h 的平均应力

$$\begin{cases} \overline{\sigma_1} = \dfrac{1}{h} \int_{-h/2}^{h/2} \sigma_1 \mathrm{d}z \\ \overline{\sigma_2} = \dfrac{1}{h} \int_{-h/2}^{h/2} \sigma_2 \mathrm{d}z \\ \overline{\tau_{12}} = \dfrac{1}{h} \int_{-h/2}^{h/2} \sigma_{12} \mathrm{d}z \end{cases} \tag{6-162}$$

为了描述层合板的应力-应变关系,需要定义层合板的应力合力

$$\begin{cases} N_1 = h\overline{\sigma_1} = \int_{-h/2}^{h/2} \sigma_1 \mathrm{d}z \\ N_2 = h\overline{\sigma_2} = \int_{-h/2}^{h/2} \sigma_2 \mathrm{d}z \\ N_{12} = h\overline{\tau_{12}} = \int_{-h/2}^{h/2} \tau_{12} \mathrm{d}z \end{cases} \tag{6-163}$$

应力合力表示厚度为 h 的层合板横截面单位宽度上的力,单位是 Pa·m 或 N/m。

描述对称层合板面内应力-应变关系实际上采用如下的应力合力与面内应变的关系式

$$\begin{bmatrix} N_1 \\ N_2 \\ N_{12} \end{bmatrix} = \begin{bmatrix} A_{11} & A_{12} & A_{16} \\ A_{21} & A_{22} & A_{26} \\ A_{61} & A_{62} & A_{66} \end{bmatrix} \begin{bmatrix} \varepsilon_1^0 \\ \varepsilon_2^0 \\ \gamma_{12}^0 \end{bmatrix} \tag{6-164}$$

式中,A_{ij} 为对称层合板的等效面内模量,其值为

$$A_{ij} = \int_{-h/2}^{h/2} Q_{ij} \mathrm{d}z \quad (i,j = 1,2,6) \tag{6-165}$$

面内模量的单位为 Pa·m 或 N/m。

在式 (6-164) 中,再次看到了复合材料变形的一个特征——法向与剪切的耦合效应,即正应力可以引起切应变,切应力也可以引起正应变。这种耦合效应的大小,可通过改变铺层顺序来调节。例如,铺层顺序为 $[0_m/90_n]_\mathrm{s}$ 的正交铺层层合板,其等效面内模量的剪切耦合项为零,则呈现正交各向异性。

(2) 对称层合板的弯曲行为

对称层合板在弯曲力矩作用下的变形是层合板变形的另一种基本形式。在讨论层合板弯曲时,仍然采用了材料力学中的直法线假设,即在弯曲前层合板内垂直于几何中面的直线段,在弯曲后仍然保持为垂直于弯曲后中面的直线,且直线段长度不变,而且各铺板仍按平面应力状态进行分析。

与在分析对称层合板面内行为时采用了应力合力相类似,在分析对称层合板弯曲行为时定义了如下合力矩

$$\begin{cases} M_1 = \int_{-h/2}^{h/2} \sigma_1 z \, \mathrm{d}z \\ M_2 = \int_{-h/2}^{h/2} \sigma_2 z \, \mathrm{d}z \\ M_{12} = \int_{-h/2}^{h/2} \tau_{12} z \, \mathrm{d}z \end{cases} \tag{6-166}$$

式中，M_1 与 M_2 是弯曲合力矩；M_{12} 为扭转合力矩，即厚度为 h、宽度为 b 的层合板每单位宽度的力矩，单位是 N•m/m。

在图 6-63 中规定了合力矩的符号。对于弯矩，如果层合板上半部分应力的平均值是正值，则弯矩也为正值；如果层合板上半部分应力的平均值是负值，则弯矩也为负值。图 6-63 (a) 和图 6-63 (b) 中的弯矩 M_1 和 M_2 均为正值。扭矩的符号规定为：层合板上半部分的正切应力与正扭矩相对应。图 6-63 (c) 表示正扭矩及相应的切应力分布。正扭矩 M_{12} 在 1 轴正面是顺时针方向扭转，在 2 轴正面是逆时针扭转。正扭转的作用相当在层板四角作用了两对互相平衡的力，使层板两组对角产生方向相反的位移。

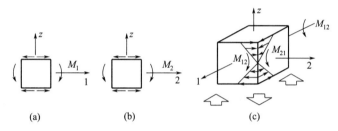

图 6-63 弯曲和扭转合力矩的符号

在式 (6-85)～式 (6-89) 中已经建立了如下应变定义

$$\varepsilon_x = \frac{\partial u}{\partial x}, \ \varepsilon_y = \frac{\partial v}{\partial y}, \ \gamma_{xy} = \frac{\partial v}{\partial x} + \frac{\partial u}{\partial y} \tag{6-167}$$

为了讨论层合板的弯曲行为，还需要补充引用下列应变定义

$$\varepsilon_z = \frac{\partial w}{\partial z}, \ \gamma_{xz} = \frac{\partial w}{\partial x} + \frac{\partial u}{\partial z}, \ \gamma_{yz} = \frac{\partial w}{\partial y} + \frac{\partial v}{\partial z} \tag{6-168}$$

根据直线法假设，有

$$\varepsilon_z = 0, \ \gamma_{xz} = 0, \ \gamma_{yz} = 0 \tag{6-169}$$

即位移 w 与坐标 z 无关，仅为 x、y 的函数

$$\omega = \omega(x, y) \tag{6-170}$$

且

$$\frac{\partial u}{\partial z} = -\frac{\partial w}{\partial x}, \ \frac{\partial v}{\partial z} = -\frac{\partial w}{\partial y} \tag{6-171}$$

对 z 求积分，得

$$\begin{cases} u = -z \frac{\partial w}{\partial x} + c_1(x, y) \\ v = -z \frac{\partial w}{\partial y} + c_2(x, y) \end{cases} \tag{6-172}$$

由于对称层合板的刚度是中面对称的，弯曲时，其几何中面即是中性曲面，因此在 $z = 0$ 处，$u = v = 0$。代入式 (6-172)，得

$$c_1(x, y) = 0, \ c_2(x, y) = 0 \tag{6-173}$$

则
$$\begin{cases} u = -z\dfrac{\partial w}{\partial x} \\[2mm] v = -z\dfrac{\partial w}{\partial y} \end{cases} \tag{6-174}$$

将式（6-174）代入式（6-167），有
$$\begin{cases} \varepsilon_x = -z\dfrac{\partial^2 w}{\partial x^2} \\[3mm] \varepsilon_y = -z\dfrac{\partial^2 w}{\partial y^2} \\[3mm] \gamma_{xy} = -2z\dfrac{\partial^2 w}{\partial x\partial y} \end{cases} \tag{6-175}$$

根据微分几何可知，层合板的曲率和扭率为
$$\begin{cases} k_x = -\dfrac{\partial^2 w}{\partial x^2} \\[3mm] k_y = -\dfrac{\partial^2 w}{\partial y^2} \\[3mm] k_{xy} = -2\dfrac{\partial^2 w}{\partial x\partial y} \end{cases} \tag{6-176}$$

将式（6-175）代入式（6-176），则
$$\begin{cases} \varepsilon_x = -zk_x \\ \varepsilon_y = -zk_y \\ \gamma_{xy} = -zk_{xy} \end{cases} \tag{6-177}$$

当多向层合板采用 1-2 坐标系，可改写成
$$\begin{cases} \varepsilon_1 = -zk_1 \\ \varepsilon_2 = -zk_2 \\ \gamma_{12} = -zk_{12} \end{cases} \tag{6-178}$$

式中，k_1、k_2 为层合板曲率；k_{12} 为层合板扭率。为表征层合板的弯曲行为，采用了合力矩与曲率的关系式
$$\begin{bmatrix} M_1 \\ M_2 \\ M_3 \end{bmatrix} = \begin{bmatrix} D_{11} & D_{12} & D_{16} \\ D_{21} & D_{22} & D_{16} \\ D_{61} & D_{62} & D_{66} \end{bmatrix} \begin{bmatrix} k_1 \\ k_2 \\ k_3 \end{bmatrix} \tag{6-179}$$

式中，D_{ij} 为弯曲模量，其值为
$$D_{ij} = \int_{-h/2}^{h/2} Q_{ij} z^2 \mathrm{d}z \tag{6-180}$$

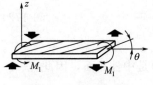

图 6-64　偏轴单向复合材料层板的纯弯曲

式（6-179）表明，层合板在弯矩作用下不仅产生弯曲变形，而且产生扭曲变形；在扭矩作用下，层合板既产生扭曲变形，也产生弯曲变形。弯曲和扭转的耦合是层合板的又一种耦合效应，也是层合板的另一种重要的变形特征。例如，一个缠绕角为 θ 的偏轴单向复合材料层板在弯矩 M_1 的作用下，会发生图 6-64 所示的扭曲。

（3）一般层合板的应力-应变关系

对称层合板具有中面对称性，在面内力作用下只发生面内变形而不发生弯曲变形；在弯曲力矩作用下只发生弯曲变形而不发生面内变形。一般层合板不具有中面对称性，在面内力、弯矩或二者同时作用下将呈现复杂的变形行为。

根据直线法假设和应变定义导出的式（6-172）对一般层合板依然成立，即

$$\begin{cases} u = -z \dfrac{\partial w}{\partial x} + c_1(x, y) \\ v = -z \dfrac{\partial w}{\partial y} + c_2(x, y) \end{cases} \tag{6-181}$$

然而在几何中面 $z = 0$ 处，u 和 v 不一定为零，故设

$$u|_{z=0} = u_0 , \quad v|_{z=0} = v_0 \tag{6-182}$$

则

$$\begin{cases} u = u_0 = -z \dfrac{\partial w}{\partial x} \\ v = v_0 = -z \dfrac{\partial w}{\partial y} \end{cases} \tag{6-183}$$

将式（6-183）代入应变定义式（6-167），得

$$\begin{cases} \varepsilon_x = \dfrac{\delta u_0}{\delta x} - z \dfrac{\partial^2 w}{\partial x^2} \\ \varepsilon_y = \dfrac{\delta v_0}{\delta y} - z \dfrac{\partial^2 w}{\partial y^2} \\ \gamma_{xy} = \dfrac{\delta v_0}{\delta x} + \dfrac{\delta u_0}{\delta y} - 2z \dfrac{\partial^2 w}{\partial x \partial y} \end{cases} \tag{6-184}$$

而中面应变为

$$\begin{cases} \varepsilon_x^0 = \dfrac{\delta u_0}{\delta x} \\ \varepsilon_y^0 = \dfrac{\delta v_0}{\delta y} \\ \gamma_{xy}^0 = \dfrac{\delta v_0}{\delta x} + \dfrac{\delta u_0}{\delta y} \end{cases} \tag{6-185}$$

将式（6-176）和式（6-185）代入式（6-184），有

$$\begin{cases} \varepsilon_x = \varepsilon_x^0 + z k_x \\ \varepsilon_y = \varepsilon_y^0 + z k_y \\ \gamma_{xy} = \gamma_{xy}^0 + z k_{xy} \end{cases} \tag{6-186}$$

采用 1-2 坐标系，可改写成

$$\begin{cases} \varepsilon_1 = \varepsilon_1^0 + z k_1 \\ \varepsilon_2 = \varepsilon_2^0 + z k_2 \\ \gamma_{12} = \gamma_{12}^0 + z k_{12} \end{cases} \tag{6-187}$$

即一般层合板的变形是由面内变形和弯曲变形两部分构成的。

将式（6-125）代入式（6-164）和式（6-166），并引用式（6-187），可得到一般层合板的广义应力-应变关系式

$$\begin{bmatrix} N_1 \\ N_2 \\ N_{12} \\ M_1 \\ M_2 \\ M_{12} \end{bmatrix} = \begin{bmatrix} A_{11} & A_{12} & A_{16} & B_{11} & B_{12} & B_{16} \\ A_{21} & A_{22} & A_{26} & B_{21} & B_{22} & B_{26} \\ A_{61} & A_{62} & A_{66} & B_{61} & B_{62} & B_{66} \\ B_{11} & B_{12} & B_{16} & D_{11} & D_{12} & D_{16} \\ B_{21} & B_{22} & B_{26} & D_{21} & D_{22} & D_{26} \\ B_{61} & B_{62} & B_{66} & D_{61} & D_{62} & D_{66} \end{bmatrix} \begin{bmatrix} \varepsilon_1^0 \\ \varepsilon_2^0 \\ \gamma_{12}^0 \\ k_1 \\ k_2 \\ k_{12} \end{bmatrix} \tag{6-188}$$

式中，A_{ij} 为层合板的面内模量；D_{ij} 为层合板的弯曲模量；B_{ij} 为层合板的耦合模量。有

$$A_{ij} = \int_{-h/2}^{h/2} Q_{ij} \mathrm{d}z , \ B_{ij} = \int_{-h/2}^{h/2} Q_{ij} z \mathrm{d}z , \ D_{ij} = \int_{-h/2}^{h/2} Q_{ij} z^2 \mathrm{d}z \quad (i,j=1,2,6)$$

可见，一般的非对称层合板，在面内力作用下不仅产生面内变形，而且产生弯曲变形；而在弯矩作用下，不仅产生弯曲变形，还要产生面内变形。面内和弯曲的耦合效应是层合板变形的又一个重要特征。

总之，复合材料层合板具有三类耦合效应，即法向-剪切耦合效应（或简称拉-剪耦合）、弯曲-扭转耦合效应（或称弯-扭耦合）和面内-弯曲耦合效应（或称拉-弯耦合）。一般层合板的高度耦合行为是各向同性材料所没有的。耦合效应的存在给层合板的性能分析带来了困难，但是耦合效应在一定范围内是可以控制的，因此，它又为设计和制造提供了独特的机会。

（4）层合板强度的基本概念

众所周知，主应力和主应变的概念对于各向同性材料的强度分析是十分重要的。主应力和主应变是在给定应力状态（或应变状态）下的应力（或应变）的极值，与材料性质无关；而材料强度则与应力方向无关。判断材料失效与否，必须用最大主应力（或最大主应变）与材料的强度（或断裂应变）相比较。

作为层合板基本结构单元的单层板是正交各向异性的，单层有五个基本强度值：

X_t——纵向抗拉强度；

X_c——纵向抗压强度；

Y_t——横向抗拉强度；

Y_c——横向抗压强度；

S——面内抗剪强度。

单层板强度和弹性的方向性以及主应力轴与主应变轴不一定相重合，使得主应力和主应变的概念在层合板的强度分析中失去了意义。

例如，如图 6-65 所示的单向复合材料的强度为 $X_t = 1500\mathrm{MPa}$，$Y_t = 40\mathrm{MPa}$，$S = 68\mathrm{MPa}$。如果作用于该层板上的应力为 $\sigma_x = 1200\mathrm{MPa}$，$\sigma_y = 100\mathrm{MPa}$，$\tau_{xy} = 0$。

显然，最大主应力低于材料的最大强度值（纵向抗拉强度值），然而最小主应力大于横向抗拉强度值，因此材料在横向破坏。在正交各向异性的单向复合材料中，需要特别注意的是：强度是应力方向的函数，判断材料是否失效，必须用实际应力场相比较。

单向层板的面内抗剪强度与作用在材料主方向上的纯切应力的符号无关。从图 6-66 可见，在单层板材料主方向上作用的正切应力和负切应力，两种应力场彼此呈镜面对称，其效果没有区别。在与材料主方向成 45°角的单元体上作用着数值与切应力相等的主拉应力和主压应力，两种应力场亦呈镜面对称。然而在非材料主方向上作用纯切应力时，材料强度则与

切应力符号相关。如图 6-67 所示，当材料主方向与基准坐标轴成 45°夹角时，正的切应力在纤维方向（x 轴）引起拉应力，在垂直纤维的方向（y 轴）引起压应力；而负的切应力在 x 轴引起压应力，在 y 轴引起拉应力。两种应力场的差别是明显的。

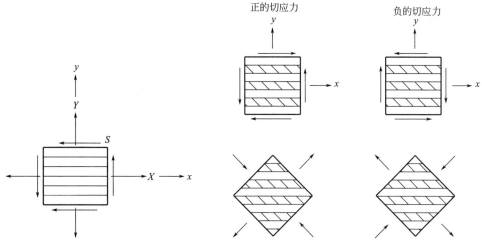

图 6-65　单向复合材料的基本强度　　　　图 6-66　在材料主方向上的切应力

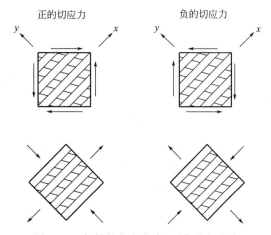

图 6-67　与材料主方向成 45°角的切应力

对于多向层合板，可以采用如下步骤进行铺层应力与铺层应变分析：

① 根据载荷条件确定层合板的应力合力与合力矩；

② 利用应力-应变关系式确定层合板面内应变和曲率；

③ 根据应变转换方程求得各个铺层的正轴应变；

④ 利用正轴应力-应变关系，确定各铺层的正轴应力。

基于上述铺层应力和铺层应变的分析，可以引用单向复合材料的基本强度（或许用应力）、断裂应变（或许用应变）来判断各个铺层失效与否。

（5）层间应力和自由边效应

前面讨论的层合板分析方法有一个前提条件，即假设层合板为平面应力状态。因此只考虑平面内应力 σ_x、σ_y 和 τ_{xy}（见图 6-68），而未考虑图中表示的层间应力 σ_z、τ_{zx} 和 τ_{zy}。按这种经典的层合理论分析的结果，对于无限宽层合板是完全适用的。然而对于有限宽度的层合板，在其自由边上（例如层合板边缘、孔的周边或管状试样的两端），层间应力是不能忽视的。在这种情况下，经典层合理论就显得不够完善了。

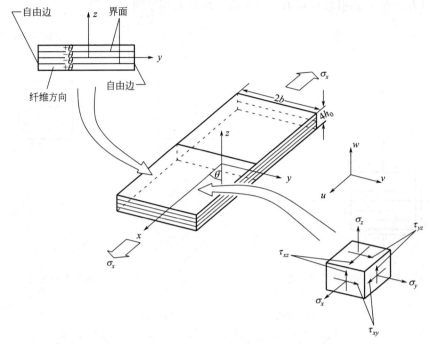

图 6-68　层合板的坐标和应力

举例来说，如图 6-68 中的层合板在 x 方向受轴向拉伸应力作用，则中间平面的应变和层合板的曲率可利用广义应力-应变关系式得到，进而计算铺层应力。通常 σ_y 和 τ_{xy} 不等于零。根据层合板理论，即使在平行于 x 轴的自由边上（$y = \pm b$）也是如此。事实上这是不可能的。图 6-69 示出了这个层合板各铺层的分离体。在自由边上 τ_{xy} 必须等于零。这就意味着分离体的非自由边上的 τ_{xy} 所引起的力偶必定要有反应。为满足力矩平衡，反应力偶只能是由作用在与下一层相邻的铺层边面上的 τ_{xy} 引起的。此外，若施加平面应力于一层合板，由于各铺层弹性常数的差别，铺层间会产生相对位移趋势。由于各铺层通过表面呈弹性连接，因而在各层表面存在切应力。上述这些层间应力在远离层板边缘处是可忽略的，而在层合板边缘不能忽略。因此，在自由边附近的应力状态不是平面应力状态，而是三维应力状态。

图 6-70 绘出了一个对称角度铺层层合板的应力沿层板宽度的变化。可见，在层合板中部，应力值符合按经典层合理论计算的结果；但在接近层板边缘处，τ_{xy} 趋于零而 τ_{xz} 急剧增大。在界面上产生的高层间剪切应变可能导致基体裂纹，这些裂纹随着外载的增加将扩展到层板内部。

在层合板中间部位 σ_2 趋于零，而在自由边处 σ_2 可能相当大。当某一铺层存在横向拉应力 σ_y 时，则意味着自由边上有拉应力 σ_2 存在，以平衡 σ_y 引起的力矩。σ_2 可能是正值，也可能为负值。层间拉伸正应力将引起层合板边缘分层，使层合板强度下降。在疲劳载荷下，导致层合板最终失效的分层损伤扩展常起源于这样的自由边初始损伤。

许多实验和分析证明，层间应力仅存在于层合板边缘附近一个有限的区域内，或者说在这个区域内经典层合理论估算的应力值与实际应力值产生偏差，这个区域的宽度近似等于层

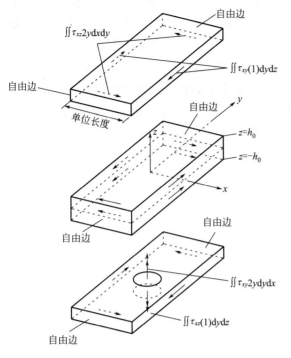

$$\iint \tau_{xz}2ydxdy$$

自由边

$$\iint \tau_{xy}(1)dydz$$

自由边

单位长度

自由边

$z=h_0$

$z=-h_0$

自由边

自由边

自由边

$$\iint \tau_{xy}2ydydx$$

$$\iint \tau_{xz}(1)dydz$$

自由边

图 6-69　层合板铺层分离体

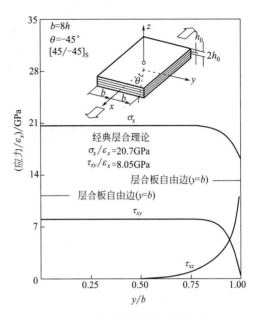

$b=8h$
$\theta=-45^\circ$
$[45/-45]_S$

经典层合理论
$\sigma_x/\varepsilon_x=20.7\text{GPa}$
$\tau_{xy}/\varepsilon_x=8.05\text{GPa}$

层合板自由边($y=b$)

层合板自由边($y=b$)

τ_{xy}

τ_{xz}

(应力/ε_x)/GPa

y/b

图 6-70　应力沿层板宽度的变化

板厚度。图 6-71 给出了用 Moire 法测定的、理论计算的上述层合板表面的 z 向位移，这一结果证实了层间应力的这一作用范围。因此，可以把自由边层间应力的作用认为是一种边缘效应，有时也称之为边界层现象。

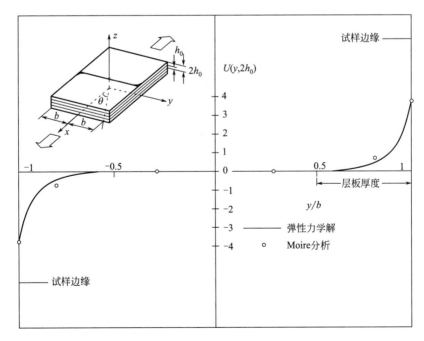

$U(y,2h_0)$

层板厚度

y/b

弹性力学解

Moire分析

试样边缘

试样边缘

图 6-71　层合板表面的轴向位移

按经典层合理论分析的面内应力不受铺层顺序的影响，而铺层顺序对自由边层间应力的分布有重大影响。改变铺层顺序可以使层间正应力拉伸变为压缩。例如，Foye 和 Baker 试验两种硼纤维/环氧层合板，它们的组分、缠绕角度和铺层含量均相同，仅铺层顺序分别为 $[+15/+45]_S$ 和 $[+45/+15]_S$。然而前者的疲劳强度比后者约低 175MPa，原因就在于 σ_2 强烈影响疲劳分层扩展过程。同样地在碳纤维/环氧多向层合板静拉伸试验中观察到，σ_2 为拉应力的层板在试样断裂前出现了大面积分层；而 σ_2 为压应力的层板直至断裂都尚无分层迹象。

6.2.5 圆柱形壳体弹性系数的测定及破坏特征

压力容器多为圆柱形壳体，与层合板壳体的计算有一定区别。本小节以纤维缠绕圆筒为例，介绍圆柱形壳体弹性系数的理论值与实验值。

6.2.5.1 理论分析

（1）$\pm \alpha$ 角螺旋缠绕圆筒壳

图 6-72 所示为多层 $\pm \alpha$ 角螺旋缠绕层合圆筒壳，x，y 为主曲率坐标。由于层数较多，忽略耦合效应。根据层合理论，其面内内力与应变的关系式为

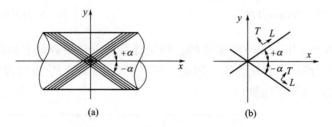

图 6-72 螺旋缠绕层合圆筒壳

$$\left\{ \begin{array}{c} N_x \\ N_y \\ N_{xy} \end{array} \right\} = \left[\begin{array}{ccc} A_{11} & A_{12} & 0 \\ A_{12} & A_{22} & 0 \\ 0 & 0 & A_{66} \end{array} \right] \left\{ \begin{array}{c} \varepsilon_x \\ \varepsilon_y \\ \gamma_{xy} \end{array} \right\} \tag{6-189}$$

其中，有

$$\left\{ \begin{array}{l} A_{11} = \dfrac{E_x t}{1 - \nu_{xy} \nu_{yx}} \\[3mm] A_{22} = \dfrac{E_y t}{1 - \nu_{xy} \nu_{yx}} \\[3mm] A_{66} = G_{xy} t \\[3mm] A_{12} = \dfrac{\nu_{yx} E_x t}{1 - \nu_{xy} \nu_{yx}} = \dfrac{\nu_{xy} E_y t}{1 - \nu_{xy} \nu_{yx}} \end{array} \right.$$

式中，t 为层合圆筒壳的厚度；E_x、E_y、ν_{xy}、ν_{yx}、G_{xy} 为所需求解的层合圆筒壳主轴方向的弹性系数，其表达式为

$$\begin{cases} \dfrac{1}{E_x} = \dfrac{1}{E_{x0} - x_1^2 G_{xy0}} \\[3mm] \dfrac{1}{E_y} = \dfrac{1}{E_{y0} - x_2^2 G_{xy0}} \\[3mm] \dfrac{\nu_{xy}}{E_x} = \dfrac{\nu_{yx}}{E_y} = \dfrac{\nu_{xy0}}{E_{x0}} + x_1 x_2 G_{xy0} \\[3mm] \dfrac{1}{G_{xy}} = \dfrac{1}{G_{xy0}} - \dfrac{x_1(x_1 + x_2\nu_{yx0})E_{x0}}{1 - \nu_{xy0}\nu_{yx0}} - \dfrac{x_2(x_2 + x_1\nu_{xy0})E_{y0}}{1 - \nu_{xy0}\nu_{yx0}} \end{cases}$$

式中，有

$$\begin{cases} \dfrac{1}{E_{x0}} = \dfrac{\cos^4\alpha}{E_L} - \dfrac{\sin^4\alpha}{E_T} + \left(\dfrac{1}{G_{LT}} - \dfrac{2v_{LT}}{E_L}\right)\cos^2\alpha\sin^2\alpha \\[3mm] \dfrac{1}{E_{y0}} = \dfrac{\cos^4\alpha}{E_L} - \dfrac{\sin^4\alpha}{E_T} + \left(\dfrac{1}{G_{LT}} - \dfrac{2v_{LT}}{E_L}\right)\cos^2\alpha\sin^2\alpha \\[3mm] \dfrac{1}{G_{xy0}} = \left(\dfrac{1+\nu_{LT}}{E_L} + \dfrac{1+\nu_{TL}}{E_T}\right)\sin^2 2\alpha + \dfrac{\cos^2 2\alpha}{G_{LT}} \\[3mm] \dfrac{\nu_{xy0}}{E_{x0}} = \dfrac{\nu_{yx0}}{E_{y0}} = \dfrac{\nu_{LT}}{E_L}(\sin^4\alpha + \cos^4\alpha) + \left(\dfrac{1}{G_{LT}} - \dfrac{1}{E_L} - \dfrac{1}{E_T}\right)\sin^2\alpha\cos^2\alpha \\[3mm] x_1 = \left[\dfrac{\sin^2\alpha}{E_T} - \dfrac{\cos^2\alpha}{E_L} + \dfrac{1}{2}\left(\dfrac{1}{G_{LT}} - \dfrac{2\nu_{LT}}{E_L}\right)\cos 2\alpha\right]\sin 2\alpha \\[3mm] x_2 = \left[\dfrac{\cos^2\alpha}{E_T} - \dfrac{\sin^2\alpha}{E_L} - \dfrac{1}{2}\left(\dfrac{1}{G_{LT}} - \dfrac{2\nu_{LT}}{E_L}\right)\cos 2\alpha\right]\sin 2\alpha \end{cases}$$

（2）螺旋缠绕加环向缠绕圆筒壳

如图 6-73 示，设壳体共有 N 层，第 i 层的缠绕角为 α_i （$i=1$，2，…，N）。当 $\alpha_i = \pi/2$ 时，为环向缠绕层。根据层合理论，可以求得这种壳体在主轴方向的弹性系数：

$$\begin{cases} E_x = \displaystyle\sum_{i=1}^{N} K_x^{(i)}\lambda_i - \dfrac{\left(\displaystyle\sum_{i=1}^{N}\nu_{xy}^{(i)}K_y^{(i)}\lambda_i\right)^2}{\displaystyle\sum_{i=1}^{N} K_y^{(i)}\lambda_i} \\[6mm] E_y = \displaystyle\sum_{i=1}^{N} K_y^{(i)}\lambda_i - \dfrac{\left(\displaystyle\sum_{i=1}^{N}\nu_{yx}^{(i)}K_y^{(i)}\lambda_i\right)^2}{\displaystyle\sum_{i=1}^{N} K_x^{(i)}\lambda_i} \\[6mm] \nu_{xy} = \displaystyle\sum_{i=1}^{N}\nu_{xy}^{(i)}K_y^{(i)}\lambda_i \Big/ \displaystyle\sum_{i=1}^{N} K_y^{(i)}\lambda_i \\[6mm] \nu_{yx} = \displaystyle\sum_{i=1}^{N}\nu_{yx}^{(i)}K_x^{(i)}\lambda_i \Big/ \displaystyle\sum_{i=1}^{N} K_x^{(i)}\lambda_i \\[6mm] G_{xy} = \displaystyle\sum_{i=1}^{N} G_{xy}^{(i)}\lambda_i \end{cases}$$

(6-190)

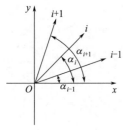

图 6-73 多层复合材料
中每层的缠绕角

其中，有

$$\begin{cases} K_x^{(i)} = \dfrac{E_x^{(i)}}{1-\nu_{xy}^{(i)}\nu_{yx}^{(i)}} \\ K_y^{(i)} = \dfrac{E_y^{(i)}}{1-\nu_{xy}^{(i)}\nu_{yx}^{(i)}} \end{cases}$$

式中，λ_i 为第 i 层的厚度与壳体厚度之比 $\left(\sum\limits_{i=1}^{N}\lambda_i=1\right)$；$E_x^{(i)}$、$E_y^{(i)}$、$G_{xy}^{(i)}$、$\nu_{xy}^{(i)}$、$\nu_{yx}^{(i)}$ 为第 i 层在 x，y 方向上的弹性系数。

6.2.5.2 实验值与理论值的比较

对缠绕圆筒壳分别做轴向（x 方向）拉伸、扭转及内压试验，可以测量壳体主方向的弹性系数 E_x、E_y、G_{xy}、ν_{xy}、ν_{yx}。做扭转试验时要注意壳壁不能太薄，否则会发生屈曲失稳破坏，而非强度破坏，这种数据不能采用。以日本日东纺增强塑料研究所提供的一组试验数据为例进行说明。

（1）$\pm\alpha$ 角螺旋缠绕圆筒壳的试验

试验项目与试件尺寸见表 6-16。

表 6-16 试验项目与试件尺寸（玻璃纤维/环氧）

试验项目	内径/mm	壁厚/mm	缠绕角/(°)	纤维含量/%
轴向拉伸	75	1	30，45，55，75，90	39～58
扭　转	75	1.4	10，20，30，45，75，90	49～62
内　压	75	3	15，25，40，50，55，60，75，90	40～60

根据式（6-190）计算的理论值与实验值的比较如图 6-74～图 6-78 所示，式中 V_f 为纤维体积含量。理论值与实验值基本一致。对泊松比来说，一般难以取得较高的测量精度，因其离散性较大。但是这里得到的数据还是比较理想的。轴向应变、环向应变与轴向应力之比 $\varepsilon_x/\sigma_\varphi$、$\varepsilon_y/\sigma_\varphi$ 的离散性稍大一些，但变化趋势还是一致的。在内压荷载作用下，其计算公式为

$$\begin{cases} \dfrac{\varepsilon_x}{\sigma_\varphi} = \dfrac{1-2\nu_{xy}}{E_x} \\ \dfrac{\varepsilon_y}{\sigma_\varphi} = \dfrac{1-2\nu_{yx}}{E_y} \\ \sigma_\varphi = \dfrac{Rp}{2t} \end{cases} \tag{6-191}$$

式中，σ_φ 为轴向应力；p 为内压；R 为圆筒壳半径；t 为圆筒壳壁厚。

（2）螺旋缠绕加环向缠绕圆筒壳的试验

试件螺旋缠绕角分别为 $35°$、$40°$、$45°$；内径为 100mm，厚度为 $1.32\sim1.60$mm；纤维体积含量为 60%；环向缠绕层厚度为壳体壁厚的 25%。

对壳体分别做轴向拉伸、扭转和内压试验，测量其 E_x、E_y、G_{xy}、ν_{xy}、ν_{yx}；另一方面根据式（6-191），取 $i=1$ 为螺旋层，$i=2$ 为环向层（$\alpha=90°$），计算其理论值。理论值与实验值的比较如图 6-79 示。可以看出三种角度的实验值和理论值吻合较好。

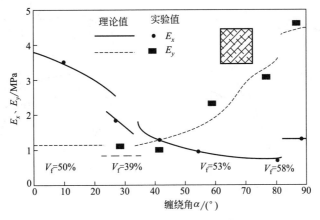

图 6-74 E_x、E_y 与缠绕角 α 的关系

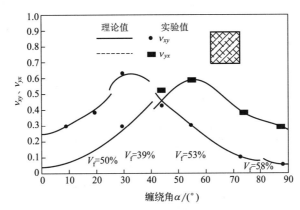

图 6-75 泊松比 ν_{xy}、ν_{yx} 与缠绕角 α 的关系

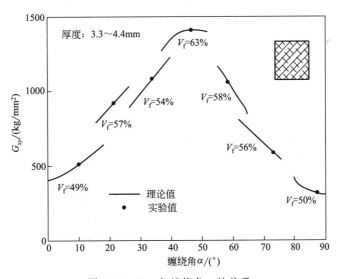

图 6-76 G_{xy} 与缠绕角 α 的关系

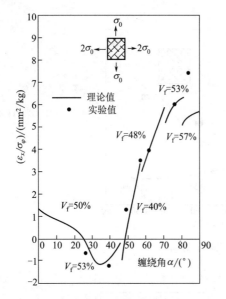

图 6-77 轴向应变与轴向应力之比
$\varepsilon_x/\sigma_\varphi$ 同缠绕角 α 的关系

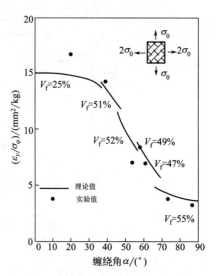

图 6-78 环向应变与轴向应力之比
$\varepsilon_y/\sigma_\varphi$ 同缠绕角 α 的关系

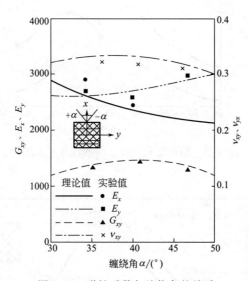

图 6-79 弹性系数与缠绕角的关系

6.2.5.3 螺旋缠绕圆筒壳的破坏特征

圆柱壳的失效破坏与层合板的失效破坏略有区别，下面以如图 6-80 所示的螺旋缠绕圆筒壳作为层合复合材料的一个例子，研究其破坏特征。

层合圆柱壳复合材料的强度破坏有几个最基本的模式，即纤维方向的拉伸或压缩破坏、沿纤维方向的剪切破坏、垂直于纤维方向的拉伸破坏。在确定的外载荷下，试件会发生什么样破坏与各层的缠绕角有关。试验项目及试件尺寸见表 6-17。

（1）沿 x 轴的拉伸试验

所试验的圆筒两端需要增厚加强，放上夹具后螺栓加固。在筒中央部分相对的位置上粘贴应变片，测量轴向应变 ε_x 和环向应变 ε_y。

表 6-17 项目与试件尺寸（玻璃纤维/环氧）

试验项目	圆筒内径/mm	壁厚/mm	缠绕角/(°)	纤维体积含量/%
拉伸	75	1	30，45，55，75，90	39～58
扭转	75	4	10，20，30，45，55，75，87	49～62
压缩	75	4	15，20，30，45，55，75，87	约 50

试验结果表明：当缠绕角 α 为 $0°\sim10°$，试件发生沿纤维方向的拉伸破坏；当 α 为 $>10°\sim45°$，试件发生沿纤维方向的剪切破坏；当 α 为 $>45°\sim90°$，试件发生垂直于纤维方向上的拉伸破坏。随着缠绕角 α 的增加，破坏荷载下降。单向层的偏轴拉伸时没有纤维交叉，没有层与层之间的相互干涉，理论值和实验值基本吻合。但 $\pm\alpha$ 角铺层的圆筒壳与此不同，既有纤维的交叉又有层与层之间的相互作用，特别是 α 值很小时，与单向层的差异更为显著。

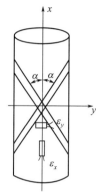

图 6-80 试验圆筒壳及坐标系

（2）沿 x 轴的压缩试验

所试验的圆筒两端（约 100mm）需要增厚加强，厚度可增至 6mm；两端面互相平行且轴线垂直。压缩试件总长约 600mm。

试验结果表明：尽管圆筒在轴向受压缩荷载的作用，但当缠绕角 α 为 $10°\sim40°$ 时仍发生垂直于纤维方向的拉伸破坏，可以看到纤维间的相互分离；而当 α 从 $0°$ 接近 $10°$ 时，纤维方向的压缩破坏和垂直纤维方向的拉伸破坏都可能发生；当 $\alpha>40°$ 时发生剪切破坏。

（3）绕 x 轴的扭转试验

做扭转试验的试件两端也需要增厚加强，情况与压缩试件基本相同。

试验表明：当 α 接近 $90°$ 或 $0°$ 时，试件发生沿纤维方向的剪切破坏；而在其他角度时大都发生纤维方向的压缩破坏。单层螺旋铺层的圆筒壳与 $\pm\alpha$ 角铺层的圆筒壳的扭转破坏性能相差很大。对于前者，当顺扭矩（纤维受拉）作用时，试件会发生沿纤维方向的剪切破坏；当逆扭矩作用时会发生垂直于纤维方向的拉伸破坏。而对于具有 $\pm\alpha$ 角铺层的圆筒壳在扭转时全部发生纤维方向的压缩破坏，其破坏载荷比单层螺旋铺层圆筒壳高 $4\sim5$ 倍（壳体受顺扭矩作用）或 15 倍（壳体受逆扭矩作用）。当缠绕角 α 为 $45°$ 时，破坏荷载最大。

材料性能的离散性较大是目前复合材料的一个特点。另外，复合材料的组分品种较多且以不同的比例、不同的线型和工艺进行复合，这就决定了复合材料试验的重要性。进一步的工作是依靠试验数据对复合材料的性能进行统计，搞清它的分布，只有这样才能充分利用复合材料性能的可设计性。

6.3 复合材料网格理论分析

纤维缠绕复合材料压力容器是实际应用的一个重要方面。本节使用网格理论对这类结构进行力学分析。该方法与复合材料力学、复合材料结构力学及缠绕学都有着密切联系，应当作为复合材料力学中的特殊问题来讨论。然后以纤维缠绕压力容器为例，说明网格分析实际应用中的特点。

6.3.1 网格分析的基本概念

（1）圆柱形容器的力学模型

复合材料压力容器的结构形式有多种，但是使用最多的是圆柱形容器，这里仍以圆柱形容器为例进行计算。先了解一下缠绕工艺的基本线型（表 6-18 给出了四种基本线型）和由基本线型所组成的四种主要的网格微元：螺旋型［图 6-81（a）］；螺旋加环向型［图 6-81（b）］；螺旋加纵向型［图 6-81（c）］；纵向加环向型［图 6-81（d）］。

表 6-18　基本线型表

基本线型	图示	注释
螺旋缠绕		可以缠绕到二端封头，原则上要求等极孔
环向缠绕		不能缠绕到二端封头
平面缠绕		可以缠绕到二端封头，可用于不等极孔，多用于粗短容器
纵向缠绕		多用于连续缠绕管材

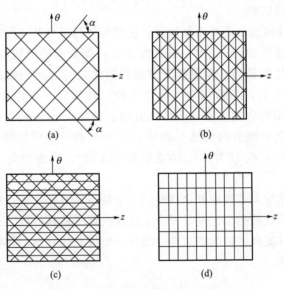

图 6-81　容器缠绕线型组成的网格微元

这里需说明几个假设，便于以后的力学分析。

① 均衡型条件。指纤维缠绕后构成的网格形状只发生网格形状的大小变化，而没有发生网格四个角的角度变化，满足这样的网格条件称为均衡型条件。只有满足均衡型条件才能最大限度发挥纤维的强度。显然这个条件要求纤维之间没有滑动，至少应满足纤维间的自锁要求，如封头缠绕就必须满足这个条件。

② 连续条件。在复合材料压力容器失效之前，内衬与纤维层之间是连续的，没有发生相对位移。

复合材料压力容器只有满足以上假设才能进行力学计算。为便于力学分析，将纤维缠绕压力容器分为两层结构，即内衬层和纤维层两个筒体，其力学模型如图 6-82 所示。图 6-82（a）是内衬的横截面图，同时受内压 P（容器工作压力）和外压 P_0 的作用；图 6-81（b）是纤维层横截面图，只受内压 P_0 的作用。P_0 是内衬层和纤维层之间的相互作用力。在分析内力时，将内衬层和纤维层当成厚壁圆筒处理，因此，本问题是一个空间轴对称问题。令内衬层的内、外径及纤维层的外径分别为 R_i、R_j、R_o。

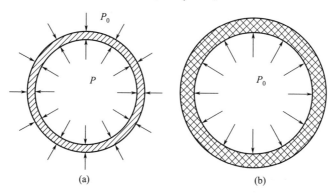

图 6-82　容器的力学分析模型

对于内衬，筒体的径向和周向应力只与柱坐标 r 有关。将封头对筒体的约束所引起的轴向应力 σ_z 处理成平均应力，则筒体的轴向应变与圆筒内的位置无关。其应力、应变计算公式分别为

$$\begin{cases} \sigma_\theta = \left[P(R_i^2 r^2 - R_i^2 R_j^2) + P_0(R_i^2 R_j^2 - R_j^2 r^2) \right] \left[r^2(R_j^2 - R_i^2) \right]^{-1} \\ \sigma_r = \left[P(R_i^2 R_j^2 + R_i^2 r^2) - P_0(R_i^2 R_j^2 - R_j^2 r^2) \right] \left[r^2(R_j^2 - R_i^2) \right]^{-1} \\ \varepsilon_z = \dfrac{\sigma_z}{E} - \dfrac{2\nu}{E} \dfrac{PR_i^2 - P_0 R_j^2}{R_j^2 - R_i^2} \end{cases} \tag{6-192}$$

对于纤维层，因为纤维层结构复杂，而且各向异性，计算方法根据简化方式不同和依据的理论不同有多种，这里根据复合材料压力容器的实际工况，以网格理论为依据进行分析。

（2）纤维层的网格分析

网格分析与缠绕工艺有着密切的关系，这种关系主要表现在封头部位上。根据假设，在封头部位上，网格微元必须以均衡型条件为设计前提，该前提条件当然是以方程式的形式给出的。此外，缠绕工艺决定了纤维厚度（或纱线线密度）分布有固定的规律，纤维轨迹必须切于极孔边缘，以及在平面缠绕中，纤维轨迹被限定在一个平面内，等等。这些要求有的以方程形式给出，或者以边界条件形式给出。正是由于必须满足上述的各种条件，在纤维缠绕结构的网格分析中出现了一个特殊的设计程序：封头的形状原则上不能预先给定，而必须通过计算决定。如果任意给定封头曲面形式，由于工艺上的限制，通常会违背均衡型条件或其他设计要求。

在实际情况中，容器封头形状是给定的，由于基层的固化作用，可以认为封头上纤维近似满足均衡型条件。在纤维缠绕结构分析的薄膜理论中，网格分析方法是忽略基体刚度而只涉及连续纤维力学性能、均衡型条件及密度分布的设计方法。

下面以纤维缠绕圆筒压力容器为对象，说明网格分析实际应用中的应力分析。

6.3.2　纤维缠绕压力容器筒身段的网格分析

6.3.2.1　螺旋缠绕筒身

图 6-83（a）所示为纤维缠绕压力容器筒身或压力管道。从筒壁按纵向坐标 z 和环向坐标 θ 切取一个边长为单位长度的结构微元 $ABCD$［图 6-83（b）］。其薄膜内力为 N_z、N_θ。在内压容器中，该薄膜内力为

$$\begin{cases} N_z = \dfrac{1}{2}RP \\[2mm] N_\theta = RP \end{cases} \tag{6-193}$$

式中，R 为筒身半径；P 为内压力。薄膜内力是通过微元 $ABCD$ 在外荷载作用下的平衡条件得到的。

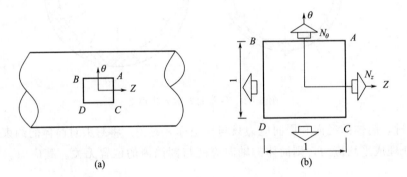

(a)　　　　　　　　　　(b)

图 6-83　纤维缠绕压力容器筒身

（1）均衡缠绕角计算

图 6-83（b）所示为螺旋型网格微元，其 AC、AB 边的纤维张力如图 6-84（a）、（b）所示。记纤维应力为 σ_f、纤维厚度为 t_f，则 z 方向、θ 方向的纤维张力 T_z、T_θ 为

$$\begin{cases} T_z = \sigma_f t_f \cos^2\alpha \\[2mm] T_\theta = \sigma_f t_f \sin^2\alpha \end{cases} \tag{6-194}$$

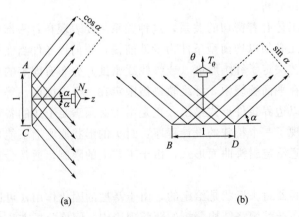

(a)　　　　　　　　　　(b)

图 6-84　螺旋型网格微元及张力图

它们是角 α 的函数。当张力 T_z、T_θ 与薄膜内力 N_z、N_θ 静力相当时，亦即

$$\begin{cases} N_z = T_z \\ N_\theta = T_\theta \end{cases} \tag{6-195}$$

网格微元能够承载。于是

$$\begin{cases} N_z = \sigma_f t_f \cos^2\alpha \\ N_\theta = \sigma_f t_f \sin^2\alpha \end{cases} \tag{6-196}$$

两式相除，并引入内力比 $\eta = N_\theta / N_z$，得

$$\eta = N_\theta / N_z = \tan^2\alpha \tag{6-197}$$

此即螺旋型网格微元的均衡型条件，也是确定螺旋缠绕筒身均衡缠绕角的公式。

（2）应力应变计算

从式（6-196）的任一式都可解出纤维应力，取第一式，有

$$\sigma_f = \frac{N_z}{t_f \cos^2\alpha} \tag{6-198}$$

再用物理关系 $\varepsilon_f = \sigma_f / E_f$ 求得纤维应变，该应变即为均衡应变 ε

$$\varepsilon = \frac{N_z}{E_f t_f \cos^2\alpha} \tag{6-199}$$

式（6-198）、式（6-199）中的 α 必须是用式（6-197）决定的均衡缠绕角。

（3）纤维厚度计算

若容器属于强度控制，则当内力达到最大值时，纤维应变达到断裂应变；若容器属于刚度控制，则当内力达到最大值时，纤维应变达到允许应变。无论强度控制和刚度控制，总之是内力抵达最大值时，纤维应变抵达某限定值。令该限定值为 $\bar{\varepsilon}$，则由（6-199）知

$$\bar{\varepsilon} = \frac{(N_z)_{\max}}{E_f t_f \cos^2\alpha} \tag{6-200}$$

从中解出纤维厚度 t_f，得

$$t_f = \frac{(N_z)_{\max}}{\bar{\varepsilon} E_f \cos^2\alpha} \tag{6-201}$$

几点讨论：

① 在均匀内压作用下，内力由式（6-193）计算，此式即为压力容器的薄膜应力计算公式（1-2）的另一写法，根据压力容器的受力特点，周向应力是轴向应力的 2 倍，所以有内力比 $\eta = 2$。代入式（6-197），得均衡缠绕角为 $\alpha = 54.7°$。

② 按螺旋型网格微元的均衡型条件（6-197）设计，理论上不发生纤维偏转的趋势。

③ 在网格分析中忽略了基体刚度。但是，即使基体发生开裂，基体的一块一块有限容积仍是客观存在的。因此，当实际缠绕角与理论计算的均衡缠绕角有偏差时，基体的固化作用可以部分消除这种误差。

6.3.2.2 螺旋缠绕加环向缠绕筒身

螺旋缠绕加环向缠绕形成螺旋加环向型网格微元［图 6-81（b）］。给定的缠绕角为 $\pm\alpha$ 和 $90°$。用下角标 α 和 θ 分别表示螺旋绕组和环向绕组。

（1）均衡厚度比

利用式（6-196），将两向纤维层的张力叠加，得静力相当方程

$$\begin{cases} N_z = \sigma_{f_\alpha} t_{f_\alpha} \cos^2\alpha \\ N_\theta = \sigma_{f_\alpha} t_{f_\alpha} \sin^2\alpha + \sigma_{f_\theta} t_{f_\theta} \end{cases} \tag{6-202}$$

设均衡应变为 ε，则有几何方程

$$\varepsilon_{f_\alpha} = \varepsilon_{f_\theta} = \varepsilon \tag{6-203}$$

物理方程为 $\qquad\qquad \sigma_{f_\alpha} = \varepsilon_{f_\alpha} E_f, \; \sigma_{f_\theta} = \varepsilon_{f_\theta} E_f \tag{6-204}$

将式（6-204）代入式（6-202），并考虑到式（6-203），有

$$\begin{cases} N_z = \varepsilon E_f t_{f_\alpha} \cos^2\alpha \\ N_\theta = \varepsilon E_f (t_{f_\alpha} \sin^2\alpha + t_{f_\theta}) \end{cases} \tag{6-205}$$

两式相除，得该种情形的均衡型条件

$$\eta = \frac{N_\theta}{N_z} = \frac{\sin^2\alpha + \lambda_{\theta\alpha}}{\cos^2\alpha} \tag{6-206}$$

式中，$\lambda_{\theta\alpha}$ 为环向缠绕对螺旋的纤维厚度比，有

$$\lambda_{\theta\alpha} = t_{f_\theta} / t_{f_\alpha} \tag{6-207}$$

从式（6-206）中解出 $\lambda_{\theta\alpha}$

$$\lambda_{\theta\alpha} = (\eta + 1) \cos^2\alpha - 1 \tag{6-208}$$

可以看出，在给定内力比 η 和螺旋绕组缠绕角 α 时，两向纤维的厚度比有确定值。

（2）应力应变计算

从式（6-205）第一式解出均衡应变，有

$$\varepsilon = \frac{N_z}{E_f t_{f_\alpha} \cos^2\alpha} \tag{6-209}$$

纤维应力可由式（6-204）得

$$\sigma_{f_\alpha} = \sigma_{f_\theta} = \frac{N_z}{t_{f_\alpha} \cos^2\alpha} \tag{6-210}$$

（3）纤维厚度计算

令应变限定值为 $\bar\varepsilon$，从式（6-209）得

$$\bar\varepsilon = \frac{(N_z)_{max}}{E_f t_{f_\alpha} \cos^2\alpha} \tag{6-211}$$

于是，螺旋缠绕纤维厚度为

$$t_{f_\alpha} = \frac{(N_z)_{max}}{\bar\varepsilon E_f \cos^2\alpha} \tag{6-212}$$

从式（6-207）、式（6-208）、式（6-212）求得环向纤维厚度

$$t_{f_\theta} = \lambda_{\theta\alpha} t_{f_\alpha} = \frac{(N_z)_{max}}{\bar\varepsilon E_f} (\eta - \tan^2\alpha) \tag{6-213}$$

在均匀内压力 P 作用下（$\eta = 2$），有均衡厚度比

$$\lambda_{\theta\alpha} = 3\cos^2\alpha - 1 \tag{6-214}$$

均衡应变 $\qquad\qquad\qquad \varepsilon = \frac{RP}{2E_f t_{f_\alpha} \cos^2\alpha} \tag{6-215}$

纤维应力 $\qquad\qquad\qquad \sigma_{f_\alpha} = \sigma_{f_\theta} = \frac{RP}{2t_{f_\alpha} \cos^2\alpha} \tag{6-216}$

纤维厚度

$$\begin{cases} t_{f\alpha} = \dfrac{RP_{max}}{2\varepsilon E_f \cos^2 \alpha} \\ t_{f\theta} = \dfrac{RP_{max}}{2\varepsilon E_f}(2 - \tan^2 \alpha) \end{cases}$$ (6-217)

从式（6-216）可以看出，在网格分析中，若纤维是同材质的，则纤维应力必然相等。

6.3.2.3　螺旋缠绕加纵向缠绕筒身

螺旋缠绕加纵向缠绕形成螺旋加纵向型网格［图 6-81（c）］。用下角标 α 和 z 分别表示螺旋绕组和纵向缠绕组。

（1）均衡厚度比

该种情形有静力相当方程

$$\begin{cases} N_z = \sigma_{f\alpha} t_{f\alpha} \cos^2 \alpha + \sigma_{fz} t_{fz} \\ N_\theta = \sigma_{f\alpha} t_{f\alpha} \sin^2 \alpha \end{cases}$$ (6-218)

设均衡应变为 ε，则有几何方程

$$\varepsilon_{f\alpha} = \varepsilon_{fz} = \varepsilon$$ (6-219)

物理方程为

$$\sigma_{f\alpha} = \varepsilon_{f\alpha} E_f，\sigma_{fz} = \varepsilon_{fz} E_f$$ (6-220)

将式（6-220）代入式（6-218），并考虑到式（6-219），有

$$\begin{cases} N_z = \varepsilon E_f(t_{f\alpha} \cos^2 \alpha + t_{fz}) \\ N_\theta = \varepsilon E_f t_{f\alpha} \sin^2 \alpha \end{cases}$$ (6-221)

两式相除，得该种情形的均衡型条件

$$\eta = \frac{N_\theta}{N_z} = \frac{\sin^2 \alpha}{\cos^2 \alpha + \lambda_{\theta z}}$$ (6-222)

式中，$\lambda_{z\alpha}$ 为纵向对螺旋缠绕的纤维厚度比，有

$$\lambda_{z\alpha} = t_{fz}/t_{f\alpha}$$ (6-223)

从式中解出

$$\lambda_{z\alpha} = \frac{1 - (\eta + 1)\cos^2 \alpha}{\eta}$$ (6-224)

（2）应力应变计算

从式（6-221）的任一式解出均衡应变 ε，用第二式较方便，得

$$\varepsilon = \frac{N_\theta}{E_f t_{f\alpha} \sin^2 \alpha}$$ (6-225)

再用物理方程（6-220）求得应力

$$\sigma_{f\alpha} = \sigma_{fz} = \frac{N_\theta}{t_{f\alpha} \sin^2 \alpha}$$ (6-226)

（3）纤维厚度计算

令应变限定值为 $\bar{\varepsilon}$，从式（6-225）得

$$\bar{\varepsilon} = \frac{(N_\theta)_{max}}{E_f t_{f\alpha} \sin^2 \alpha}$$ (6-227)

于是，螺旋缠绕纤维厚度为

$$t_{f\alpha} = \frac{(N_\theta)_{max}}{\varepsilon E_f \sin^2\alpha} \tag{6-228}$$

从式（6-223）、式（6-224）、式（6-228）求得纵向纤维厚度

$$t_{fz} = \lambda_{z\alpha} t_{f\alpha} = \frac{(N_\theta)_{max}}{\eta \varepsilon E_f}(1 - \eta \cot^2\alpha) \tag{6-229}$$

在均匀内压力 P 作用下（$\eta = 2$），有：

均衡厚度比
$$\lambda_{z\alpha} = \frac{1}{2}(1 - 3\cos^2\alpha) \tag{6-230}$$

均衡应变
$$\varepsilon = \frac{RP}{E_f t_{f\alpha} \sin^2\alpha} \tag{6-231}$$

纤维应力
$$\sigma_{f\alpha} = \sigma_{fz} = \frac{RP}{t_{f\alpha} \sin^2\alpha} \tag{6-232}$$

纤维厚度
$$\begin{cases} t_{f\alpha} = \dfrac{RP_{max}}{\varepsilon E_f \sin^2\alpha} \\ t_{fz} = \dfrac{RP_{max}}{2\varepsilon E_f}(1 - 2\cot^2\alpha) \end{cases} \tag{6-233}$$

该式主要用于压力管道。

6.3.2.4　纵向缠绕加环向缠绕筒身

纵向缠绕加环向缠绕形成纵向加环向型网格［图 6-81（d）］。用下角标 z 和 θ 分别表示纵向缠绕组和环向绕组。

（1）均衡厚度比

该种情形有静力相当方程

$$\begin{cases} N_z = \sigma_{fz} t_{fz} \\ N_\theta = \sigma_{f\theta} t_{f\theta} \end{cases} \tag{6-234}$$

设均衡应变为 ε，则有几何方程

$$\varepsilon_{fz} = \varepsilon_{f\theta} = \varepsilon \tag{6-235}$$

物理方程为
$$\sigma_{fz} = \varepsilon_{fz} E_f, \ \sigma_{f\theta} = \varepsilon_{f\theta} E_f \tag{6-236}$$

将式（6-236）代入式（6-234），并考虑到式（6-235），有

$$\begin{cases} N_z = \varepsilon E_f t_{fz} \\ N_\theta = \varepsilon E_f t_{f\theta} \end{cases} \tag{6-237}$$

两式相除，得该种情形的均衡型条件

$$\eta = N_\theta / N_z = \lambda_{\theta z} \tag{6-238}$$

式中，$\lambda_{\theta z}$ 为环向对纵向的纤维厚度比，有

$$\lambda_{\theta z} = t_{f\theta} / t_{fz} \tag{6-239}$$

从式（6-238）得

$$\lambda_{\theta z} = \eta \tag{6-240}$$

（2）应力应变计算

从式（6-237）解出均衡应变，有

$$\varepsilon = N_z / E_f t_{fz} \tag{6-241}$$

纤维应力为

$$\sigma_{fz} = \sigma_{f\theta} = N_z / t_{fz} \tag{6-242}$$

（3）纤维厚度计算

令应变限定值为 ε，从式（6-241）得

$$\varepsilon = (N_z)_{\max} / E_f t_{fz} \tag{6-243}$$

于是，纵向纤维厚度为

$$t_{fz} = (N_z)_{\max} / \varepsilon E_f \tag{6-244}$$

从式（6-239）、式（6-240）、式（6-244）求得环向纤维厚度

$$t_{f\theta} = \lambda_{\theta z} t_{fz} = \eta \frac{(N_z)_{\max}}{\varepsilon E_f} \tag{6-245}$$

在均匀内压力 P 作用下（$\eta = 2$），有：

均衡厚度比为

$$\lambda_{\theta z} = 2 \tag{6-246}$$

均衡应变为

$$\varepsilon = \frac{N_z P}{2 E_f t_{fz}} \tag{6-247}$$

纤维应力为

$$\sigma_{fz} = \sigma_{f\theta} = \frac{RP}{2t_{fz}} \tag{6-248}$$

纤维厚度为

$$\begin{cases} t_{fz} = \dfrac{R P_{\max}}{2\varepsilon E_f} \\[2mm] t_{f\theta} = \dfrac{R P_{\max}}{\varepsilon E_f} \end{cases} \tag{6-249}$$

该式主要用于压力管道。

6.3.3　纤维缠绕压力容器封头段的网格分析

6.3.3.1　封头段的基本方程

图 6-85 所示为纤维缠绕压力容器封头图，封头曲面通常为回转曲面，其主曲率线坐标为子午线（ϕ 线）和平行圆线（θ 线）。根据平面曲线的曲率半径和法线长公式，可知回转曲面的主曲率半径 R_ϕ、R_θ 的表达式为

$$\begin{cases} R_\varphi = -\dfrac{\left[1 + \left(\dfrac{\mathrm{d}r}{\mathrm{d}z}\right)^2\right]^{\frac{3}{2}}}{\dfrac{\mathrm{d}^2 r}{\mathrm{d}z^2}} \\[6mm] R_\theta = r\left[1 + \left(\dfrac{\mathrm{d}r}{\mathrm{d}z}\right)^2\right]^{\frac{1}{2}} \end{cases} \tag{6-250}$$

式中，$r = r(z)$ 为子午线方程，它决定了封头曲面的形状。

承受均匀 P 内压力作用的回转壳，其薄膜内力 N_ϕ、N_θ 满足下列平衡条件

$$\frac{N_\varphi}{R_\varphi} + \frac{N_\theta}{R_\theta} = P \tag{6-251}$$

式中，N_ϕ、N_θ 分别为子午向内力和平行圆向内力。而子午向内力可以通过某平行圆线以上部分壳体的区域平衡条件得到。从图 6-86 可以看出，部分壳体的整体平衡条件为

$$\pi r^2 p = 2\pi r N_\varphi \sin\varphi$$

约简，并考虑到 $r = R_\theta \sin\varphi$，从公式得 N_ϕ，然后代入式（6-81），得 N_θ，即

$$\begin{cases} N_\varphi = \dfrac{1}{2} R_\theta p \\ N_\theta = \dfrac{1}{2} R_\theta p \left(2 - \dfrac{R_\theta}{R_\varphi}\right) \end{cases} \tag{6-252}$$

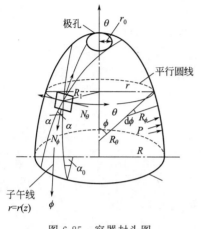

图 6-85　容器封头图

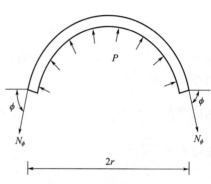

图 6-86　平行圆截面图

分析封头上的纤维分布特征，封头上只能是螺旋缠绕或平面缠绕两种线型，其纤维分布特征可归纳为：

① 纤维排列以子午线对称，形成螺旋型网格。

② 纤维与子午线的夹角 α 是变化的，可以用平行圆半径 r 的某函数 $\alpha = \alpha(r)$ 来表达。在赤道圆上的缠绕角为 α_0，α_0 等于筒身螺旋缠绕角，在极孔边缘上，$\alpha = 90°$。

③ 通过各平行圆的纤维总量均等于通过赤道圆的纤维总量，且等于通过筒身圆周线的螺旋绕组的纤维总量。因为平行圆半径是变化的，故纤维厚度也是变化的，可以用 $t_f = t_f(r)$ 来表达。

根据纤维分布特征，封头上每一点处的静力相当条件可以沿用式（6-196）得到

$$\begin{cases} N_\varphi = \sigma_f t_f \cos^2\alpha \\ N_\theta = \sigma_f t_f \sin^2\alpha \end{cases} \tag{6-253}$$

只是在式（6-253）中的各量通常为变量。两式相除，得均衡型条件

$$\eta = N_\theta / N_\varphi = \tan^2\alpha \tag{6-254}$$

将式（6-252）代入上式，继而将式（6-250）代入，得

$$\tan^2\alpha = 2 + \frac{r \dfrac{d^2 r}{dz^2}}{1 + \left(\dfrac{dr}{dz}\right)^2} \tag{6-255}$$

此即封头上的均衡缠绕角微分方程，它是基本方程之一。在有式（6-255）的前提下，式（6-253）中只有一个方程是独立的。取第一式，从中解出纤维应力，并考虑到式（6-252），有

$$\sigma_f = \frac{p}{2 t_f \cos^2\alpha} r \left[1 + \left(\frac{dr}{dz}\right)^2\right]^{\frac{1}{2}} \tag{6-256}$$

此即封头上纤维应力微分方程，这是另一个基本方程。

根据纤维分布特征③，若令 Ω 为螺旋绕组的总横截面积，则有

$$\Omega = 2\pi R t_{f\alpha}\cos\alpha_0 = 2\pi r t_f \cos\alpha$$

于是

$$t_f = \frac{\cos\alpha_0}{\cos\alpha}t_{f\alpha} \tag{6-257}$$

式中，$t_{f\alpha}$ 为筒身螺旋绕组的纤维厚度。式（6-257）为封头的纤维厚度方程。这是第三个基本方程。

按网格分析，所能并列的封头段基本方程只有上述三个：式（6-255）、式（6-256）、式（6-257）。

为方便计算，将上述三个基本方程整化。引入无因次参数

$$\begin{cases} \rho = \dfrac{r}{R}, \ \xi = \dfrac{z}{R}, \ (\,\cdot\,) = \dfrac{\mathrm{d}}{\mathrm{d}\xi} \\[2mm] \bar{t} = \dfrac{t_f}{t_{f\alpha}\cos\alpha_0}, \ \bar{\sigma} = \dfrac{\sigma_f}{\dfrac{RP}{2t_{f\alpha}\cos\alpha_0}} \end{cases} \tag{6-258}$$

很容易看出，式中各整化参数，都是与赤道圆处的相应参数的比值。整化后的封头几何图形如图 6-87 所示。整化后的基本方程为

$$\tan^2\alpha = 2 + \frac{\rho\ddot{\rho}}{1+\dot{\rho}^2} \tag{6-259}$$

$$\begin{cases} \bar{\sigma} = \dfrac{\rho(1+\dot{\rho}^2)^{\frac{1}{2}}}{\bar{t}\cos^2\alpha} \\[2mm] \bar{t} = 1/\rho\cos\alpha \end{cases} \tag{6-260}$$

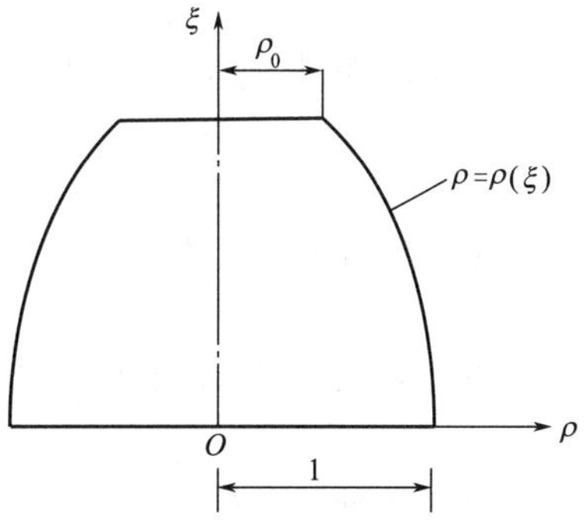

图 6-87　整化后的几何图形

边界条件有两个：一个是在赤道圆处，从结构上要求筒身母线与封头子午线相切，该边界条件的数学表达式为

$$\dot{\rho}\,\big|_{\rho=1} = 0 \tag{6-261}$$

另一个边界条件在极孔边缘，从工艺上要求纤维轨迹切于极孔边缘，该边界条件为

$$\rho\,\big|_{\alpha=90°} = 0 \tag{6-262}$$

式中，ρ_0 为整化的极孔半径，有

$$\rho_0 = \frac{r_0}{R} \tag{6-263}$$

基本方程只有三个式子，而未知函数有四个：ρ、α、$\bar{\sigma}$、$\bar{t}$。从数学角度看，只要给定一个函数，就可由基本方程求解其余三个未知函数。但是从缠绕工艺角度而言，所得解答必须是可实现的。所谓"可实现"是在已确定的封头曲面上按解出的纤维轨迹缠绕而不产生滑线。不过，四个未知函数只要求满足三个方程，毕竟存在数学上的自由度。允许再提出某种要求，只要所提要求既是合理的，又是在工艺上可实现的。

从结构上提出等应力条件，就构成了均衡型等应力封头问题；从工艺上规定了平面缠绕线型，就构成了均衡型平面缠绕封头问题。

6.3.3.2　均衡型等应力封头

（1）等应力条件

从结构角度而言，希望封头上各点处的纤维应力都相等，这样的封头是等强度的，等应力条件在基本方程的基础上又补充了一个方程

$$\sigma_f = 常数 \tag{6-264}$$

从式（6-258）知，上式的整化方程为

$$\bar{\sigma} = \bar{\sigma}_0 = 常数 \tag{6-265}$$

该条件是从结构角度提出的，因此又称为结构限制条件。

（2）缠绕角方程

首先从式（6-260）、式（6-261）中消去 $\bar{t}$，且取 $\bar{\sigma}^2$，得

$$\bar{\sigma}^2 = \frac{\rho^4(1+\dot{\rho}^2)}{\cos^2\alpha} \tag{a}$$

利用三角函数关系 $\cos^2\alpha = 1/(1+\tan^2\alpha)$，从式（6-259）得

$$\cos^2\alpha = \frac{1+\dot{\rho}^2}{3+3\dot{\rho}^2+\rho\ddot{\rho}} \tag{b}$$

将式（b）代入式（a），有

$$\bar{\sigma}^2 = 3\rho^4 + 3\rho^4\dot{\rho}^2 + \rho^5\ddot{\rho} \tag{c}$$

两端同乘以 $2\rho\dot{\rho}$，可整理为

$$\bar{\sigma}^2 \frac{d}{d\xi}(\rho^2) = \frac{d}{d\xi}(\rho^6) + \frac{d}{d\xi}(\rho^6\dot{\rho}^2) \tag{d}$$

考虑到等应力条件式（6-265），将式（d）对 ξ 积分一次，得

$$\bar{\sigma}_0^2\rho^2 = \rho^6(1+\dot{\rho}^2) + C \tag{e}$$

将边界条件式（6-261）代入，得积分常数 C：

$$C = \bar{\sigma}_0^2 - 1 \tag{f}$$

代回式（e），有

$$\rho^6(1+\dot{\rho}^2) = 1 - \bar{\sigma}_0^2(1-\rho^2) \tag{g}$$

从式（a）中解出 $(1+\dot{\rho}^2)$，且考虑到等应力条件，有

$$1+\dot{\rho}^2 = \frac{\bar{\sigma}_0^2\cos^2\alpha}{\rho^4} \tag{h}$$

代入式（g），消去 $(1+\dot{\rho}^2)$，得

$$\rho^2\sin^2\alpha = \frac{\bar{\sigma}_0^2 - 1}{\bar{\sigma}_0^2} \tag{i}$$

式（i）右端为常量。利用边界条件（6-262），得

$$\rho_0^2 = \frac{\bar{\sigma}_0^2 - 1}{\bar{\sigma}_0^2} \tag{j}$$

于是有 $\qquad\qquad\qquad\qquad\qquad \sin\alpha = \rho_0/\rho \qquad\qquad\qquad\qquad\qquad\qquad (6\text{-}266)$

或者 $\qquad\qquad\qquad\qquad\qquad\quad \sin\alpha = r_0/r \qquad\qquad\qquad\qquad\qquad\qquad (6\text{-}267)$

此即封头缠绕角方程。在微分几何学上，式（6-266）、式（6-267）为回转曲面的测地线方程。这说明，既满足均衡型条件又满足等应力条件，必须在封头上按测地线缠绕。

在赤道圆处（$\rho=1$ 或者 $r=R$），有

$$\sin\alpha_0 = \rho_0 \tag{6-268}$$

此即决定筒身螺旋绕组缠绕角的公式。

（3）纤维应力

从式（j）中可解出 $\bar{\sigma}_0$

$$\bar{\sigma}_0^2 = \frac{1}{1-\rho_0^2} \quad 或 \quad \bar{\sigma}_0 = \sqrt{\frac{1}{1-\rho_0^2}} \tag{6-269}$$

利用式（6-268），可将上式变换一种形式

$$\bar{\sigma}_0^2 = \frac{1}{\cos^2\alpha_0} \quad 或者 \quad \bar{\sigma}_0 = \frac{1}{\cos\alpha_0} \tag{6-270}$$

为了获得非整化解，可将式（6-270）代入式（6-258），得到封头上的纤维应力 σ_f

$$\sigma_f = \frac{RP}{2t_{f\alpha}\cos^2\alpha_0} \tag{6-271}$$

将式（6-271）与式（6-216）相比较，可知封头上的纤维应力与筒身上的纤维应力相同。由此得出结论：若均匀内压容器全部按均衡型设计，且在封头上按等应力条件设计，则理论上是等强度的。

（4）子午线方程

在实际压力容器制造中，在何种形状的封头曲面上按测地线缠绕以实现均衡型和等应力条件，是等应力封头的核心问题。

将式（6-269）代入式（g），整理得

$$\dot{\rho}^2 = \frac{1}{\rho^6}\left(\frac{\rho^2-\rho_0^2}{1-\rho_0^2} - \rho^6\right) \tag{k}$$

两端开方，且因子午线必须是外凸的而取负号，有

$$\dot{\rho} = \frac{d\rho}{d\xi} = -\frac{1}{\rho^3}\left(\frac{\rho^2-\rho_0^2}{1-\rho_0^2} - \rho^6\right)^{\frac{1}{2}} \tag{m}$$

从式（m）得

$$d\xi = -\frac{\rho^3 d\rho}{\sqrt{\dfrac{\rho^2-\rho_0^2}{1-\rho_0^2} - \rho^6}} \tag{n}$$

令 $\Lambda = \rho^2$，可将上式写成

$$d\xi = -\frac{1}{2}\frac{\Lambda d\Lambda}{\sqrt{(1-\Lambda)(\Lambda-\Lambda_1)(\Lambda-\Lambda_2)}} \tag{6-272}$$

式中

$$\begin{cases} \Lambda_1 = \dfrac{1}{2}\left(\sqrt{1+\sqrt{\dfrac{4\rho_0^2}{1-\rho_0^2}}} - 1\right) \\ \Lambda_2 = -\dfrac{1}{2}\left(\sqrt{1+\sqrt{\dfrac{4\rho_0^2}{1-\rho_0^2}}} + 1\right) \end{cases} \quad (\Lambda_2 < \Lambda_1 < \Lambda < 1) \tag{6-273}$$

将式（6-272）积分，得

$$\xi = \frac{1}{2}\int_\Lambda^1 \frac{\Lambda d\Lambda}{\sqrt{(1-\Lambda)(\Lambda-\Lambda_1)(\Lambda-\Lambda_2)}} \tag{6-274}$$

右端的积分属于椭圆积分，不能表达为有限形式。可化为标准椭圆积分的组合

$$\xi = \frac{1}{\sqrt{1-\Lambda_2}}[\Lambda_2 F(\psi,k)+(1-\Lambda_2)E(\psi,k)] \qquad (6\text{-}275)$$

式中，$F(\psi,k)$、$E(\psi,k)$ 分别是勒让德（Legendre）第一类椭圆积分和第二类椭圆积分，有

$$\begin{cases} F(\psi,k) = \displaystyle\int_0^\psi \frac{\mathrm{d}\psi}{\sqrt{1-k^2\sin^2\psi}} \\[4mm] E(\psi,k) = \displaystyle\int_0^\psi \frac{\mathrm{d}\psi}{\sqrt{1-k^2\sin^2\psi}} \end{cases} \qquad (6\text{-}276)$$

式中，有

$$\sin\psi = \sqrt{\frac{1-\Lambda}{1-\Lambda_1}} , \quad k^2 = \frac{1-\Lambda_1}{1-\Lambda_2} \qquad (6\text{-}277)$$

不同 ψ、k 值的 $F(\psi,k)$ 和 $E(\psi,k)$ 值可由椭圆积分表查得。式（6-275）即为子五线方程。对于不同 ρ_0 值的 ρ-ξ 对应值已经表格化，由表 6-19 给出。设计时只要查表即可。

表 6-19　等应力封头曲线的 ρ-ξ 值

ρ	ρ_0									
	0.00	0.05	0.10	0.15	0.20	0.25	0.30	0.35	0.40	0.45
	ξ									
1.00	0.0000	0.0000	0.0000	0.0000	0.0000	0.0000	0.0000	0.0000	0.0000	0.0000
0.98	0.1400	0.1401	0.1404	0.1408	0.1415	0.1425	0.1437	0.1453	0.1474	0.1502
0.96	0.1964	0.1966	0.1969	0.1976	0.1986	0.1999	0.2017	0.2040	0.2070	0.2110
0.94	0.2386	0.2387	0.2392	0.2400	0.2413	0.2429	0.2451	0.2479	0.2517	0.2566
0.92	0.2731	0.2733	0.2739	0.2749	0.2763	0.2782	0.2808	0.2842	0.2885	0.2943
0.90	0.3027	0.3029	0.3036	0.3047	0.3063	0.3085	0.3114	0.3152	0.3201	0.3267
0.84	0.3728	0.3731	0.3739	0.3757	0.3775	0.3804	0.3842	0.3893	0.3959	0.4046
0.80	0.4092	0.4095	0.4105	0.4122	0.4146	0.4180	0.4224	0.4282	0.4358	0.4460
0.74	0.4536	0.4539	0.4551	0.4570	0.4599	0.4639	0.4692	0.4762	0.4854	0.4978
0.70	0.4778	0.4782	0.4795	0.4817	0.4849	0.4893	0.4952	0.5030	0.5133	0.5273
0.60	0.5247	0.5252	0.5268	0.5295	0.5335	0.5390	0.5465	0.5565	0.5700	0.5891
0.50	0.5566	0.5572	0.5591	0.5623	0.5672	0.5740	0.5833	0.5962	0.6146	0.6436
0.40	0.5774	0.5781	0.5803	0.5842	0.5900	0.5980	0.6104	0.6284	0.6507	
0.30	0.5898	0.5907	0.5932	0.5978	0.6049	0.6159	0.6295			
0.20	0.5962	0.5971	0.6001	0.6057	0.6136					
0.10	0.5985	0.5996	0.6025							
0.00	0.5990									

注：$\rho_0 = r_0/R$，$\rho = r/R$，$\xi = z/R$。

表 6-19 中，对应 $\rho_0 = 0$ 的数据是封头无极孔的特殊情形的 ξ 值。此情形有 $\Lambda_1 = 0$，$\Lambda_2 = -1$。于是式（6-274）成为

$$\xi = \frac{1}{2} \int_{\Lambda}^{1} \frac{\sqrt{\Lambda}\, d\Lambda}{\sqrt{1 - \Lambda^2}} \tag{6-278}$$

从式（6-266）知，$\alpha = 0°$时，即沿子午线缠绕。从式（6-253）知，在这种曲面上沿子午线缠绕必有平行圆向内力 N_θ 为零，即

$$N_\theta \equiv 0 \tag{6-279}$$

因此，这种曲面称为零环向应力曲面。根据薄膜内力表达式［式（6-252）］知，零环向应力曲面的主曲率半径存在下述关系

$$R_\theta = 2R_\varphi \tag{6-280}$$

（5）纤维厚度

将缠绕角方程式（6-266）代入式（6-260），得纤维厚度的整化解 $\bar{t}$

$$\bar{t} = \frac{1}{\sqrt{\rho^2 - \rho_0^2}} \tag{6-281}$$

利用整化关系式（6-258），得纤维厚度

$$t_f = t_{f\alpha} \sqrt{\frac{1 - \rho_0^2}{\rho^2 - \rho_0^2}} \qquad t_{f\alpha} = t_f \sqrt{\frac{R^2 - r_0^2}{r^2 - r_0^2}} \tag{6-282}$$

可以看出，封头上纤维厚度在赤道圆处等于筒身螺旋组的纤维厚度 $t_{f\alpha}$，随着平行圆半径的减小，纤维厚度增加。在极孔边缘（$r = r_0$），纤维厚度理论上趋于无穷大（$t_f \to \infty$）。这说明在极孔边缘发生纤维堆积。表 6-20 给出了计算纤维厚度的比值 $\sqrt{1 - \rho_0^2}/\sqrt{\rho^2 - \rho_0^2}$。

表 6-20　计算纤维厚度的比值 $\sqrt{1 - \rho_0^2}/\sqrt{\rho^2 - \rho_0^2}$

ρ	不同 ρ_0 下的比值								
	0.10	0.15	0.20	0.25	0.30	0.35	0.40	0.45	0.50
1.00									
0.98	1.021	1.021	1.022	1.022	1.023	1.024	1.025	1.026	1.028
0.96	1.042	1.042	1.043	1.044	1.046	1.408	1.050	1.053	1.057
0.94	1.064	1.065	1.066	1.068	1.071	1.073	1.077	1.082	1.087
0.92	1.088	1.088	1.091	1.094	1.097	1.101	1.107	1.113	1.121
0.90	1.113	1.113	1.117	1.120	1.124	1.130	1.137	1.146	1.157
0.84	1.193	1.193	1.201	1.207	1.213	1.227	1.240	1.259	1.283
0.80	1.253	1.253	1.265	1.274	1.287	1.302	1.323	1.350	1.387
0.74	1.357	1.357	1.376	1.390	1.410	1.437	1.472	1.520	1.587
0.70	1.436	1.436	1.460	1.481	1.509	1.546	1.596	1.665	1.767
0.60	1.680	1.680	1.732	1.775	1.836	1.923	2.049	2.250	2.612
0.50	2.031	2.031	2.138	2.236	2.384	2.623	3.005	4.109	
0.40	2.569	2.569	2.828	3.103	3.606	4.837			
0.30	3.518	3.518	4.382	5.839					
0.20	5.745	5.745							

至此，需要寻求的四个未知函数的解都得到了。值得注意，纤维轨迹为测地线与缠绕工艺是最协调的，这是因为纱带沿测地线是最稳定的位置。但是还应当分析等应力封头曲面的特征，以便对与缠绕工艺不协调部分做必要的改动。

（6）封头主曲率半径与曲面特征

根据主曲率半径表达式［式（6-250）］，并考虑到整化关系［式（6-258）］，可将 R_θ 写成

$$R_\theta = R\rho(1+\rho^2)^{\frac{1}{2}}$$

将式（k）代入上式，得

$$R_\theta = R\frac{1}{\rho^2}\sqrt{\frac{\rho^2-\rho_0^2}{1-\rho_0^2}} = \frac{R^3}{r^2}\sqrt{\frac{r^2-r_0^2}{R^2-r_0^2}} \tag{6-283}$$

由式（6-252）、式（6-254）知

$$\tan^2\alpha = 2 - R_\theta/R_\varphi \tag{6-284}$$

考虑到式（6-283）和缠绕角方程（6-267）得

$$R_\varphi = \frac{R^3}{r^2}\frac{(r^2-r_0^2)}{(2r^2-3r_0^2)}\sqrt{\frac{r^2-r_0^2}{R^2-r_0^2}} \tag{6-285}$$

从式（6-285）可以看出，在 $r = \sqrt{3/2}\,r_0$ 处，有 $R_\varphi \to \infty$，且由 $+\infty$ 变为 $-\infty$，故该处为子午线拐点。子午线在拐点处由外凸变成外凹，由于工艺上无法缠绕，子午线必须在此中断。此处的缠绕角为 $54.7°$。

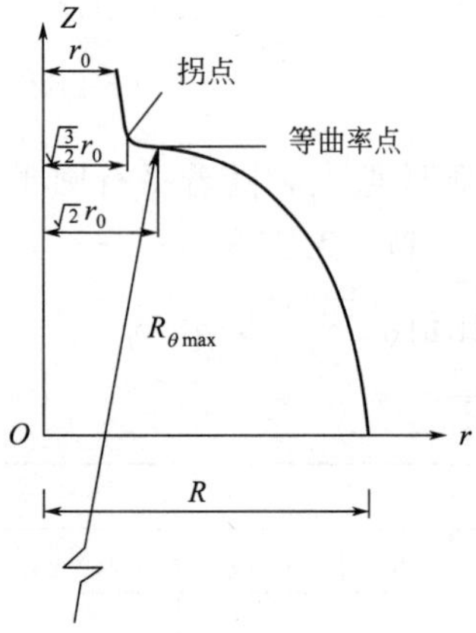

$R_\varphi = R_\theta$ 的点称为等曲率点，令式（6-283）、式（6-285）的右端相等，不难解出等曲率点的位置：$r = \sqrt{2}\,r_0$。很容易证明该点处 R_θ 有最大值

$$R_{\theta\max} = \frac{R^3}{2r_0\sqrt{R^2-r_0^2}} = \frac{R}{\sin 2\alpha_0} \tag{6-286}$$

等曲率处的缠绕角为 $45°$，通常在该点将子午线中断。图 6-88 为曲面的示意图。等曲率到极孔的封头曲面通常用半径 $R_{\theta\max}$ 的球面代替。

以上讨论了均衡型等应力封头，工程上常称之为等张力封头。

图 6-88　曲面示意图

6.3.3.3　均衡型平面缠绕封头

均衡型平面缠绕封头是平面缠绕工艺中所用的封头。所谓平面缠绕是导线头在容器内衬表面上以大圆缠绕，且其轨迹为一平面。因此，纱带轨迹也近似为一平面（图 6-89）。

与等应力封头不同，筒身缠绕角不是由筒身半径与孔极径决定的，而是由结构的几何尺寸决定的。从图 6-89 不难看出，筒身缠绕角需由下式决定

$$\tan\alpha_0 = \frac{r_{\theta1}+r_{\theta2}}{l+l_{e1}+l_{e2}} \tag{6-287}$$

在进行封头设计时，赤道圆处的缠绕角 α_0 是由式（6-287）确定了的，这是与等应力封头设计的重要不同点之一。由于缠绕平面的倾角被限定，所以从本质上说是提出了一个工艺限制条件。这个工艺限制条件就是封头子午线与纱带轨迹的交角（封头缠绕角）与子午线、结构尺寸存在固定的关系。

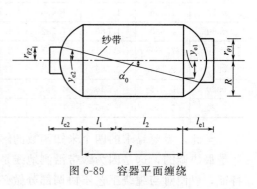

图 6-89　容器平面缠绕

（1）工艺限制条件

图 6-90 所示为四分之一的封头整化图，图中 ρ_e 为 y_e 的整化值，即 $\rho_e = y_e/R_o$。从图上很容易看出

$$\begin{cases} \overline{OA} = \rho \\ \overline{AP} = \xi \\ \overline{OC} = \rho_e \\ \overline{OB} = \rho\sin\theta \\ \overline{CB} = \xi\tan\alpha_0 \end{cases}$$

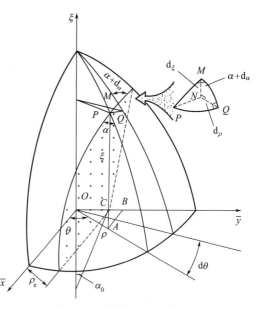

因为 $\overline{OB} = \overline{OC} + \overline{CB}$，所以有几何关系

$$\rho\sin\theta = \rho_e + \xi\tan\alpha_0 \tag{6-288}$$

为了建立另一个几何关系，令图中的 P 点沿纤维轨迹做微小移动至 M 点。用过 M 点的子午面、过 P 点的平行圆平面、过 M 点及 P 点的垂直于赤道圆平面的平面和封头曲面包围成一个微小四面体 $PQMN$。观察微小四面体，可以看出

图 6-90　封头整化示意图

$$\begin{cases} \overline{PQ} = \rho\,\mathrm{d}\theta \\ \overline{NM} = \mathrm{d}\xi \\ \overline{NQ} = \mathrm{d}\rho \\ \angle PMQ \approx \alpha \\ \angle PQM = 90° \\ \angle MNQ = 90° \end{cases}$$

于是

$$\tan\alpha = \frac{\overline{PQ}}{MQ} = \frac{\overline{PQ}}{\sqrt{(\overline{NM})^2 + (\overline{NQ})^2}} = \frac{\rho\,\mathrm{d}\theta}{\sqrt{(\mathrm{d}\xi)^2 + (\mathrm{d}\rho)^2}}$$

或者

$$\tan\alpha = \frac{\rho}{\sqrt{1+\dot\rho^2}}\dot\theta \tag{6-289}$$

利用几何关系［式（6-288）］，从式（6-289）中消去 θ，得工艺限制条件

$$\tan^2\alpha = \frac{[\rho\tan\alpha_0 - \dot\rho(\rho_e + \xi\tan\alpha_0)]^2}{(1+\dot\rho^2)[\rho^2 - (\rho_e + \xi\tan\alpha_0)^2]} \tag{6-290}$$

式（6-290）为平面缠绕工艺决定的封头缠绕角方程。连同整化的三个基本方程一共有四个方程。

（2）子午线微分方程

式（6-259）是从均衡型角度提出的缠绕角微分方程。封头缠绕角既要满足式（6-259）又要满足式（6-290），因此，该式的右端应当相等，于是有

$$2 + \frac{\rho\ddot\rho}{1+\dot\rho^2} = \frac{[\rho\tan\alpha_0 - \dot\rho(\rho_e + \xi\tan\alpha_0)]^2}{(1+\dot\rho^2)[\rho^2 - (\rho_e + \xi\tan\alpha_0)^2]}$$

整理后得

$$[2(1+\dot{\rho}^2)+\rho\ddot{\rho}][\rho^2-(\rho_e+\xi\tan\alpha_0)^2]=[\rho\tan\alpha_0-\dot{\rho}(\rho_e+\xi\tan\alpha_0)]^2 \qquad (6\text{-}291)$$

这是均衡型平面缠绕封头子午线的非线性变系数微分方程。求解这个微分方程，得子午线方程。求解时要用到边界条件式（6-261）。

（3）纤维应力微分方程

将式（6-260）合并，然后利用式（6-290），消去缠绕角 α，得

$$\bar{\sigma}=\rho^2\left\{(1+\dot{\rho}^2)+\frac{[\rho\tan\alpha_0-\dot{\rho}(\rho_e+\xi\tan\alpha_0)]^2}{[\rho^2-(\rho_e+\xi\tan\alpha_0)^2]}\right\}^{\frac{1}{2}} \qquad (6\text{-}292)$$

可以看出，$\bar{\sigma}$ 不是常数，这意味着纤维应力不再是相等的了。

（4）纤维厚度微分方程

利用式（6-290），在式（6-260）中消去 α，得

$$\bar{t}=\frac{1}{\rho}\left\{1+\frac{[\rho\tan\alpha_0-\dot{\rho}(\rho_e+\xi\tan\alpha_0)]^2}{(1+\dot{\rho}^2)[\rho^2-(\rho_e+\xi\tan\alpha_0)^2]}\right\}^{\frac{1}{2}} \qquad (6\text{-}293)$$

至此，缠绕角 α、整化后的纤维应力 $\bar{\sigma}$ 和纤维厚度 $\bar{t}$ 都用子午线方程 $\rho=\rho(\xi)$ 表达了。

从上述分析可以看出，均衡平面缠绕封头不是等应力的，但却是均衡的。工程上常简称这种封头为平面封头。

参考文献

[1] 吕恩琳. 复合材料力学. 重庆：重庆大学出版社，1992.

[2] 杨庆生. 复合材料细观结构力学与设计. 北京：中国铁道出版社，2000.

[3] 王兴业，唐羽章. 复合材料力学性能. 长沙：国防科技大学出版社，1988.

[4] 刘锡礼，王秉权. 复合材料力学基础. 北京：中国建筑工业出版社，1984.

[5] 胡宁，赵丽滨. 航空航天复合材料力学. 北京：科学出版社，2021.

[6] 李峰，李若愚. 复合材料力学与圆管计算方法. 北京：科学出版社，2021.

[7] 刘锡礼，王秉权. 复合材料力学基础. 北京：中国建筑工业出版社，1984.

[8] Tsai S W. Strength & life of composites. Stanford. Palo Alto：Stanford University Press，2008.

[9] Tsai S W. Composites design. Dayton：United States Air Force Materials Laboratory，1986.

[10] 刘松平，刘菲菲. 先进复合材料无损检测技术. 北京：航空工业出版社，2017.

[11] 谢富原. 先进复合材料制造技术. 北京：航空工业出版社，2017.

[12] 保罗·戴维姆. 复合材料加工技术. 安庆龙，陈明，宦海祥，译. 北京：国防工业出版社，2016.

[13] 周履，范赋群. 复合材料力学. 北京：高等教育出版社，1991.

[14] 陈汝训. 纤维缠绕圆筒压力容器结构分析. 固体业箭技术，2004（2）：105-107.

[15] Dillon A，Marshall A，Shukla Arun. Novel pressure vessel for pressurizing corrosive liquids with applications in accelerated life testing of composite materials. Journal of Pressure Vessel Technology，2021，143（5）.

[16] Nebe M，Soriano A，Braun C，et al. Analysis on the mechanical response of composite pressure vessels during internal pressure loading：FE modeling and experimental correlation. Composites Part B：Engineering，2021，212.

[17] 蔡为仑. 复合材料设计. 北京：科学出版社，1989.

[18] 陈汝训. 纤维缠绕壳体设计的网格分析方法. 固体火箭技术，2003（01）：30-32.

[19] Chapelle D，Perreux D. International Journal of Hydrogen Energy. 2006（31）：627.

[20] 徐芝纶. 弹性力学. 北京：人民教育出版社，1979.

第7章
金属-非金属复合材料压力容器设计、制造与检验

金属-非金属复合材料压力容器的制造与金属基复合材料的制造有所不同，也不同于一般的层合板制造，主要是这些复合材料的接缝无法满足压力容器的性能与使用要求。正因如此，本文根据目前国内外这类容器的标准、设计方法，介绍这类容器的设计、制造与检验。

7.1 金属-非金属复合材料压力容器的设计

要对金属-非金属复合材料压力容器进行设计，首先必须知道这类容器在什么样的条件下判定为失效，对失效压力取一定的安全系数就可以得到安全操作的工作压力，虽然这个过程对不同压力容器有所不同，但最终的设计目标是一样的。

7.1.1 失效方式

构成复合材料压力容器的主要承力层是纤维层，所以首先分析复合层的失效情况。复合材料的失效方式主要有以下几种：

（1）纤维断裂

如图 7-1（a）所示，当裂纹只能沿垂直于纤维方向扩展时，最终将发生纤维断裂，复合材料层合板也就完全破坏了，纤维断裂发生在应变达到其断裂应变极限值的时候。这种失效方式表示成设计准则就是限制纤维最大主应变小于允许应变值。

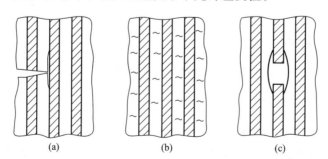

图 7-1　单向复合材料在沿纤维方向载荷作用下的失效方式

（2）基体变形和开裂

如图 7-1（b）所示，当基体是脆性材料时，在断裂前只能经受住很小的变形。当复合

材料局部变形变大时，基体会出现裂纹。基体裂纹一般不会使容器承压能力下降，但会使容器抗变形能力下降。出现基体变形和开裂是否就意味着容器失效，目前还没有明确的标准。

（3）纤维脱胶

如图 7-1（c）所示，在断裂过程中，由于裂纹平行于纤维扩展（脱胶裂纹），故纤维会与基体部分分离。这时在纤维和基体之间的黏附作用（包括化学键和次价键的黏附作用）遭到破坏。如果复合材料的纤维强而界面弱，就会发生这类纤维脱胶现象，脱胶裂纹可在纤维-基体界面上扩展或是在邻近的基体中扩展，这要取决于它们的相对强度，在这两种情况下都可以形成新的表面。脱胶裂纹有时也可以看作是从主裂纹分支出来的二次基体裂纹。

（4）纤维拔出

在脆性的或不连续的纤维和韧性基体构成的复合材料中会发生纤维拔出。纤维断裂发生在其本身较薄弱的横截面上，这个截面不一定与复合材料断裂面重合。纤维断裂在基体中引起的应力集中因基体屈服得以缓和，从而阻止了基体裂纹的扩展。这一裂纹可能参加到邻近的其他纤维断裂中去。在这种情况下，断裂以纤维从基体中拔出的方式进行，而不是纤维重新在复合材料断裂平面上断裂。

纤维脱胶和纤维拔出两种破坏模式的差别在于：当基体裂纹不能横断纤维而扩展时发生纤维脱胶；而纤维拔出是起始于纤维断裂的裂纹没有能力扩展到韧性基体中去的结果。纤维拔出通常伴随发生基体的伸长变形，而这种变形在纤维脱胶中是不存在的。由于这两种破坏模式都发生在纤维-基体界面，因此在现象上看来有些相似。发生纤维脱胶和纤维拔出分别有自己的条件。

（5）剪切断裂

如图 7-1（a）所示，裂纹扩展在扩展中贯穿一个铺层。当裂纹尖端大于相邻铺层的纤维时，可能受到抑制。这有些类似于基体裂纹在纤维-基体界面上被抑制的情形，因为在裂纹尖端附近部位的基体中切应力很高，裂纹可能有分支，开始在平行于铺层平面的界面上扩展。这样的裂纹叫作分层裂纹。

需要指出的是，有时以上几种失效方式是一种或几种同时出现，一般两种以上失效同时出现时，应判定容器失效。

（6）内筒失效

内筒由于各种原因产生泄漏，或者由于塑性变形过大产生失效，这时即使纤维层完好，介质也会沿着纤维层渗漏出去，应该立即采取措施。一般内筒均采用塑韧性较好的材料，承受的应力不大，强度不足的失效不太可能出现，疲劳失效的可能性比较大。

7.1.2 设计准则

从以上分析可以看出，复合材料压力容器的失效主要是纤维层的失效，故设计也主要是设计纤维层的强度。

（1）最大应力准则

单向复合材料最大应力准则认为，当材料在复杂应力状态下由线弹性状态进入破坏，是由于其中某应力分量达到了材料相应的基本强度值。换句话说，若材料不发生破坏，其正轴各应力分量必须小于相应方向的基本强度。因此最大应力准则的条件是

$$|\sigma_x| < X_t(X_c) \tag{7-1}$$

$$|\sigma_y| < Y_t(Y_c) \tag{7-2}$$

$$|\sigma_s| < S \tag{7-3}$$

式中　$X_t(X_c)$ —— 纤维方向的抗拉（抗压）强度；

　　　$Y_t(Y_c)$ —— 垂直于纤维方向的抗拉（抗压）强度；

　　　　S —— 面内抗剪强度。

三个不等式是各自独立的，上述不等式只要有一个不满足，则认为材料已经失效。最大应力准则最早是用单向拉伸试验验证的。在偏轴应力 σ_1 作用下，各正轴的应力分量的变换关系由式（6-107）得

$$\begin{bmatrix} \sigma_x \\ \sigma_y \\ \sigma_z \end{bmatrix} = \begin{bmatrix} \cos^2\theta & \sin^2\theta & 2\sin\theta\cos\theta \\ \sin^2\theta & \cos^2\theta & -2\sin\theta\cos\theta \\ -\sin\theta\cos\theta & \sin\theta\cos\theta & \cos^2\theta-\sin^2\theta \end{bmatrix} \begin{bmatrix} \sigma_1 \\ 0 \\ 0 \end{bmatrix} \tag{7-4}$$

因此

$$|\sigma_1| < \frac{X_t}{\cos^2\theta} \tag{7-5}$$

$$|\sigma_1| < \frac{Y_t}{\sin^2\theta} \tag{7-6}$$

$$|\sigma_1| < \frac{S}{|\sin\theta\cos\theta|} \tag{7-7}$$

一般来说，最大应力准则适用于对于强度有要求的场合。

（2）最大应变准则

与最大应力准则相似，最大应变准则认为：复合材料在复杂应力状态下进入破坏状态的主要原因，是材料各正轴方向的应变值达到了各基本强度值所对应的应变值，此时安全条件是

$$\varepsilon_X < \varepsilon_{X_t} \text{ 或 } |\varepsilon_X| < \varepsilon_{X_c} \tag{7-8}$$

$$\varepsilon_Y < \varepsilon_{Y_t} \text{ 或 } |\varepsilon_Y| < \varepsilon_{Y_c} \tag{7-9}$$

$$|\varepsilon_S| < \varepsilon_S \tag{7-10}$$

式中　ε_{X_t} —— 在纤维方向允许的最大拉伸应变，即单轴拉伸时 X_t 所对应的 x 方向的应变；

　　　ε_{X_c} —— 在纤维方向允许的最大压缩应变；

　　　ε_{Y_t} —— 垂直于纤维方向允许的最大拉伸应变；

　　　ε_{Y_c} —— 垂直于纤维方向允许的最大压缩应变；

　　　ε_S —— 平面最大剪切应变。

由单向复合材料的应变-应力关系由式（6-96）得，并用工程常数表示柔量，即

$$\begin{bmatrix} \varepsilon_x \\ \varepsilon_y \\ \varepsilon_S \end{bmatrix} = \begin{bmatrix} \dfrac{1}{E_x} & -\dfrac{\nu_x}{E_x} & 0 \\ -\dfrac{\nu_y}{E_y} & \dfrac{1}{E_y} & 0 \\ 0 & 0 & \dfrac{1}{E_S} \end{bmatrix} \begin{bmatrix} \sigma_x \\ \sigma_y \\ \sigma_S \end{bmatrix} \tag{7-11}$$

得到沿主轴方向单向拉伸的各最大允许应变与基本强度的关系

$$\varepsilon_{X_t} = \frac{X_t}{E_x}, \quad \varepsilon_{Y_t} = \frac{Y_t}{E_y}, \quad \varepsilon_S = \frac{S}{E_S} \tag{7-12}$$

当为压缩应变时

$$\varepsilon_{X_c} = \frac{X_c}{E_x}, \quad \varepsilon_{Y_c} = \frac{Y_c}{E_y} \tag{7-13}$$

因此可得强度条件

$$(\sigma_x - \nu_x \sigma_y) < X_t \tag{7-14}$$

$$(\sigma_y - \nu_y \sigma_x) < Y_t \tag{7-15}$$

$$|\sigma_S| < S \tag{7-16}$$

或

$$|\sigma_x - \nu_x \sigma_y| < X_c \tag{7-17}$$

$$|\sigma_y - \nu_y \sigma_x| < Y_c \tag{7-18}$$

与最大应力准则一样，最大应变准则也是将复合材料的各应力分量与基本强度相比较，区别只是最大应变准则考虑了另外一个方向的应力分量的影响。

偏轴时

$$\sigma_1 < \frac{X_t}{|\cos^2\theta - \nu_x \sin^2\theta|} \quad 或 \quad \sigma_1 < \frac{X_c}{|\cos^2\theta - \nu_x \sin^2\theta|} \tag{7-19}$$

$$\sigma_2 < \frac{Y_t}{|\sin^2\theta - \nu_y \cos^2\theta|} \quad 或 \quad \sigma_2 < \frac{Y_c}{|\sin^2\theta - \nu_y \cos^2\theta|} \tag{7-20}$$

$$\sigma_1 < \frac{S}{|\sin\theta\cos\theta|} \tag{7-21}$$

一般地说，最大应变准则适用于对构件形状变形有严格要求的场合。

（3）蔡-希尔（Tsai-Hill）强度准则

蔡-希尔强度准则是蔡为仑（S. W. Tsai）于 1965 年在 R. Hill 的各向异性塑料理论的基础上提出的，而希尔的塑性理论又基于冯·米塞斯的塑性条件。在冯·米塞斯塑性条件提出以后，希尔研究了各向异性材料的屈服条件。在冯·米塞斯各向同性屈服条件的基础上，引入各向异性系数，用以判定各向异性材料的塑性状态。对于材料主轴方向上拉压强度相等的正交各向异性材料，希尔认为屈服准则应该是各应力分量的二次函数，并可表示为

$$F(\sigma_y - \sigma_z)^2 + G(\sigma_z - \sigma_x)^2 + H(\sigma_x - \sigma_y)^2 + 2L\tau_{yz}^2 + 2M\tau_{xz}^2 + 2N\tau_{xy}^2 = 1 \tag{7-22}$$

式中，F、G、H、L、M、N 称为各向异性系数，σ_x、σ_y、σ_z 和 τ_{xy}、τ_{xz}、τ_{yz} 是材料主方向上的应力分量，当

$$F = G = H = \frac{L}{3} = \frac{M}{3} = \frac{N}{3} = \frac{1}{2\sigma_T^2} \tag{7-23}$$

就变成各向同性材料的冯·米塞斯塑性条件式。变换后可写成

$$(G+H)\sigma_x^2 + (F+H)\sigma_y^2 + (F+G)\sigma_z^2 - 2H\sigma_x\sigma_y - 2G\sigma_x\sigma_z - 2F\sigma_y\sigma_z$$
$$+ 2L\tau_{yz} + 2M\tau_{xz} + 2N\tau_{xy} = 1 \tag{7-24}$$

若正交各向异性材料主方向的基本强度分别是 X、Y、Z、S、P、R，则分别对材料主方向施加简单载荷，并使应力达到相应的基本强度值。于是，在 x 向单轴拉伸时，令 $\sigma_x = X$ 得

$$G + H = \frac{1}{X^2} \tag{7-25}$$

在 y 向单轴拉伸，且使 $\sigma_y = Y$，得

$$F + H = \frac{1}{Y^2} \tag{7-26}$$

在 z 向单轴拉伸，且使 $\sigma_z = Z$，得

$$F + G = \frac{1}{Z^2} \tag{7-27}$$

同样做三个平面内的纯剪切试验，并使载荷都达到基本强度，又得

$$L = \frac{1}{2P^2}, \quad M = \frac{1}{2R^2}, \quad N = \frac{1}{2S^2} \tag{7-28}$$

联立解式（7-25）、式（7-26）和式（7-27）三式，得

$$2H = \frac{1}{X^2} + \frac{1}{Y^2} - \frac{1}{Z^2}, \quad 2G = \frac{1}{X^2} + \frac{1}{Z^2} - \frac{1}{Y^2}, \quad 2F = \frac{1}{Y^2} + \frac{1}{Z^2} - \frac{1}{X^2} \tag{7-29}$$

将各向异性系数代入式（7-22）或者式（7-24）中，就得到希尔关于正交各向异性塑性条件的数学表达式。当材料的应力状态使式（7-22）的左侧大于或等于 1 时，材料进入塑性状态。

由于纤维增强高聚物复合材料通常具有线弹性特性，材料破坏就相当于一般塑性材料由线弹性进入塑性的转变，也就是对于复合材料来讲，"屈服"和"破坏"具有相同的含义，因此可以用塑性条件判断复合材料的失效。单向复合材料可视作横向同性材料，即 $Z = Y$，所以式（7-29）中的三式所表示的各向异性系数对单向复合材料应力为

$$2H = \frac{1}{X^2}, \quad 2G = \frac{1}{X^2}, \quad 2F = \frac{2}{Y^2} - \frac{1}{X^2} \tag{7-30}$$

当仅考虑平面应力状态，即 $\sigma_z = \tau_{xz} = \tau_{yz} = 0$ 时，将式（7-30）中的三式代入式（7-22）中，并对平面剪应力使用前面的符号 $\sigma_s = \tau_{xy}$，则得

$$\frac{\sigma_x^2}{X^2} - \frac{\sigma_x \sigma_y}{X^2} + \frac{\sigma_y^2}{Y^2} + \frac{\sigma_s^2}{S^2} = 1 \tag{7-31}$$

式（7-31）是蔡为仑在希尔各向异性塑性条件基础上导出的。所以称为蔡-希尔准则。与使用冯·米塞斯准则的条件相似，若当材料的应力组合使式（7-31）左侧大于或等 1，则材料发生破坏。

此外还有霍夫曼（Hoffmann）准则和蔡-吴（Tsai-Wu）张量理论，可以参看有关文献。

（4）设计规范

关于复合材料压力容器的设计规范主要依据 GB/T 24160—2009《车用压缩天然气钢质内胆环向缠绕气瓶》、GB/T 17258—2011《汽车用压缩天然气钢瓶》、GB/T 35544—2017《车用压缩氢气铝内胆碳纤维全缠绕气瓶》、GB/T 28053—2011《呼吸器用复合气瓶》、GB/T 6058—2005《纤维缠绕压力容器制备和内压试验方法》、GB/T 9251—2011《气瓶水压试验方法》等。国外还有参照美国 ASME 第十篇《纤维增强塑料压力容器》、ISO 11439：2013《车用压缩天然气高压气瓶》、EN 12257：2002《可运输气瓶——无缝环向缠绕复合材料容器》、ISO 9809：1—2019《气瓶——可重复充装的无缝钢瓶和管的设计、建造和试验》、ISO 19881—2018《气态氢——陆地车辆燃料储罐》、BS EN 17533：2020《气态氢——用于加氢站的气瓶和管道》等。

7.1.3 复合材料压力容器设计

7.1.3.1 内胆 (内衬)

（1）复合材料压力容器中内衬的功能

内衬必须具有以下功能：

① 包容贮存液、气体，防止泄漏；

② 作为缠绕芯模，并提供对外接口和界面；

③ 具有缠绕所需的必要刚度；

④ 承担部分内压载荷。

其中前三个功能是主要的，第四个功能与内衬厚度直接相关。良好的密封性能和工作介质相容性是满足内衬第一功能的必要条件，所以复合材料压力容器大部分采用金属材料内衬。

（2）对内衬金属材料的要求

为达到以上功能，在选择内衬金属材料时要考虑到以下要求：

① 高的比屈服强度和比极限强度，以减轻容器质量，保证在缠绕时的稳定性；

② 与工作介质相容性好；

③ 具有与复合材料断裂应变相容的足够的双轴延展性，以实现对失效模式的控制，确保使用安全；

④ 抗裂纹扩展性能好，以保证寿命；

⑤ 容易加工成型、成本低；

⑥ 考虑金属内衬和复合材料热膨胀性能的差异；

⑦ 考虑循环、负载、暴露环境等对疲劳寿命的影响。

具体选择内衬材料时需考虑的技术因素包括成型、焊接、材料相容性、强度等，需考虑的风险问题是焊接、腐蚀、污染、氧化等。另外，制造费用也是需要考虑的重要方面。

（3）材料

根据使用要求，可以选择不锈钢 00Cr18Ni10（美国 SAE 标准牌号为 304L）或 1Cr17Ni7（美国 SAE 标准牌号为 301）、钛合金 TC4（Ti-6Al-4V）、铝合金 Ly16（美国 AA 标准牌号为 2219）或 LD2（美国 AA 标准牌号为 6061）等材料作为复合材料压力容器的衬里材料，它们各有特点。以前通常使用相对高屈服强度的材料，像钛合金、Inconel 合金（如 I-718）或不锈钢材料制造衬里，满足了航天器对它的要求。铝合金的屈服强度和弹性模量尽管较低，但是因为它的成本适中，工艺性好和密度低而成为复合材料高压容器最具有吸引力的衬里材料。如 LD2 锻铝，它具有比强度高，工艺性、焊接性、耐腐蚀性好，抗应力腐蚀强等特点。几种衬里材料的力学性能如表 7-1 所示。

表 7-1　几种衬里材料的力学性能

名称	力学性能					热处理状态
	σ_b/MPa	σ_s/MPa	δ/%	硬度	E/GPa	
钛合金（TC4）	896	827	10	HRC 32		
不锈耐酸钢（00Cr19Ni10）	480	170	40	≤HRB 88	193.1	退火

名称	力学性能					热处理状态
	σ_b/MPa	σ_s/MPa	δ/%	硬度	E/GPa	
高温合金钢 I-718（GH169）	1442 （95℃）		22 （95℃）		199.9	完全热处理
铝合金 2219（Ly16）	415	290	10	HBW 95	73	固溶处理
铝合金 6061（LD2）	310	275	12		69	人工时效

（4）厚度

由于内衬不是承力主体，故内衬厚度主要取决于疲劳寿命要求、刚度要求和耐腐蚀要求。内衬的循环疲劳寿命依赖于内衬厚度、内衬应变范围、复合材料与内衬间的黏结、内衬厚度变化率、内衬中的裂纹等。对高循环寿命应用，压力容器采用较高屈服强度材料如钛合金、不锈钢、Inconel，工作时内衬应变处于弹性范围。对低循环寿命应用，压力容器采用铝合金或纯钛超薄内衬。内衬厚度还要考虑加工公差、可生产性、运输问题等要求，一般取1～10mm。几种常用容器内衬的厚度如表 7-2 所示。

表 7-2　常用容器内衬厚度

衬材	工作压力/MPa	复合材料厚度/mm	内衬厚度/mm
碳纤维/环氧 Inconel 718	21.0	6.35	1.00
碳纤维/环氧-Al	21.0	6.35	2.03
碳纤维/环氧-Al	42.1	12.7	2.03
碳纤维/环氧-Al	7.0	2.03	4.00

7.1.3.2　纤维

纤维树脂层是主要承力层，承受内压。黏结在基体内以改进其力学性能的高强度材料，称为增强材料（reinforcing material），也称为增强体、增强相、增强剂等。复合材料所用的增强材料主要有三类：碳纤维、kevlar 纤维和玻璃纤维。缠绕成型压力容器中，复合材料缠绕层承担绝大部分（75%～95%）的压力载荷，而纤维又是复合材料的主要承载部分。对增强纤维材料的要求是：

① 高强度和高模量，低密度；
② 热稳定性好，纤维与基体的热胀系数比较一致或接近；
③ 树脂浸润性好；
④ 具有良好的缠绕工艺性，纤维束松紧均匀等。

下面介绍几种常用的纤维及其特点，供选材时参考。

（1）碳纤维

碳纤维是指纤维中含碳量在 95% 左右的碳纤维和含碳量在 99% 的石墨纤维。碳纤维的研究与应用已经有 100 多年的历史。1880 年爱迪生用棉、亚麻等纤维制取碳纤维用作电灯丝，因为碳丝亮度太低，加上太脆和易氧化，后改为钨丝。20 世纪 60 年代，人们对碳纤维的原料及制造方法等方面进行了大量的研究工作。1959 年美国联合碳化物公司（Union Carbide）研究出以人造丝为原料，通过控制热解制造碳纤维的方法，商品牌号为 Thornel-25。1962 年日本大阪工业材料研究所以聚丙烯腈为原料，用与上述类似的工艺制造碳纤维。1964 年以后，碳纤维向高强度高模量方向发展。生产碳纤维的原料主要有人造丝（黏胶纤维）、聚丙烯腈和沥青三种，而聚丙烯腈是主要原料。日本不仅是碳纤维的主要产量国，而且是世界各国高质量聚丙烯腈的供应国，目前占据世界上 50％以上的份额。日本、美国是世界上主要生产碳纤维的国家。我国目前碳纤维的产量每年超过 10 万 t，但是质量稳定性有待提高。由于碳纤维发展迅速，性能优越，目前已经在航天航空等很多领域替代了玻璃纤维和 Kevlar 纤维。碳纤维具有强度高、模量高、性能稳定的特点，但是价格也高。

（2）kevlar 纤维

kevlar 纤维化学名为芳香族聚酰胺纤维，是分子主链上至少含有 85％的直接与两个芳环相连接的酰胺基团的聚酰胺经溶液纺丝所得到的合成纤维。1968 年由美国杜邦公司研制成功，当时登记的商品名称为 aramid，1973 年定名为 kevlar 纤维，kevlar 纤维在我国称为芳纶纤维。我国 1972 年开始芳纶纤维的研究工作，1981 年及 1985 年分别研制出芳纶 14 和芳纶 1414，但至今仍未进行大批量生产。kevlar 纤维具有强度高、弹性模量高、韧性好的特点。它的密度小，是所有增强材料中密度较低的纤维之一。因而，它的比强度极高，超过玻璃纤维、碳纤维和硼纤维；比模量也超过玻璃、钢、铝等，和碳纤维相近。由于韧性好，因而便于纺织。常用于和碳纤维混杂，提高纤维复合材料的耐冲击性。kevlar 纤维韧性好、密度小，价格适中。

（3）玻璃纤维

玻璃纤维是含有各种金属氧化物的硅酸盐类，经熔融后以极快的速度抽丝而成。由于它质地柔软，因此可以纺织成各种玻璃布、玻璃带等织物。玻璃纤维的伸长率和热胀系数小，除氢氟酸和热浓强碱外，能耐许多介质的腐蚀。玻璃纤维不燃烧，耐高温性能好。玻璃纤维的缺点是不耐磨，易折断，易受机械损伤，长期放置强度稍有下降。玻璃纤维的价格便宜，品种多，适于编织各种玻璃布，作为增强材料广泛应用于航空航天、建筑领域及日常用品领域。玻璃纤维强度低、价格便宜，适用于加工低压地面设备。

其他还有硼纤维、氧化铝纤维、碳化硅纤维等。

（4）各种纤维比较

各种纤维的力学性能数据见表 5-1 所示，未列入的可参考有关文献。下面对这些材料的一些特点进行比较。

① 纤维的柔韧性和断裂。从图 6-1 示出的纤维的应力-应变曲线表明，各种纤维在拉伸断裂前不发生任何屈服。通过观察拉断后纤维的扫描电镜发现，仅 kevlar 49 纤维呈韧性断裂，断裂前纤维有明显的颈缩，并在发生很大的局部伸长后才最终断裂。而碳纤维和玻璃纤维几乎发生理想的脆性断裂，断裂时不发生截面积的缩小。由图 6-1 还可以比较各种纤维的弹性模量的大小。

② 比性能。比强度和比模量是纤维性能的一个重要指标。比强度是指抗拉强度与密度的比值，比模量是指抗拉模量与密度的比值。聚乙烯纤维具有最佳的比强度和比模量搭配，碳纤维的比模量最高。氧化铝纤维由于密度最大，因此比模量和比强度较低，比模量最低的是玻璃纤维。比强度和比模量是衡量纤维性能的一个重要指标。提高比强度和比模量可以在保证容器整体强度的情况下，减少容器壁厚，从而降低容器质量，提高容器的容重比。

③ 热稳定性。纤维的热稳定性与熔点有关。一般来讲，材料的熔点越高，热稳定性就越好。在没有空气和氧气的条件下，碳纤维具有非常好的耐高温性能。尽管块状玻璃的软化温度为 850℃，但当温度高于 250℃时，E 玻璃纤维的强度和模量就开始迅速下降。kevlar 49 纤维的热稳定性还不如玻璃纤维。在受到太阳光照射时，kevlar 纤维产生严重的光致裂

化，使纤维变色，力学性能下降。

玻璃纤维密度大、比刚度低，不利于减轻质量；硼纤维虽然性能好于kevlar纤维，但材料价格却高出5倍以上，一直未获得应用。kevlar纤维是曾经大量使用的高性能纤维材料，在包括球形、扁球形、圆柱形的压力容器上被空间系统、军事航空和民用系统广泛应用，虽然在20世纪80年代后期在一些领域逐渐被强度和模量更高的碳纤维替代，但由于其杰出的抗冲击、防枪弹韧性性能，仍然有着较大的需求市场。以T-1000为代表的碳纤维以显著的性能优势，在当前复合材料压力容器中占据了主导地位，包括加入低模量纤维（玻璃纤维、kevlar纤维）改进的抗冲击性能的压力容器。具体选择什么材料要根据使用情况综合比较后确定。

7.1.3.3 基体材料

基体材料起黏结纤维的作用，以剪切力的形式向纤维传递载荷，并保护纤维免受外界环境的损伤。基体的性能与复合材料容器的性能关系很密切。对基体材料的要求有：

① 对纤维有良好的浸润性和黏结性；

② 具有一定的塑性和韧性，固化后有较高的强度、模量和与纤维相适应的延伸率等；

③ 湿、热特性好，复合材料的湿、热特性主要取决于基体；

④ 有良好的工艺性，主要包括流动性、对纤维浸润性、成型性等。

目前使用最多的是树脂类基体，下面主要介绍一下树脂的特性。

树脂分热固性树脂和热塑性树脂。热固性树脂，因加热或与固化剂反应，能发生交联反应，变成不溶不熔的网状产物。这种树脂在固化前的某一阶段可能是液体，一旦固化，受热不能再软化，除非高温热解。热塑性树脂是线性或支链型的高分子化合物。这类树脂受热能软化或熔化，冷却后又能凝固。

目前，纤维-树脂复合材料（FRC）压力容器用的树脂多为热固性树脂。包括聚酯、环氧、酚醛、聚酰亚胺、有机硅和一些芳杂环树脂。其中前三种树脂用得最多。为了使热固性树脂固化后，具有某些特殊性能或满足某些工艺要求，往往在树脂中加入其他助剂，如引发剂、促进剂、稀释剂、增韧剂或阻燃剂等。热塑性树脂主要有聚乙烯、聚丙烯、聚丙乙烯、ABS、聚碳酸酯和聚酰胺等。FRC对树脂的基本要求：

① 分子量及其分布。分子量及其分布将直接影响树脂的性能。分子量的大小要适中，其分布范围应尽量小。

② 黏度和流动性。黏度是树脂工艺性的重要指标，直接影响制造FRC的工艺及制品性能。因为树脂黏度小，易于浸渍纤维，并且流动性好。黏度大小与树脂分子量有关。流动性也是影响树脂质量和FRC成型工艺的一个因数。树脂流动性除了与黏度有关，还与温度有关。故根据FRC制件性能要求，对流动性要有一定要求。

③ 挥发性。树脂挥发性应尽可能差。挥发性不仅影响FRC成型工艺，而且直接影响FRC制件的质量、空隙含量。高质量的制件要求空隙含量小。

④ 固化特性。热固性树脂受热而固化，因加入固化剂等使树脂固化。树脂体系的固化特性是成型FRC的最重要的特性，直接影响到FRC成型工艺及制件性能。由固化温度、固化压力、固化时间三项指标来衡量，一般要求固化温度尽可能低，固化压力尽可能小，固化时间尽可能短。

⑤ 树脂的力学性能。指固化后树脂的力学性能。FRC中树脂的强度、模量、延伸率、压缩性能直接影响FRC的力学性能。树脂的力学性能用树脂浇注料进行测试。

此外还有与纤维的相容性、树脂的耐热性能及特殊要求，比如耐化学腐蚀性能、阻燃性、自熄性及介电性能等。

7.2 内衬制造与检验

复合材料压力容器的金属内衬原则上可以是任何压力容器用材料，这里强调压力容器用材是为了保证良好的可焊接性能和良好的力学性能。复合材料压力容器用内衬绝大部分是铝或者铝合金材料，本文首先以铝制内衬为例进行介绍。

7.2.1 铝制内衬

7.2.1.1 设计标准

我国现有的有关铝制容器主要依据 JB/T 4734—2002《铝制焊接容器》和劳动部制定的《压力容器安全技术监察规程》，JB/TQ 601—88《空气设备用有色金属焊接压力容器制造规定》，GB/T 4437.1—2015《铝及铝合金热挤压管 第 1 部分：无缝圆管》，JB/T 7531—2005《旋压件设计规范》，GB/T 11640—2021《铝合金无缝气瓶》。

JB/T 4734—2002《铝制焊接容器》适用于设计压力不大于 1.6MPa 的铝制焊接容器，铝材设计温度下限为 −269℃，含镁量大于 3% 的铝合金设计温度大于 65℃，其他压力加工铝和铝合金设计温度为 200℃，铸铝合金的设计温度上限略低。该标准给出的许用应力值按安全系数 $\sigma_b^t \geqslant 4.0$，$\sigma_s^t \geqslant 1.5$ 确定；螺栓用铝棒的安全系数除满足一般安全系数要求以外，还应满足常温下 $\sigma_b^t \geqslant 5.0$，$\sigma_s^t \geqslant 4.0$。其他设计计算公式与钢制压力容器设计公式相同。

美国设计标准中以上系数的取值与我国相同。日本有关铝制容器的标准有 JIS 8243、JIS 8240、JIS 8250，该标准的以上参数的取值也与我国相同。其他国家的标准也基本相同。

7.2.1.2 制造工艺

加工制造内衬分为无焊缝和有焊缝两类。前者仅限于铝合金材料，而其他材料的内衬均为有焊缝类。JB/T 4734—2002《铝制焊接容器》规定铝制焊接容器的焊接工艺，目前在用缠绕气瓶则大多采用旋压成型的铝制内衬。

下面分别介绍两种内衬制造工艺。

（1）旋压成型

典型的无焊缝铝内衬生产过程由拉压或挤压成型、旋压闭合、热处理、化学抛光、机械精加工等组成。以拉压成型为例，将物理和化学性能满足要求的铝合金薄片剪切成圆片，经表面裂纹检测后拉压成型，经修整、清洁并检验其壁厚、均匀度、封头曲面、表面光滑度等后，把开口端旋压闭合。焊接管嘴和固定连接件后，进行射线成像和渗漏检查、退火处理。接着进行化学表面处理，以消除擦伤、凿痕等。对不处理部分要小心覆盖。化学处理中要检测控制最薄处，以免腐蚀太多而使厚度不够，最后进行必要的机械加工。缠绕前仔细清洁内衬内外表面，并粘贴胶膜于内衬外表面，以提供复合层与内衬的良好黏结界面，并防止所谓的电流腐蚀。不同的坯料有不同的加工工艺：

① 铝合金整体气瓶旋压成型。铝合金整体气瓶不存在焊缝等薄弱环节，所以其可靠性高。这种气瓶的基本成型工艺为瓶体的变薄旋压与瓶口的收口旋压。根据坯料不同分以下三种工艺。

a. 坯料为管坯。在一般情况下，均需对坯料进行旋压碾薄，此过程是典型的流动旋压工艺，需在三旋轮框架式旋压机床上进行。采用管坯的最大优势是工艺成熟、工艺过程简单、成品率高，缺点是大直径薄壁无缝铝管的价格昂贵。

b. 坯料为板坯。可以通过两种方式将板坯成型为圆筒：板坯→普通旋压→切底→切边→旋压碾薄；板坯→拉深→切底→切边→旋压碾薄。

c. 棒材。在专用挤压机上可采用热挤或温挤制造出带底筒状毛坯。

铝合金整体气瓶通常采用铝合金6061为原材料，在变薄旋压过程中，铝合金6061的极限减薄率为75%，所以在保证气瓶具有足够强度的条件下，产品旋压减薄率不能超过此极限减薄率，否则会在金属内部产生组织缺陷。实践表明，退火件的承压能力高于非退火件，所以在旋压过程中应加入中间退火工序。铝合金退火温度一般选择为350～450℃，保温1～2h，空冷。在收口工艺中，也应特别注意旋压参数的选择。过大的进给量容易引起毛坯失稳和旋轮前的材料堆积。目前这种整体成型的气瓶已作为高压气瓶内衬的首选。

② 铝合金内衬旋压成型。目前主要以铝合金6061作为内衬容器，其旋压工艺与上述整体气瓶旋压成型工艺相同。其他材料有LD31、5系列、7系列铝合金等。LD31主要作为玻璃纤维缠绕铝合金气瓶的内衬，多用于轻型汽车的储气装置。LD31材料是铝镁硅系低合金化高塑性锻铝合金，具有很好的冷热加工性能，这种材料的热处理强度中等、冲击韧性高、缺口不敏感，适合内衬的加工成型。内衬加工成型工艺流程如下：铸锭→锻环→热开坯旋压→室温变薄旋压→加热缩旋瓶端→机加工瓶嘴口部→淬火时效→气密性试验→玻璃纤维复合缠绕→综合性能检验。LD31锭锻通过400～500℃的锻坯工序后，消除了铸坯的粗大晶粒，并为旋压成型提供细化的坯料。锻坯经350～400℃的热开坯旋压后，组织性能进一步改善。在热开坯之后再进行70%的室温变薄旋压。缩旋工艺是在专用的收口机上进行的，采用液化石油气加热，通过控制火焰与工件的距离和位置，可有效调整旋压温度。试验表明LD31在450～500℃成型时，其旋压效果良好。因薄壁筒坯变形抗力低，易变形失稳，旋轮轴向每道次进给量不宜过大，应采用小变形多道次的成型工艺规范。

（2）焊制成型

焊制成型的铝制容器工艺与一般钢制压力容器制造相似，主要包括划线、下料、刨边、卷圆、焊接、筒节组装、封头组装、各种检验、喷漆、包装、出厂等工序，这里不再展开。所不同的是铝的焊接比钢要困难，焊接质量与母材相比要差一些，而且一般铝制容器焊接后不进行热处理。

7.2.2 其他内衬

（1）钢制内衬

钢制内衬也包括旋压成型和焊接成型，旋压成型工艺与铝制旋压成型工艺类似，可参考有关标准。钢制内衬的制造工艺与一般钢制压力容器相同，已经相当成熟，这里不再介绍。

（2）钛与钛合金内衬

钛制内衬制造工艺主要也包括焊接成型和旋压成型，由于强度较高，一般以焊接为主，有关钛制容器的主要标准为JB/T 4745—2002《钛制焊接容器》和劳动部制定的《压力容器安全技术监察规程》，主要包括划线、下料、刨边、卷圆、焊接、热处理、筒节组装、封头组装、检验、喷漆、包装、出厂等工序。

7.2.3 内衬检验

复合材料压力容器由于制造工艺的特点，一旦成型后就无法返修，所以每道工序的要求都比较严格。

内衬检验主要包括射线检测和气密性检验，对于焊制内衬，焊缝需进行 100％检测，合格要求按压力容器检测要求；检测完成后需进行水压试验和气密性试验，试验要求和应力控制均可按 GB/T 150 规定。对于旋压成型的内衬，需进行表面着色检测、局部射线检测；检测完成后需进行水压试验和气密性试验，试验要求和应力控制均可按 GB/T 150 规定。试验压力按下式确定。

液压试验时：$P_T = 1.25P_d$

气压试验时：$P_T = 1.15P_d$

式中 P_d 由下式确定

$$P_d = \frac{(\delta_n - C)[\sigma]^t \varphi}{D_i + \delta_n - C} \qquad (7\text{-}32)$$

式中 P_d——内衬的设计压力，MPa；

δ_n——内衬的名义厚度，mm；

$[\sigma]^t$——内衬试验温度下的许用应力，MPa；

φ——内衬的焊缝系数，对于旋压取 1；

D_i——内衬容器的内直径，mm；

C——厚度附加量，取法依据 GB/T 150，mm。

气密性试验可按 GB/T 12137《气瓶气密性试验方法》的有关条款进行试验，试验方法主要有浸水法和涂液法。试验压力一般由容器设计单位确定，没有确定的可按气压试验压力定，最小保压时间要大于 30min。

国内外气瓶类移动式压力容器的水压试验为 $1.5P_d$，可参考有关的气瓶标准。

7.3 复合层制造工艺

复合材料压力容器的性能和质量主要取决于复合层的质量，难度也主要在复合层的制造上，涉及纤维的缠绕方法和缠绕预应力，基础固化材料的选取和固化工艺，还与纤维与基层结合力有关，所以很大程度上取决于制造工艺，在此有必要介绍有关制造工艺。

7.3.1 缠绕工艺

（1）压力容器缠绕工艺

复合材料缠绕成型工艺是指将连续纤维或经过树脂胶液浸渍后的纤维，按照预定的缠绕规律均匀地排布在内衬容器上，然后再加热或在常温条件下固化，制成一定形状制品的工艺方法。目前缠绕成型工艺是复合材料成型中使用较为普遍的一种工艺方法，已广泛地应用在复合材料化工管道、压力容器、储罐及火箭发射筒、鱼雷发射管等产品的成型上。在缠绕厚壁管状制品时，为保证产品质量，一般采用分层固化工艺，即在内衬上先缠绕一定厚度的纤维，使其固化，再缠绕第二次，使其固化，直至产品厚度达到设计要求。分层固化从提高产品质量的角度来讲，具有以下几个优点：

① 将一个厚壁容器分解成数个紧套在一起的薄壁容器，削弱了环向应力沿筒壁分布的峰值；

② 可以提高纤维的初始张力，递减外层的张力值，对产品的强度及其他性能均有改善；

③ 含胶量可更加均匀，保证产品内外质量的均匀性。但是分层固化存在着较大的缺陷，这是由于多次固化、多次缠绕会造成生产效率低下，能源消耗增加，不适应大批量的产品生产。随着浸润性的提高，及固化工艺的优化，目前大多采用一次成型固化工艺。

（2）容器缠绕成型工艺的分类

缠绕成型工艺按照树脂基体的不同可以分为干法、湿法和半干法。

① 干法。在缠绕前预先将纤维制成预浸渍带，然后卷在卷盘上待用。使用时使预浸渍带加热软化后绕制在内衬容器上。干法缠绕可以大大提高缠绕速度，缠绕张力均匀，设备清洁，劳动条件得到改善，易实现自动化缠绕，可控制纱带的含胶量和尺寸，制品质量较稳定。但缠绕设备复杂、投资较大。

② 湿法。缠绕成型时纤维经集束后进入树脂胶槽浸胶，在张力的控制下直接缠绕在芯模上，然后固化成型，图 7-2 所示为这种工艺的加工流程图。此法所用设备较简单，对原材料要求不高。缠绕设备如浸胶辊、张力控制辊等要经常维护、不断洗刷。否则一旦在辊上发生纤维缠结，就将影响生产正常进行。

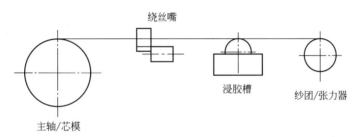

图 7-2　湿法缠绕成型工艺加工流程图

③ 半干法。这种方法与湿法相比增加了烘干工序，与干法相比，缩短了烘干时间，降低了胶纱的烘干程度，使缠绕过程可以在室温下进行，这样既除去了溶剂，又提高了缠绕速度和制品质量。

（3）纤维缠绕轨迹

任何一种缠绕类型，都是由内衬与绕丝头做相对运动完成的。纤维成型的目的是要把纤维按一定的规律均匀地布满在整个内衬表面上，这种规律就是缠绕轨迹。研究缠绕轨迹的目的，是要找出制品的结构尺寸与线型、内衬与绕丝头之间的定量关系。就筒形压力容器而言，可分为环向缠绕、纵向缠绕和螺旋缠绕三种类型。具体可参看 6.3 节有关缠绕方法。实际压力容器的缠绕是三种缠绕轨迹相互交错使用绕制完成的。

（4）缠绕设备

纤维缠绕设备由缠绕机、浸胶槽、张力器、加热器及其他附件组成，纤维缠绕机是缠绕设备的核心。纤维缠绕机分为机械式缠绕机、程序控制缠绕机和微机控制缠绕机。早期纤维缠绕机主要是机械式、链条循环式等机型，目前已经发展到采用自动化、程序化控制的多轴联动数控缠绕机。

机械式缠绕机成本低、可靠性高、专用性强，靠执行机构的机械传动关系实现设计线型的缠绕，多针对具体产品形状或缠绕线型专门设计制造，主要有管道缠绕和容器缠绕。微机控制缠绕机的动力源均来自独立的伺服电动机，而不是像机械式那样由传动机构带动，因此可以实现多轴缠绕，具有络纱准确、张力控制稳定的特点，但是设备比较昂贵。

常见的缠绕机有小车环链式缠绕机、绕臂式缠绕机、滚动式缠绕机、轨道式缠绕机、行星式缠绕机、球缠绕机、斜锥式缠绕机和内侧缠绕机，可根据具体需要选用。

（5）缠绕工艺过程

纤维缠绕工艺过程主要包括浸胶、加热、缠绕、固化等工序。浸胶装置与预浸纱加热装置是分别对应于湿法缠绕和干法缠绕。其一般工作过程为：带有张力器的纱团通过浸胶槽浸胶后，通过绕丝嘴按设定的缠绕线型缠绕到内衬容器或者芯模上，内衬容器或者芯模安装于主轴上，由主轴带动转动。浸胶分表面带胶式浸胶和沉浸式浸胶，两种浸胶槽的结构如图 7-3 所示。

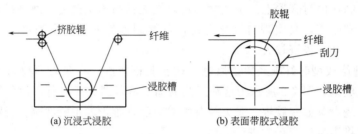

图 7-3　浸胶工艺过程

对于热塑性缠绕、湿法缠绕和干法缠绕均需要加热器，干法缠绕加热器是为使预浸纱软化，以保证与已经缠绕好的复合材料黏结良好，加热温度 50～100℃，可以采用热空气加热；而热塑性缠绕加热温度在 250℃ 以上，可以采用燃气火焰加热、微波加热或者激光加热，后两者温度控制精度高、加热效果好。

（6）纤维缠绕预应力控制

在第 4 章扁平钢带缠绕钢复合结构压力容器的优化设计中，已经提到通过对钢带缠绕预应力的控制可以优化容器筒壁上的应力分布。按照同样的方法，通过对纤维缠绕预应力的控制，也可以优化复合材料压力容器的筒壁应力，只是预应力的大小和方向不同而已。与扁平钢带缠绕相类似，纤维缠绕一般也按变预应力缠绕，最内层预应力最大，向外逐步递减，这样避免复合材料压力容器的整体承力性能下降。纤维缠绕时主要确定纤维初始预应力值和递减速度。

① 纤维初始预应力的确定。确定纤维初始预应力时主要考虑以下因素：a. 内衬的刚度，必须确保内衬材料始终处于弹性阶段工作；b. 保证各层纤维具有初始张力，避免应力分布不均而降低容器性能；c. 外层纤维的缠绕力使内层全部缠绕层与内衬产生压缩变形，压缩力值与外层缠绕张力值相平衡。因为容器壳体厚度很小，因此可采用金属圆筒的半径作为组合壳体的半径。

② 预应力计算。由于纤维树脂结构不同于金属结构，理论计算比较复杂，同时考虑到缠绕预应力也没有很高的精度要求，这里进行一些假设以简化计算。首先通过模量关系将内衬折算成当量纤维层厚度，内衬和内层纤维一起承受外层纤维的缠绕张力，这样可以按均匀内筒承受外压进行残余应力估算。

根据压力容器的受力特点，一般环向纤维是轴向纤维的两倍，在缠绕时一般采用螺旋缠绕与环向缠绕相结合的缠绕方法。现以这种缠绕方法举例说明如下：

最外层环向缠绕预拉力为

$$T_{n\theta} = \sigma_{G0} t_\theta \tag{7-33}$$

最外层螺旋缠绕预拉力力为

$$T_{n\alpha}=\sigma_{G0}t_\alpha$$

式中，t_θ 与 t_α 分别为环缠绕和螺旋缠绕单层纤维厚度，$t_\theta=t_{G\theta}/n_\theta$，$t_\alpha=t_{G\alpha}/2n_\alpha$；$\sigma_{G0}$ 为纤维纱片应力。n_θ 为环向缠绕层数；n_α 为螺旋缠绕总循环数。

由于外层缠绕会对已经缠绕完成的容器产生压缩作用，第 n_θ 环向缠绕层迫使第 $(n_\theta-1)$ 环向纤维层的张力减少 $\Delta T_{(n\theta-1)\theta}$，有

$$\Delta T_{(n\theta-1)\theta}=\cfrac{T_{n\theta}t_\theta}{\cfrac{E_0}{E_G}t_0+(n_\theta-1)t_\theta+2(n_\alpha-1)t_\alpha\sin\alpha} \tag{7-34}$$

式中，E_0 为内衬的弹性模量；E_G 为纤维层的弹性模量。

第 n_α 螺旋缠绕总循环（最外层）迫使第 $(n_\theta-1)$ 环向纤维层的张力减少 $\Delta T_{(n\theta-1)\alpha}$

$$\Delta T_{(n\theta-1)\alpha}=\cfrac{2T_{n\alpha}t_\theta\sin\alpha}{\cfrac{E_0}{E_G}t_0+(n_\theta-1)t_\theta+2(n_\alpha-1)t_\alpha\sin\alpha} \tag{7-35}$$

若第 $(n_\theta-1)$ 环向纤维的张力为 $T_{n\theta-1}$，则

$$T_{n\theta-1}=T_{n\theta}+\Delta T_{(n\theta-1)\theta}+\Delta T_{(n\theta-1)\alpha} \tag{7-36}$$

将式（7-34）、式（7-35）代入上式，有

$$T_{n\theta-1}=\cfrac{\cfrac{E_0}{E_G}t_0+n_\theta t_\theta+2\cfrac{T_{n\alpha}}{T_{n\theta}}t_\theta\sin\alpha+2(n_\alpha-1)t_\alpha\sin\alpha}{\cfrac{E_0}{E_G}t_0+(n_\theta-1)t_\theta+2(n_\alpha-1)t_\alpha\sin\alpha}T_{n\theta} \tag{7-37}$$

由于 $n_\theta t_\theta=t_{G\theta}$，$2n_\alpha t_\alpha=t_{G\alpha}$，$T_{n\alpha}/T_{n\theta}=t_\alpha/t_\theta$
所以，有

$$T_{n\theta-1}=\cfrac{\cfrac{E_0}{E_G}t_0+t_{G\theta}+t_{G\alpha}\sin\alpha}{\cfrac{E_0}{E_G}t_0+(n_\theta-1)t_\theta+2(n_\alpha-1)t_\alpha\sin\alpha}T_{n\theta} \tag{7-38}$$

同理，第 $(n_\theta-2)$ 环向层的纤维缠绕预拉力为

$$T_{n\theta-2}=\cfrac{\cfrac{E_0}{E_G}t_0+t_{G\theta}+t_{G\alpha}\sin\alpha}{\cfrac{E_0}{E_G}t_0+(n_\theta-2)t_\theta+2(n_\alpha-2)t_\alpha\sin\alpha}T_{n\theta} \tag{7-39}$$

第 j 环向层的纤维缠绕预拉力为 $T_{j\theta}$ 为

$$T_{j\theta}=\cfrac{\cfrac{E_0}{E_G}t_0+t_{G\theta}+t_{G\alpha}\sin\alpha}{\cfrac{E_0}{E_G}t_0+jt_\theta+2jt_\alpha\sin\alpha}T_{n\theta} \tag{7-40}$$

式（7-40）适用于内层为纵向缠绕情况。

或

$$T_{j\theta}=\cfrac{\cfrac{E_0}{E_G}t_0+t_{G\theta}+t_{G\alpha}\sin\alpha}{\cfrac{E_0}{E_G}t_0+jt_\theta+2(j-1)t_\alpha^0\sin\alpha}T_{n\theta} \tag{7-41}$$

式（7-41）适用于内层为环向缠绕情况。其中，j 取 1，2，3…

第 j 层环向中每股纤维的缠绕预拉力为

$$\frac{T_{j\theta}}{t_\theta}A = \frac{\dfrac{E_0}{E_G}t_0 + t_{G\theta} + t_{G\alpha}\sin\alpha}{\dfrac{E_0}{E_G}t_0 + jt_\theta + 2jt_\alpha\sin\alpha}A\sigma_{G0} \tag{7-42}$$

$$\frac{T_{j\theta}}{t_\theta}A = \frac{\dfrac{E_0}{E_G}t_0 + t_{G\theta} + t_{G\alpha}\sin\alpha}{\dfrac{E_0}{E_G}t_0 + jt_\theta + 2(j-1)t_\alpha^0\sin\alpha}A\sigma_{G0} \tag{7-43}$$

式中，A 为每股纤维的横截面积。

式（7-42）适用于内层为纵向缠绕情况。式（7-43）适用于内层为环向缠绕情况。

其实每层进行以上计算是比较烦琐的。实际制造中一般采用 2～3 层递减一次，而递减幅度则还是要按总的递减幅度不变的原则进行。

7.3.2　固化工艺

7.3.2.1　特点

与其他材料加工工艺相比，复合材料固化成型工艺具有如下特点：

① 材料制造与制品成型同时完成。一般情况下，复合材料的生产过程，也就是制品的成型过程。材料的性能必须根据制品的使用要求进行设计，因此在选择材料、设计配比、确定纤维铺层和成型方法时，都必须满足制品的物化性能、结构形状和外观质量要求等。

② 制品成型比较简便。一般热固性复合材料的树脂基体，成型前是流动液体，增强材料是柔软纤维或织物，因此，用这些材料生产复合材料制品，所需工序及设备要比其他材料简单得多，对于某些制品仅需一套模具便能生产。

③ 对于纤维缠绕压力容器，其整个容器制造过程不存在焊接接头，这对压力容器的安全是十分重要的。

7.3.2.2　固化成型方法

复合材料成型工艺是复合材料工业发展的基础和条件。目前聚合物基固化成型方法已有20多种，并成功地用于工业生产，这些方法有：①手糊成型工艺——湿法铺层成型法；②喷射成型工艺；③树脂传递模塑技术（RTM 技术）；④袋压（压力袋法）成型技术；⑤真空袋压成型技术；⑥热压罐成型技术；⑦热压釜法成型技术；⑧热膨胀模塑法成型技术；⑨夹层结构成型技术；⑩模压料生产工艺；⑪模压料注射技术（ZMC 技术）；⑫模压成型工艺；⑬层合板生产技术；⑭卷制管成型技术；⑮纤维缠绕制品成型技术；⑯连续制板生产工艺；⑰浇铸成型技术；⑱拉挤成型工艺；⑲连续缠绕制管工艺；⑳编织复合材料制造技术；㉑热塑性片状模塑料制造技术及冷模冲压成型工艺；㉒注射成型工艺；㉓挤出成型工艺；㉔离心浇铸制管成型工艺；㉕其他成型技术。

依据所选用的树脂基体材料的不同，上述方法分别适用于热固性和热塑性复合材料的生产，有些工艺两者都适用。而适用于复合材料压力容器固化的主要是热固化成型和射线固化成型。

7.3.2.3　固化成型方法示例

目前复合材料压力容器纤维固化基体主要是各种树脂，所以本文以纤维增强塑料（FRP）为例进行阐述。

（1）FRP成型工艺

由于成型工艺的优劣直接影响其制品的质量，因此其重要性不言而喻，选择成型工艺一般要求：科技水平高，确保制品质优、符合市场要求；操作简便、安全且效率高；产品的性能/价格比高；污染小，符合环保法规要求。若用上述标准来观察、衡量我国FRP成型工艺现状，大多不能符合压力容器成型要求，目前比较成熟的是树脂传递模塑成型技术（RTM技术）及其衍生工艺和辐射固化工艺。

（2）RTM成型工艺

树脂传递模塑（RTM）工艺适应性广，目前衍生出很多变种，如该工艺与其他工艺有机结合，以其他工艺（如缠绕、拉挤）的制品当作预型坯的RTM工艺。RTM的优点：

① 可选用的树脂品种多，如不饱和聚酯树脂、乙烯基树脂（以上国内已出产品）、酚醛树脂、环氧树脂、氰酸酯树脂、双马来酰亚胺树脂、丁二烯树脂、聚醚酰亚胺树脂等。

② 可选用的增强材料品种多，如纤维布、纤维毡、预型纤维坯、三维纤维织物，也可采用嵌件和芯材（如塑料泡沫芯、橡胶芯）来提高材料的抗剪强度以及制品的整体力学性能。

③ 所用的树脂是液态的，而增强材料又可单独设计，也可兼用溶芯技术，这样就极大地提高了工艺的灵活性以及制品结构的可设计性。

④ 制品的空隙率低，力学性能较高，尺寸稳定性好，精度较高。

⑤ 树脂凝胶时间长，固化时间快，树脂的消泡性高、浸润性高，树脂的黏度低、有机挥发物含量低、固化收缩率低、放热峰值低。

⑥ 设备费用和制品成本适中。

⑦ 环境污染少，工艺过程在密闭装置内进行，同时对温度、湿度等环境条件不敏感，要求不高。

国内RTM研究的主要成果：随着近年来RTM成型工艺研究趋于成熟，相配套的材料研究也比较成熟。

（3）辐射固化技术

主要的辐射固化（radiation curing）有电子束（EB）固化和紫外线（UV）固化两种。常用的核辐射源是钴-60辐射源。常用的电子加速器有：高压加速器（电子静电加速器、高频高压发生器、绝缘磁心共振变压器（ICT）、直线加速器、回旋加速器、脉冲加速器和电子帘加速器等。辐射固化本身并不是成型工艺，仅辅助成型工艺起固化作用。辐射固化技术的优点：

① 采用无膨胀的工装，在室温或低温下进行固化，制品不受温度的影响，因而产生的残余热应力小，制品的尺寸稳定性好。

② 固化速度快，成型周期短。

③ 不需要化学引发剂，溶剂挥发物极少，产品致密，性能好，且对人和环境的危害极小。

④ 所使用的树脂在室温下的适用期很长，输入的能量和固化部位都可选择，还可连续固化，工艺操作方便。

⑤ 最适合固化面积大的制品。

实践证明：用 RTM 工艺成型的复合材料制品的性能、质量，可与预浸料、热压釜成型工艺相媲美，具有取代宇航业传统复合材料成型工艺（如：预浸料、热压釜成型等）的实力和潜力。当然，具体问题仍要具体分析，例如：棒状 FRP 制品（如光缆的 FRP 芯）的最佳成型工艺，当然是拉挤成型＋EB（或 UV）固化技术；火箭、导弹的 FRP 外壳的最佳成型工艺，依然是缠绕成型＋EB（或 UV）固化技术。

7.4　附件设计

复合材料压力容器的主要包括封头、开孔与接管、支座、安全附件等，这类压力容器由于是整体成型，所以一般没有法兰，封头和筒体在制造内衬时就制成一体，在缠绕时纤维也是整体缠绕、固化，所以不用单独制造封头。接管是这类容器的一大难题。由于容器是整体制造，所以一旦成型后就不能再增加开孔，而且由于纤维是连续的，开孔将使纤维分布不均匀，强度降低，开孔补强也比较困难。所以这类容器的开孔一般位于容器的两端，或者位于球形容器的两极点，这样正好使纤维在这里转向，并且较厚的纤维可以加强接管开孔区。

复合材料压力容器的安全附件主要有安全装置、容器外保护层。由于这类容器限制开孔，所以安全装置一般安装于进出料的阀门处，安全装置包括压力表（传感器）、温度传感器、易熔栓、安全阀、爆破片等元器件。由于复合层一般不耐磨，而且不能承受横向冲击，所以这类容器一般需要设置外保护层，可以是整体保护的橡胶层，也可以是只有两端保护的防撞圈，还可以是其他合理的结构。

7.5　容器检验

复合材料压力容器需要进行相关的测试后才能出厂，主要进行水压试验，必要时进行气密性试验。

7.5.1　水压试验

我国现行复合材料压力容器按照管理规范分二大类，一类归 TSG 21《固定式压力容器安全技术监察规程》管辖，另一类归 TSG R0006《气瓶安全技术监察规程》管辖。《固定式压力容器安全技术监察规程》的水压试验压力按照 GB/T 150 规定的水压试验压力进行。

水压试验压力 P_T 按下式确定。

液压试验时：$P_T = 1.25 P_d$

气压试验时：$P_T = 1.15 P_d$

式中，P_d 为容器的设计压力，MPa。

《气瓶安全技术监察规程》要求的水压试验压力为 1.5 倍公称工作压力，一般参照不同类型气瓶相应的标准进行压力试验。

7.5.2　使用检验

与其他钢制压力容器一样，复合材料压力容器属于特种设备，由国家专门部门管理，在使用过程中要定期进行检验，到设计使用年限必须报废。其使用检验按《气瓶安全技术监察规定》《固定式压力容器安全技术监察规程》等有关规定进行。

参考文献

[1] 谢富原.先进复合材料制造技术.北京：航空工业出版社，2017.

[2] 陈学东，范志超，崔军，等.我国压力容器高性能制造技术进展.压力容器，2021，38（10）：1-15.

[3] T. G. 古托夫斯基.先进复合材料制造技术.北京：化学工业出版社，2004.

[4] 杨斌，胡超杰，轩福贞，等.基于超声导波的压力容器健康监测Ⅲ：纤维缠绕压力容器的在线监测.机械工程学报，2020，56（10）：19-26.

[5] Vasiliev V V，Krikanov A A，Razin A F. New generation of filament-wound composite pressure vessels for commercial applications. Composite Structure，2003（62）：449-459.

[6] Capatina A. Gregosriev R. Vanherweg J. Composite overwrapped pressure vessel manufacture，utilizing a 2-axis filament winder. CAMX 2015-Composites and Advanced Materials Expo，p 968-984，2015，CAMX 2015 -Composites and Advanced Materials Expo7.

[7] Weisberg，Andrew，Aceves，et al. The potential of dry winding for rapid，inexpensive manufacture of composite overwrapped pressure vessels. International Journal of Hydrogen Energy，2015，40（11）：4207-4211.

[8] 郑津洋，董其伍，桑芝富.过程设备设计.5版.北京：化学工业出版社，2021.

[9] 刘松平，刘菲菲.先进复合材料无损检测技术.北京：航空工业出版社，2017.

[10] 蔡为仑.复合材料设计.北京：科学出版社，1989.

[11] 陈汝训.环向纤维增强钢压力容器设计分析.固体火箭技术，2002，25（1）：58-60.

[12] 袁卓伟，吴锋，匡欢，等.一种新型车用轻量化高压复合气瓶的设计与制备.玻璃纤维，2017（06）：11-15.

[13] 赫晓东，等.先进复合材料压力容器.北京：科学出版社，2016.

[14] 王晓洁，张炜，刘炳禹，等.高性能碳纤维复合材料耐压容器研究进展.宇航材料工艺，2003（4）：20-23.

[15] 姜作义，张和善.纤维-树脂复合材料技术与应用.北京：中国标准出版社，1990.

[16] 邢丽英，包建文，礼嵩明，等.先进树脂基复合材料发展现状和面临的挑战.复合材料学报，2016，33（07）：1327-1338.

[17] 陈祥宝.先进复合材料低成本技术.北京：化学工业出版社，2004.

[18] 王百亚，张康助，雷海锋，等.F—12纤维/RE14复合材料压力容器成型工艺研究.宇航材料工艺，2003（4）：39-42.

[19] 王斌，金志浩，丘哲明，等.树脂含量对芳纶纤维/环氧复合材料性能的影响.固体火箭技术，2002（1）：61-64.

[20] 陈利民，吴东.缠绕复合材料固化工艺研究.工程塑料应用，2004，10：26-27.

[21] 王德中.环氧树脂生产及应用.北京：化学工业出版社，2001.

[22] 赵云峰，孙宏杰，李仲平.航天先进树脂基复合材料制造技术及其应用.宇航材料工艺，2016，46（04）：1-7.

[23] 杨海.复合材料纤维缠绕机器人关键技术研究.哈尔滨：哈尔滨理工大学，2020.

[24] 保罗·戴维姆.复合材料加工技术.安庆龙，陈明，宦海祥译.北京：国防工业出版社，2016.

[25] 詹合林，朱冰冰，岳增柱，等.车用70MPa压缩氢气铝内胆碳纤维全缠绕气瓶的应力分析.现代制造工程，2018（12）：114-118.

第8章
有限元应用分析

复合材料是由两种以上具有不同性质的材料构成的，其主要优点是具有优异的材料性能，纤维增强复合材料是一种正交各向异性材料。但是由于纤维在缠绕过程中是随机排列的，所以认为纤维增强层是横向同性的。对于这种材料的模拟，很多的程序都提供了一些处理方法，在 I-Deas、Nastran、ANSYS、ABAQUS 中都有相应的处理方法。本文用 ANSYS 有限元软件分析铝内胆碳纤维复合材料压力容器的应力情况。ANSYS 允许用专门的一层单元来建立复合材料模型。

8.1 有限元法概述

有限元法是结构分析的一种数值计算方法，是矩阵方法在结构力学和弹性力学等领域中的应用和发展。20 世纪 50 年代中期至 20 世纪 60 年代末，有限元法出现并获得快速发展，由于当时理论尚处于初级阶段，计算机的硬件及软件也无法满足需求，有限元法无法在工程中得到普遍的应用。从 20 世纪 60 年代末 20 世纪 70 年代初开始，一些公司开发出了大型通用的有限元应用程序，这些有限元应用程序以其强大的功能、简便的操作方法、可靠的计算结果和较高的效率成为结构工程强有力的分析工具，进而逐渐形成了一门新的技术。目前有限元技术已经非常成熟，被广泛应用于多种复杂结构的力学模拟中，精度也日益提高。

8.1.1 有限元法的技术路线

有限元法的基本思想是将复杂的结构看成由有限个单元仅在结点处连接的整体，即将要研究的弹性连续结构划分成有限个单元体，这些单元体仅在有限个节点上相互连接。首先对每一个单元分析其特性，在一定的精度要求下，对每个单元用有限个参数来描述它的力学特征，建立起相关物理量之间的相互联系，再依据各单元之间的联系将各个单元组装成整体，从而建立起连续体的平衡方程。应用相应方程的解法，即可完成整个问题的分析。有限元法进行复合材料结构分析的思路如下。

（1）结构离散化

应用有限元法分析工程问题的第一步是将结构进行离散化，将待分析的结构用一些假想的线或面进行切割，使其成为具有选定切割形状的有限个单元体。使整个结构离散为由各种单元体组成的计算模型，这些单元体被认为仅仅在单元的一些指定点处相互连接，这些指定的点称为单元的节点，这个过程就是单元划分。离散后单元与单元之间通过单元的节点相互连接起来。单元体的设置、性质、数目应根据实际问题的性质、所描述的变形形态的要求和计算结果的精度来确定，单元划分越细则描述变形情况越精确，越接近实际的结构变形，但计算量越大。有限元中分析的结构已不是原有的结构，而是由众多单元以一定的方式连接起来的离散物体。用有限元分析得到的计算结果只是近似值，如果划分单元非常多且又合理，则所获得结果就会与实际情况相接近。

（2）单元特性分析

① 选择位移模式。结构离散化后，接下来的工作就是对结构离散化所得的任一典型单元的特性进行分析。在有限元法中，选择节点位移作为基本未知量时称为位移法；选择节点力作为基本未知量时称为力法；选择一部分节点力和一部分节点位移作为基本未知量时称为混合法。位移法易于实现计算自动化，所以，在有限元法中，位移法应用最为广泛。当采用位移法时，首先必须对单元中任意一点的位移分布做出假设，即在单元内用只具有有限自由度的简单位移代替真实位移。对位移元来说，就是将单元中任意一点的位移近似地表示成该单元节点位移的函数。位移函数的假设合理与否，将直接影响到有限元分析的计算精度、效率和可靠性。目前比较常用的方法是以多项式作为位移模式，这主要是因为多项式的微积分运算比较简单，而且从泰勒级数展开的意义来说，任何光滑函数都可以用无限项的泰勒级数多项式来展开。

② 分析单元的力学性质。根据单元的材料性质、形状、尺寸、节点数目、位置及其含义等，找出单元节点力和节点位移的关系式，这是单元分析的关键一步。此时需要应用弹性力学中的几何方程和物理方程来建立力和位移的方程式，从而导出刚度矩阵，这是有限元法的基本步骤之一。

③ 计算等效节点力。物体离散化后，假定力是通过节点从一个单元传递到另一个单元的。但是，对于实际的连续体，力是从单元的公共边界传递到另一个单元中去的。因而，这种作用在单元边界上的表面力、体积力和集中力都需要等效地移到节点上去，也就是用等效的节点力来代替所有作用在单元上的力。

（3）单元组装

有了单元特性分析的结果，像结构力学中解超静定的位移法一样，对各单元仅在节点相互连接的单元集合体，用虚位移原理或最小势能原理进行推导，利用结构力的平衡条件和边界条件把各个单元按原来的结构重新连接起来，形成整体的有限元方程。

（4）求未知节点的位移

在有限元的发展过程中，人们通过研究建立了许多不同的存储方式和计算方法，目的是节省计算机的存储空间和提高计算效率，根据方程组的具体特点选择合适的计算方法，即可求出全部未知的节点位移。

8.1.2 ANSYS 有限元分析软件

进行有限元分析的软件很多，如 I-Deas、Nastran、ANSYS、ABAQUS 等。有些软件由于对运行环境要求较高，用量不是很大。而 ANSYS 因为面向 PC（个人计算机），十分适用，本文以 ANSYS 为例进行分析。

ANSYS 软件是融结构、流体、电场、磁场分析于一体的大型通用有限元分析软件。由世界上著名的有限元分析软件公司之一的美国 ANSYS 公司开发，它能与很多 CAD（计算机辅助设计）软件接口实现数据的共享和交换，如 Pro/Engineer、SolidWorks、AutoCAD 等，是现代产品设计中的高级 CAD 之一。ANSYS 软件主要包括 3 个部分：前处理模块、分析求解模块和后处理模块。前处理模块是一个强大的实体建模及网格划分工具，通过这个模块用户可以方便地构造有限元模型；分析求解模块包括结构分析、流体动力学分析、电磁场分析、声场分析以及压电分析，它对已建立好的模型在一定的载荷与边界条件下进行有限元计算；后处理模块是对计算结果进行处理，可将计算结果用等值应力线、梯度、矢量、粒子流及云图等图形方式显示出来，也可将计算结果以图表、曲线的方式输出。

　　① 前处理模块。前处理模块主要实现 3 种功能：参数定义、建模与网格划分。前处理用于定义求解所需的数据。用户可以选择坐标系统、单元类型、定义实常数和材料特性、建立实体模型并对其进行网格划分、控制节点和单元，以及定义耦合和约束方程。在 ANSYS 程序中，坐标系统用于定义空间几何结构的位置、节点自由度的方向、材料特性的方向。程序中可用的坐标系类型有笛卡儿坐标系、柱坐标系、球坐标系及环坐标系。所有这些坐标系均能在空间的任意位置和任意方向设置。ANSYS 提供了广泛的模型生成功能，从而使用户可以快捷地建立实际工程系统的有限元模型。ANSYS 程序提供了 3 种不同的建模方法：模型导入、实体建模及直接生成。每种方法有其独特的特点和优点。用户可以选择其一或其组合来建立模型。ANSYS 系统的网格划分功能十分强大，使用便捷。从使用选择的角度来说，网格划分可分为系统智能划分与人工选择划分 2 种。从网格划分的功能来说，则包括 4 种划分方式：延伸划分、映像划分、自由划分与自适应划分。延伸划分是将 1 个二维网格延伸成 1 个三维网格；映像划分是将一个几何模型分解成几部分，然后选择合适的单元属性与网格控制，分别划分生成映像网格；自由划分由 ANSYS 程序提供的网格自由划分器来实现，这种划分可以避免不同组件在装配过程中网格不匹配带来的问题；自适应划分是在生成具有边界条件的实体模型以后，用户指示程序自动产生有限元网格，并分析、估计网格的离散误差，再重新定义，直至误差低于用户定义的值。在前处理阶段完成建模及网格划分后，用户在求解阶段通过求解器获得分析结果。

　　② 分析求解模块。在求解阶段，用户可以定义分析类型、分析选项和载荷数据，然后开始有限元求解。ANSYS 提供的直接求解器可以计算出线性联立方程组的精确解。ANSYS 程序还提供了一个有效的稀疏矩阵求解器，它既可用于线性分析，又可用于非线性分析。由于稀疏矩阵求解器可基于方程直接消去，因而可以容易地处理病态矩阵。对于接触状态可改变拓扑结构并影响波前宽度的非线性分析，以及模型为具有多个波前多分支结构时的任何分析，该求解器都较为适用。

　　③ 后处理模块。ANSYS 的后处理过程紧接在前处理和求解过程之后，通过友好的用户界面，用户可以容易地获得求解过程的分析结果并对这些结果进行运算。这些结果可能包括位移、温度、应力、应变、速度及热流等。输出形式有图形显示和数据列表两种。交互式后处理过程中，图形可联机输出到显示设备上，也可以脱机输出到绘图仪上。由于后处理阶段完全同前处理阶段和求解阶段集成在一起，故求解结果可存于数据库且能立即查看。后处理访问数据库的方法有两种，一是用通用后处理器 POST1 来查看整个模型或选定的部分模型在某一时间步的结果。可以获得等值线显示、变形形状以及检查与解释分析的结果和列表，也提供许多其他功能。另一种是用时间历程后处理器 POST26 来查看模型的特定点在所有时间步内的结果，可获得结果数据对时间或频率关系的图形曲线与列表，还能从时间历程结果中生成谱响应。当数据从结果文件读出后，数据存于 ANSYS 程序数据库，使用交互方式可以方便地进行数据库操作并立即提供结果图形和结果列表。通过切片功能可以获得所分析模型在任何平面的结果。

8.1.3　有限元法的发展趋势

有限元法经过多年的发展，已经趋于成熟，但在巩固有限元法的物理、数学基础方面，扩大其应用领域以及求解诸如非线性、不同物理作用相互耦合、多体结构动态分析以及由材料微观结构计算其力学性能等复杂问题方面，有限元法还会不断发展。有限元法未来的发展主要包括其在工程领域中的应用和提高，及有限元法的基本技巧的完善。随着计算机辅助设计在工程中日益广泛的应用，有限元程序包已成为 CAD 常用计算方法中不可缺少的内容之一，并与优化设计集成系统。人们可通过计算机建立计算模型，对计算模型进行有限元分析，根据有限元分析的结果进行结构优化改进，再进行有限元分析，如此反复进行，直至结构达到最优化为止。有限元法与传统的机械结构优化方法相比，具有无可比拟的优越性，必然会得到越来越广泛的应用和发展。

在复合材料结构仿真分析方面，越来越强调分析精度和贴近工程实际，要求考虑复合材料层间剪切效应、固化成型后的残余热应力、材料部分失效后的结构屈曲失稳等。ANSYS 通过对复合材料的铺层定义材料、缠绕角以及铺层厚度来组成层单元，以模拟各类航空复合材料层合结构，这样可以精确地分析材料的失效破坏、层间剪切效应等。

8.2　各向异性材料的有限元问题

8.2.1　正交各向异性的刚度矩阵

由于复合材料为各向异性材料，在各坐标方向上，材料的刚度系数互异。一般层状复合材料板称为层合板。常见的层合板是以正交材料堆叠而成的。积层板中各层的正交材料，又是以高强度线状材料与基底材料固化而成的。在复合材料力学中，可以列出剪切模量 G、泊松比 ν 与弹性模量 E 的关系方程式，如下。

（1）三维正交材料

首先介绍三维的正交材料，其各应变的关系式如下

$$\begin{cases} \varepsilon_1 = \dfrac{1}{E_1}(\sigma_1 - \nu_{12}\sigma_2 - \nu_{13}\sigma_3) \\[2mm] \varepsilon_2 = \dfrac{1}{E_2}(-\nu_{21}\sigma_1 + \sigma_2 - \nu_{23}\sigma_3) \\[2mm] \varepsilon_3 = \dfrac{1}{E_3}(-\nu_{31}\sigma_1 - \nu_{32}\sigma_2 + \sigma_3) \end{cases} \tag{8-1}$$

$$\begin{cases} \gamma_{23} = \dfrac{1}{G}\tau_{23} \\[2mm] \gamma_{31} = \dfrac{1}{G}\tau_{31} \\[2mm] \gamma_{12} = \dfrac{1}{G}\tau_{12} \end{cases} \tag{8-2}$$

若定义

$$\{\varepsilon\} = \{\varepsilon_1 \quad \varepsilon_2 \quad \varepsilon_3 \quad \gamma_{23} \quad \gamma_{31} \quad \gamma_{12}\}^{\mathrm{T}}$$

$$\{\sigma\} = \{\sigma_1 \quad \sigma_2 \quad \sigma_3 \quad \tau_{23} \quad \tau_{31} \quad \tau_{12}\}^{\mathrm{T}}$$

则上式可写成

$$\{\varepsilon\} = [S]\{\sigma\} \tag{8-3}$$

其中挠度矩阵 $[S]$ 为

$$[S] = \begin{bmatrix} \dfrac{1}{E_1} & -\dfrac{\nu_{12}}{E_1} & -\dfrac{\nu_{13}}{E_1} & 0 & 0 & 0 \\[2mm] -\dfrac{\nu_{21}}{E_2} & \dfrac{1}{E_2} & -\dfrac{\nu_{23}}{E_2} & 0 & 0 & 0 \\[2mm] -\dfrac{\nu_{31}}{E_3} & -\dfrac{\nu_{32}}{E_1} & \dfrac{1}{E_3} & 0 & 0 & 0 \\[2mm] 0 & 0 & 0 & \dfrac{1}{G_{23}} & 0 & 0 \\[2mm] 0 & 0 & 0 & 0 & \dfrac{1}{G_{31}} & 0 \\[2mm] 0 & 0 & 0 & 0 & 0 & \dfrac{1}{G_{12}} \end{bmatrix} \tag{8-4}$$

现在假设刚度矩阵 $[Q]$ 为挠度矩阵 $[S]$ 的逆矩阵，即

$$[Q] = [S]^{-1} \tag{8-5}$$

则式（8-3）可改写成

$$\{\sigma\} = [Q][\varepsilon] \tag{8-6}$$

其中刚度矩阵

$$[Q] = \begin{bmatrix} Q_{11} & Q_{12} & Q_{13} & 0 & 0 & 0 \\ Q_{21} & Q_{22} & Q_{23} & 0 & 0 & 0 \\ Q_{31} & Q_{32} & Q_{33} & 0 & 0 & 0 \\ 0 & 0 & 0 & G_{23} & 0 & 0 \\ 0 & 0 & 0 & 0 & G_{31} & 0 \\ 0 & 0 & 0 & 0 & 0 & G_{12} \end{bmatrix} \tag{8-7}$$

式中，有

$$Q_{11} = \frac{E_1(-1+\nu_{23}\nu_{32})}{-1+\nu_{12}(\nu_{21}+\nu_{23}\nu_{31})+\nu_{23}\nu_{32}+\nu_{13}(\nu_{31}+\nu_{21}\nu_{32})}$$

$$Q_{12} = \frac{-E_2(\nu_{12}+\nu_{13}\nu_{32})}{-1+\nu_{12}(\nu_{21}+\nu_{23}\nu_{31})+\nu_{23}\nu_{32}+\nu_{13}(\nu_{31}+\nu_{21}\nu_{32})}$$

$$Q_{13} = \frac{-E_3(\nu_{13}+\nu_{12}\nu_{23})}{-1+\nu_{12}(\nu_{21}+\nu_{23}\nu_{31})+\nu_{23}\nu_{32}+\nu_{13}(\nu_{31}+\nu_{21}\nu_{32})}$$

$$Q_{21} = \frac{E_1(\nu_{21}+\nu_{23}\nu_{31})}{-1+\nu_{12}(\nu_{21}+\nu_{23}\nu_{31})+\nu_{23}\nu_{32}+\nu_{13}(\nu_{31}+\nu_{21}\nu_{32})}$$

$$Q_{22} = \frac{E_2(-1+\nu_{13}\nu_{31})}{-1+\nu_{12}(\nu_{21}+\nu_{23}\nu_{31})+\nu_{23}\nu_{32}+\nu_{13}(\nu_{31}+\nu_{21}\nu_{32})}$$

$$Q_{23} = \frac{-E_3(\nu_{13}\nu_{21}+\nu_{23})}{-1+\nu_{12}(\nu_{21}+\nu_{23}\nu_{31})+\nu_{23}\nu_{32}+\nu_{13}(\nu_{31}+\nu_{21}\nu_{32})}$$

$$Q_{31} = \frac{-E_1(\nu_{31}+\nu_{21}\nu_{32})}{-1+\nu_{12}(\nu_{21}+\nu_{23}\nu_{31})+\nu_{23}\nu_{32}+\nu_{13}(\nu_{31}+\nu_{21}\nu_{32})}$$

$$Q_{32} = \frac{-E_2(\nu_{12}\nu_{31}+\nu_{32})}{-1+\nu_{12}(\nu_{21}+\nu_{23}\nu_{31})+\nu_{23}\nu_{32}+\nu_{13}(\nu_{31}+\nu_{21}\nu_{32})}$$

$$Q_{33} = \frac{E_3(\nu_{12}\nu_{13}+\nu_{32})}{-1+\nu_{12}(\nu_{21}+\nu_{23}\nu_{31})+\nu_{23}\nu_{32}+\nu_{13}(\nu_{31}+\nu_{21}\nu_{32})}$$

（2）二维正交材料

三维的正交材料若简化为二维，各应变的关系式则为

$$
\begin{cases}
\varepsilon_1 = \dfrac{1}{E_1}(\sigma_1 - \nu_{12}\sigma_2) \\[2mm]
\varepsilon_2 = \dfrac{1}{E_2}(-\nu_{21}\sigma_1 + \sigma_2) \\[2mm]
\gamma_{12} = \dfrac{1}{G}\tau_{12}
\end{cases}
\tag{8-8}
$$

若定义
$$\{\varepsilon\} = \{\varepsilon_1 \quad \varepsilon_2 \quad \gamma_{12}\}^{\mathrm{T}}$$
$$\{\sigma\} = \{\sigma_1 \quad \sigma_2 \quad \tau_{12}\}^{\mathrm{T}}$$

则上式可写成

$$\{\varepsilon\} = [S]\{\sigma\} \tag{8-9}$$

其中挠度矩阵 $[S]$ 为

$$
[S] = \begin{bmatrix}
\dfrac{1}{E_1} & -\dfrac{\nu_{12}}{E_1} & 0 \\[3mm]
-\dfrac{\nu_{21}}{E_1} & \dfrac{1}{E_1} & 0 \\[3mm]
0 & 0 & \dfrac{1}{G_{12}}
\end{bmatrix}
\tag{8-10}
$$

现在假设刚度矩阵 $[Q]$ 为挠度矩阵 $[S]$ 的逆矩阵，即

$$[Q] = [S]^{-1} \tag{8-11}$$

则式（8-9）可改写成

$$\{\sigma\} = [Q][\varepsilon] \tag{8-12}$$

其中刚度矩阵为

$$
[Q] = \begin{bmatrix}
\dfrac{E_1}{1-\nu_{12}\nu_{21}} & \dfrac{E_2\nu_{12}}{1-\nu_{12}\nu_{21}} & 0 \\[3mm]
\dfrac{E_1\nu_{21}}{1-\nu_{12}\nu_{21}} & \dfrac{E_2}{1-\nu_{12}\nu_{21}} & 0 \\[3mm]
0 & 0 & G_{12}
\end{bmatrix}
\tag{8-13}
$$

又由于 ν_{21} 与 ν_{12} 有关系式 $\nu_{21} = \nu_{12}\dfrac{E_2}{E_1}$，因此 $Q_{12}=Q_{21}$，也就是 $\dfrac{E_2\nu_{12}}{1-\nu_{12}\nu_{21}} = \dfrac{E_1\nu_{21}}{1-\nu_{12}\nu_{21}}$，则刚度矩阵 $[Q]$ 为对称矩阵 $[Q]=[Q]^{\mathrm{T}}$。通常将 ν_{21} 当作非独立参数（dependent parameter），利用 $\nu_{21} = \nu_{12}\dfrac{E_2}{E_1}$ 来定义。ν_{12}、E_2、E_1 与 G_{12} 则当作独立参数（independent parameter），由材料性质直接决定。

（3）二维正交材料的坐标变换

二维的正交材料的坐标变换如图 8-1 所示。

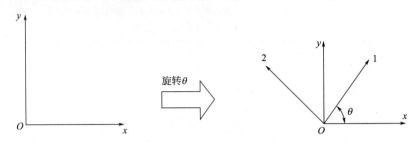

图 8-1　二维正交材料坐标变换

在图 8-1 中，1，2 代表单层材料的坐标系统，而 x，y 则代表层合板的空间坐标系统。当各层的材料方向与层合板的坐标方向不同时，需要将刚度矩阵做坐标变换，也就是以 x，y 坐标表示。其应力转换关系式为

$$\begin{Bmatrix} \sigma_1 \\ \sigma_2 \\ \tau_{12} \end{Bmatrix} = [T] \begin{Bmatrix} \sigma_x \\ \sigma_y \\ \tau_{xy} \end{Bmatrix} \tag{8-14}$$

其中 $[T]$ 称为转换矩阵。假设两坐标系统之间的夹角为 θ，$[T]$ 矩阵可表示为

$$[T] = \begin{bmatrix} \cos^2\theta & \sin^2\theta & 2\cos\theta\sin\theta \\ \sin^2\theta & \cos^2\theta & -2\cos\theta\sin\theta \\ -\cos\theta\sin\theta & \cos\theta\sin\theta & \cos^2\theta - \sin^2\theta \end{bmatrix} \tag{8-15}$$

或可简化成

$$[T] = \begin{bmatrix} \cos^2\theta & \sin^2\theta & \sin2\theta \\ \sin^2\theta & \cos^2\theta & -\sin2\theta \\ -\cos\theta\sin\theta & \cos\theta\sin\theta & \cos2\theta \end{bmatrix} \tag{8-16}$$

现将主轴应力，以空间的坐标轴表示。

$$\begin{Bmatrix} \sigma_x \\ \sigma_y \\ \tau_{xy} \end{Bmatrix} = [T]^{-1} \begin{Bmatrix} \sigma_1 \\ \sigma_2 \\ \tau_{12} \end{Bmatrix} \tag{8-17}$$

其中 $[T]^{-1}$ 为转换矩阵 $[T]$ 的逆矩阵

$$[T]^{-1} = \begin{bmatrix} \cos^2\theta & \sin^2\theta & -\sin2\theta \\ \sin^2\theta & \cos^2\theta & \sin2\theta \\ \cos\theta\sin\theta & -\cos\theta\sin\theta & \cos2\theta \end{bmatrix} \tag{8-18}$$

由于习惯上剪应变都是以 γ 角表示，而 γ 角的值为剪应变 ε 的两倍，因此

$$\begin{Bmatrix} \varepsilon_{11} \\ \varepsilon_{22} \\ \gamma_{12} \end{Bmatrix} = \begin{bmatrix} 1 & 0 & 0 \\ 0 & 1 & 0 \\ 0 & 0 & 2 \end{bmatrix} \begin{Bmatrix} \varepsilon_{11} \\ \varepsilon_{22} \\ \varepsilon_{12} \end{Bmatrix} \tag{8-19}$$

上式可表示为 $\{\varepsilon_\gamma\} = [R]\{\varepsilon_\varepsilon\}$，其中 $[R]$ 称为转换矩阵

$$[R] = \begin{bmatrix} 1 & 0 & 0 \\ 0 & 1 & 0 \\ 0 & 0 & 2 \end{bmatrix} \tag{8-20}$$

因此可将应变向量写成

$$\begin{Bmatrix} \varepsilon_{11} \\ \varepsilon_{22} \\ \varepsilon_{12} \end{Bmatrix} = \begin{bmatrix} 1 & 0 & 0 \\ 0 & 1 & 0 \\ 0 & 0 & \dfrac{1}{2} \end{bmatrix} \begin{Bmatrix} \varepsilon_{11} \\ \varepsilon_{22} \\ \gamma_{12} \end{Bmatrix} \tag{8-21}$$

上式可表示为 $\{\varepsilon_\varepsilon\} = [R]^{\mathrm{T}}\{\varepsilon_\gamma\}$，其中 $[R]^{\mathrm{T}}$ 为

$$[R]^{\mathrm{T}} = \begin{bmatrix} 1 & 0 & 0 \\ 0 & 1 & 0 \\ 0 & 0 & \dfrac{1}{2} \end{bmatrix} \tag{8-22}$$

将 $\{\varepsilon_\varepsilon\} = [R]^{\mathrm{T}}\{\varepsilon_\gamma\}$ 列出如下

$$\begin{Bmatrix} \varepsilon_{11} \\ \varepsilon_{22} \\ \varepsilon_{12} \end{Bmatrix} = [R]^{-1}\begin{Bmatrix} \varepsilon_{11} \\ \varepsilon_{22} \\ \gamma_{12} \end{Bmatrix}, \quad \begin{Bmatrix} \varepsilon_{1} \\ \varepsilon_{2} \\ \varepsilon_{12} \end{Bmatrix} = [R]^{-1}\begin{Bmatrix} \varepsilon_{1} \\ \varepsilon_{2} \\ \gamma_{12} \end{Bmatrix} \tag{8-23}$$

对于空间坐标系统，亦可写成如式（8-23）的关系式

$$\begin{Bmatrix} \varepsilon_{x} \\ \varepsilon_{y} \\ \varepsilon_{xy} \end{Bmatrix} = [R]^{-1}\begin{Bmatrix} \varepsilon_{x} \\ \varepsilon_{y} \\ \gamma_{xy} \end{Bmatrix} \tag{8-24}$$

依照式（8-15）、式（8-16）及式（8-17）应力的关系，将主轴应力旋转至空间坐标系统，可对应变做同样的转换

$$\begin{Bmatrix} \varepsilon_{1} \\ \varepsilon_{2} \\ \varepsilon_{12} \end{Bmatrix} = [T]\begin{Bmatrix} \varepsilon_{x} \\ \varepsilon_{y} \\ \gamma_{xy} \end{Bmatrix} \tag{8-25}$$

将式（8-23）与式（8-24）代入式（8-25）中，可得

$$[R]^{-1}\begin{Bmatrix} \varepsilon_{1} \\ \varepsilon_{2} \\ \gamma_{12} \end{Bmatrix} = [T][R]^{-1}\begin{Bmatrix} \varepsilon_{x} \\ \varepsilon_{y} \\ \gamma_{xy} \end{Bmatrix} \tag{8-26}$$

重新整理式（8-26）。将两式两侧同乘 $[R]$ 可得

$$\begin{Bmatrix} \varepsilon_{1} \\ \varepsilon_{2} \\ \gamma_{12} \end{Bmatrix} = [R][T][R]^{-1}\begin{Bmatrix} \varepsilon_{x} \\ \varepsilon_{y} \\ \gamma_{xy} \end{Bmatrix} \tag{8-27}$$

由前面式（8-12）知 $\{\sigma\} = [Q]\{\varepsilon\}$，将等式左侧的主轴应力，依照式（8-17）及式（8-18）的关系，旋转至空间坐标系统，并将式（8-27）代入，可得

$$\begin{Bmatrix} \sigma_{x} \\ \sigma_{y} \\ \tau_{xy} \end{Bmatrix} = [T]^{-1}\begin{Bmatrix} \sigma_{1} \\ \sigma_{2} \\ \tau_{12} \end{Bmatrix}\lim_{x \to \infty} = [T]^{-1}[Q]\begin{Bmatrix} \varepsilon_{1} \\ \varepsilon_{2} \\ \gamma_{12} \end{Bmatrix} = [T]^{-1}[Q][R][T][R]^{-1}\begin{Bmatrix} \varepsilon_{x} \\ \varepsilon_{y} \\ \gamma_{xy} \end{Bmatrix} \tag{8-28}$$

上式可简化为

$$\begin{Bmatrix} \sigma_x \\ \sigma_y \\ \tau_{xy} \end{Bmatrix} = [\bar{Q}] \begin{Bmatrix} \varepsilon_x \\ \varepsilon_y \\ \gamma_{xy} \end{Bmatrix} \qquad (8\text{-}29)$$

其中
$$[\bar{Q}] = [T]^{-1}[Q][R][T][R]^{-1} = \begin{bmatrix} M_{11} & M_{12} & M_{13} \\ M_{21} & M_{22} & M_{23} \\ M_{31} & M_{32} & M_{33} \end{bmatrix}$$

式中，有

$$M_{11} = -\frac{E_1\cos^4\theta + E_2\sin^4\theta + 2E_2\nu_{12}\cos^2\theta\sin^2\theta - G_{12}(-1+\nu_{12}\nu_{21})\sin^2 2\theta}{-1+\nu_{12}\nu_{21}}$$

$$M_{12} = -\frac{(E_1+E_2)\sin^2 2\theta + (3+\cos4\theta)E_2\nu_{12} + 4G_{12}(-1+\nu_{12}\nu_{21})\sin^2 2\theta}{-4+4\nu_{12}\nu_{21}}$$

$$M_{13} = -\frac{\sin2\theta(E_1+E_1\cos2\theta - E_2 + E_2\cos2\theta - 2E_2\nu_{12}\cos2\theta) + 4G_{12}(-1+\nu_{12}\nu_{21})\cos2\theta}{-4+4\nu_{12}\nu_{21}}$$

$$M_{21} = -\frac{(E_1+E_2)\sin^2 2\theta + (3+\cos4\theta)E_2\nu_{12} + 4G_{12}(-1+\nu_{12}\nu_{21})\sin^2 2\theta}{-4+4\nu_{12}\nu_{21}}$$

$$M_{22} = -\frac{E_1\sin^4\theta + E_2\cos^4\theta + 2E_2\nu_{12}\cos^2\theta\sin^2\theta - G_{12}(-1+\nu_{12}\nu_{21})\sin^2 2\theta}{-1+\nu_{12}\nu_{21}}$$

$$M_{23} = -\frac{\sin2\theta(-E_1+E_1\cos2\theta + E_2 + E_2\cos2\theta - 2E_2\nu_{12}\cos2\theta) + 4G_{12}(-1+\nu_{12}\nu_{21})\cos^2 2\theta}{-4+4\nu_{12}\nu_{21}}$$

$$M_{31} = -\frac{\sin2\theta(E_1+E_1\cos2\theta - E_2 + E_2\cos2\theta - 2E_2\nu_{12}\cos2\theta) + 4G_{12}(-1+\nu_{12}\nu_{21})\cos^2 2\theta}{-4+4\nu_{12}\nu_{21}}$$

$$M_{32} = -\frac{\sin2\theta(-E_1+E_1\cos2\theta + E_2 + E_2\cos2\theta - 2E_2\nu_{12}\cos2\theta) + 4G_{12}(-1+\nu_{12}\nu_{21})\cos^2 2\theta}{-4+4\nu_{12}\nu_{21}}$$

$$M_{33} = -\frac{(-1+\cos4\theta)(E_1+E_2-2E_2\nu_{12}) + 8G_{12}(-1+\nu_{12}\nu_{21})\cos^2 2\theta}{8(-1+\nu_{12}\nu_{21})}$$

层合板中各层的刚度可以下式表示。整个层合板的刚度矩阵，即为各层刚度矩阵的总和。在对称的层合板情形下，总体刚度为层合板上半部刚度的两倍

$$[D] = \int_{h_1}^{h_2} [\bar{Q}] z^2 \mathrm{d}z = \frac{1}{3}(h_2^3 - h_1^3)[\bar{Q}]$$

8.2.2 层合板的刚度矩阵

$$[\varepsilon] = \begin{Bmatrix} \varepsilon_x \\ \varepsilon_y \\ \gamma_{xy} \end{Bmatrix} = \begin{Bmatrix} \dfrac{\partial u}{\partial x} \\ \dfrac{\partial v}{\partial y} \\ \dfrac{\partial u}{\partial x} + \dfrac{\partial v}{\partial y} \end{Bmatrix} = -z \begin{Bmatrix} \dfrac{\partial^2 w}{\partial x^2} \\ \dfrac{\partial^2 w}{\partial y^2} \\ 2\dfrac{\partial^2 w}{\partial x \partial y} \end{Bmatrix} = -z \begin{Bmatrix} \dfrac{\partial^2}{\partial x^2} \\ \dfrac{\partial^2}{\partial y^2} \\ 2\dfrac{\partial^2}{\partial x \partial y} \end{Bmatrix} w \qquad (8\text{-}30)$$

当元素为二维三角形时，如图 8-2 所示。

由形函数，知道该元素的位移场为

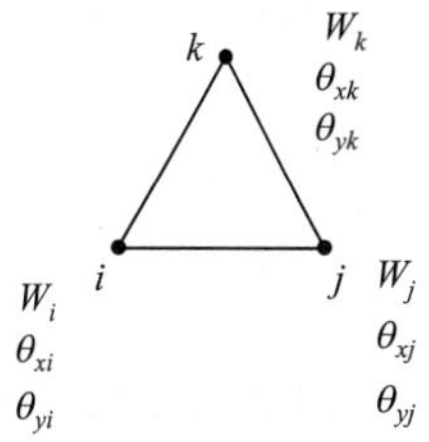

图 8-2 二维三角形
元素自由度

$$w=[N]\{\varphi\}=[N_1 \quad N_2 \quad N_3 \quad N_4 \quad N_5 \quad N_6 \quad N_7 \quad N_8 \quad N_9]\begin{Bmatrix} w_1 \\ \theta_{x1} \\ \theta_{y1} \\ w_2 \\ \theta_{x2} \\ \theta_{y2} \\ w_3 \\ \theta_{x3} \\ \theta_{y3} \end{Bmatrix}$$

$$(8\text{-}31)$$

将式（8-31）代入式（8-30）得

$$[\varepsilon]=-z\begin{Bmatrix} \dfrac{\partial^2}{\partial x^2} \\ \dfrac{\partial^2}{\partial y^2} \\ 2\dfrac{\partial^2}{\partial x\partial y} \end{Bmatrix}[N_1 \quad N_2 \quad N_3 \quad N_4 \quad N_5 \quad N_6 \quad N_7 \quad N_8 \quad N_9]\begin{Bmatrix} w_1 \\ \theta_{x1} \\ \theta_{y1} \\ w_2 \\ \theta_{x2} \\ \theta_{y2} \\ w_3 \\ \theta_{x3} \\ \theta_{y3} \end{Bmatrix} \quad (8\text{-}32)$$

其中，有

$$[B]=\begin{Bmatrix} \dfrac{\partial^2}{\partial x^2} \\ \dfrac{\partial^2}{\partial y^2} \\ 2\dfrac{\partial^2}{\partial x\partial y} \end{Bmatrix}[N_1 \quad N_2 \quad N_3 \quad N_4 \quad N_5 \quad N_6 \quad N_7 \quad N_8 \quad N_9] \quad (8\text{-}33)$$

$$[\phi]=\begin{Bmatrix} w_1 \\ \theta_{x1} \\ \theta_{y1} \\ w_2 \\ \theta_{x2} \\ \theta_{y2} \\ w_3 \\ \theta_{x3} \\ \theta_{y3} \end{Bmatrix} \quad (8\text{-}34)$$

将式（8-33）、式（8-34）代入式（8-32）中，应变可简化为

$$\{\varepsilon\} = -z[B]\{\phi\} \tag{8-35}$$

应变能为

$$U = \int_V \frac{1}{2}\{\sigma\}^T\{\varepsilon\}\mathrm{d}V = \int_V \frac{1}{2}\{\varepsilon\}^T[D]\{\varepsilon\}\mathrm{d}V = \int_V \frac{1}{2}\{\phi\}^T\{B\}^T[D][B]\{\phi\}z^2\mathrm{d}z \tag{8-36}$$

用最小势能法得知

$$\frac{\partial U}{\partial\{\phi\}} = [K]\{\phi\} = \int_V \{B\}^T[D][B]z^2\mathrm{d}V\{\phi\} \tag{8-37}$$

由（8-37）式可知

$$[K] = \int_V \{B\}^T[D][B]z^2\mathrm{d}V \tag{8-38}$$

在复合材料中刚度矩阵 $[D]=[\overline{Q}]$，对每一层作积分，可得层合板的刚度矩阵

$$[K] = \sum_{i=1}^n \iint_\Omega \int_{h_{i1}}^{h_{i2}} [B]^T[\overline{Q}_i][B]z^2\mathrm{d}z\mathrm{d}A \tag{8-39}$$

由于在层合板中 $[B]$ 矩阵为 x 与 y 的函数，与坐标 z 无关，因此可写成

$$[K] = \int_\Omega [B]^T \left(\sum_{i=1}^n \int_{h_{i1}}^{h_{i2}} [\overline{Q}_i]z^2\mathrm{d}z\right)[B]\mathrm{d}A \tag{8-40}$$

若定义 $[D]_{\text{Comp}}$ 矩阵为

$$[D]_{\text{Comp}} = \sum_{i=1}^n \int_{h_{i1}}^{h_{i2}} [\overline{Q}_i]z^2\mathrm{d}z = \sum_{i=1}^n \frac{1}{3}(h_{i2}^3 - h_{i1}^3)[\overline{Q}_i] \tag{8-41}$$

刚度矩阵可表示为

$$[K] = \int_V \{B\}^T[D]_{\text{Comp}}[B]\mathrm{d}A \tag{8-42}$$

其中三节点元素中，各节点的自由度为位移 w、旋转角度 θ_x 及 θ_y，因此单一元素共有 9 个自由度，矩阵 $[B]_{(3\times1)(1\times9)=(3\times9)}$ 为

$$[B] = \left\{ \begin{array}{c} \dfrac{\partial^2}{\partial x^2} \\[2mm] \dfrac{\partial^2}{\partial y^2} \\[2mm] 2\dfrac{\partial^2}{\partial x\partial y} \end{array} \right\} [N_1 \quad N_2 \quad N_3 \quad N_4 \quad N_5 \quad N_6 \quad N_7 \quad N_8 \quad N_9] \tag{8-43}$$

四节点元素的情况如图 8-3 所示。

在四节点元素中，各节点的自由度亦为位移 w、旋转角度 θ_x 及 θ_y，因此单一元素共有 12 个自由度，矩阵 $[B]_{(3\times1)(1\times12)=(3\times12)}$ 为

$$[B] = \left\{ \begin{array}{c} \dfrac{\partial^2}{\partial x^2} \\[2mm] \dfrac{\partial^2}{\partial y^2} \\[2mm] 2\dfrac{\partial^2}{\partial x\partial y} \end{array} \right\} [N_1 \quad N_2 \quad N_3 \quad N_4 \quad N_5 \quad N_6 \quad N_7 \quad N_8 \quad N_9 \quad N_{10} \quad N_{11} \quad N_{12}]$$

$$\tag{8-44}$$

上述的矩阵 $[K]$ 定义于式（8-42）中 $\{B\}^{T}[D]_{Comp}[B]$，因此，三节点元素的刚度矩阵 $[K]_{(9\times3)(3\times3)(3\times9)}$ 为 9×9 的矩阵。而四节点元素的刚度矩阵 $[K]_{(12\times3)(3\times3)(3\times12)}$ 为 12×12 的矩阵。通过对整个复合材料实体进行以上单元离散化以后，建立应力、应变和刚度矩阵的数值计算方法，附加边界条件，就可以进行相应载荷下的应力、应变计算。由于单元数量和精度等有关，为了得到高精度的计算值，就会需要很多单元，对计算机的要求就很高。

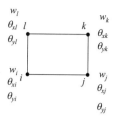

图 8-3　四节点元素自由度

8.3　金属-非金属复合材料压力容器的有限元分析

当前复合材料气瓶包括：Ⅱ型、Ⅲ型、Ⅳ型和Ⅴ型。结构上，Ⅱ型和Ⅲ型主要由金属内衬、瓶口阀、复合材料层构成；Ⅳ型气瓶由非金属内衬、金属接头、瓶口阀、复合材料层构成；Ⅴ型气瓶无内衬，全部由纤维层复合材料制成。非金属内衬与金属内衬均为各向同性材料（本节后续描述中非金属指内衬材料，如尼龙），因此，在建模上，通常分两部分：复合材料层、金属（非金属）材料层。

复合材料的非线性性能（弹塑性、黏弹性、黏塑性等）是复合材料非常重要的性能之一。树脂基复合材料会出现一相或两相发生塑性变形的可能性。

复合材料的变形可分为三个阶段：纤维和基体都是弹性变形；纤维是弹性变形，而基体进入了非弹性（塑性）变形；纤维和基体中有一相带损伤工作，直到完全破坏。如图 8-4 所示。

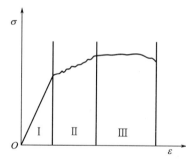

图 8-4　复合材料的变形阶段

在进行力学分析之前，有几个假设：

① 纤维-树脂复合材料是横向同性的。纤维在横截面内是分布均匀的。宏观而言，其所有横向的弹性性能都相同。

② 纤维-树脂复合材料是线弹性的。树脂是黏弹性的，增强材料是线弹性的，但树脂基体的模量远小于纤维的模量，因此为了简化分析，可以认为纤维增强树脂复合材料是线弹性的。

③ 纤维-树脂复合材料是连续的。纤维增强树脂复合材料在纤维方向承担载荷时，纤维是主要承载相。在复合材料的成型过程中，尽管仔细控制工艺条件，还是会有气孔、脱黏或断丝缺陷，即在材料内部会出现某些局部不连续现象。但从整体范围来说，仍可认为整个材料是连续的。

8.3.1　几何模型建立

（1）金属（非金属）内衬部分几何模型

无论是金属还是非金属内衬的复合材料气瓶，模型中通常都不考虑瓶口阀，而是将瓶口阀的作用等效为拉应力施加在瓶口（瓶尾）的端面上，并将瓶口（瓶尾）的螺纹孔简化为光孔，光孔直径取为螺纹孔大径。

（2）复合材料

① 封头上纤维的变厚度与变角度。根据纤维缠绕原理，纵向缠绕的纤维在封头处会产生堆积，封头上某点的半径越小，该点的堆积厚度越高。设筒身外径为 r_0，筒身处纤维角度为 α_0；封头某点处的半径为 r，该点处的纤维角度是 α，该点处的堆积厚度为 t，单层纤

维的厚度为 t_0，r_p 为当前缠绕纤维的极孔半径，则不同极孔半径位置对应的纤维厚度 t 可根据下式计算

$$t = \frac{t_0 r_0 \cos\alpha_0}{r \cos\alpha} \tag{8-45}$$

$$\alpha = \arcsin\frac{r_p}{r} \tag{8-46}$$

式中，r_p 可由筒身半径与筒身位置对应的缠绕角算出，即 $r = r_0$，$\alpha = \alpha_0$。

以表 8-1 所示的参数为例。

表 8-1　参数示例

r_0	α_0	t_0	r_p
70	22	1	63.68

依据上述公式，可以绘制出封头任意半径 r 处对应的纤维角度 α，如图 8-5 所示。

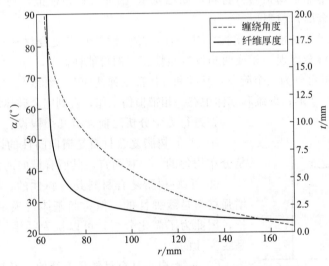

图 8-5　封头半径 r 与纤维厚度 t、缠绕角度 α 关系

从图 8-5 可以看出，随着半径 r 的变化，封头上纤维的角度、厚度是变化的，并且在极孔附近，纤维的理论厚度趋于无穷大，但实际上由于纤维的滑移，不可能趋于无穷大，因此通常需要对极孔附近的纤维厚度进行修正。目前常用的是抛物线和三次样条曲线方法，具体过程可查阅相关文献。图 8-6 对比了使用抛物线修正前后的纤维轮廓，可以看到，修正后的曲线轮廓更符合于实际的情况。

② 复合材料建模。根据上一节分析，复合材料建模的关键在于变厚度与变角度的实现上，主要有两种方式。

第一种方式是基于实体单元的建模方式。这种方法需要依据式（8-45）、式（8-46）计算出每层复合材料任意位置的厚度，然后计算出外轮廓对应的坐标点并绘制曲线，进而根据外轮廓建立复合材料层的三维实体模型，即复合材料的变厚度体现在几何外轮廓上。而对应的变角度则需要在有限元软件中进行操作。

第二种方式是基于壳单元的建模方式。这种方式是通过建立复合材料层的参考面（通常是取为内衬外表面），之后在有限元软件中，基于该参考面定义单元的厚度与角度。

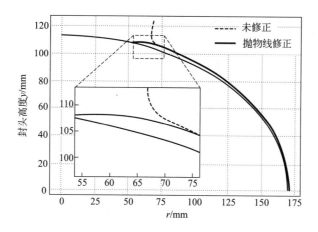

图 8-6 纤维轮廓修正前后对比

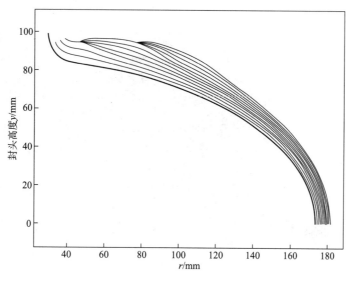

图 8-7 纤维轮廓曲线

8.3.2 材料属性定义

（1）金属与非金属材料内衬

常用的内衬材料包括：铝合金、不锈钢、尼龙。这些都是各向同性材料。对于各向同性材料其主要参数为：弹性模量 E、泊松比 ν。此外，气瓶在自紧压力和爆破压力下，内衬材料通常工作于材料的塑性阶段，因此还需要输入材料塑性阶段的数据：屈服强度 σ_s、抗拉强度 σ_b、屈服点对应的塑性应变 ε_s、抗拉强度对应的断裂应变 ε_b。

（2）复合材料

根据本章第 8.2 节的描述，复合材料力学行为的描述需要 9 个工程常数，分别为：三个方向的模量（E_1、E_2、E_3），三个坐标面内的剪切模量（G_{12}、G_{13}、G_{23}），三个坐标面内的泊松比（ν_{12}、ν_{13}、ν_{23}）。

8.3.3　单元划分与属性赋予

8.3.3.1　金属（非金属）内衬部分

本部分以内衬为例进行描述，对金属接头同样适用。

由于内衬建立为实体模型，因此网格划分时采用实体网格进行划分。内衬的结构形式相对简单，易于进行结构化网格的划分，因此通常选用 8 节点的六面体单元或含有中间节点的 20 节点六面体单元。根据 GB/T 33582《机械产品结构有限元力学分析通用规则》的规定，在内衬的厚度方向上应确保三层以上的网格。

考虑计算的经济性时，可以对气瓶的网格疏密进行控制，以节约计算时间。由于筒身位置均匀受力，且内衬厚度与对应的复合材料厚度不发生变化，因此筒身位置的网格可以稍粗糙一些，网格的长宽比可取 GB/T 33582 中规定的上限 5。筒身和封头的连接处，通常带有一段的锥度，该段属于几何过渡段，应力变化较大，需要对该处的网格进行加密。封头上由于存在弯曲应力，也需要对网格进行加密。内衬有限元网格划分示例见图 8-8。

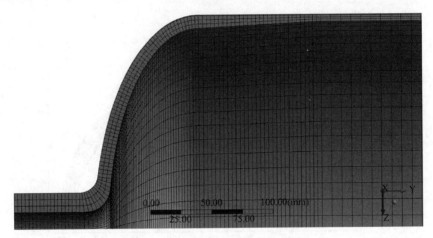

图 8-8　内衬有限元网格划分示例

8.3.3.2　复合材料

在复合材料几何建模中，介绍了两种建模方式，现对这两种方式中变厚度与变角度的实现进行介绍，这部分也是复合材料气瓶有限元建模的重点与难点。不同的软件提供了不同的处理方式，但基本原理相似。

（1）坐标系

坐标系主要有结构坐标系、单元坐标系、材料坐标系和结果坐标系。建立复合材料结构模型，存在一个结构坐标系，用于确定几何元素的位置，这个坐标可以是笛卡尔坐标系、柱坐标系或者是球坐标系。单元坐标系是每个单元的局部坐标系，一般用来描述整个单元。材料坐标系是确定材料属性方向的坐标系，一般没有专门建立的材料坐标系，而是参考其他坐标系，如整体结构坐标系，或单元坐标系。如在 ANSYS 程序中，材料坐标是由单元坐标唯一确定的，要确定材料坐标，只需确定单元坐标。结果坐标系是在进行结果输出时所使用的坐标系，一般也是参考其他坐标系。

这里要注意单元坐标系，因为单元坐标系确定材料属性的方向（例如复合材料的铺层方向）。为了便于定义封头上复合材料的方向，复合材料层的网格划分应遵循圆周方向扫略的方式，即需要保证单元坐标系的某一参考轴沿着气瓶的经线方向，复合材料方向定义时应以该方向为纤维的0°方向。

（2）基于实体的建模方式

该方式中，在几何建模部分已经建立了复合材料层的实体模型，即已考虑了封头上复合材料的变厚度。网格划分时，只需要依据实体模型的划分方式进行处理。

网格划分完成后，封头上的复合材料即被离散成了不同的单元，此时需要依据式（8-46）确定每个单元在该位置对应的角度。如可依据单元中心节点对应的坐标，判断该单元对应的 α_0，再依据该节点坐标，计算出对应的 r，由此即可计算得到对应的 α。

常见的有限元软件中均提供了各向异性材料方向定义的功能，如 ABAQUS 中的 Discrete Field 允许定义一个离散场，给定单元编号对应的角度，之后在铺层中附加该离散场定义的偏转角即可。需要注意的是，使用该功能时，需要建立单元的参考坐标系，将纤维的0°方向定义为气瓶的经线方向。

（3）基于壳单元的建模方式

该建模方式相对简单，只需要将气瓶内衬外侧的面体建立为参考面，并进行网格划分（或直接利用内衬外表面的网格生成对应的壳单元网格，这样也便于复合材料层和内衬连接处的共节点处理）。此后，根据单元壳单元所在位置的坐标，根据式（8-45）、式（8-46）计算出该单元的纤维厚度 t 和对应的角度 α，将该厚度与角度数据赋予该单元即可。

ANSYS Workbench 的 ACP 模块中的 Look-Up Table 功能，允许通过几何坐标定义气瓶任意位置的纤维厚度和对应的缠绕角度。HyperWorks 中的 Drape 控制卡片，也可实现相同的功能。

8.3.3.3　内衬与复合材料的连接

内衬与复合材料的连接有两种处理方式。

第一种是通过共节点的方式连接，即认为内衬与复合材料界面处不会发生分离，这种方式要求内衬与复合材料连接面的节点一一对应，对网格的划分有较高的要求。

第二种是通过装配的方式将两个部件连接到一起，连接面需要定义接触关系。这种方式可以模拟复合材料和内衬发生分离的情况，并且对连接面的网格对应性要求较低，但接触面位置的应力结果精度较低。

以上两种方式中推荐优先使用第一种，这种连接方式处理简单，不需要定义接触关系，求解速度快。

8.3.4　边界条件

实际使用中，气瓶通常一端安装在固定支座上，另一端无约束，即气瓶存在轴向和径向位移；内部充满高压气体或液体；瓶口用瓶口阀堵住。为了使模拟的结果尽可能贴近实际，可以施加与实际情况相同的边界条件，主要分为三部分。

（1）瓶尾

约束瓶尾轴向的位移。

（2）瓶口

在瓶口的端面上施加等效拉应力，以替代瓶口阀的作用效果。等效拉应力可以按下式计算

$$P_e = \frac{P_i D_i^2}{D_2^2 - D_1^2} \tag{8-47}$$

式中，P_i 为气瓶内压；D_1 为瓶口光孔内径；D_2 为瓶口端面外径。

（3）内压

在气瓶内部所有连通面施加内压。

8.3.5 求解

求解过程中需要打开大变形控制开关。如果需要考虑自紧压力的作用，应使用瞬态分析，或准静态分析，以保证加载过程的连续。

8.3.6 结果评估

根据求解结果评估设计方案的可行性。对于内衬、金属接头通常采用第三强度理论评估其强度，对于 Ⅱ 型、Ⅲ 型瓶，通常还要求设计压力下内衬不应发生屈服。对于复合材料，在工程计算中通常采用第一强度理论或第二强度理论，对于第一强度理论，以 NOL 环拉测得的复合后的强度作为抗拉强度。

参考文献

[1] 李占营，张承承，李成良.基于 ANSYS 的复合材料有限元分析和应用.北京：中国水利水电出版社，2021.

[2] 孟剑.碳纤维复合材料高压储氢容器的力学模型分析和抗疲劳研究.杭州：浙江大学，2006.

[3] 郝春永，王栋亮，郑津洋，等.铝内胆复合材料储氢瓶爆破压力与疲劳寿命关系研究.工程设计学报，2021，28（05）：594-601.

[4] 祖磊，葛庆，李德宝，等.基于 ABAQUS 的固体火箭发动机复合材料壳体快速化建模方法及验证分析.固体火箭技术，2022，45（01）：67-75.

[5] 袁国青.复合材料结构 CAE 教程.上海：同济大学出版社，2018.

[6] Ramos Isaiah, Young H P, Jordan U S. Analytical and numerical studies of a thick anisotropic multilayered fiber-reinforced composite pressure vessel. Journal of Pressure Vessel Technology，2019，141（1）.

[7] Alam S. Divekar A. Design optimisation of composite overwrapped pressure vessel through finite element analysis. IMECE 2017.

[8] 王华华，程硕，祖磊，等.复合材料储氢气瓶的纤维厚度预测与强度分析.复合材料科学与工程，2020（05）：5-11.

[9] 窦丹阳.基于 ACP 的复合材料气瓶含缺陷力学性能与渐进损伤研究.浙江大学硕士学位论文，2020.

[10] 刘培启，杨帆，黄强华，等.T700 碳纤维增强树脂复合材料气瓶封头非测地线缠绕强度.复合材料学报，2019，36（12）：2772-2778.

第9章
金属−非金属复合材料疲劳

通常在脉动的或交变的载荷作用下，即使最大应力没有超过材料的静强度极限，材料仍会破坏，这就是疲劳破坏。也就是说，材料的疲劳强度低于其静强度。包括金属、塑料和复合材料在内几乎所有材料皆如此。在实际应用中，疲劳载荷常常不可避免。特别是用于压力容器承力结构时，更需要着重考虑材料的疲劳性能。为此人们对复合材料的疲劳特性开展了广泛的研究，有关复合材料的疲劳性能的许多重要方面已为人们所了解。但是到目前为止尚未能建立类似金属疲劳那样明确的设计准则。

9.1 复合材料的疲劳过程

现已知道，单向连续纤维增强的复合材料在纤维方向上有很好的抗疲劳性，这是因为在单向复合材料中载荷主要靠纤维传递，而纤维通常有良好的抗疲劳性能。在实际承力结构中通常应用的是复合材料层合板。由于各个铺层方向不同，沿外载荷方向一些铺层会比另外一些铺层显得薄弱。在层合板最终断裂早得多的时候，在这些薄弱铺层中就显现了损伤的迹象。损伤的形式有基体产生裂纹或龟裂、纤维-基体界面的破坏、纤维断裂和铺层之间分层。损伤可以以一种形式或是多种形式出现。在金属材料中出现可察觉的损伤，例如一个裂纹，通常认为是不安全因素。因为它有可能迅速扩展导致材料破坏。然而在复合材料中，初始裂纹可能在疲劳寿命的初期就出现了，但裂纹的扩展可为复合材料的内部结构所阻止。应该注意，在关键的使用部位，设计载荷应小于在复合材料中产生任何损伤所需要的载荷。一般地说，铺层中的损伤要使复合板弹性性质降低，且最终导致结构的失效，然而这种弹性性质降低的现象可能发生在层合板处于断裂危险状态之前很久。因此，视不同的使用条件，复合材料的失效定义也不同。在变性或一个刚度系数已处于极限状态时，可以用刚度减小到原始刚度的一个固定的百分率作为失效准则，而不是用层合板整体破坏来衡量。在金属材料中，这两个准则实际相重合。因为除非裂纹扩展到很大，否则刚度没有什么明显改变。由于这些原因，对于复合材料的疲劳分析不能沿用金属材料的设计程序来加以简单地推论。目前，在缺少完整的疲劳分析程序的情况下，为完成复合材料结构的设计，不得不大量地进行实验。对于复合材料疲劳特性分析的正确理解，将有助于人们进行分析和判断。

9.1.1 疲劳损伤及其对复合材料性能的影响

实验已经证实，在垂直于载荷方向的铺层或是与载荷方向成大角度的铺层中，损伤起源于纤维与基体的分离，即脱胶。在纤维与基体界面的应力集中和应变集中是造成这些裂纹的原因。这样的裂纹产生后，通常是在纤维之间沿着纤维-基体界面扩展。在正交铺层层合板中横向铺层的裂纹如图 9-1 所示。这种裂纹一般垂直于载荷方向，并能延伸到铺层的整个宽度上。根据层合板理论可知，当层合板的平均应力低于其极限应力时，层合板中某个铺层（例如横向铺层）中的实际应力可能达到其高度。倘若施加的载荷使局部铺层中的应力达到了本身的强度，则在第一个疲劳循环时，此铺层中就能出现裂纹。横向铺层的裂纹数目随着载荷循环次数或应力水平的增加而增加。正交铺层层合板中的多重裂纹如图 9-2 所示。

图 9-1　正交铺层层合板中的横向裂纹

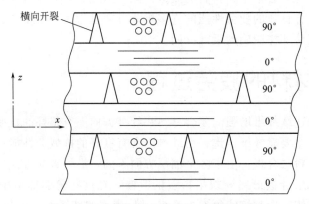

图 9-2　正交铺层层合板中的多重横向裂纹

在正交铺层层板中，当横向铺层中的裂纹扩展到了整个铺层厚度时，不能再扩展到相邻铺层中去。因而横向裂纹终止于两个铺层的界面（见图 9-2）。这时在裂纹尖端要产生应力集中，因而引起局部的高层间的应力。这种局部高层间应力是产生分层裂纹的条件。图 9-3 示出了这种起始于横向铺层裂纹尖的分层裂纹。随着载荷循环的增加，有更多的分层裂纹产生并扩展。在分层裂纹出现的同时，还能观察到另一种形式的损伤，即纵向铺层中的纤维也可能断裂和脱胶。于是在纵向铺层中的裂纹开始形成。在层合板的横截面上可以观察到这种纵向铺层裂纹（见图 9-4）。纵向铺层裂纹不像横向铺层裂纹那样总是垂直于载荷方向，而是没有任何固定路径。

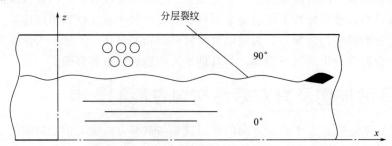

图 9-3　在横向铺层裂纹尖引发的分层裂纹

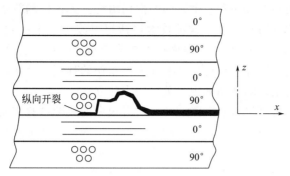

图 9-4 在横截面上的纵向铺层裂纹

纵向裂纹和分层裂纹的扩展削弱复合材料的刚度和强度。当材料性能降低到一定程度不能继续承受外载时，复合材料就最终破坏了。纵向裂纹削弱了纵向铺层，然而在层合板中纵向铺层承担了大部分载荷。分层裂纹的存在阻碍了铺层间的载荷分配，使层合板变成了一些孤立铺层的组合。这些纵向铺层的最薄弱部分首先失效，继而引发余下纵向铺层的相继失效。然而，造成材料最终断裂的分层裂纹，仅在疲劳试验的最后阶段，如在疲劳寿命90%以后，才急剧扩展。

由于纤维断裂而产生的裂纹，或由于复合材料中贯穿裂纹的增长引起的二次裂纹，示意地绘于图9-5。纤维断裂使纤维-基体界面上产生了高切应力，引发如图9-5（a）所示的剪切裂纹。对于不同的黏结强度和基体强度的相对比值，剪切裂纹可能在界面区扩展，也可能在邻近的基体中扩展。

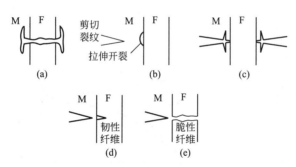

图 9-5　复合材料中疲劳裂纹的扩展模式

M—基体；F—纤维

若界面很弱，则界面上的拉伸开裂可能先于基体中的疲劳断裂而发生［见图 9-5（b）］。纤维-基体界面黏结的结果产生裂纹分支和裂纹开裂，使裂纹附近的应力集中有所缓和，并增加了材料的疲劳寿命。在屈服应力低的基体中会出现基体塑性变形，也使裂纹尖端钝化，阻止裂纹扩展。当基体中的疲劳裂纹扩展到接近纤维时，可以以三种方式继续发展。在弱界面和强纤维的情况下，裂纹沿纤维旁侧以非平面应变模式扩展［见图9-5（c）］。若界面很强，裂纹尖端前的高应力作用于纤维。韧性纤维对这种高应力特别敏感，疲劳裂纹快速增长［见图9-5（d）］。然而这种裂纹尖端前的高应力会使脆性纤维发生突然断裂［见图9-5（e）］。图9-5（d）和图9-5（e）所示的疲劳裂纹扩展模式，通常导致复合材料疲劳性能的下降。

用金相显微照相技术对抛光的试样内部断面做光学显微分析，是直接观察复合材料内部损伤程度的方法。测量一个规定面积中的平均裂纹数，可以定量描述损伤程度。但是这种方法必须破坏试样，因而不能观测到一个试样的损伤历程。无损检测技术在检测复合材料疲劳损伤方面得到了广泛的应用与发展。这类技术包括超声波全息干涉和 X 射线照相等。其中用渗透剂增强的 X 射线照相和超声 C-扫描技术较为有效。在疲劳过程中材料宏观性能（如静态或动态模量、剩余强度等）也可用来表征内部损伤的程度。然而，到目前为止，在材料宏观性能与内部损伤度量之间清晰的定量关系尚未建立。

Broutman 等对正交铺层的玻璃纤维/环氧层合板做的疲劳试验表明，随着疲劳的增加亦即内部损伤的积累，层合板的剩余强度和刚度都逐渐下降。在疲劳过程中，由于横向铺层裂纹的出现，正交铺层的模量迅速地从初级模量降到次级模量。此后，随着纵向铺层裂纹和分层裂纹的产生和扩展，层合板强度继续下降，层合板强度的大幅下降发生在疲劳寿命的前25％的时间里。超过这段时间，下降速率就变小了。初始阶段强度下降的原因，是横向铺层的破坏。纵向铺层裂纹和分层裂纹扩展得很慢，因此后一阶段层合板强度下降得也慢。强度的急剧下降发生在最后几个疲劳循环，即纵向铺层破坏时。

除了材料内部损伤外，温度升高也使材料的性能下降。特别是在加载频率较高的情况下更是如此。图 9-6 是玻璃纤维-聚丙烯复合材料定挠度弯曲疲劳试验的结果。图中给出了载荷衰减（正比于模量衰减）与循环加载的关系，以及黏弹性能量损耗引起的温度上升。黏弹性损耗对于聚合物基复合材料是普遍存在的。因此除前面提到过的疲劳损伤外，温度升高也加速削弱材料，缩短其寿命。通过冷却试样来保持等温条件，能够把疲劳寿命提高一个数量级。

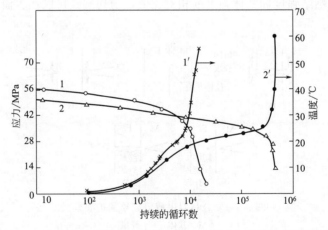

图 9-6　在定挠度弯曲疲劳过程中应力的衰减和层板温度的升高
1，1′—在给定循环下载荷的衰减和对应温升曲线；2，2′—在给定循环下载荷的衰减和对应温升曲线

9.1.2　影响复合材料疲劳特性的因素

疲劳试验的结果通常以施加应力与应力循环次数的关系曲线给出。这种曲线即 SN 曲线。纵坐标是应力或应变的幅值或是最大应力或最大应变，用普通坐标。横坐标是试样破坏的应力循环数。在大多数情况下以试样完全破坏作为失效准则。有时用在固定刚度变化百分率下的应力与循环次数的关系曲线来表示。对于所有的材料，SN 曲线疲劳寿命 N 马应力幅值 S 的关系曲线都有一个负值的斜率，即应力的增加伴随着疲劳寿命的降低。不同材料 SN 曲线的具体形状是不同的，复合材料的 SN 曲线主要受各种材料和试验参数的影响，例如：组分材料的性能、铺层方向和顺序、增强组分的体积分数、界面性质、载荷形式、平均

应力和切口、加载频率、环境条件等。

前四种是材料参数，后四种是试验参数。

（1）组分材料的性能

Boller 研究了基体材料对玻璃纤维增强复合材料疲劳特性的影响（图 9-7）。不同树脂基体均用 181 型 E 玻璃布增强。这种玻璃布径向是均匀的，其 E_L 近似等于 E_T。这些数据是1955 年以前测定的，后来由于发展了偶联剂，一些复合材料的强度数值已有改进，但图 9-7 表明的趋势仍然是正确的。通常用于玻璃纤维层合板的各种热固性树脂中，疲劳性能最好的要数环氧树脂。环氧树脂的优点是其具有特有的韧性和耐久性，机械强度高，固化收缩率低，且可与纤维形成极好的黏合。

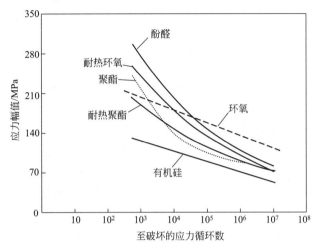

图 9-7　不同基体材料玻璃纤维层合板的疲劳特性

高模量纤维（诸如碳纤维，硼纤维和 kevlar 纤维）增强的复合材料，当在纤维方向上试验时，呈现极好的疲劳特性（见图 9-8 和图 9-9），因为这时材料性能受纤维的控制。换句话说，虽然单向碳纤维复合材料横向拉伸疲劳抗力与玻璃纤维复合材料没有什么差别，但纵向疲劳抗力要高得多。高模量纤维复合材料具有优越的抗疲劳性是由于这些纤维的环境稳定及其断裂应变低。当单向碳纤维复合材料在纤维方向承受疲劳载荷时，高模量纤维保持基体中产生较低的应变。

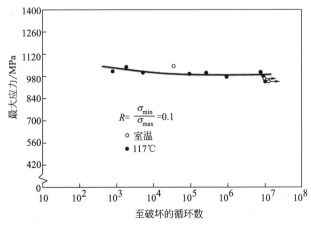

图 9-8　单向碳纤维/环氧复合材料的 SN 曲线（$R=0.1$）

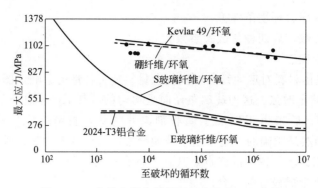

图 9-9　一些单向复合材料及铝合金的 SN 曲线

（2）铺层方向和顺序

纤维方向的影响是复杂的。单向复合材料的抗拉强度在纤维的方向最大，因而能够承受较高的拉伸疲劳应力（见图 9-10）。然而与多向层合板相比，单向复合材料的疲劳特性就不是最佳的。单向复合材料的横向强度低以及不良的试验和夹持条件会引起纤维方向的开裂。文献表明，增加一些 90°方向的铺层可以克服纵向开裂问题。图 9-11 所示为不同结构形式层合板的 SN 曲线。可见，加入了适量 90°铺层的层合板或采用 ±5°对称铺层结构较单向玻璃纤维层合板的拉伸疲劳特性有所改善。此外，等量的 0°和 90°铺层构成的正交铺层层合板比玻璃布铺层层合板的疲劳强度好得多。一般说来，无纺材料在疲劳性能上优于编织材料，这是因为无纺材料中纤维是直而平行的，不像织布中的纤维那样蜷曲，因而无纺材料具有好的静态和疲劳性能。

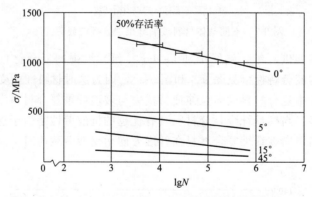

图 9-10　纤维方向对 T300/914C 碳纤维/环氧层合板疲劳特性的影响（$R=0.1$）

除铺层方向外，铺层顺序也影响疲劳寿命。Foye 和 Baker 观察到当 [±15/±45]$_S$ 层合板中铺层顺序改变时，疲劳强度产生约 175MPa 的差异。Pagano 和 Pipes 通过对层间应力进行分析指出，铺层顺序的改变使层合板自由边的层间拉伸应力变为压缩应力，避免了边缘分层，提高了疲劳寿命。

（3）增强组分的体积分数

图 9-12 表明玻璃纤维含量对复合材料层合板疲劳性能的影响。Amijima 等研究结果表明，玻璃布-聚酯层合板在双轴疲劳试验时疲劳强度随纤维含量的增大而增大。疲劳强度的增大是由于材料静强度随纤维体积分数增大而增大的结果。Boller 等早期进行的研究指出，当玻璃布-环氧复合材料的纤维含量在 63%～80% 范围内变化时，疲劳强度受纤维含量影响不大。看来玻璃纤维织物增强的层合板，当纤维质量分数达到 70% 时会有最佳疲劳强度。

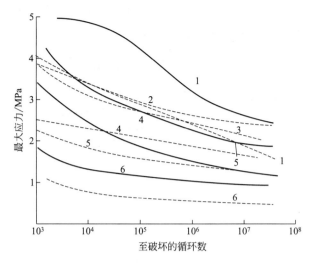

图 9-11 不同铺层结构玻璃纤维层合板的 SN 曲线

1—无纺单向；2—无纺偏轴±5°；3—无纺 85％单向；4—正交铺层；

5—181 玻璃布；6—随机短玻璃纤维

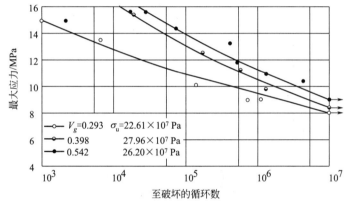

图 9-12 玻璃纤维含量对层合板轴向疲劳强度的影响

V_g—玻璃纤维体积分数；Δu—极限抗拉强度

（4）界面性质

Hofer 等研究了基体和纤维界面粘接强度对复合材料疲劳强度的影响。他们用沃兰-A、A-1100、和 S-550 有机硅烷偶联剂处理的玻璃布与未处理的玻璃布相比较。在干燥环境里未处理的玻璃纤维增强复合材料疲劳强度最高，但它也是受潮湿环境影响最严重的一个。当在潮湿环境中试验时，所有试验的材料都呈现相似的抗疲劳性，要用实验表明各种表面处理的影响是困难的。这部分是因为铺层结构和应力状态的缘故。当出现以纤维破坏为主的层板失效时，界面强度的影响就被掩盖了。如前所述，在讨论层板疲劳破坏机理时，需要考虑纤维、基体和界面三者的敏感性。

（5）载荷形式

像静强度一样，在纵向拉伸和剪切状态下复合材料的疲劳强度也是彼此独立的。图 9-13 示出了玻璃纤维/环氧复合材料的层间剪切疲劳特性和纵向拉伸疲劳特性。纵坐标是剪切疲劳应力或拉伸应力分别与他们相应静强度的比值。可见层间剪切疲劳特性要优于纵向拉伸疲劳特性。玻璃纤维/环氧复合材料的上述特征不同于高模量纤维复合材料，后者的纵向拉伸疲劳特性要优于层间剪切疲劳特性（见图 9-14）。

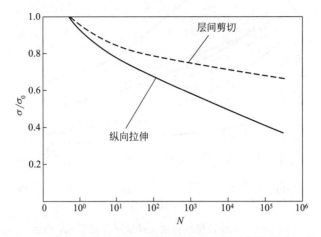

图 9-13　单向玻璃纤维/环氧复合材料的拉伸和剪切疲劳特性

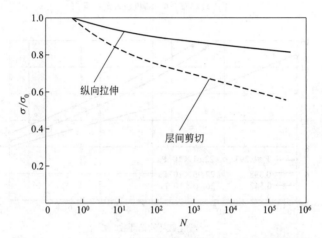

图 9-14　单向硼纤维/环氧复合材料的拉伸和剪切疲劳特性

（6）平均应力和切口

疲劳损伤会导致复合材料层合板强度和刚度的下降。损伤对剩余强度的影响与载荷形式及层合板结构有关。表 9-1 列出了铺层结构为 $[0/45/90/-45]_{2S}$ 的碳纤维/环氧层合板在不同的疲劳载荷下经历 10^6 循环后的剩余强度。尽管初始静拉伸和抗压强度几乎相等，但剩余强度却是拉伸比压缩大得多。强度损失最大的是拉-拉疲劳，压-压疲劳强度损失最小。强度

表 9-1　在 10^6 循环时 $[\pi/4]$ 层合板的剩余强度

疲劳载荷形式	$\dfrac{\sigma_{min}}{\sigma_{max}}$	剩余强度/MPa	
		拉伸	压缩
拉-拉	33/330 31/310	350 410	−200 −227
压-压	−310/31 −345/35	582 572	−576 −557
拉-压	−190/190	506	−428

下降看来直接与损伤程度有关。拉-拉疲劳试样发生了大面积分层，而压-压疲劳试样中没有观察到明显的损伤。

在图 9-15 中以寿命图形式绘出了平均应力对疲劳寿命的影响。尽管代表最大疲劳寿命的寿命曲线峰值，稍偏向拉伸为主的疲劳区，但这些等寿命曲线基本上以零平均应力轴（$R=-1$）呈对称形式。这表示此种复合材料 SN 曲线的形式与疲劳载荷形式无关，即只要抗拉强度和抗压强度是相等的，就与拉-拉、拉-压或压-压疲劳载荷形式无关。在拉-压疲劳中，在以拉伸为主的区域的疲劳破坏总是伴随着基体的严重损伤，而在以压缩为主的区域很少发生基体损伤。另外，由于压缩应力比拉伸应力对已损伤试件的剩余强度更加有害，这恰恰抵消了不同的加载形式对 SN 曲线的影响。

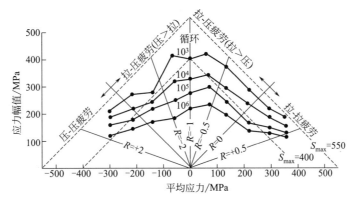

图 9-15　平均应力对 T300/934 碳纤维/环氧层合板 $[0/45/90/-45]_{2S}$ 疲劳寿命的影响

在材料中的各种切口将引起应力集中。在有切口的试样中，切口周围产生的复合应力变化很大。在疲劳加载过程中，试样内部出现损伤会引起切口周围应力的重新分布。因此很难由无切口试样的疲劳强度来估算切口试样的疲劳强度。然而，大多数复合材料层合板的疲劳数据表明，切口（圆孔或裂纹）引起疲劳强度与切口试样疲劳强度之比，比静应力集中系数小得多。复合材料切口试样具有良好抗疲劳性的原因主要是由于损伤缓和了切口尖端附近的集中应力。

（7）加载频率

试验频率对疲劳应力的影响在各文献中说法不一。然而，对于大多数含量相当比例 0°铺层复合材料来说，频率在 1～30Hz 范围内变化，其对疲劳寿命的影响可以忽略。如果层合板性能主要受基体控制，则可以预计疲劳寿命对频率很敏感，因为基体对加载速率和温度是敏感的。图 9-16 示出了试验频率对几种复合材料疲劳寿命的影响。

温度和湿度的变化不仅影响材料的固有强度，也影响材料的应力状态。升高温度和湿度通常使受基体控制的铺层横向强度和抗剪强度下降，从而降低剩余强度。吸湿还会降低聚合物基体的玻璃化转变温度并影响玻璃纤维的耐腐蚀性能。已有的研究结果表明，高模量纤维对温度和湿度相对地不很敏感。图 9-17 示出了碳纤维/环氧斜交层合板的疲劳特性与温度的关系。随着温度的升高，疲劳强度略有下降。实验表明，低温对复合材料疲劳寿命的影响几乎可以忽略。在室温下，湿度对碳纤维复合材料的疲劳寿命也几乎无影响。

（8）复合材料刚度对疲劳寿命图的影响

基体的疲劳极限 ε_m 是一种材料特性。因此，对给定的材料是可以确定的。然而复合材料的断裂应变 ε_c 将取决于纤维刚度。对低模量纤维复合材料，如玻璃-环氧复合材料，一组有代表性的应力-应变曲线如图 9-18（a）所示。对高模量纤维复合材料，如碳纤维/环氧复

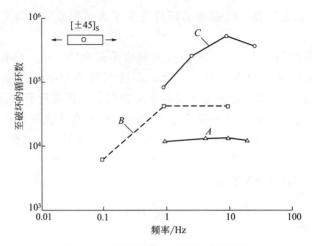

图 9-16　试验频率对疲劳寿命的影响

A—T300/5208，$[0/\pm45/90]_S$，$S_{max}/\sigma_0=0.7$；B—AS/3501-6，$[\pm45]_{2S}$，$S_{max}/\sigma_0=0.58$，$\phi6.35$；

C—T300/5208，$[\pm45]_{2S}$，$S_{max}/\sigma_0=0.58$，$\phi6.35$

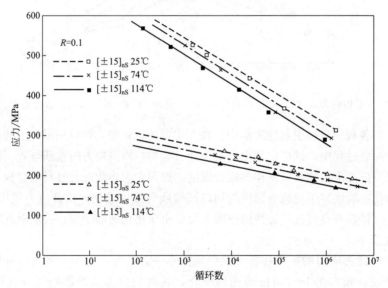

图 9-17　温度对碳环氧层板疲劳寿命的影响（$R=0.1$）

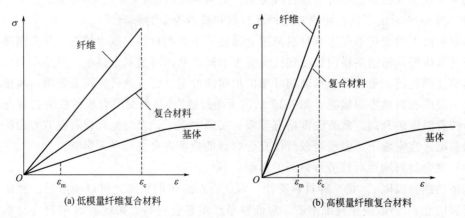

(a) 低模量纤维复合材料　　　　　　　(b) 高模量纤维复合材料

图 9-18　单向复合材料的应力应变特性

合材料，图 9-18（b）给出了有代表性的应力-应变曲线。显然，从这些图形可见，对低模量纤维复合材料其断裂应变 ε_c 比 ε_m 高很多。然而对于高模量纤维复合材料，ε_c 和 ε_m 相差不大，甚至 ε_c 比 ε_m 还可能小。

9.1.3　复合材料疲劳寿命的预测

复合材料的疲劳计算目前还没有像金属材料那样成熟，一般只是作为预测寿命的一个参考。目前预测复合材料的疲劳寿命有以下三种理论模型。

（1）疲劳裂纹扩展速率

线弹性断裂力学认为，决定疲劳裂纹的是应力强度因子的幅值 ΔK，帕里斯（Paris）由此得出下列公式

$$\frac{\mathrm{d}a}{\mathrm{d}N} = C_0 (\Delta K)^n \tag{9-1}$$

式中，$\dfrac{\mathrm{d}a}{\mathrm{d}N}$ 为疲劳裂纹扩展速率；C_0 为材料常数；n 为扩展指数。

式（9-1）是针对金属材料疲劳裂纹扩展的，它对复合材料基体（树脂等）和短纤维复合材料也适用。然而对于其他连续纤维或织物增强的复合材料，预制了切口的试件在疲劳过程中并不是以主裂纹扩展，而是以损伤区扩展的形式而产生的破坏。虽然有人采用柔度的增量来表示当量裂纹长度的增加，实验的结果也表明了帕里斯公式的近似适用性。但是，对于一个没有预制切口的试件，其疲劳破坏时更观察不到主裂纹的形成和扩展，而是以损伤的形式扩展。因此，用疲劳裂纹扩展速率的方法来预测寿命是困难的，应采用累积损伤理论。

（2）累积损伤理论

Miner 从数学上定义，材料在应力水平 σ 下的疲劳寿命为 N，当在此应力水平 σ 下受载 n 周时，材料的损伤为 $D = n/N$。显然 $D=1$ 时材料破坏。在幅值变化的交变应力作用下，Miner 的线性累积损伤理论认为，当式（9-2）的情况发生时材料发生破坏。

$$\sum_{\sigma_i} D_i = \sum \frac{n_i}{N_i} = 1 \tag{9-2}$$

式中，n_i 表示在第 i 个应力水平 σ_i 作用的应力循环周数；N_i 为该应力水平下的疲劳寿命；$\displaystyle\sum_{\sigma_i}$ 表示对整个过程中所有 σ_i 水平对应的周数求和。

若已经测得材料的 SN 曲线以及载荷谱，则可预测何时发生破坏。某些实验表明复合材料不完全遵守这一规律，当应力由低变高时，$\displaystyle\sum_{\sigma_i} D_i$ 往往在小于 1 时发生破坏；而当应力由高变低时，$\displaystyle\sum_{\sigma_i} D_i$ 往往在大于 1 时发生破坏，因此有人提出非线性累积损伤理论，即 $\left(\sum \dfrac{n_i}{N_i}\right)^\alpha = 1$。关于非线性累积损伤理论，这里不再详述，可参见有关文献。

（3）剩余强度理论

由式（9-2）可知，材料损伤随疲劳周数增加而扩展，材料是由于内在缺陷的发生与发展而破坏的，而这些缺陷的发生与发展，取决于载荷、环境等外在因素。就材料整体而言，缺陷可以用累积损伤 D 来表征。在另一方面，使材料破坏的临界载荷随裂纹长度的增加而

降低。从累积损伤的观点来看，材料的强度是随着累积损伤 D 的增大而降低的。

基于上述假定，剩余强度（residual strength）理论认为，在外加交变载荷作用下，由于损伤 D 的扩展，材料的强度由其静强度 $R(o)$ 下降到剩余强度 $R(n)$，一旦外加载荷的峰值 S_{max} 达到材料的剩余强度 $R(n)$，材料便破坏。

以上只是这一理论的基本思想，要利用这一理论进行疲劳寿命预测，从数学上看还需了解损伤 D 的演化规律、剩余强度与损伤的关系等。目前，这一理论已得到众多研究者的关注，研究工作正在进行之中。

9.2　金属-非金属复合材料压力容器疲劳分析

因为复合材料压力容器是由两种或两种以上的材料制成的，所以复合材料的疲劳也是两种或多种材料的疲劳。本节列举的碳纤维复合材料高压储氢容器内衬为铝材料，外面缠绕碳纤维-树脂混合物，所以研究的对象为碳纤维-树脂和铝合金，压力容器的疲劳寿命是碳纤维/环氧树脂和铝合金寿命的最小值。复合材料设备的疲劳寿命符合木桶原理。

9.2.1　纤维-树脂复合材料（FRC）疲劳的研究

上节对复合材料疲劳失效过程进行了阐述，并对影响因素进行了分析。对复合材料压力容器来说，其复合层一般不是完全的正交层合板结构，这就使疲劳问题变得更为复杂，但还是有一些规律可循的。对于偏轴拉伸的复合材料的疲劳，可以通过一些试验来获得。

（1）纤维层的疲劳

① 偏斜纤维方向载荷作用下的疲劳损伤机理。单向复合材料偏轴疲劳主要损伤机理如图 9-19 所示。0°和 90°之间的偏轴角基体中起始裂纹尖端将承受两种位移分量：与纤维垂直的张开型位移和与纤维平行的滑移型位移。因而导致混合型裂纹在平行纤维方向扩展。裂纹尖端位移的极限值（在此值以下裂纹不扩展）将取决于偏轴角。对一个给定应变，裂纹尖端位移的张开型分量随着偏轴角的增加而增加。既然裂纹扩展时，张开型位移是两种位移形式中较危险的形式，因此极限施加应变（在不发生裂纹扩展的疲劳极限以下）将随着偏轴角的增大而减小。当偏轴角等于 90°时，即当载荷方向垂直于纤维时，只发生张开型裂纹扩展。这种断裂模型将引起界面脱胶，通常被称为"横向纤维脱胶"。

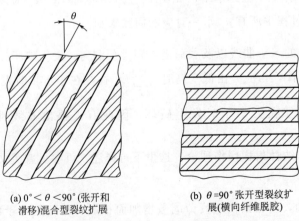

(a) 0°＜ θ ＜90°(张开和　　　　(b) θ =90°张开型裂纹扩
　　滑移)混合型裂纹扩展　　　　　展(横向纤维脱胶)

图 9-19　单向复合材料偏轴疲劳时基体和界面的开裂情况

单向复合材料在偏轴载荷作用下的疲劳寿命图,如图 9-20 所示。为了比较,在图上同时用虚线画出正轴疲劳的疲劳寿命图。仅有几度偏轴角的疲劳情况下,纤维断裂损伤带消失,因为此时相对于断裂应变来说,基体和界面开裂成了主要的疲劳损伤机理。斜分散带对应的极限应变比较低,而且取决于偏轴角。对于 $\theta=90°$ 的极限情况,可以认为引起横向纤维脱胶的应变极限 ε_{db} 是一种基体材料特性。

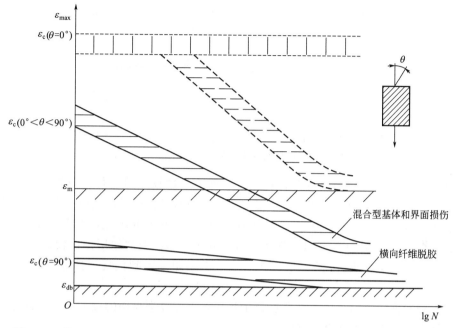

图 9-20　单向复合材料偏轴疲劳的疲劳寿命图(虚线代表正轴疲劳时的疲劳寿命图)

② 斜交层合压板损伤机理。斜交层合压板疲劳损伤机理基本上是在单向复合材料偏轴疲劳中所观察到的那些损伤机理,但是要加上分层损伤。分层是由作用于两偏轴层之间的基体层的层间应力引起的。Rotem 和 Hashin(1976)给出了玻璃-环氧复合材料对称斜交层合压板 $\pm30°$ 和 $\pm60°$ 之间纤维铺设情况的疲劳寿命数据,并将其绘成如图 9-21 所示曲线。为了对单向复合材料偏轴疲劳行为和对称斜交层合压板疲劳行为进行比较,单向复合材料偏轴疲劳极限随偏轴角变化曲线用虚线画在图 9-21 上。从图 9-21 可见,当角度大于 60° 时,两条曲线重合。在小角度情况下,斜交层合压板的疲劳行为和单向复合材料偏轴疲劳行为相比有很大的改善。

(2)提高复合材料的抗疲劳性能

在对复合材料疲劳性能和疲劳机制了解的基础上,就可探讨改进复合材料抗疲劳性能的有效途径。

① 选择性能优良的纤维材料。由于纤维在复合材料中起主要的受力作用,因此它对复合材料的疲劳性能有关键影响,例如碳纤维/环氧的疲劳强度要明显优于玻璃纤维/环氧的疲劳性能。Hahn 将单股的碳纤维和玻璃纤维丝束嵌入树脂基体中制成试件并进行疲劳试验,测定在不同破坏周次下的纤维的破坏应变。结果表明碳纤维对交变载荷是不敏感的,其疲劳破坏应变一般在静载荷破坏应变的 80% 左右;而玻璃纤维则对交变载荷是敏感的,它的疲劳破坏应变随循环周次的增加而减小。在要求较高的场合。一般选用高性能的碳纤维作为增强材料。

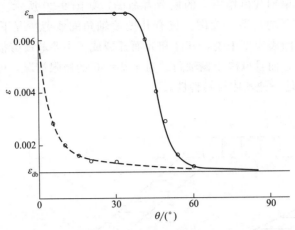

图 9-21　玻璃-环氧复合材料对称斜交层合压板应变疲劳极限随纤维缠绕角变化的曲线

（虚线为单向复合材料偏轴应变疲劳极限随偏轴角变化的曲线）

② 提高基体性能。对改进复合材料抗疲劳性能帮助较多的途径是增加基体的韧性。显然，选择韧性好的基体材料将有助于延缓基体裂纹的形成和扩展，从而提高复合材料的疲劳寿命。本章文献 [4] 曾用延伸率 6% 的高韧性的 300～400 环氧改进玻璃纤维/环氧的拉-拉疲劳性能，其中 σ_0 可达 $0.5\sigma_B^+$（一般为 $0.30～0.35\sigma_B^+$）。类似地用韧性较好的环氧（ε_B 为 2.0% 左右）代替 648 酚醛环氧（ε_B 为 0.7% 左右），也能得到抗疲劳性能较好的碳纤维/环氧复合材料。

横向层和偏轴层中的基体开裂往往始于界面，因此改进界面的浸润和黏结性能也有助于提高复合材料层合板的抗疲劳性能。

9.2.2　铝合金的疲劳研究

影响金属疲劳强度的因素也很多，归纳起来有三个方面，见表 9-2。

表 9-2　影响金属疲劳强度的因素

项目	工作条件	零件状态	材料本质
因素	载荷特性 加载频率 服役温度 环境介质	缺口效应 尺寸效应 零件热处理 表面粗糙度 表面热处理 残余应力应变	化学成分 金相组织 纤维方向 内部缺陷分布

对金属疲劳的研究较多，数据和资料也比较多。试验表明，平均应力增加时，在同一循环次数下发生破坏的交变应力幅值下降，也就是说，在非对称循环的交变应力作用下，平均应力增加将会使疲劳寿命下降。关于同一疲劳寿命下平均应力与交变应力幅值之间相互关系的描述，有多种形式，最简单的是 Goodman 提出的方程。相对于平均应力 $\sigma_m = 0$ 的对称循环载荷的疲劳寿命，在 $\sigma_m < 0$ 时，疲劳寿命增加，而 $\sigma_m > 0$ 时，疲劳寿命减少。

关于疲劳极限，通常给出 σ_{-1} 与抗拉强度 σ_b 之间的经验关系式。对于铝合金，$\sigma_{-1} = 1.49\sigma_b^{0.63}$。由于疲劳极限是金属材料微量塑性变形抗力的指标，具有与抗拉强度不同的物理本质，因此根据静力强度 σ_b 去估算疲劳极限 σ_{-1} 难以得到令人满意的结果。平均应力对疲劳极限的影响可用 Goodman 公式、Gerber 公式或者 Soderberg 公式修正。在不同寿命时，平均应力的影响是不同的；对不同的材料，平均应力的影响也是不同的。图 9-22 是平均应力对铝合金的疲劳寿命的影响。

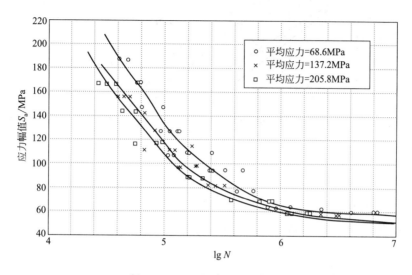

图 9-22　LC4 铝合金轴向加载

（1）疲劳极限图

不同平均应力和交变应力幅时的疲劳极限 σ_e 是不同的。将不同平均应力和交变应力幅时的疲劳极限画在 σ_a 和 σ_m 图上，即为疲劳极限图。实验测定 σ_e 是十分困难的，因此提出了一些经验模型来估算 σ_e。

Gerber 抛物线模型
$$\sigma_a = \sigma_{-1}\left[1-\left(\frac{\sigma_m}{\sigma_b}\right)^2\right] \tag{9-3}$$

Goodman 直线模型
$$\sigma_a = \sigma_{-1}\left[1-\left(\frac{\sigma_m}{\sigma_b}\right)\right] \tag{9-4}$$

Soderberg 直线模型
$$\sigma_a = \sigma_{-1}\left[1-\left(\frac{\sigma_m}{\sigma_s}\right)\right] \tag{9-5}$$

上述三个模型如图 9-23 所示，可以看到 Soderberg 模型偏于保守，Gerber 模型偏于危险。为了提高精度提出了折线模型，设由实验得到的应力比 $R=0$ 时疲劳极限为 σ_0，其折线方程为

$$\begin{cases} \sigma_a = \sigma_{-1} - \dfrac{2\sigma_{-1}-\sigma_0}{\sigma_0}\sigma_m & R \leqslant 0 \\[3mm] \sigma_a = \sigma_0\left(\dfrac{\sigma_m-\sigma_b}{\sigma_0-2\sigma_b}\right) & R > 0 \end{cases} \tag{9-6}$$

除上述四个模型外，还有一些近似模型，如郑修麟的模型

$$\sqrt{\frac{2}{1-R}}\left(\frac{\sigma_a}{\sigma_0}\right) = 1 \tag{9-7}$$

该模型与边界条件 $\sigma_a\big|_{R=1}=\sigma_b$ 不符，在 R<0 时与 Soderberg 模型相近。总体来讲，折线模型和 Goodman 模型比较合适。

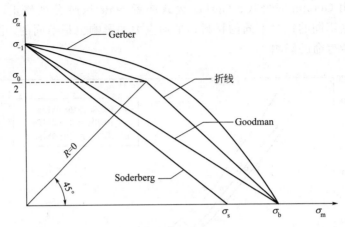

图 9-23　疲劳极限图近似模型

（2）应力疲劳公式的研究

20 世纪 60 年代，Weibull 提出了应力疲劳公式为

$$N_f = S_f(S_a - S_{ac})^b \tag{9-8}$$

式中，S_f、b、S_{ac} 是常数，所以又叫三参数疲劳公式。其中 $b<0$，S_{ac} 是理论应力疲劳极限。显然，当 $S_a \leqslant S_{ac}$ 时，$N_f \rightarrow \infty$。在相关文献中仍未给出常数 S_f 和 b 的值或估算公式。Weibull 公式只能拟合某一定的应力比或平均应力下的疲劳实验结果，不能表明应力比或平均应力的影响。

应力比 $R=-1$ 时的疲劳寿命公式为

$$N_f = S_f(S_a - S_{ac})^{-2} \tag{9-9}$$

式中，S_a 和 S_{ac} 分别为名义应力幅和用应力幅表示的理论疲劳极限；S_f 可称为应力疲劳抗力系数，是与拉伸性能有关的常数，有

$$S_f = \frac{1}{4}E^2 A = \frac{1}{4}(E\varepsilon_f)^2 \tag{9-10}$$

如果 $R \neq -1$，裂纹起始寿命可以表示为当量名义应力幅的函数。对于光滑试件，应力集中系数 $K_t=1$。于是

$$S_{egv} = 2\sqrt{\frac{1}{2(1-R)}} S_a \tag{9-11}$$

S_{egv} 可称为当量名义应力幅，因为当 $R=-1$ 时，$S_{egv}=S_a$。类似地有

$$(S_{egv})_c = 2\sqrt{\frac{1}{2(1-R)}} S_{ac} \tag{9-12}$$

$(S_{egv})_c$ 是用当量名义应力幅表示的理论疲劳极限。

因此，不同应力比下的疲劳寿命的普遍表达式为

$$N_f = S_f[S_{egv} - (S_{egv})_c]^{-2} \tag{9-13}$$

式（9-13）具有重要的实用意义，它可以很方便地估算构件在不同应力比或平均应力的应力谱下的疲劳寿命，可简化和减少工作量，在两个应力比或平均应力下进行疲劳试验，用公式拟合所得数据，即可获得包含应力比和平均应力影响的普遍的疲劳寿命表达式。

（3）如何提高铝合金的抗疲劳性能

表 9-2 列举了影响金属疲劳强度的因素，分为材料本质、零件状态和工作条件，所以必

须从这三个方面来提高铝合金的抗疲劳性能。首先必须从材料本质和零件状态这两个方面考虑。对材料本质来讲，要选用高强度、高韧性材料，这样疲劳性能好；对零件状态来讲，要表面光滑无缺陷等。其次，对于工作条件来说，除了载荷特性外，加载频率、服役温度和环境介质基本上不能改变，所以必须改变载荷特性。如前所述，降低铝合金的平均应力可以提高铝合金的抗疲劳性能，而降低平均应力可以通过在缠绕时对铝内衬施加预应力来实现。因此，可以从以上三个方面来提高铝合金的抗疲劳性能。

9.2.3 提高复合材料压力容器整体抗疲劳性能

在相同的试验条件下，FRC 的抗疲劳性能一般优于金属。因此必须降低铝合金的平均应力来提高铝合金的抗疲劳性能，这样也提高了 CFRC 压力容器的抗疲劳性能。为了使最终承压后的应力分布达到预期的应力分布状态，须在纤维缠绕时控制一定的预应力，使复合材料容器制成后有相应的残余应力。和加压后的应力叠加后，最终的应力即为预期应力。关于利用钢带缠绕预应力降低内衬应力的分析在第 4 章的实例里面已经有详细的分析，一般控制纤维的预拉应力原则为：不能使内衬失稳，而同时又要使内衬有较大的残余压缩应力，确保在操作压力下内衬在弹性范围内。

由于缠绕预应力较难控制，实际工程中，一般采用自增强方式，使内衬发生屈服后产生预压缩应力，从而使操作压力下的内衬应力水平得以降低。

参考文献

[1] 瑞麦·施塔尔瑞加.复合材料疲劳.北京：航空工业出版社，1989.
[2] 齐红宇，温卫东.材料导报，2001，15（1）：36.
[3] 罗祖道，王震鸣.复合材料力学进展.北京：北京大学出版社，1992.
[4] 薛元德.玻璃钢疲劳性能.第一届玻璃钢技术交流会资料选编.北京：中国建筑工业出版社，1975.
[5] 郑修麟.金属疲劳的定量理论.西安：西北工业大学出版社，1994.
[6] 姚卫星.结构疲劳寿命分析.北京：国防工业出版社，2003.
[7] 刘绍伦，何玉怀.材料工程，2005（10）：14.
[8] 胡静，冯振宇.航空维修与工程，2005（3）：38.
[9] 贾普荣，何家文.应用力学学报，2003（3）：70.
[10] 郭亚军，吴学仁.航空材料学报，1999（2）：8.

第10章
典型应用实例

金属-非金属复合材料压力容器的结构主要以金属内衬外缠绕各种纤维增强为主，分为金属内衬外环向缠绕纤维增强容器（Ⅱ型气瓶）和金属内衬外全缠绕纤维增强容器（Ⅲ型气瓶）。本章选择 30MPa 碳纤维环向缠绕金属内衬复合材料容器（Ⅱ型气瓶）和氢燃料电池汽车上普遍采用的 70MPa 碳纤维全缠绕铝合金内衬高压储氢容器（Ⅲ型气瓶）为典型结构，介绍其设计、有限元分析。

10.1 碳纤维环向缠绕金属内衬复合材料容器设计与制造

金属内衬外环向缠绕钢丝以增强容器承压能力的结构很早就被应用，随着碳纤维等高强度纤维的出现，同时移动式容器或者气瓶对减重要求越来越高，且碳纤维替代钢丝可以大大减轻容器的重量，环向增强的复合材料压力容器应运而生。

10.1.1 设计

（1）环向增强容器参数

该容器参数如图 10-1 所示，内衬为高强度合金钢 30CrMoE，弹性模量 $E=206\mathrm{GPa}$，泊松比 $\nu=0.3$，屈服强度 $R_{eg}=640\mathrm{MPa}$，抗拉强度 $R_m=800\mathrm{MPa}$，内衬外径 $D_0=719\mathrm{mm}$，内衬内径 D_i，公称工作压力 30MPa，爆破压力 P_b 大于 75MPa。

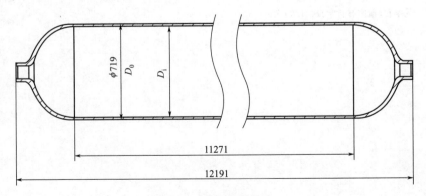

图 10-1 内胆外形尺寸

设计计算中，考虑内胆材料的塑性阶段，塑性阶段的材料参数来自于本章文献 [20]。通过双线性模型对文献中材料的弹塑性阶段进行拟合，得到内胆材料塑性阶段的模量 $E_p=$

1.662GPa，由此计算得到材料的硬化指数 H

$$H = E_p / (1 - E_p / E) = 1.6755$$

根据材料的屈服强度为 640MPa，得到图 10-2 所示的内胆材料弹塑性阶段的力学性能曲线。屈服准则为材料的 von Mises 应力达到屈服强度。

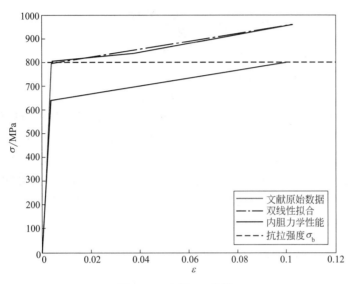

图 10-2　内胆 σ-ε 曲线

增强纤维为碳纤维，型号为 T700SC-12000-50C，其力学性能见表 10-1 所示。

表 10-1　碳纤维公称性能指标

抗拉强度/MPa	公称线密度/tex	公称模量/GPa
4200	800	240

复合材料由碳纤维和树脂构成，相关力学性能参数需满足表 10-2 的要求。

表 10-2　碳纤维复合材料参数

碳纤维体积含量/%	E_1/GPa	E_2/GPa	$G_{12} = G_{13}$/GPa	G_{23}/GPa	υ_{12}
65	154.1	11.41	7.1	3.8	0.25

（2）内胆厚度设计计算

钢瓶内衬外径 719mm，内径为 $719 - 2 \times 16.1 = 687$（mm），环向缠绕方案，内衬采用高强度合金钢，轴向应力完全由内衬承担，根据极限设计要求 75MPa，需要的轴向厚度 $= PD_i / 4\sigma_b = 75 \times 687 \div (4 \times 800) = 16.1$（mm），内衬厚度取 16.1mm。按照 ISO 9809：1-2019 计算有

$$\delta = \frac{D_0}{2} \left(1 - \sqrt{\frac{10FR_{eg} - \sqrt{3} P_h}{10FR_{eg}}} \right)$$

设计系力系数 F 取 0.81，$R_{eg} = 640$MPa，水压试验压力 $P_h = 75 \div (2 \times 1.6)$MPa $= 23.4375$MPa $= 234.375$bar。

按照以上公式计算得到的壁厚是 14.38mm，设计壁厚按照 1.125 倍最小壁厚为 16.178mm，取 16mm。

（3）纤维层设计计算

内衬最高可以承受环向应力 37.5MPa，剩余 37.5MPa 需要由碳纤维缠绕层承担。为了保证轴向强度，纤维以环向缠绕为主，辅助少量轴向强度。根据网格理论计算公式，得到纤维层厚度公式

$$P_b = \frac{(\delta_1 + \delta_2 \sin^2 \alpha) V_f [\sigma_f]}{R_0} + P_{bl}$$

式中，P_{bl} 为内衬的极限承载压力。

代入上式后，可以计算得到环向纤维厚度为

$$\delta_1 = 3.82\text{mm}$$

其中，螺旋缠绕纤维厚度设为 1.5mm，螺旋角为 60°，纤维与树脂比例为 65：35，内衬外径为 719mm，采用 T700SC-12000-50C 碳纤维，抗拉强度 4200MPa，经计算，极限强度下，需要纤维层厚度 5.32mm（3.82+1.5=5.32），取 5.5mm，合计直径 730mm。

以复合材料单层板厚度为 0.187mm 计算，可以得到螺旋缠绕层需要铺设 8 层，环向为 22 层，合计 30 层。铺设过程中，螺旋缠绕层和环向层间隔铺设，铺设方案为：8 层环向—4 层螺旋—8 层环向—4 层螺旋—6 层环向。

10.1.2 有限元分析

（1）三维实体模型的建立

由于本计算主要关注碳纤维复合材料层对内胆筒身段的增强作用，因此为了便于计算，对瓶口两端的螺纹进行简化；此外，由于碳纤维存在螺旋方向的铺层，因此采用整体建模。模型如图 10-3 所示。

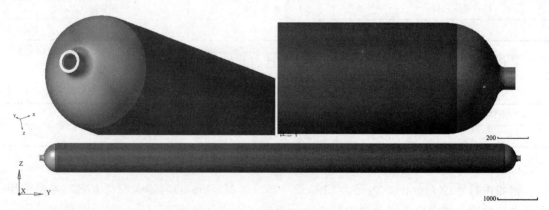

图 10-3　环向增强容器三维模型

单元选择：结构的应力分析采用 HyperWorks 软件，求解器为 OptiStruct。内衬部分采用八节点六面体网格（Chexa）；复合材料层采用四节点的壳单元（Cquad4），复合材料层与内胆采用共节点的方式连接。图 10-4 为环向增强容器内衬与复合材料的网格模型。

各部分网格与节点数见表 10-3。

复合材料的铺层设计采用 PCOMPP+Laminate 的方式进行，各层缠绕角度如表 10-4 所示。铺层段为整个筒身段，并沿两端封头各延伸铺设 70mm。

碳纤维铺层次序如图 10-5 所示。

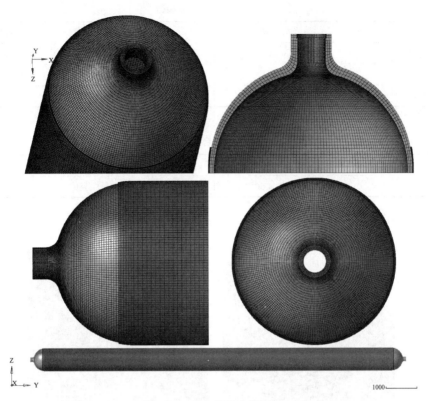

图 10-4 环向增强容器网格

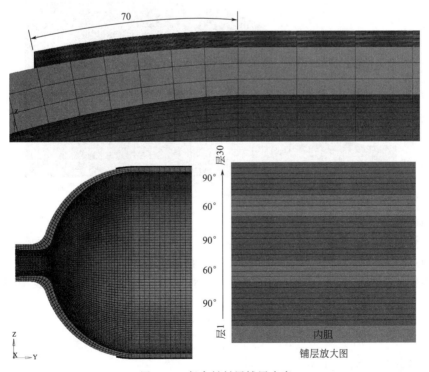

图 10-5 复合材料层铺层次序

表 10-3　模型网格参数

部分	单元类型	单元数	节点数
内衬	Chexa	403600	539200
复合材料	Cquad4	115200	115400
合计		518800	654600

表 10-4　碳纤维复合材料层缠绕角度

层数	1~8	9~12	13~20	21~24	25~30
缠绕角度/(°)	90	60	90	60	90

复合材料层缠绕角度如图 10-6 所示。

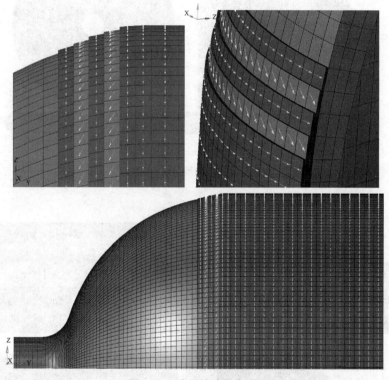

图 10-6　碳纤维缠绕角度

（2）边界条件

有限元计算的边界条件如图 10-7 所示，即在环向增强容器的左侧端面施加固定约束，右侧端面施加等效拉应力 P_e，气瓶的内壁面施加内压 P_i。

容器内侧施加两种工况下的内压，管口施加对应的等效拉应力，即如表 10-5 所示。管口等效拉应力为

$$P_e = \frac{P_i D_1^2}{D_3^2 - D_2^2}$$

（3）设计载荷 30MPa 工况

设计载荷 30MPa 工况下，应力分析结果如图 10-8 所示。

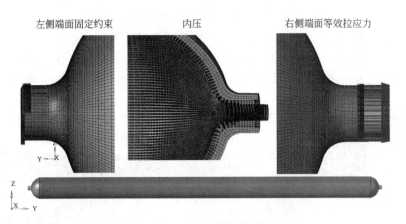

左侧端面固定约束　　　　　内压　　　　　右侧端面等效拉应力

图 10-7　边界条件

表 10-5　力边界条件

工况	内壁面压力 P_i/MPa	等效拉应力 P_e/MPa
设计载荷工况	30	31
爆破压力工况	75	77.1

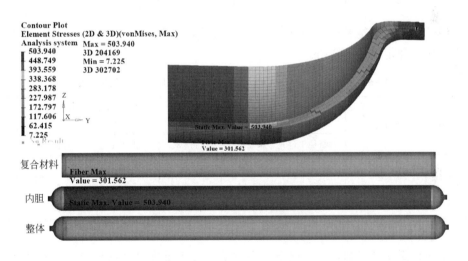

图 10-8　设计载荷 30MPa 下 von Mises 应力分布云图

从图 10-8 的应力分布云图中可以看出，最大应力出现在内胆内侧壁面，其值为 503.940MPa。对于复合材料层，取其应力最大层进行分析，最大应力为 301.562MPa。

（4）应力校核

此工况下，内胆应工作在材料的弹性范围内，根据 JB 4732，需要对此工况下内胆的应力进行线性化评定。

应力线性化路径的选择原则为：

① 通过应力强度最大节点，并沿壁厚方向的最短距离设定线性化路径；

② 对于相对高应力强度区，沿壁厚方向设定路径。

根据 JB 4732—1995，可以计算得到内胆的设计应力强度值 S_m

$$S_{m1} = R_m/2.6 = 800/2.6\text{MPa} = 307.69\text{MPa}$$

$$S_{m2} = R_{eg}/1.5 = 640/1.5 \text{MPa} = 426.66 \text{MPa}$$

则 $S_m = \min\{S_{m1}, S_{m2}\} = 307.69 \text{MPa}$。载荷组合系数 $K = 1$。

路径的选取如图 10-9 所示，共取 3 条路径。路径 1 位于筒身位置，沿壁厚方向穿过应力最大点；路径 2 位于筒身与封头的交界处；路径 3 位于封头与瓶口的几何过渡处。

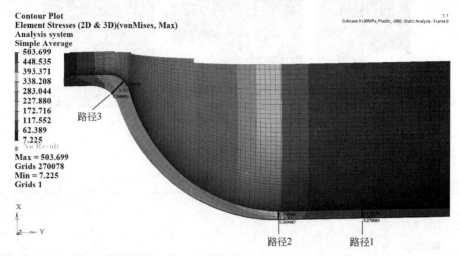

图 10-9　设计载荷 30MPa 下应力线性化路径

应力线性化的评定结果如表 10-6 所示。可以看到，路径 1 上，即应力最大点所在的壁厚方向上，应力评定结果不合格。

表 10-6　设计载荷 30MPa 下，路径 1～路径 3 应力线性化评定结果

存在的应力种类及组合	力学模型上的应力强度/MPa			设计应力强度的许用极限/MPa		评定结果
	路径 1	路径 2	路径 3	强度限值	许可值	
P_m	489.15	—	—	KS_m	307.69	不合格
P_L	—	365.71	201.15	$1.5KS_m$	461.53	合格
$P_L + P_b + Q$	—	398.69	272.9	$3S_m$	923.07	合格

注：P_m——一次总体薄膜应力；P_L——一次局部薄膜应力；P_b——一次弯曲应力；Q——二次应力。

根据上述评定结果可知，该工况下，内衬不能够满足安全性的要求，且从图 10-8 中可以看出，纤维的应力小于内衬的应力，即此时纤维并未起到主要作用，内衬仍然是内压的主要承载部件。GB/T 24160 中指出，缠绕气瓶内衬在水压试验前应进行自紧处理，自紧压力应大于水压试验压力，且应满足相关纤维应力比的要求。所谓自紧是指：在制造缠绕气瓶时对金属内衬的加压过程，使内衬应力超过其屈服点，以引起塑性变形。自紧后，缠绕气瓶内部在零压时，内衬受到压应力，纤维具有拉应力，也有称自紧为自增强处理的。

（5）提高承压能力的自增强处理

在前面提到内衬应力最大，又承受介质的腐蚀，因此一旦出现裂纹，很容易在高应力作用下产生扩展，影响安全使用，因此一般采用自增强处理的方法来降低内衬的应力。下面对该容器进行自增强计算。

经过 54MPa 的自增强压力后，卸载在 0 压力下，容器内衬和纤维层出现了残余应力。从图 10-10 中可以看出，此时内衬筒身部分处于受压状态，最大压应力为 -295.98MPa；复

合材料层处于受拉状态，其最大拉应力为 820.792MPa。即自紧后，纤维和内衬的应力状态满足 GB/T 24160 的要求。

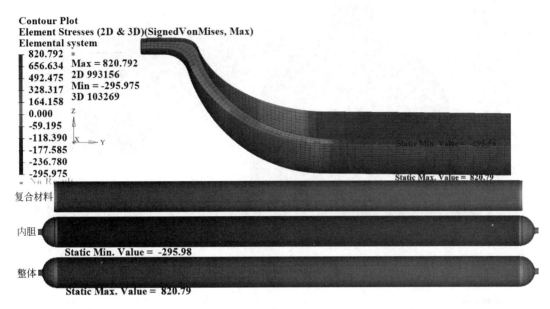

图 10-10　自紧后零压 Signed Von Mises 应力分布云图

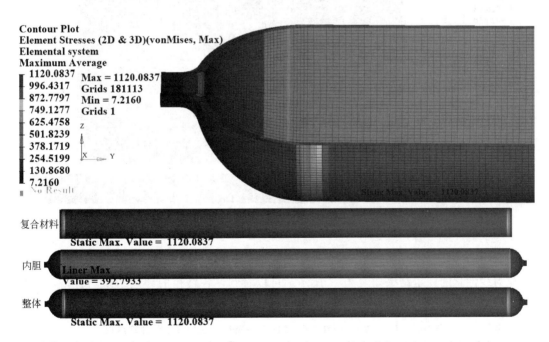

图 10-11　设计载荷 30MPa 下 von Mises 应力分布云图

在操作压力 30MPa 下的 von Mises 应力分布云图如图 10-11 所示，对比图 10-10 可以看出，在内压施加后，复合材料层的应力从 820.792MPa 增加到 1120.084MPa；内衬应力从-295.98MPa 变化到 392.793MPa。

图 10-12 中可以看出内衬最大应力为 392.794MPa，位于封头与内衬的交界处。

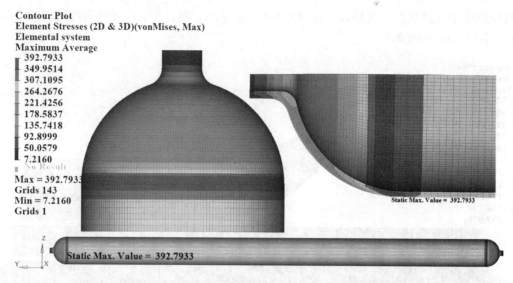

图 10-12　设计载荷 30MPa 下 von Mises 应力分布云图

复合材料应力分布如图 10-13 所示，可以看出复合材料层第一主应力最大值为 1275.56MPa。

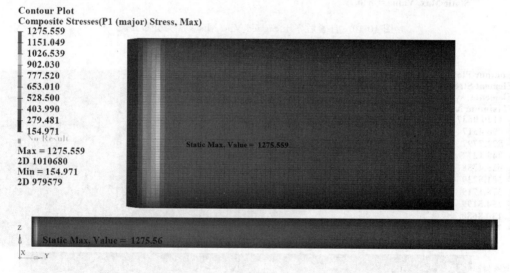

图 10-13　设计载荷 30MPa 下复合材料层第一主应力分布云图

内衬应力线性化路径的选取如图 10-14 所示。

应力线性化的评定结果如表 10-7 所示。可以看到，各路径的评定结果均合格，因此经过自紧压力处理后，气瓶能够满足设计要求。

表 10-7　设计载荷 30MPa 下，路径 1～路径 3 应力线性化评定结果

存在的应力种类及组合	力学模型上的应力强度/MPa			设计应力强度的许用极限/MPa		评定结果
	路径 1	路径 2	路径 3	强度限值	许可值	
P_m	295.38	—	—	KS_m	307.69	合格
P_L	—	340.69	200.44	$1.5KS_m$	461.53	合格
P_L+P_b+Q	—	491.30	283.83	$3S_m$	923.07	合格

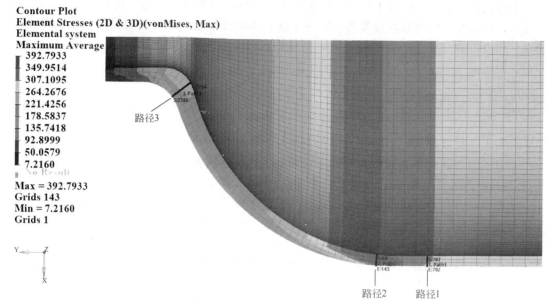

Contour Plot
Element Stresses (2D & 3D)(vonMises, Max)
Elemental system
Maximum Average
┃ 392.7933
┃ 349.9514
┃ 307.1095
┃ 264.2676
┃ 221.4256
┃ 178.5837
┃ 135.7418
┃ 92.8999
┃ 50.0579
┃ 7.2160
No Result

Max = 392.7933
Grids 143
Min = 7.2160
Grids 1

路径3

路径2   路径1

图 10-14　自紧＋设计载荷 30MPa 下内衬应力线性化路径

从图 10-13 可以看出，复合材料层第一主应力的最大值 1275.56MPa，小于碳纤维的抗拉强度，因此复合材料层能够满足该工况下的使用要求。

10.1.3　制造与检验

环向缠绕增强的复合材料气瓶标准目前国内有 GB/T 24160—2009《车用压缩天然气钢质内胆环向缠绕气瓶》，国际上主要有 ISO 11439：2013《气瓶——燃料汽车车载用天然气高压气瓶》。

（1）内衬的制造

内衬根据介质不同可以选择不同的材料，如天然气气瓶一般采用高强度钢等，储氢气瓶可以采用不锈钢或者铝合金等。内衬制造主要有两种方法，一是将坯料通过冲拔拉伸、收口成型；二是通过管材旋压收口、收底成型。

内衬制造完毕后须进行热处理，热处理应按经评定合格的热处理工艺进行，内衬热处理后应逐只进行无损检测。

（2）纤维增强层的制造

纤维材料一般为碳纤维或者玻璃纤维大丝束，其性能应符合相应的产品标准。缠绕和固化应按经评定合格的工艺进行。应在缠绕气瓶水压试验前进行自增强（也称自紧）处理。缠绕气瓶在水压试验后应进行内表面清理。

（3）压力试验

气瓶制造完成后一般需要进行压力试验，气瓶的压力试验一般用外测法水压试验，试验压力为 1.5 倍设计压力。属于固定式容器类的可按 GB/T 150 进行水压试验。

10.2　碳纤维全缠绕铝合金内衬高压储氢容器设计

随着氢燃料电池技术的不断发展，氢燃料电池汽车的应用也在扩大，目前丰田、现代等汽车企业已经进入量产。对于车载储氢市场而言，目前仍然以高压储氢技术为主。车载储氢气瓶以碳纤维全缠绕金属内衬气瓶（Ⅲ型气瓶）和碳纤维全缠绕塑料内衬气瓶（Ⅳ型气瓶）为主。本节以碳纤维全缠绕铝合金内衬高压储氢气瓶为例，对这类结构的容器的设计进行介绍。

10.2.1 设计

10.2.1.1 设计参数

以目前常规乘用车载气瓶为例，容积为 64L，气瓶内衬外径为 347mm，内衬材料为铝合金 6061，内衬厚度 3mm，纤维材料为 T 720S-36K 进口碳纤维。

根据网格理论对纤维层厚度进行估算，根据网格理论，纤维缠绕压力容器只有纤维增强层承受载荷作用。为了减少容器质量，同时考虑到容器的爆破坡口位于筒身，且为纵向，需保证轴向强度略强于环向强度。

纤维缠绕压力容器的环向缠绕和螺旋缠绕纤维强度以网格理论为基础进行计算，理论的基本假定是：

① 在内压容器中，只有纤维承受外载荷作用，而基体的承载能力忽略不计。

② 纤维只承受纤维方向载荷，层内每根纤维的承载能力相同。

缠绕角（纤维和筒体轴向的夹角）为 α 的网格，设纤维轴向许用应力为 $[\sigma]$，纤维厚度为 t，则环向和轴向纤维张力 T_θ 和 T_φ 分别为

$$\begin{cases} T_\theta = \sigma_\theta t \sin^2 \alpha \\ T_\varphi = \sigma_\varphi t \cos^2 \alpha \end{cases} \tag{10-1}$$

根据纤维均衡缠绕条件，如实现轴向强度和环向强度等强度缠绕，必须 $\tan^2 \alpha = 2$，即 $\alpha = 54.7°$。

现采用环向缠绕和螺旋缠绕相结合的缠绕方式，来实现近似等强度方案，缠绕角为 α，有

$$\begin{cases} pR = \sigma_\theta t_\theta + \sigma_a t_a \sin^2 \alpha \\ \dfrac{pR}{2} = \sigma_a t_a \cos^2 \alpha \end{cases} \tag{10-2}$$

把 σ_θ 和 σ_φ 用 $[\sigma]$ 来代，即可计算出环向纤维缠绕层厚度 t_θ 和螺旋纤维缠绕层厚度 t_a。

式（10-2）上下两式相加可得，在容器直径、工作压力相同的情况下，根据网格理论和等强度方案来设计，纤维层厚度为常数

$$\frac{3pR}{2} = [\sigma](t_\theta + t_a) \tag{10-3}$$

此式也可由式（6-248）、式（6-249）直接写出。按照等强度方案设计增强层厚度，可见不管什么缠绕方式，只要纤维许用应力、容器直径和工作压力已知，则纤维层的厚度为常数。实际工程设计中，为了保证气瓶的爆破坡口位于筒体上，而且坡口的轴线是纵向的，取轴向强度为环向强度的 70% 左右，即在（10-3）式中，纤维环向厚度需要乘以一个折扣系数 0.7，该系数在不同的参考书中有不同的推荐值，本书推荐为 0.65~0.75。

10.2.1.2 内衬设计

内衬不承担容器压力载荷的作用，而是起到储存氢气的密封作用。因此内衬材料必须对

氢气有很好的抗渗透性，而且必须有很好的抗疲劳性。氢渗透会引起以下问题：

① 氢气燃料的漏失；

② 结构材料的氢脆；

③ 有爆炸的危险。

因为内衬承受一定的内外压作用，所以需要有一定的刚度。一般金属的密度都比较大，考虑到降低成本、降低容器的重量和防止氢气渗透的问题，选择铝合金 6061 作为复合材料压力容器的内衬，回火条件 T6，其 $\sigma_b = 290\text{MPa}$，$\sigma_s = 241\text{MPa}$。内衬可以由冷挤压或热挤压和冷拉制成，也可以由挤压管道和冲模的或者旋转的封头制成。

铝合金材料的组成成分如表 10-8 所示。

表 10-8 铝合金 6061 的组成成分

成分	铝合金 6061	
	最小/%	最大/%
硅	0.40	0.80
铁		0.70
铜	0.15	0.40
猛		0.15
镁	0.80	1.20
铬	0.04	0.35
锌		0.25
碳		0.15
铅		0.005
铋		0.005
其他每个		0.05
其他总共		0.15
铝	剩余	

在测试之前，所有的柱体对于铝合金 6061 必须进行固溶热处理（均匀化处理）和老化热处理，而且必须用统一性能的材料制造内衬。每一个内衬的外表面必须防止由不同的材料（铝和碳纤维）接触导致的电化腐蚀。一种适当的聚合体覆盖或者玻璃纤维树脂复合层可以用来防止电化腐蚀。

10.2.1.3 缠绕层设计

储氢气瓶工作压力为 70MPa，爆破压力 P_b 大于 175MPa，采用 T720S-36K 进口碳纤维。

按照网格理论的极限设计原则，175MPa 的内压需要由碳纤维缠绕层承担。为了保证轴向强度，纤维以环向缠绕和螺旋缠绕为主。根据网格理论计算公式，可以得到纤维层厚度。

$$P_b = \frac{(\delta_1 + \delta_2 \sin^2\alpha) V_f [\sigma_f]}{R_o}$$

式中，δ_1 为环向纤维厚度；δ_2 为螺旋缠绕纤维厚度；α 为螺旋缠绕倾角；R_o 为内衬的外半径；V_f 为碳纤维的体积占比；$[\sigma_f]$ 为纤维许用应力。

螺旋缠绕角度取 15°，环向为 89°。纤维与树脂比例为 65：35，采用 T720S-36K 进口碳纤维，许用应力为 5880MPa。

根据纤维缠绕参数，缠绕股数 N 为 4，并列缠绕，宽度 B 为 18.0mm，线密度 W 为 1650ktex，碳纤维密度 ρ 为 1.8g/cm^3，可以计算出碳纤维的横截面积 A

$$A = \frac{W}{\rho \times 1000} = \frac{1650}{1.8 \times 1000}\text{mm}^2 = 0.91667\text{mm}^2$$

单层碳纤维的厚度 t 为

$$t = \frac{NA}{BV_f} = \frac{4 \times 0.91667}{18 \times 0.65}\text{mm} = 0.313\text{mm}$$

经过反复调试后，考虑一定的安全裕度，并结合 NOL 环的试验结果，将纤维层的许用应力控制在 3000MPa 以下，可以得到环向为 42 层（$\delta_1 = 13.146$mm），轴向为合计 42 层（$\delta_2 = 13.146$mm）。故缠绕层外径为 $R_0 + \delta_1 + \delta_2 = 0.1735 + 0.013146 \times 2 = 0.1998$（m）。铺设过程中，环向与轴向间隔铺设，铺设顺序参照表 14-7。其中环向纤维从封头边缘往上 15mm 左右开始缠绕，每 5～6 层向下递减 5mm，最后一层环向退至封头边缘下方约 20mm 位置。

各气瓶内衬外半径 $R_0 = 0.1735$m 校核轴向纤维厚度 t_a

$$t_a = \frac{R_0 P_b}{2[\sigma_f]} = \frac{173.5 \times 175}{2 \times 3000}\text{mm} = 5.1\text{mm} \leqslant (\delta_2 \cos^2\alpha + \delta_1 \sin^2 1°)V_f = 8.0\text{mm}$$

因此轴向强度足够。

10.2.1.4　防撞击保护层设计

防振设计的目的是在运输、装卸过程中发生振动、冲击时，保护产品的功能和形态。防振设计方法分为全面缓冲保护和部分缓冲保护。为了减少系统重量，选择部分缓冲保护方法。考虑在两个封头处设置缓冲材料。

缓冲材料的一般要求如下：

① 具有较好的耐冲击、振动隔离性能，有效地减少传递到产品上的冲击与振动。

② 压缩蠕变和永久变形小，在冲击和振动作用下，不易发生破碎。

③ 材料的性能随温度和湿度变化小。

④ 材料不与产品的涂覆层、表面处理发生化学反应。

⑤ 制造、加工及安装作业容易，价格低廉。

对于复合材料储氢容器来说，增加了额外的要求：耐冲击性能好、密度小、不易燃。综合考虑，选择添加阻燃剂的聚苯乙烯作为缓冲材料。

一般采用缓冲材料的缓冲系数-最大应力曲线或最大加速度-静应力曲线进行冲击防护设计来确定所用缓冲衬垫的尺寸，并用振动防护设计进行校核、修正。在实际包装缓冲设计中优先采用最大加速度-静应力曲线设计方法。

复合材料储氢容器的跌落虽然是随机的，但是为了简化设计，只考虑垂直跌落和横向跌落两种情况。容器的总质量约为 20kg，等效跌落高度为 1m。

首先考虑垂直跌落，横向跌落情况只要保证横向跌落时的受力面积大于垂直跌落情况就可以了。

（1）计算静应力

根据下式计算静应力

$$\sigma_{st} = \frac{W}{A} = \frac{W}{2\pi(R_0 + \delta_1 + \delta_2)L_0} = \frac{20 \times 9.8}{2\pi \times 0.1998 \times 0.075} = 2082.85(\text{Pa}) \tag{10-4}$$

式中　σ_{st}——静应力，Pa；

W——产品重力，N；

A——缓冲材料的受力面积，m^2；

L_0——保护层初始设计长度，取 $L_0=0.075m$。

（2）确定缓冲材料的厚度

采用全面缓冲包装方法时，根据等效跌落高度，在曲线上找出许用脆值与静应力的交点，由此确定缓冲材料的厚度。

采用部分缓冲包装时，根据等效跌落高度，在曲线上找出对应的许用脆值，由其与曲线的交点求出静应力，并确定缓冲材料的厚度。当它和同一条曲线有两个交点时，若选择静应力较大的点，则所需的缓冲材料较少；当许用脆值与静应力的交点位于不同厚度的两条曲线中间时，则用内插法确定材料的厚度。

垂直跌落用全面缓冲包装方法计算，令容器的许用脆值为 40，查不同厚度的缓冲材料的加速度-静应力曲线图，得到缓冲材料的厚度为 9cm。

（3）修正计算

对已确定的缓冲材料厚度，进行复核计算及修正以满足防振的要求。

① 在缓冲设计计算时，应校核产品在载荷方向上与缓冲材料接触部分的强度。如果该部位不能承受下式中的最大应力，则应重新计算尺寸

$$\sigma_m = [G]\frac{W}{A} = 40 \times \frac{20 \times 9.8}{2\pi \times 0.1998 \times 0.075}Pa = 83313.82Pa \quad (10-5)$$

式中　σ_m——最大静应力，Pa；

　　　$[G]$——产品的许用脆值。

而聚苯乙烯的抗压强度为 161500Pa，所以满足要求。

② 缓冲材料的受力面积与厚度应符合下式的要求

$$A_{min} > (1.33T)^2 \quad (10-6)$$

式中　A_{min}——最小受力面积，cm^2；

　　　T——缓冲材料厚度，cm。

解得　$A_{min} = 2\pi \times 10.4 \times 7.5 cm^2 = 941.02 cm^2 > (1.33 \times 5)^2 cm^2 = 44.2225 cm^2$

（4）确定缓冲材料的长度

横向跌落时

$$\frac{1}{2} \times 2\pi \times 0.075 = \pi \times 0.104 \times L$$

式中　L——缓冲材料在筒体上的长度。

解得 $L=0.075m$。

（5）缓冲层的质量

容器封头为标准椭圆封头，因此其长短轴之比为 2∶1，故：

封头高度　$0.1735/2 = 0.08675$（m）

缠绕纤维层后的封头高度　$0.08675 + 0.013146 \times 2 = 0.11304$（m）

增加保护层后封头高度　$0.113104 + 0.09 = 0.20304$（m）

增加保护层后筒体直径为　$0.1998 + 0.09 = 0.2898$（m）

聚苯乙烯的密度为 $15kg/m^3$，质量为

$$15 \times 2 \times \left[\frac{2}{3}\pi \times (0.2898^2 \times 0.20304 - 0.1998^2 \times 0.11304) + \pi(0.2898^2 - 0.1998^2) \times 0.075\right] = 1.41(kg)$$

10.2.2　设计参数与有限元分析

10.2.2.1　设计参数

Ⅲ型气瓶的设计参数见表 10-9，碳纤维的性能参数见表 10-10，铝合金材料性能参数见表 10-11。内衬尺寸如图 10-15 所示，厚度为 5mm。复合后的碳纤维性能参数见表 10-12。

表 10-9　Ⅲ型气瓶设计参数

内衬外直径/mm	公称设计压力/MPa	水压试验压力/MPa	爆破压力/MPa
347	70	105	≥175

表 10-10　碳纤维的性能参数

型号	抗拉强度	弹性模量	伸长率	体密度	线密度
T720S-36K	5880 MPa	265 GPa	2.20%	1.8 g/cm³	1650tex

表 10-11　铝合金材料性能

型号	弹性模量/GPa	泊松比	屈服强度/MPa	抗拉强度/MPa	断裂应变
Al6061-T6	69	0.33	281	310	0.12

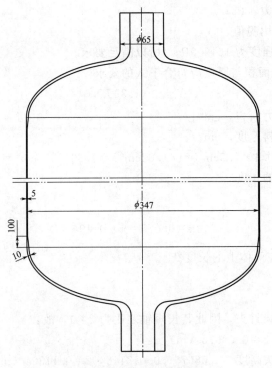

图 10-15　内衬外形尺寸

表 10-12　碳纤维复合材料参数

碳纤维体积/%	E_1/GPa	E_2/GPa	$G_{12}=G_{13}$/GPa	G_{23}/GPa	ν_{12}
65	159	9	5.4	3.8	0.3

10.2.2.2 有限元分析

（1）三维实体模型的建立

由于本计算主要关注碳纤维复合材料层对内衬的增强作用，因此为了便于计算，对瓶口两端的螺纹等微小特征结构进行简化；此外，由于存在低角度方向的铺层，因此采用整体建模。模型如图10-16所示。

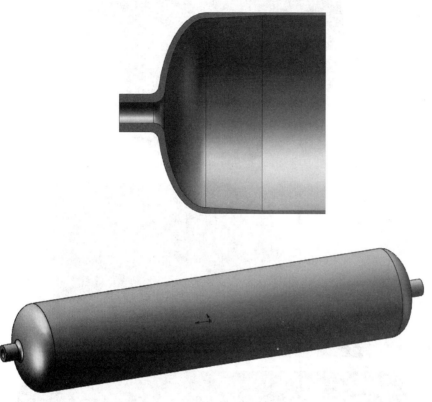

图 10-16　Ⅲ型气瓶内衬三维模型

（2）网格划分

结构的应力分析采用 ANSYS 软件的 Mechanical 模块。气瓶瓶口和内衬部分采用八节点六面体网格（Hex8）；复合材料层采用四节点的壳单元（Quad4），气瓶瓶口与内衬均采用共节点的方式连接。因封头段应力变化较大，故在封头段进行网格加密。图10-17为内衬网格模型。图10-18为缠绕气瓶与复合材料的网格模型。表10-13为网格（单元）与节点数量。

表 10-13　模型网格参数

部分	单元类型	单元数	节点数
内衬	Hex8	93120	124480
复合材料	Quad4	28160	28240
合计		121280	152720

（3）复合材料铺层

复合材料的建模采用 ANSYS 的 ACP 模块，借助 ACP 中的 Look-Up Table 功能可方便

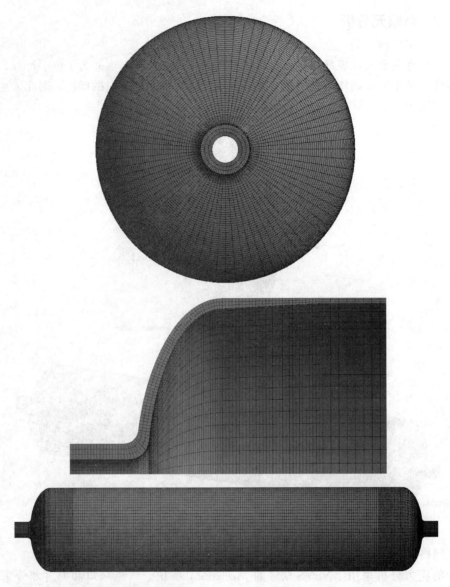

图 10-17 内衬网格模型

地实现封头上纤维变厚度和变角度的模拟。铺层时设置的纤维角度均为单元与其所在经线的夹角。

　　① 封头处纤维厚度。封头处截面方向上半径越来越短，会使得轴向纤维在封头处产生堆积，半径越小，堆积厚度越高，设筒身外径为 r_0，筒身处纤维角度为 α_0；封头任意点处的平行圆半径为 r，该点处的纤维角度是 α，该点处的堆积厚度为 t，单层纤维的厚度为 t_0，则不同 r 处对应的纤维厚度 t 可根据下式计算

$$t = \frac{t_0 r_0 \cos\alpha_0}{r \cos\alpha}$$

　　螺旋缠绕过程中，需要采用扩孔工艺，此时可以认为极孔半径发生变化，根据上式可知，当极孔半径确定后，纤维在封头和筒身任意位置处的角度和纤维厚度就唯一确定了。

　　根据上述公式，在极孔附近，纤维的厚度会趋于无穷大，而实际缠绕过程中，纤维堆到

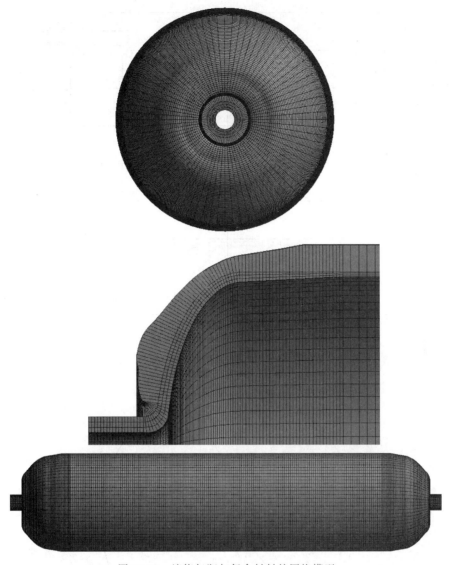

图 10-18　缠绕气瓶与复合材料的网格模型

一定厚度时，纤维间会发生滑移，使得极孔附近纤维厚度重新分布，模拟中，利用抛物线修正纤维极孔附近的厚度。理论曲线与修正曲线如图 10-19 所示。

　　② 封头处纤维角度变化。图 10-20 中 A 点纤维在封头部分的缠绕起始点，曲线 $ABCD$ 为纤维在封头上的缠绕路径，其中 AB、CD 分别与极孔相切。

　　由于软件中，纤维的缠绕角度是以单元所在的经线作为纤维的参考方向，为了模拟出纤维沿 AB 的走向，需要得到各经线与 AB 的角度关系。图 10-20 中作出了圆心角 ABO 内的四条经线，在经线从 OA—Op—Oq—OB 的变化过程中，经线与 AB 的夹角 θ（$\angle Opq$）从 0 逐渐变化到 90°。当 A 点沿封头边缘运动时（即来自筒身的其他纤维），AB 绕着极孔的圆心旋转，且始终与极孔相切；并且 A 点移动的过程中，$\angle BOA$ 只与极孔半径有关，当极孔半径确定后，$\angle BOA$ 为定值，也即意味着 Op 变化的过程中，p 的轨迹是以 Op 为半径的圆。由上述几何关系，可以推导出 θ 与 Op 的关系。根据该关系可以计算得到每个单元所在位置对应的缠绕角度。

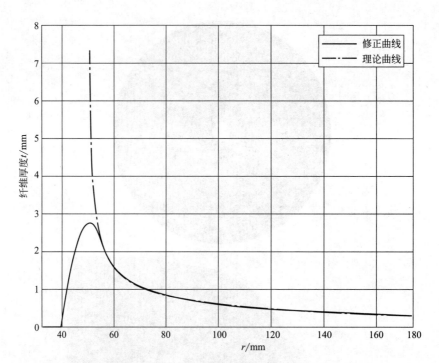

图 10-19　极孔附近纤维厚度的修正

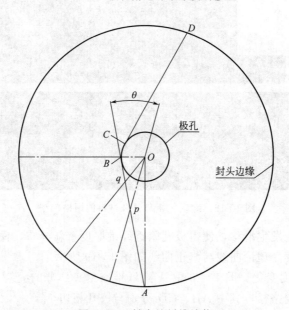

图 10-20　封头处纤维缠绕

③ 封头段纤维的连续变厚度和变角度。根据上述分析，当确定每层纤维的极孔半径后，就可以确定该层纤维任意位置的纤维厚度和角度，将该参数与纤维单元的厚度和角度信息进行关联即可实现纤维的变厚度和变角度。如图 10-21 所示为纤维缠绕角度随位置变化，图 10-22 所示为将计算得到纤维角度与厚度随位置变化的数据导入 ACP 软件。

（4）边界条件

有限元计算的边界条件如图 10-23 所示，即在气瓶瓶尾的端面施加固定约束，瓶口端面施加等效拉应力 P_e，气瓶内部所有连通表面施加内压力 P_i。

图 10-21　纤维缠绕角度随位置变化

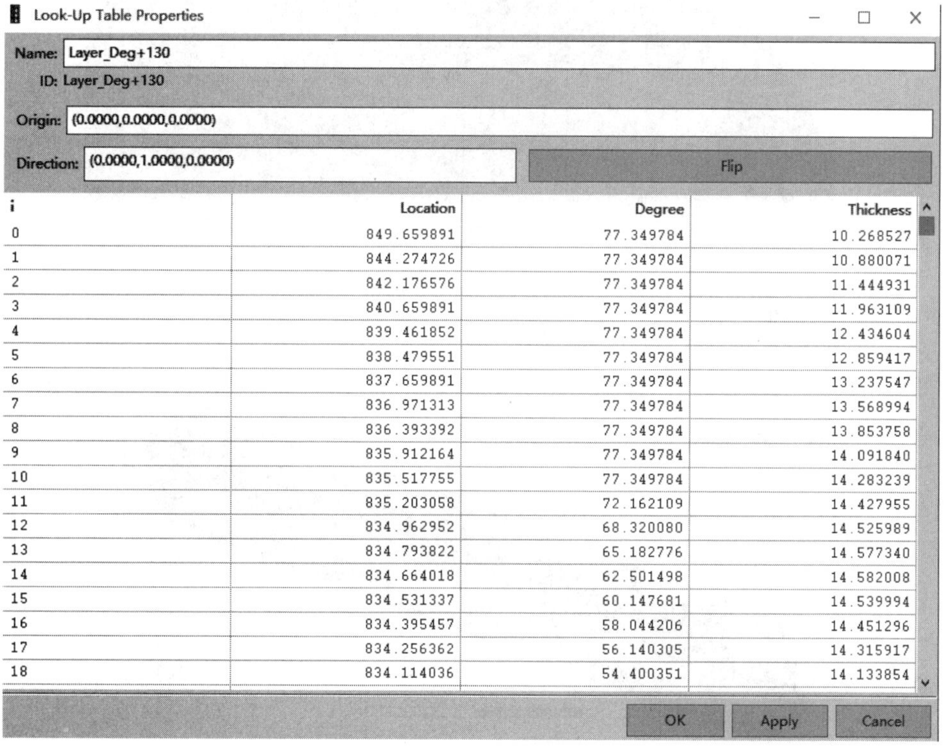

Look-Up Table Properties		— □ ×	
Name:	Layer_Deg+130		
ID:	Layer_Deg+130		
Origin:	(0.0000,0.0000,0.0000)		
Direction:	(0.0000,1.0000,0.0000)		Flip

i	Location	Degree	Thickness
0	849.659891	77.349784	10.268527
1	844.274726	77.349784	10.880071
2	842.176576	77.349784	11.444931
3	840.659891	77.349784	11.963109
4	839.461852	77.349784	12.434604
5	838.479551	77.349784	12.859417
6	837.659891	77.349784	13.237547
7	836.971313	77.349784	13.568994
8	836.393392	77.349784	13.853758
9	835.912164	77.349784	14.091840
10	835.517755	77.349784	14.283239
11	835.203058	72.162109	14.427955
12	834.962952	68.320080	14.525989
13	834.793822	65.182776	14.577340
14	834.664018	62.501498	14.582008
15	834.531337	60.147681	14.539994
16	834.395457	58.044206	14.451296
17	834.256362	56.140305	14.315917
18	834.114036	54.400351	14.133854

OK　Apply　Cancel

图 10-22　将纤维缠绕角度与厚度数据导入 ACP 软件

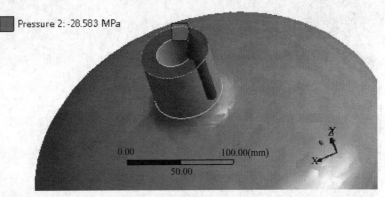

F: 70MPa
Pressure 2
Time: 1. s

Pressure 2: -28.583 MPa

0.00   100.00(mm)
      50.00

(a) 等效拉应力

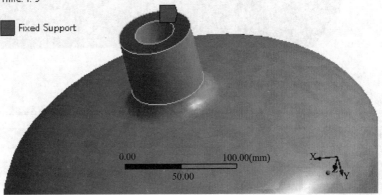

F: 70MPa
Fixed Support
Time: 1. s

Fixed Support

0.00   100.00(mm)
      50.00

(b) 固定约束

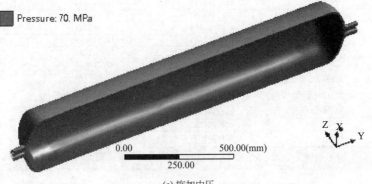

F: 70MPa
Pressure
Time: 1. s

Pressure: 70. MPa

0.00   500.00(mm)
      250.00

(c) 施加内压

图 10-23　边界条件

根据表 10-9 的设计参数，结合图 10-15 可以得到 70MPa 工况下的内压及对应的等效拉应力为 28.583MPa。等效拉应力公式如下

$$P_e = \frac{P_i D_1^2}{D_2^2 - D_1^2}$$

式中，D_1 为瓶口内径；D_2 为瓶口外径。

（5）设计工况 70MPa 计算结果

① 内衬　应力云图见图 10-24。

② 纤维　最大主应力云图见图 10-25。

在设计工况下，纤维和内衬的应力均处于安全状态。同样的计算方法可以得到，在 2.5 倍设计压力 175MPa 下，纤维处在极限强度 2700MPa 附近，接近爆破压力，内衬处于极限强度附近。

本设计纤维缠绕参数如表 10-14 所示。

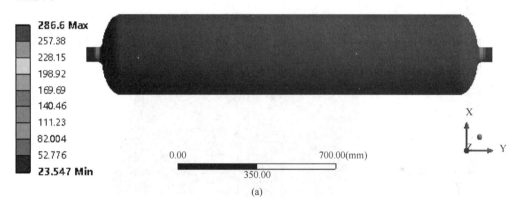

(a)

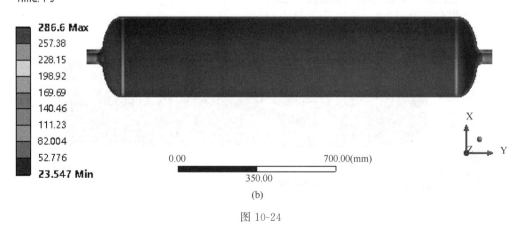

(b)

图 10-24

(c)

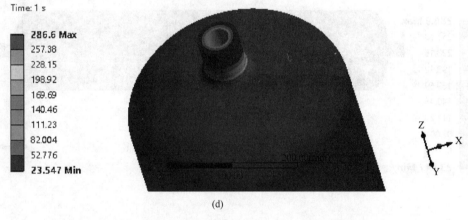

(d)

图 10-24 设计工况内衬 von Mises 应力云图

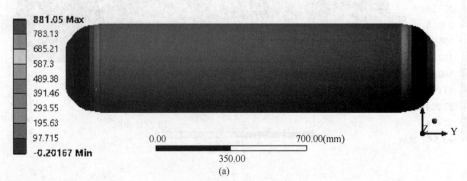

(a)

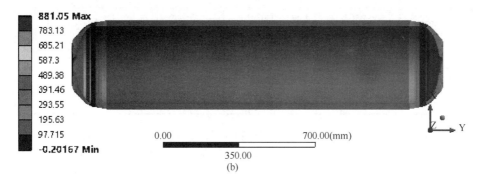

(b)

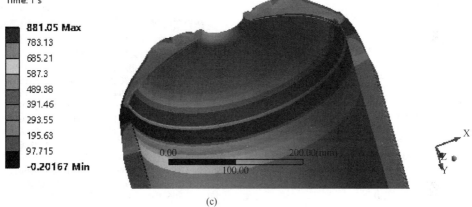

(c)

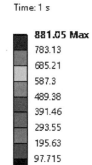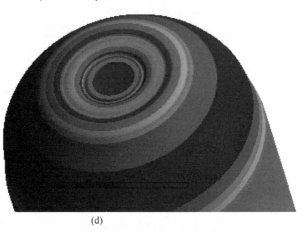

(d)

图 10-25　设计工况纤维最大主应力云图

表 10-14　纤维缠绕参数

序号	层数	纤维类型	缠绕类型	缠绕角度/(°)	层数	纱宽/mm
1	1	CF	Circ	90	10	18
2	11	CF	Helical	13	12	18
3	23	CF	Circ	90	10	18
4	33	CF	Helical	25	14	18
5	47	CF	Circ	90	10	18
6	57	CF	Helical	36	16	18
7	73	CF	Circ	90	12	18

图 10-26 中文件名中的 Set_1 表示表 10-14 中序号 1，对应文件内容中，第一列表示极轴上的坐标，第二列和第三列分别表示在该坐标位置处对应的纤维厚度和角度。

图 10-27 中文件名中的 Heli_2 表示纤维铺层参数附录中序号 2，对应文件内容中，第一列表示极轴的半径，第二列和第三列分别表示在该半径位置处对应的纤维厚度和角度。

图 10-26　环向纤维厚度与角度数据

图 10-27　轴向纤维厚度与角度数据

10.2.2.3　储氢密度

70MPa 常温下氢气的密度根据 P-R 方程算得，大约为 $40kg/m^3$，氢气的体积为 153L。因此，氢气质量为

$$40 \times 153 \times 10^{-3} kg = 6.12kg$$

内衬的体积为 $11422593mm^3$，质量为

$$2.7 \times 10^3 \times 11422593 \times 10^{-9} kg = 30.841kg$$

纤维层的体积为 $47441000mm^3$，质量为

$$1.512 \times 10^3 \times 47441000 \times 10^{-9} kg = 71.731kg$$

缓冲层的质量为 0.339kg。

储氢密度为

$$\frac{6.12}{6.12 + 30.841 + 71.731 + 1.41} \times 100\% = 5.56\%$$

因此，达到美国能源信息署要求的 5.0% 以上具有经济性的目标。

参考文献

［1］ Tsai S W. Strength & life of composites，Palo Alto：Stanford University Press，2008.

［2］ Tsai S W，Jose Daniel D. Melo. Composite Material Design and Testing，Palo Alto：Stanford University Press，2016.

［3］ 耿发贵.全缠绕复合材料气瓶累积损伤性能研究.大连：大连理工大学，2021.

［4］ Zorko D，Tavčar J；Bizjak M，et al. High cycle fatigue behaviour of autoclave-cured woven carbon fibre-reinforced polymer composite gears. Polymer Testing，2021，102.

［5］ 林松，王俊锋，李红，等.复合材料气瓶高低温条件下的疲劳及爆破性能研究.纤维复合材料，2015，32（01）：22-25.

［6］ 魏喜龙，陈曰东，王威力.复合材料容器预紧压力和疲劳性能的关系.纤维复合材料，2018，35（02）：36-39.

［7］ 黄其忠，郑津洋，胡军，等.复合材料气瓶的多轴疲劳寿命预测研究.玻璃钢/复合材料，2016（11）：39-45.

［8］ Takeichi N，et al. "Hybrid hydrogen storage vessel"，a novel high-pressure hydrogen storage vessel combined with hydrogen storage material，International Journal of hydrogen energy，2003（28）：1121-1129.

［9］ Zheng C X，Wang L，Li R，et al. Fatigue test of carbon epoxy composite high pressure hydrogen storage vessel under hydrogen environment. Journal of Zhejiang University：Science A，2013，14（6）：393-400.

［10］ 王亮.基于微观力学分析的复合材料储氢容器强度与寿命研究.杭州：浙江大学，2016.

［11］ 王祥龙，朱小兰，程彬，等.复合材料缠绕气瓶可靠性验证技术.航天制造技术，2015（02）：46-47.

［12］ 郑传祥，孟剑.碳纤维复合材料高压储氢容器研究与结构设计.化工学报，2004（10）：134-137.

［13］ DOT-CFFC Standard（Fourth Revision）.

［14］ 陈虹港.70MPa复合材料氢气瓶液压疲劳试验装置及压力和温度控制方法研究.杭州：浙江大学，2013.

［15］ GB/T 8166—2011.缓冲包装设计.

［16］ Spencer B E. Exploring the manufacturing of composite pressure vessels：Technology at new extremes. SAMPE Journal，2014，50（4）：7-20.

［17］ Kim Y S，Kim L H，Park J S. The effect of composite damage on fatigue life of the high pressure vessel for natural gas vehicles. Composite Structures，2011，93（11）：2963-2968.

［18］ Braun C A. AIAA 92-3609.

［19］ Barbera，Daniele，Chen H F，et al. Creep-fatigue behaviour of aluminum alloy-based metal matrix composite. International Journal of Pressure Vessels and Piping，2016，139-140：159-172.

［20］ 成志钢.自紧压力对车用玻璃纤维环向缠绕气瓶疲劳次数的影响研究.玻璃钢/复合材料，2014（10）：70-74.

第3篇
全复合材料压力容器

第11章
全复合材料压力容器

全复合材料压力容器是为了满足更高减重而需要发展起来的特殊压力容器，早期是为了进一步减轻飞行器的重量而将金属内衬替换为塑料内衬。随着储存压力的提高，航天器及移动设备对减重的要求进一步提高，全复合材料压力容器的应用越来越广泛，如氢燃料电池汽车均采用全复合材料高压气瓶（Ⅳ型气瓶）作为车载储氢气瓶。全复合材料气瓶还被用于长管拖车的轻量化应用，已经在国外得到应用。我国也已经在进行这方面的研究，并具备一定的产业化基础。

11.1 全复合材料压力容器技术现状与特点

11.1.1 现状

（1）国外现状

全复合材料（all-composite）高压容器的衬里是由橡胶或塑料等非金属材料制成的。布伦瑞克（Brunswick）公司在 20 世纪 60 年代初期曾研制橡胶材料衬里的复合材料高压容器，并满足了军用航天方面的要求。但由于橡胶衬里的气密性比金属衬里的低许多，所以又开始进行金属衬里的研制工作。在 20 世纪 90 年代初，布伦瑞克公司又研制了高密度聚乙烯（HDPE）材料的衬里，这种材料的特性使之成为理想的衬里材料。其气密性比橡胶材料高许多，同时在研制周期和成本方面又是金属衬里所不可比拟的。该材料对碳氢化合物产品、湿气、硫化氢这样的腐蚀因素有很好的相容性，而且这种材料的适用温度范围较宽，延伸率高达 700%，冲击韧性和断裂韧性较好。在研制过程中，进行了工作压力下（21MPa）的十万次循环试验无泄漏。如果使用密封胶这样的添加剂进行氟化或磺化等表面处理，或用其他材料通过共挤作用结合，会使该材料的气密性进一步提高。高密度聚乙烯材料的密度为 $0.956g/cm^3$，长期静强度为 11.2MPa。

日本的 Takagi Seiko 公司在多层树脂吹塑成型的内衬外周围实施缠绕 GFRP 增强，成功开发出全树脂复合材料压力容器。其开发的目标是用作电热水器、气体贮罐、药品贮罐等，已进行大量生产的准备，预测 3 年后的产品销售额为 10 亿日元，5 年后的销售额为 20 亿日元。Takagi Seiko 公司与北陆电力公司于 1995 年共同合作，正着手开发电热水器用树脂制的热水贮罐，全树脂复合材料压力容器的开发，因种种原因尚未达到实用化。近年来，随着使用清洁能源的压缩天然气（CNG）的汽车增加，人们对轻质压力容器的关心程度提高，该公司重新热衷于全树脂复合材料压力容器的开发，追求开创新市场的可能性。在开发过程中，Takagi Seiko 公司参与策划日本高压气体保安协会承接日本经济产业省的委托，实施液体燃料（LP）气体容器的研究开发项目。通过这种压力容器的试制，积累了有关制造高压容器的指导技术。这家公司目前已完成产品的开发阶段，成功解决了压力容器的气体密封性问题，于 2002 年开始生产。

近年来，随着国外全复合材料高压气瓶在氢燃料电池汽车上的应用，车载气瓶对重量要求进一步提高，全复合材料高压储氢气瓶得到了很大的发展，技术也取得了很大的突破，全复合材料气瓶在丰田和现代的新一代氢燃料电池汽车得到了批量应用。

日本丰田公司为 Mirai 汽车设计的全复合材料高压储氢气瓶具有气密性好、重量轻、耐疲劳性能好的特点，其结构如图 11-1 所示。

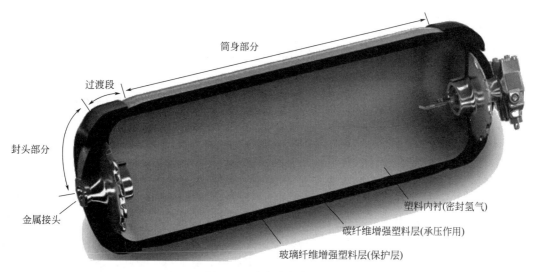

图 11-1　全复合材料气瓶

目前世界上主要生产全复合材料高压气瓶的企业有日本丰田公司，法国 Faurecia 公司，美国的 Quantum 公司，韩国的 ILJIN composite 公司、Doosan 公司，挪威的 Hexagon 公司，荷兰德国的 NPROXX 公司、德国的 Kautex 公司和英国的 BPF（英国塑料联合会）等。

经过数十年的发展，全复合材料容器在中低压、高压容器方面均得到了应用，图 11-2 为中低压液化石油气瓶，图 11-3 为长管拖车。

（2）国内现状

我国早年批准西安和四川的两家公司生产全复合材料高压气瓶，这些企业按照国际标准 ISO11439：2000《车用压缩天然气高压气瓶》制定了汽车用塑料内衬复合材料 CNG 气瓶企业标准，并经全国气瓶标准化技术委员会评审备案，并严格按照《气瓶安全监察规程》第 5 条的有关规定，进行研制气瓶的型式试验和评定。到目前为止，经型式试验技术评定合格的气瓶，试用超过 8 年。试用期间，要求省级质量技术监督部门对气瓶研制、使用情况进行跟踪检查。

近年来，随着国内氢能源热潮的兴起，受国外全复合材料高压气瓶在氢燃料电池汽车上应用的影响，国内有数家企业和研究单位

图 11-2　中低压液化
石油气瓶

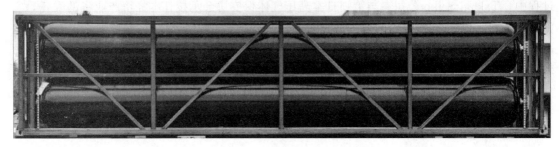

图 11-3　全复合材料长管拖车

开始全复合材料高压储氢气瓶的开发，如北京天海工业有限公司、亚普汽车部件股份有限公司、合肥通用机械研究院、沈阳斯林达安科新技术有限公司等单位均在进行这方面的研究，技术也取得了很大的进展，在不久的将来，也会有相应的产品和标准来填补这一空白。

在低压气瓶方面，我国已经有少量低压液化气气瓶生产。其他在航空航天方面也有少量全复合材料气瓶的使用，但是量很少。

11.1.2　金属内衬与塑料内衬复合材料压力容器优缺点比较

本书第二篇对金属内衬复合材料压力容器进行了详细的分析，目前也有塑料内衬复合材料压力容器在生产，这两种复合材料压力容器仅仅是内衬不一样，其他结构和制造工艺基本相同。两种内衬材料各有自己的适用范围。

自 1977 年以来，纤维缠绕复合材料制作的气瓶广泛用于压力在 15MPa 以上、有严格重量要求的压缩气体存储中，如自救呼吸装置及应用天然气的汽车工业。传统复合材料气瓶使用金属内衬，外面用高强度纤维复合材料缠绕制成。为了进一步减轻复合材料气瓶的重量并降低成本，在开发塑料内衬方面技术人员作了很多研究，并取得了成功。下面比较以铝合金为代表的金属内衬和聚酰胺纤维内衬纤维缠绕容器的优缺点。

（1）铝内衬的特点

① 铝内衬的优势。

a. 一般铝合金内衬采用旋压成型，整个结构无缝隙因而能防止渗透。

b. 气体不能透过铝内衬，所以带有这种内衬的复合材料气瓶长时间储存气体也不会泄漏。

c. 在铝内衬外采用复合材料缠绕层后，施加的纤维张力使铝内衬有很高的压缩应力，这一工艺大大地提高了气瓶的气压循环寿命。

d. 铝内衬在很大的温度范围内都是稳定的。高压气体快速泄压时温度下降高达 35℃ 以上，铝内衬对此不受影响。

e. 对复合材料气瓶来讲，采用铝内衬稳定性好，抗碰撞。典型铝内衬复合材料气瓶的损伤容限比同样的塑料内衬的损伤容限高很多。

② 铝内衬的不利因素。

a. 复合材料用铝内衬通常较贵，铝内衬的价格取决于它的规格。

b. 新规格内衬研制周期长。

c. 重量比塑料内衬重。

（2）PA 塑料内衬的特点

① 塑料内衬的优势。

a. 能节省成本。塑料内衬本身比金属内衬便宜，但是金属瓶口阀座使成本提高。

b. 高压循环寿命长。塑料内衬的复合材料气瓶，从0到使用压力能工作10余万次。

c. 防腐蚀。塑料内衬不受各种腐蚀材料影响。

② 塑料内衬的不利因素。

a. 可能通过接头泄漏。塑料内衬与瓶口阀座之间较难获得可靠的密封，塑料与金属之间长期粘接性能不好，高压气体分子容易浸入塑料与金属结合处。当内部气体迅速释放时产生极大膨胀力，由于塑料与金属之间的热膨胀率的不同，随着时间变化，逐渐减弱金属与塑料之间的粘接力。在不变的载荷下，最后塑料也会趋于凸变或凹陷。

b. 碰撞强度低。塑料内衬对纤维缠绕层没有结构增强或提高刚度的作用，因此，要增加塑料内衬的复合材料气瓶的外面加强层厚度。为防止碰撞和损伤，有人在气瓶封头处加上泡沫减振材料，然后在外面做复合材料加强保护层。因此，在重量上不比同样容积的铝内衬复合材料气瓶轻多少。

c. 气体可能透过。塑料内衬必须用适当的材料和厚度，在允许低渗透率的情况下存储气体，气瓶存储的甲烷不能含氢分子。对于储氢气瓶内衬需要特殊处理。

d. 内衬与复合材料粘接易脱落。随着时间的推移，内衬与复合材料加强层之间会发生分离，这可能是由工作压力快速泄压或老化收缩引起的。

e. 塑料内衬对温度敏感。当气瓶从高压快速泄压到0时，内表面温度下降多达35℃。低温可能引起塑料内衬脆裂和破裂。同样的因素，当快速充氢时，气瓶温度可达100℃，对内衬和复合层均有不利影响。

f. 塑料内衬刚度低，使制造过程中容器的变形较大，这种变形会增加操作时的附加应力，降低容器的承压能力。

采用金属还是塑料做内衬作为复合材料气瓶的内衬要根据实际情况定。

11.2　全复合材料压力容器设计

11.2.1　材料选用

（1）内衬材料

全复合材料内衬材料选择时需要考虑如下因素：

① 具有良好的成型工艺，易于加工；

② 对使用介质具有较好的防渗透能力和较好的化学稳定性；

③ 具有较好的耐老化性能，有较大温度范围的热稳定性；

④ 材料要有较强的抗变形刚度。

目前使用较多的内衬材料有高密度聚乙烯、聚酰胺、耐高温尼龙、聚丙烯、交联低密度工程塑料等，也可以根据实际使用场合开发新的专用材料。

（2）复合层材料

复合层的材料与制造技术在第二篇已有介绍，这里不再重复。不同的是全复合材料压力容器的复合层刚度不能考虑内衬的强度和刚度，而金属内衬复合材料可以计算内衬的强度和刚度。

11.2.2　技术进展

高压气瓶过去制造和使用的主要是钢和铝等金属材料。按制造方法分有冲拔拉伸（E法）、管材收口（M法）以及冲压拉伸（C法）等。随着材料科学和制造工艺技术的进步，由于气瓶为移动式容器，为了减轻气瓶的重量，同时又能保证其承受较高的压力，出现了在金属或非金属材料内衬外缠绕增强纤维材料组合结构的缠绕气瓶，即复合材料气瓶。复合材料气瓶目前主要应用于氢燃料电池汽车高压储氢容器、呼吸器（如消防呼吸、登山、老人及病人吸氧、航空及航天领域等）及车用压缩天然气燃料气瓶等领域。首先介绍目前纤维缠绕复合材料气瓶的有关标准及各国发展的主要情况。

11.2.2.1　纤维缠绕复合材料气瓶的发展及其标准情况

（1）复合材料气瓶的发展

复合材料气瓶的发展是基于火箭发动机复合材料机壳技术发展起来的。早期的复合材料气瓶是用玻纤浸渍环氧树脂缠绕于橡胶内衬上，虽然其重量比钢质轻，但由于玻纤有较低的强度和较低的静态疲劳强度，且气体渗透率较大，因此设计时采用较高的安全系数。20世纪60年代开始使用金属内衬，外面进行纤维缠绕增强。复合材料气瓶采用金属内衬的渗透率比橡胶内衬的低得多，但内衬的疲劳寿命却受到限制，薄壁内衬可在100~1000次循环产生开裂到泄漏，而厚壁内衬可在10000~30000次循环产生泄漏。复合材料容器和气瓶最早于20世纪50年代和60年代用于国防和航天，这些容器或气瓶用于军用飞机的喷射系统、紧急动力系统和发动机重新启动应用系统，也用于航天试验室的氧气罐和导弹系统的压力源。每一架航天飞机都用一定数量的复合材料气瓶作为机舱氧气补给和推进器及控制系统的动力。20世纪70年代开始，复合材料气瓶在民用方面大大增加，玻纤、碳纤维和芳纶纤维缠绕于铝内衬或钢内衬上，用于消防呼吸器、天然气气瓶，相类似的气瓶用于海军救生筏充气。四型瓶还可用于海上石油平台张力系统的水力蓄能器，其中压缩天然气车用瓶成为复合材料气瓶的最主要的市场。

纤维缠绕复合材料气瓶发展历史如下：20世纪60年代，用于卫星及航天复合压力容器。20世纪70年代，从作为美国国家航空航天技术转向民用商业市场；美国运输部批准采用玻纤和芳纶纤维生产环向缠绕复合材料气瓶。20世纪80年代，其他有关国家批准复合材料气瓶用于商业市场，呼吸器成为复合材料气瓶的主要市场。20世纪90年代，国际标准化组织（ISO）和欧洲标准化委员会（CEN）以及欧洲天然气汽车联盟起草批准复合材料气瓶新标准；定位气瓶性能，允许采用新材料如碳纤维；批准塑料内衬复合气瓶即Ⅳ型瓶；压缩天然气车用瓶成为复合气瓶的主要市场之一。

（2）全复合材料压力容器主要标准体系简介

① 中低压气瓶。我国目前没有中低压全复合材料气瓶的国家标准，但有全复合材料液化石油气气瓶生产单位，主要参考国外的标准来制定自己的企业标准。

② 天然气气瓶。自20世纪70年代末期以来，全球范围内的压缩天然气（CNG）工业主要按意大利规范、或美国运输部DOT3AA修订版来设计钢瓶。1989年新西兰把进行疲劳设计试验验证引入NZS5454标准，这是第一个在CNG中使用的气瓶标准，主要是针对钢瓶，为了保证热处理的合理性，要求对每一个气瓶都要进行硬度试验。1992年美国制定了ANSI/AGA NGV2-1992车用压缩天然气气瓶标准，它是建立在钢质气瓶标准USDOT3AA、铝质气瓶标准USDOT3A1、全缠绕气瓶设计标准草案FRP-1和环缠绕FRP-2气瓶设计标准

草案的基础上，另外还规定了 CNG 气瓶的使用条件和相应的性能试验要求。NGV2-1992 年版 1998 年更新一次，现行版本为 NGV2-2000。美国国家公路交通安全管理局（NHTSA）采用该标准的部分内容，并且于 1995 年 3 月发布了一个新标准即 FMVSS 304《联邦机动车安全标准》。在加拿大，CSAB51 Part Ⅱ《车用天然气高压气瓶》标准于 1995 年 1 月开始实施。1989 年 ISO/TC58/SC3/WG17 也着手《车用压缩天然气气瓶》国际标准的制定工作，于 1992 年提出标准草案，经过多次修改 ISO 11439《车用压缩天然气高压气瓶》现已被包括中国在内的世界上大多数国家认可，标准第一版已于 2000 年 9 月 15 日正式颁布，它包括 CNG-1 金属气瓶、CNG-2 金属内衬环向缠绕气瓶、CNG-3 金属内衬全缠绕气瓶和 CNG-4 塑料内衬全缠绕气瓶。ISO 11439《车用压缩天然气高压气瓶》是建立在过去 20 年来各国经验的基础上制定的。因此目前国内车用压缩天然气气瓶也多参考该标准。压缩气体和液化气体用纤维缠绕复合材料气瓶国际标准化组织于 2002 年批准了一套纤维缠绕复合气瓶标准：ISO 11119《复合结构气瓶—规范和试验方法》。

③ 高压储氢气瓶。国际上高压储氢容器的标准主要有以下几种，ISO 组织的 ISO 19881—2018 Gaseous hydrogen—Land vehicle fuel containers，该标准对车载高压储氢气瓶的制造、型式试验、检验等作出了详细的规定。联合国世界车辆协会制定的全球统一汽车技术法规 UN GTR No.13 Global technical regulation，该标准规定了车载高压储氢气瓶的制造、型式试验、检验。美国机动车工程师协会（SAE）制定了电动车载高压储氢气瓶的标准 SAE J2579-2018 Standard for fuel systems in fuel cell and other hydrogen vehicle，该标准规定了氢燃料电池汽车车载高压储氢气瓶的制造、型式试验、检验。

我国的高压储氢气瓶还没有国家标准，已经有团体推荐标准 T/CATSI 02007-2020《车用压缩氢气塑料内胆碳纤维全缠绕气瓶》，结合了国外现有标准，该标准规定了车载高压储气瓶的制造、型式试验要求和检验要求。

11.2.2.2　纤维缠绕复合材料气瓶的型式试验问题

纤维缠绕复合材料气瓶除了考虑材料特性、设计上要求应力分析，其关键还在于以性能为基础，即不论其结构形式如何，其合理性以成功地进行一系列的型式试验为基础。较早报道的复合气瓶资料是 S. N. Sirosh 和 Baylac 等在 1996 年 7 月召开的第八届国际压力容器技术会议上所发表的论文，对美国、加拿大、法国等所进行的车用复合材料气瓶的发展及其型式试验作了报道。S. N. Sirosh 等主要介绍了车用压缩天然气全复合材料气瓶的试验与确认。车用压缩天然气瓶标准编制的关键在于以性能为基础，亦即不论结构型式如何，其合理性已成功地通过一系列的性能试验，而这一系列的性能试验是根据使用方式和使用寿命而设计的，也就是说，若没有通过合格的性能试验，这种气瓶的设计是不能批准使用的。Baylac 介绍了法国全复合压缩天然气车用气瓶的发展，即在工业部工业质量与标准分会的领导下，由复合材料生产厂、法国气体公司和 Aluisuisse 及 Ullit 两个气瓶厂成立了一个合作组织，联合进行攻关。两个气瓶厂均为雷诺公司机动车厂的供货商。经过大量试验攻关，1995 年法国工业部批准了这两个厂生产该类气瓶并用于机动车辆。这一系列性能试验也就是通常所说的型式试验，它们是根据使用方式、条件和使用寿命等要求而设计的，如爆破试验、环境温度下的疲劳试验、极端温度下的压力循环试验、破裂前泄漏试验、火烧试验、枪击试验、酸环境试验、裂纹容限试验、加速应力破裂试验、高温蠕变试验、跌落试验、渗透试验、天然气循环试验等。目前，各有关厂家都已具备了一定的型式试验条件，政府部门又明确了型式试验单位，相信这方面的工作，今后会越来越好。

11.2.2.3 复合材料气瓶的定期检验

国内外复合材料气瓶标准对定期检验要求相似，下面以 ISO 11439 为例简单介绍有关检验部分内容。

ISO 11439《车用天然气高压气瓶》标准附录 H 中明确规定：制造者应明确地规定使用者的义务、应遵守的检验要求，如由授权人进行定期复验；要求的检查和试验按使用国的有关规程进行。推荐的定期检验：在使用寿命期间的外观检查或试验，在按规定使用条件下使用的基础上，由气瓶制造单位提供。每个气瓶至少每 36 个月一次，包括紧固带在内的重新安装、外表面损伤或质量衰退时进行外观检验。外观检验应由有能力的、经过管理部门批准或组织的代理者根据制造者的技术标准来完成。没有指示性的标识、标签或印记的气瓶，或其已经模糊不清的，不可继续使用。当然，如果这样的气瓶能被制造者或由序号准确识别，在更换标牌或打印标记后，仍可继续使用。撞车后，气瓶被碰撞，则由授权的代理者复检，在撞车中未受任何损伤的气瓶可以恢复使用。否则，气瓶应返回制造者进行评定。如果被火烧，气瓶应由授权的代理者复检，或废弃。ANSI/CSANGV2-2000《车用压缩天然气燃料气瓶的基本要求》对定期检查也作出了类似的规定：由设计者根据使用条件规定，至少每 36 个月一次或重新安装后，应对气瓶进行外部损伤或退化的外观检查，由有资格的检验师按制造商的建议及 CGA C6.4《车用天然气燃料气瓶及其装置的外观检验方法》评定；如遇碰撞、事故、失火或其他损失，应按 CGA C6.4 立即进行检查，如无损伤，则交付使用；如果确认超压大于 125% 工作压力，则从使用中卸下。最早的复合气瓶定期检验标准是美国压缩气体协会 CGA C6.2-1982《纤维增强高压气瓶的外观检验和二次评定指南》，这里的纤维是指玻纤和芳纶纤维，其损伤包括磨损、割伤、凹陷或碰伤、离层和结构损伤。将损伤分为以下三类。一等损伤（合格）：一等损伤是轻微的，并且认为是正常的，对气瓶的安全和它的继续使用没有有害的影响。如油漆的擦伤、无明显深度的凹陷或弯折，或纤维的擦伤。二等损伤（需附加检验或修理）：二等损伤的割伤、凿伤比一等深些或长些，或纤维损伤严重些，可进行修理，但应按制造厂提供的要求进行。三等损伤：被认为是不能修理的，气瓶应报废。目前收集到的有关复合气瓶的定期检验标准主要如下。

① CGA C6.4-1998《车用压缩天然气燃料气瓶及其装置的外观检验方法》。

② 林肯复合材料公司《全复合天然气燃料气瓶检验指南》。

③ ISO 11623：2002《复合气瓶的定期检查和试验》。该标准规定了铝内衬、钢内衬、非金属内衬和无内衬结构的环向缠绕和全缠绕气瓶定期检查和试验的要求。适用于压力下的压缩气体、液化气体或溶解气体用气瓶，水容积为 0.5～450L，根据实际情况亦可用于 0.5L 以下。

④ ISO 19078：2013《气瓶——车用天然气高压气瓶及其配套装置的定期检验》。

这些标准有其共同点：将气瓶及其配套装置的损伤情况分为三级：一级损伤为合格，可继续使用；三级损伤应报废，从使用中更换；二级损伤一般与制造厂联系，进一步确诊，确认修复后使用还是继续使用，也有可能经进一步检测，判定为一级或三级，即可继续使用或判废。

11.2.2.4 我国的情况

现在全国气瓶标准化技术委员会归口的国家标准超过 100 个，分别属于基础标准、材料标准、制造标准、检验试验标准、安全标准和零部件标准，全复合材料气瓶标准也已经推出了团体标准用于高压储氢。目前各制造企业都是参照国际标准或国外同类产品标准制定企业标准，在要求和掌握的尺度上难免出现小的差异。为此，应在有关厂家生产实践的基础上，参照国际标准和国外先进标准，结合国内使用特点，尽快制定出我国此类气瓶的制造标准、定期检测和安全评定标准。

在规范复合气瓶的应力分析工作方面，不论是国际标准还是国外同类标准，以至目前各厂的企业标准，对复合气瓶的设计都要求进行应力分析。根据国家市场监督管理总局对锅炉压力容器制造许可条件的要求，型式试验前，设计文件需经过鉴定；在"锅炉压力容器制造许可工作程序"中规定，有型式试验要求的产品，应在工厂检查前审查有关设计文件、图纸。正确合理的应力分析也是气瓶设计合格的先决条件，因此应统一规范此项工作，这有利于复合材料气瓶的规范统一。

11.2.3 设计

全复合材料压力容器设计是一项非常复杂的工程技术，其应力强度计算包括解析法、有限元数值分析方法、样条函数配点分析方法、网格计算法等。但在工程实际应用中，由于复合材料本身的特性，加上缺乏必要的测定数据，往往从开始设计时这些方法就存在比较大的误差，因此有人怀疑这些理论的可靠性。实际上，任何理论都有从不完善到完善的过程。只有把工程问题和理论很好地结合在一起，才能够很好地发挥理论指导作用。通过三十多年复合材料压力容器的设计和工程应用实践证明，初始设计时网格理论仍然是非常实用有效的设计理论。虽然该理论不能很好地预测容器的破坏过程及各部件在加压过程中的受力状态，但是它可以很好地预测容器的爆破压力，到目前为止，这是一种可以比较有效地使用的初始设计理论。有限元数值分析方法可以较精确地计算考虑大变形条件下、材料非线性和温度交变耦合条件下各部件的受力状态，达到优化设计的目的，对工程设计起到了很重要的作用。本小节根据工程实际设计情况，参考国内外设计标准和方法作一些介绍。

（1）封头设计

在全复合材料容器设计过程中，封头结构形式和型面的设计是十分重要的，因为复合材料筒体制造技术相对比较成熟，而实际容器失效多在容器封头及接口等薄弱环节发生，这也是目前全复合材料设计研究的重点和难点。

封头设计要根据两端开口的尺寸、纤维缠绕的线型以及对疲劳寿命的要求来共同确定。纤维的线型主要有螺旋缠绕、环向缠绕、平面缠绕和纵向缠绕，见表6-18。对于不同容器的整体结构及纤维缠绕线型，一般容器封头可采用椭球形封头、均衡型等应力封头、均衡型平面缠绕封头。有关均衡型封头的内容可以参看第6章网格分析有关章节。

而椭球形封头的均衡条件为

$$\tan\alpha = \sqrt{\frac{m^2 a^2 - 2(m^2-1)r^2}{m^2 a^2 - (m^2-1)r^2}} \tag{11-1}$$

式中 α——椭球形封头缠绕角；

m——椭球长短径比，$m=a/b$，a 为长轴半径，与容器半径相同，b 为封头深度；

r——计算缠绕角处的平行圆半径。

对于椭球形封头，实现均衡型的必要条件是 $m \leqslant \sqrt{2}$，故太浅的封头不能实现均衡型缠绕。

（2）强度与疲劳寿命设计

对于钢制压力容器来说，对其进行强度和疲劳寿命的评估和分析是较容易的技术问题，但是对于全复合材料压力容器而言，是一个非常困难的理论和工程技术问题。首先是这方面的技术资料很少，其次对于不同工艺制造的容器，很难具有一样的性能，可比较性较低。

对全复合材料压力容器的强度与疲劳寿命进行计算和评估是十分必要和重要的，需要对以下几个方面进行研究：

① 塑料内衬疲劳寿命曲线（SN 曲线）的测定。对于像车用气瓶这类大批量生产而制造工艺又相同的产品来说，这个工作是十分有意义的。

② 纤维缠绕复合材料理化性能指标的测定。这是确定缠绕工艺的重要基础，对于全复合材料压力容器来说，由于内衬不能承受太大载荷，缠绕工艺更加需要考虑内衬的特殊情况。纤维层的力学分析在第 7 章中已经有详细介绍。

③ 金属接头结构设计。全复合材料并非完全没有金属材料，而是根据工作环境需要各取所长，对于接口这类需要反复使用的部件，非金属的强度和耐磨性无法满足要求，一般仍然使用金属材料，这就出现两种材料的连接问题。

④ 容器可靠性和失效模式分析。全复合材料压力容器的安全可靠性往往对于整个系统起着至关重要的影响，故安全可靠性要求很高。

（3）材料老化

复合材料压力容器增强材料的抗老化性能与材料的持久强度也是这类容器设计十分重要的方面，这些参数对于容器设计安全系数的选取、使用寿命的确定等都有很大的影响。不同的增强材料抗老化性能有比较大的差别。一般增强材料有玻璃纤维（E 玻璃纤维、S 级高强度玻璃纤维）、芳纶纤维（kavlar 纤维）、碳纤维、硼纤维等。缠绕工艺可以是单一纤维缠绕，也可以是混杂纤维缠绕。第 6 章中曾经介绍了纤维的混杂效应问题，所以为满足不同要求的多纤维缠绕设计越来越普遍。

不同纤维的抗老化性能可参看表 11-1。这是美国 NASA（国家航空航天局）对碳纤维/环氧 T300/5209 进行的长期暴露试验/剩余强度的数据。从表可以看出，碳纤维/环氧复合材料的各方面性能比较理想。

表 11-1　碳纤维/环氧 T300/5209 长期暴露试验/剩余强度数据

试样号	暴露时间	破坏应力/GPa	弯曲强度/GPa	宽度×厚度/（mm×mm）
1-106	地下室	1503.073	102.732	12.756×2.179
1-107		1403.083	101.353	12.783×2.017
1-108		1609.926	106.179	12.75×3.057
1-109		1593.378	104.111	12.781×1.920
1-110		1538.220	105.490	12.748×1.869
1-076	1 年户外	1416.873	98.595	12.725×2.163
1-077		1365.851	99.285	12.756×2.103
1-078		1504.436	99.285	12.733×2.096
1-082	3 年户外	1595.447	106.179	12.774×2.101
1-083		1563.041	102.042	12.779×2.093
1-084		1587.173	108.937	12.723×2.078
1-079	5 年户外	1627.852	102.732	12.728×2.134
1-080		1676.115	107.558	12.758×2.106
1-081		1703.005	107.558	12.753×2.022

试样号	暴露时间	破坏应力/GPa	弯曲强度/GPa	宽度×厚度/（mm×mm）
1-085	7年户外	1443.762	102.042	12.789×2.220
1-086		1578.210	106.179	12.758×2.106
1-087		1607.857	101.353	12.730×2.116
1-088	10年户外	1506.504	108.937	12.728×2.101
1-089		1363.783	97.906	12.741×2.177
1-090		1332.757	97.907	12.779×2.220

参考文献

[1] 陈学东，范志超，崔军，等.我国压力容器高性能制造技术进展.压力容器，2021，38（10）：1-15.

[2] 付丽，石宇萌，赵峥嵘，等.美国最新研制的无内衬全复合材料低温压力容器.航天制造技术，2020（05）：57-59.

[3] 叶鼎铨.复合材料压力容器发展概况.玻璃纤维，2009（06）：43-44.

[4] 房景臣，付求舟，蒋元兴，等.HDPE内衬全复合材料压缩天然气气瓶研制.复合材料：生命、环境与高技术——第十二届全国复合材料学术会议论文集中国复合材料学会会议论文集，2002：655-658.

[5] 夏立荣.车用CNG全复合材料气瓶的失效模式分析及预防.压力容器，2009，26（12）：51-53.

[6] ISO 11439：2013. Gas cylinders — High pressure cylinders for the on-board storage of natural gas as a fuel for automotive vehicles.

[7] 徐延海，李永生，黄海波.全复合材料车用天然气气瓶使用寿命的计算与分析.玻璃钢/复合材料，2010（03）：52-55.

[8] 常彦衍，徐锋，高继轩.TSG 23—2021《气瓶安全技术规程》制定情况综述.压力容器，2021，38（02）：55-58.

[9] 周海成，阮海东.纤维缠绕复合材料气瓶的发展及其标准情况.压力容器，2004（9）：32.

[10] ANSI/AIAA S-081B-2018. Space systems-Composite overwrapped pressure vessels.

[11] T-CATSI 02007-2020.车用压缩氢气塑料内胆碳纤维全缠绕气瓶.

[12] SAE J2579-2013. Standard for Fuel Systems in Fuel Cell and other Hydrogen Vehicles.

[13] ISO 19881：2018. Gaseous hydrogen—Land vehicle fuel containers.

第12章
全复合材料压力容器强度分析

全复合材料压力容器主要分为有塑料内衬的复合材料压力容器（Ⅳ型气瓶）和无内衬的复合材料压力容器（Ⅴ型气瓶）两大类，有塑料内衬的全复合材料压力容器的结构形式与金属内衬复合材料压力容器的力学分析基础是相同的，只是后者考虑了内衬的承力能力，而前者不考虑内衬的承力能力，复合层的受力分析则是完全相同的。无内衬全复合材料压力容器由于采用具有密封性能的树脂基体，因此该类容器的受力分析只需要分析纤维增强层的强度。有内衬全复合材料内衬在设计中按不计承力能力考虑，但是实际上内衬承受较大的复杂应力，而内衬又是由强度较低的非金属材料构成，因此其受力分析十分重要。一旦内衬失效，不管容器复合层强度还有多好，整个复合材料压力容器都会失效。本章对全复合材料压力容器（Ⅳ型气瓶）内衬进行受力分析，复合层的受力分析则不再详细展开。

12.1 Ⅳ型气瓶内衬的强度分析

在本书第二篇中已经对复合材料的力学性能分析以及试验方法进行了介绍，对金属内衬复合材料压力容器进行了力学分析。全复合材料与之相比只有内衬不一样，复合层的力学分析是一样的，所以本节介绍全复合材料复合内衬的有关受力分析。

12.1.1 按弹性体分析

如果将非金属内衬视作符合弹性本构关系的弹性体，则其应力可按式（6-192）进行计算，通过变形协调可以求出内衬与复合材料层间的边界应力。这在第3章里有相关的计算公式，这里不再重复。

12.1.2 按黏弹性体分析

一般工程塑料或者橡胶大部分很难用线弹性的本构关系表示其力学性能，正如复合材料的力学性能差别很大一样，工程塑料和橡胶等高分子材料的力学性能也大多因组分、合成工艺、温度差别很大，所以其力学性能大多采用试验实测得到。理论上目前对这类材料的分析一般采用黏弹性力学模型，借助计算机进行有限元分析，获得所需的应力。黏弹性的推导和计算均比较复杂，这里不再作介绍，可以参考高分子力学性能分析的有关文献。

12.1.3 塑料内衬的强度与失效

（1）聚合物的屈服与应变软化和应变硬化

大多数金属材料拉伸后产生塑性变形，是由于内部晶格发生相互的位错。位错时材料发生硬化，因而若要继续变形，需要施加更大的力。如果要求已经发生应变硬化的某些非金属材料能够被进一步拉伸，则要求材料结构有明显的转变。所谓硬化，通常是指由于存在晶体材料内部位错作用或聚合物分子的有序排列，使得每一连续的应变增量需要一更大的应力增量，这种现象又称为应变硬化（strain hardening）。如在聚乙烯（polyethylene）材料中发生的那样。图 12-1 所示为聚乙烯材料拉伸试验应力-应变曲线。这种材料为半结晶体，试验开始时的晶体为薄片状，厚约 10nm，像轮辐那样径向向外排列，若在球形区域内则称为球粒。应变增加时，这些球粒首先沿应变方向变形；应变进一步增加时，球粒破坏分开，所产生的薄碎片沿分子主轴方向重新组合，成为纤维状的微结构。由于强共价键沿受力方向的有序排列，材料表现出更高的强度和刚度，比材料的原始状态大约能提高一个数量级。

许多天然聚合物，如蜘蛛丝、人体肌腱、木材纤维等均呈纤维状。根据承受载荷的需要，这些材料以特殊方式有序地排列。复合材料正是应用这种机理，定向其分子键或采用纤维增强以达到提高强度和刚度的目的。

图 12-1 中聚合物的应力-应变曲线表明，屈服前曲线便开始弯曲，应力和应变的关系不再保持线性，有一应变软化过程。应变软化表示为切线模量值的下降。在应变软化过程中，可观察到微观结构中的开裂释放（breaking lose）。其后，材料进入塑性流动状态，形成初始屈服点处的明显不稳定状态，即在屈服点附近应力-应变曲线出现下凹形状。

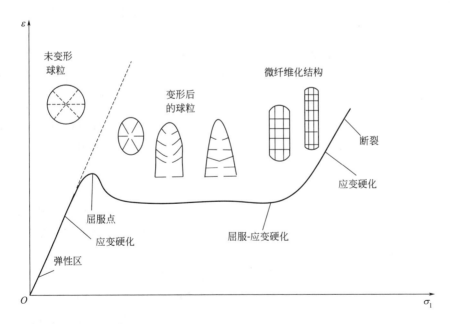

图 12-1 聚乙烯材料拉伸试验应力-应变曲线

铝材的拉伸试验亦有应变软化过程，一旦塑性流动发生，就会继续进行直至试件断开。而聚合物的流动过程则不然，屈服后流动的过程可以使材料硬化（hardening），它使变形材料的颈缩区域能承受不断增加的真实应力 σ_i（$\sigma_i = f/A$，A 为颈缩后的横截面面积）。

利用聚合物应变软化—屈服—应变硬化的特点，可以在工程上充分发挥材料的性能。应用化学方法，使分子结构有序排列，可以大大提高纤维状结构的轴向强度和刚度。

（2）聚合物的屈服行为

对于金属材料，静水压力对轨迹不会发生影响，反而能够大幅度地提高金属的可延展性，有利于金属的成型加工。对于聚合物，在压缩应力状态下抵抗屈服的能力远远好于拉伸应力状态下。在聚合物中能够观察到原子滑移运动，要求具有类似分子间移动的"自由空间"。由于这一自由空间被压缩应力缩减了，因此难以通过变形过程使聚合物形成固定的形状。这就是大量的汽车车体（壳）仍然采用钢材而不采用塑料制造的原因之一。

考虑静水压力 p 对聚合物的影响，最大切应力屈服准则（Tresca 屈服准则）$\sigma_1 - \sigma_3 = \sigma_s$ 应改写为

$$\sigma_1 - \sigma_3 = \sigma_s + Ap \tag{12-1}$$

与最大切应力屈服准则平行应用的另一准则——形状改变比能屈服准则（Mises 屈服准则）应改写为

$$\sqrt{\frac{1}{2}\left[(\sigma_1 - \sigma_2)^2 + (\sigma_2 - \sigma_3)^2 + (\sigma_3 - \sigma_1)^2\right]} = \sigma_s + Ap \tag{12-2}$$

式中，A 为与温度有关的参数。

可以看出，当静水压力 p 增加时，一方面增加了引起材料的切应力；另一方面增加了内部分子移动的阻力，减少了自由空间。这一静水压力的影响修改了 Mises 的椭圆屈服轨迹，使它从第 I 象限向第 III 象限移动，如图 12-2 所示。可以看出，为了使聚合物材料屈服，需要较高的压应力或者较低的拉应力。

某些非晶体玻璃态的聚合物，如聚乙烯、聚亚甲基等，呈现奇特的屈服机理。由于拉伸，材料产生内部缝隙而伸长。在温度接近于玻璃态转变温度 T_g 时，由于塑性流动产生大量的缝隙。这些缝隙的宽度约为 1000Å（$1\text{Å} = 10^{-10}\,\text{m}$），即 100nm，长度约为几微米，即几千纳米。这种缝隙很像裂纹，但又不同于裂纹。由于缝隙张开，部分材料被拉成丝状，这些丝从缝隙一侧贯穿到另外一侧。对于这种屈服现象，通常采用的准则为

$$\sigma_1 - \sigma_2 = A(T) + \frac{B(T)}{\sigma_1 + \sigma_2} \tag{12-3}$$

显然，上式等号左边的量与切应力有关，右边第二项中的分母与静水压力有关，A 和 B 均为与温度 T 有关的参数。由式（12-3）可以画出蝙蝠翼状的屈服轨迹，如图 12-3 所示。拉伸缝隙屈服不会发生在压应力场中。

拉伸缝隙是一种屈服机理，但是当缝隙宽度增加且缝隙间的丝被拉断时，材料呈脆性断裂。拉伸缝隙屈服轨迹与剪切轨迹相交的点为韧-脆转换屈服应力，亦即破坏形式从剪切屈服到脆性破坏的过渡点。拉伸缝隙屈服与环境介质有很大的关系，例如丙酮可以促使材料的自由体积扩张，从而大大加剧脆性破坏的趋势。相反，如果掺入其他材料也可以改变拉伸屈服现象，如橡胶颗粒的夹杂，可以稳定现有的缝隙，使其不至于形成真正的裂纹，从而大大增加材料的韧性。

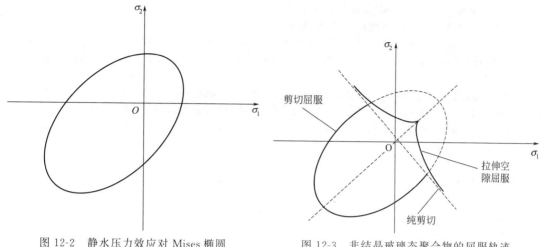

图 12-2　静水压力效应对 Mises 椭圆　　　　图 12-3　非结晶玻璃态聚合物的屈服轨迹
　　　　　 屈服轨迹的影响

12.2　全复合材料压力容器的应力分析

12.2.1　内衬应力控制

在讨论了聚合物的失效过程后，可以对内衬的应力进行限定。全复合材料内衬十分重要，一旦失效就导致整个容器失效，所以对其设计时一定要严格控制其应力水平。

在内衬应力计算时，不管采用何种假设均可以得到内衬的应力计算值。与金属压力容器一样，其三向应力是缠绕时预压缩应力与工作时操作压力引起的应力的叠加值。将三向应力代入到式（12-2）中，不考虑各种应变强化效应，因为进入塑性变形后容器内衬很容易疲劳破坏（已经有失效实例），故应该限制内衬的应力在弹性状态中，即有

$$\sqrt{\frac{1}{2}\left[(\sigma_1-\sigma_2)^2+(\sigma_2-\sigma_3)^2+(\sigma_3-\sigma_1)^2\right]}=\sigma_s \tag{12-4}$$

如果采用 Tresca 屈服准则，也一样应该限制在弹性范围内，即

$$\sigma_1-\sigma_3=\sigma_s \tag{12-5}$$

塑料内衬的真实应力比较复杂，可以采用有限元等数学方法计算其应力，计算越准确，设计就越可靠。

12.2.2　复合层应力控制

复合层应力控制在第二篇中已经进行了详细的介绍，这里不再介绍。对于塑料内衬复合材料，由于无法采用预应力缠绕纤维，或者自增强处理技术，全复合材料压力容器筒壁的应力分布没有得到均化，所以对容器的抗疲劳性能会有一定的影响。国内有部分全复合材料压力容器的疲劳性能测试数据也显示这样的结果，这是与理论分析相符合的。

参考文献

[1]　张少实，庄苗.复合材料与粘弹性力学.北京：机械工业出版社，2005.

［2］ 周维祥.塑料测试技术.北京：化学工业出版社，1997.

［3］ 赵渠森.先进复合材料.北京：机械工业出版社，2003.

［4］ 王建平，霍立兴.高密度聚乙烯塑料压力管道热板焊接头应力分布有限元分析.压力容器，2005（4）：13.

［5］ 胡正云，陈明和，潘勃.Ⅳ型70 MPa气瓶非测地线缠绕强度分析与爆破试验.复合材料科学与工程，2021（11）：94-101.

［6］ 方岱宁，刘铁旗.纤维增强高分子聚合物基复合材料有效性能的三维数值分析.复合材料学报，1997（3）：81.

［7］ 陈明和，胡正云，贾晓龙，等.Ⅳ型车载储氢气瓶关键技术研究进展.压力容器，2020，37（11）：39-50.

［8］ Schäkel M，Janssen H，Brecher C. Process analysis of manufacturing thermoplastic type-iv composite pressure vessels with helical winding pattern. International SAMPE Technical Conference，2021，2021：955-967.

［9］ Mathews F L，Rawlings R D. Composite materials：engineering and science，Chapman & Hall，1993.

［10］ 刘妍，石凤文，黄强华，等.高压压缩氢气塑料内胆复合气瓶内胆选材的探讨.中国特种设备安全.2021，37（04）：1-4.

［11］ 贾子璇.塑料内衬复合材料储氢气瓶的结构设计及有限元验证.北京：北京化工大学，2020.

［12］ 贾松青.Ⅳ型LPG气瓶充装试验与数值模拟研究.大连：大连理工大学，2020.

第13章
全复合材料容器的制造

全复合材料压力容器的设计、制造与检验目前还没有国内标准可依，处于各企业按自己标准执行阶段。但使用阶段可以根据国家质量技术监督局《气瓶使用安全规程》进行操作。本章介绍目前在用全复合材料压力容器的制造。

13.1　有内衬全复合材料压力容器的制造与检验

13.1.1　制造

全复合材料压力容器的制造也分内衬、复合层的制造，但是内衬的制造与普通金属内衬的成型工艺和制造方法完全不一样，而纤维层的制造则完全相同。本小节重点介绍全复合材料压力容器的内衬制造工艺。

13.1.1.1　内衬的制造

（1）内衬材料的选取

内衬材料的选择首先要符合良好的可加工性，同时应该考虑对所盛装介质的耐腐蚀性、渗透性。从目前制造与使用情况看，在使用中内衬容器的不规则形状对整个容器引起的二次应力使应力集中现象严重，这种影响足以使容器在很低的压力下发生失效，故良好的可加工性是十分重要的。

内衬材料可选择工程塑料或者具有一定硬度和强度的橡胶等材料，由于纤维缠绕需要一定的刚度，还要进行一定的机械加工，故目前一般以塑料内衬为主，本文也主要以塑料内衬为例进行说明。对于天然气气瓶而言，一般的塑料内衬材料，只要设计合理，一般都能满足标准对于天然气渗透率的技术指标要求，人们主要应考虑满足气瓶疲劳设计及塑料内衬的成型工艺。对于高压储氢气瓶，还要考虑氢渗透性和相容性。

（2）内衬成型工艺技术

塑料内衬的成型主要有滚塑成型、注塑焊接成型和吹塑成型等方法，下面分别介绍它们的优缺点。

对于滚塑成型的塑料内衬，其优点是只要较好地掌握滚塑成型工艺，就可以保证塑料内衬的均匀、材料的塑化度及气瓶对于塑料内衬的气密性要求，滚塑成型的内衬厚度均匀，适用于各类容器的内衬。其缺点是不适合内衬形状复杂的结构，对于储氢容器这样的高压容器，其瓶口密封较难实现。对于滚塑内衬来说，密度太高太低都不好，一般密度控制在 $0.938 \sim 0.950 \text{g/cm}^3$（中密度聚乙烯）之间比较合适。

注塑焊接成型的内衬，其优点是具有较好的均匀性、形状也比较规则，特别是密封部位的材料致密性比较好。由于可以从内部安装瓶口密封件，密封结构容易安装，适用于密封要求高的储氢容器。缺点是较难满足其焊接部位的焊接质量，需要很好的质量保证体系，制造速度较慢，成本较高。虽然如此，注塑焊接塑料内衬仍然是全复合材料高压储氢气瓶内衬制造工艺的主要方式。

吹塑成型的内衬，其优点是成型速度快，成本较低，适用于低压容器生产。缺点是成型厚度均匀性控制较难，对厚度较大的塑料加工有一定难度。

由于内衬与复合层材料的性能差别比较大，在塑料内衬制造完成后，一般在内衬封头外表面或整个内衬外表面涂胶层，目的是减缓塑料内衬与复合材料增强层界面间的剪切应力，防止错动，提高气瓶内衬的疲劳寿命。

13.1.1.2　复合层的制造

（1）树脂配方

全复合材料容器的性能主要决定于复合层的性能，而树脂基体的性能对复合层的性能是至关重要的。选择树脂基体的基本要求：

① 能够和纤维具有较好的相容性，特别是和纤维表面分子级的相容性；

② 具有良好的抗氧化、耐老化性能；

③ 缠绕时黏度不要太高，使用期适当长一些，具有较好的工艺性；

④ 固化温度属于中温固化体系；

⑤ 具有与纤维相适应的力学性能和断裂伸长率；

⑥ 一定温度范围内的性能稳定性要求；

⑦ 较好的耐水性。

（2）固化工艺

一般采用分层缠绕、逐层固化工艺技术，像汽车用压缩天然复合材料气瓶一般采用湿法缠绕，由于其承受的内压力比较大，因此气瓶的壁厚一般都比较厚。虽然气瓶缠绕时其施加的张力逐渐减小，但也会由于纤维的不断滑移，使得内层纤维逐渐松弛，甚至产生折皱。纤维的强度发挥必然会因此受到影响。分层缠绕逐层固化就是为了使得缠绕的纤维得到固定，就好像多个薄壁的纤维缠绕容器叠加在一起，其内外缠绕层的质量接近一致，可以最大限度地提高纤维的强度转化率。

（3）纤维张力控制技术

在缠绕时，为了保持纤维张力均匀一致，减少对纤维的磨损，选择合理的张力控制系统是非常必要的。

13.1.2　检验

（1）检验标准

由于全复合材料压力容器主要用于天然气气瓶和氢气气瓶，本小节仍以全复合材料天然气气瓶为例介绍有关的检验。

我国有关钢制气瓶检验的标准已经比较齐全，见表13-1，对于全复合材料气瓶的检验可以参照执行。

表 13-1　我国气瓶检验的有关标准

标准号	标准名
GB/T 8334—2011	液化石油气钢瓶定期检验与评定
GB/T 9251—2011	气瓶水压试验方法
GB/T 9252—2017	气瓶压力循环试验方法
GB/T 11638—2020	乙炔气瓶
GB/T 12135—2016	气瓶检验机构技术条件
GB/T 12137—2015	气瓶气密性试验方法
GB/T 13004—2016	钢质无缝气瓶定期检验与评定
GB/T 13075—2016	钢质焊接气瓶定期检验与评定
GB/T 13076—2009	溶解乙炔气瓶定期检验与评定
GB/T 13077—2004	铝合金无缝气瓶定期检验与评定
GB/T 15385—2011	气瓶水压爆破试验方法
GB/T 17925—2011	气瓶对接焊缝 X 射线实时成像检测

（2）声发射无损检测技术的应用

在第 6 章中介绍了复合材料的各种失效方式，它与金属压力容器的失效差别很大，而且没有一个明确的判断标准。如果以基体开始开裂就判断为失效则明显偏低，如果以开始泄漏为标准则太危险。通过声发射技术进行检测是目前使用较多的方法。通过对大量固体火箭发动机复合材料壳体和全复合材料气瓶水压爆破试验的声发射试验检测发现，在水压爆破试验过程中，当压力比较低的时候（一般为爆破压力的 20% 左右）即可听到"噼噼啪啪"的声音，此时声发射监测到树脂开裂和裂纹扩展的脉冲信号。这其实是容器局部高应力致使发生局部变形、纤维重新调整应力分布的结果。在某一压力 $P=P_i$ 时，信号数达到峰值。随着压力的不断增加，信号数又逐渐减少，甚至消失。当压力接近爆破压力时，信号数又不断增加，这时监测到的信号主要是纤维断裂的信号，直至气瓶爆破。通过大量的数据积累和经验总结，可以预测气瓶的爆破压力。如果该方法可以达到实用的程度，就会大幅度降低水压试验对复合材料气瓶的损伤。但是这个工作是长期的，要达到使用的程度，还有一个比较漫长的过程。图 13-1 给出了声发射脉冲数和内压力的关系曲线。

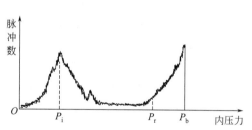

图 13-1　声发射脉冲数和内压力的关系曲线

在进行全复合材料气瓶的设计时，爆破压力是一个很重要的设计变量，也是容器的一个重要性能指标。由于树脂的抗拉强度极限及弹性模量比纤维的小得多，而且气瓶将要爆破时，树脂几乎全部开裂，已不起加强作用。所以在计算气瓶的爆破压力时，忽略树脂的作用，将气瓶看作是完全由纤维缠绕而成的，对这种模型结构进行分析的一套理论和方法就是网格理论。实践证明，用网格理论计算纤维缠绕压力容器的爆破压力是比较准确的，这个理论也是基于气瓶爆破时的实际状态。

在声发射检测过程当中，设定合适的门槛值是非常关键的指标，要根据不同的气瓶，包括不同增强材料、不同结构形式、不同容积的气瓶分别采用不同的设定值。

13.1.3　定期检验

（1）气密性检验

全复合材料压力容器是特殊的结构组合，其在使用一段时间后，塑料内衬和复合材料层会部分分离，这种分离并不影响使用，也不会对容器产生任何不良影响。这就使得压力容器的气密性试验非常难以判断，按照传统的钢质气瓶的检验方法显然不能适合于全复合材料气瓶，因为部分压力容器在按传统的气密检测过程当中会有部分气泡产生，但实际上这种气泡是气瓶复合材料增强层和塑料内衬夹层之间的空气。如果给压力容器充上天然气等介质，仍然会有少量空气气泡，这正是复合材料压力容器的特点。所以在容器的定期气密检验项目中，应该用气体检漏仪对容器进行介质泄露检验，肥皂液的涂液检测方法可以作为辅助的检测项目，不能用于判定容器是否漏气。

（2）水压检验

对于车用全复合材料而言，如果在定期检测中要进行水压检验，就必须将容器从车上拆卸下来。从国外相关资料报道和对全复合材料气瓶的认识及复合材料气瓶实际检验过程来看，水压检验项目的必要性不大。因为，复合材料气瓶的承压主要靠外部缠绕层的复合材料，而外部复合材料在设计时就考虑到材料的老化、可以接受的二级以下损伤、少量的酸腐蚀等因素对其强度的影响。应该说在气瓶的整个寿命期内，只要外表面没有不可以接受的缺陷、化学品腐蚀及明显的材料性能衰退迹象、阀门等部位撞击可能引起的气瓶接口部位损伤缺陷等，只要在使用过程中规范地使用维护并完善相关记录，复合材料增强层的承压是没有问题的。如果要进行水压检验，势必要将气瓶从车上拆下，并进行1.5倍工作压力下的水压检验，增加了气瓶的损伤，同时在拆卸中会造成一些不必要的磕碰、划伤，增加不利因素。因此对于全复合材料气瓶而言，其定期检验可以对气瓶进行不拆卸的外观检查和气密性检查，气瓶的安全使用是有保证的。

13.1.4　安全使用和监督

对于全复合材料气瓶而言，对用户的要求是非常高的，用户必须严格按照产品使用说明书的要求进行操作。在气瓶的运输、安装过程当中，要轻拿轻放，防止意外磕碰。安装过程中，要按照使用说明书的要求，选取使用合适的卡箍，一般应采用气瓶生产厂家推荐的或随瓶附带的卡箍，安装的松紧程度要合适，过松会在使用过程中造成气瓶磨损，过紧会在气瓶充气后对气瓶造成一定的损伤，严重的会造成气瓶爆炸。同时要用橡胶和羊毛垫避免金属卡箍和气瓶直接接触。应严格按使用要求操作。

（1）氮气置换

目的是将空气置换干净，在第一次使用前，最好在汽车出厂前，对汽车的供气系统做一次完全的惰性气体置换，一般建议采用氮气，避免天然气闪爆事故的发生。

（2）安全使用知识培训

在正常的使用过程当中，要对有关操作人员进行必要的安全使用天然气供气系统的培训。对于出租车，在汽车的后备箱里，要把气瓶和储物间隔开，避免物体对气瓶的磨损。

（3）禁止超压加气

在加气时，应绝对禁止超压加气。气瓶容积有限，对于出租汽车而言，每次加气的续行里程较短，驾驶员为了多加气，同时加气站为了多售气，超压加气现象就比较多，特别是前几年在一些地区的出租车行业中，这种现象比较多。因为气瓶卡箍安装的松紧程度、气瓶的疲劳寿命等都是按照正常使用的条件设计的，如果多加几立方气，气瓶的疲劳寿命会大幅度降低，会埋下很大的安全隐患。这就要求安全监督部门严格规范加气站的行为，同时在售气机上进行设定，充满到额定工作压力时自动停止加气。

（4）寿命的影响

对于全复合材料气瓶而言，早期生产的气瓶寿命规定为 10 年或者充放气 7500 次，设计每天充气按两次计算，但在一些地区的实际使用过程当中，每天充气次数最多可以超过 6 次。充气的次数无法记录，造成了设计与实际使用的脱节，同时也给监管部门管理造成困难，所以在气瓶的安全附件或者再加装天然气供气系统的同时应该考虑对充气次数进行不可更改的实时记录，以便准确掌握气瓶的使用状态。

（5）严格定期检验制度与日常维护相结合

气瓶在使用过程当中，一般规定每 2~3 年检验一次，但这个规定没有严格执行，存在超期定检的现象。同时要加强日常维护和定期/一定续驶里程的外观检查。

（6）避免超期服役

气瓶属于特种设备，要严格按照气瓶的定期检验制度检验，对于到期的气瓶应严格强制报废，避免超期使用。但在实际使用过程当中，已发现有气瓶超期服役，相关的安全监督政策法规应该健全并加强监督。

13.2 无内衬全复合材料压力容器的设计与制造

无内衬全复合材料压力容器（Ⅴ型气瓶）是随着高性能树脂基体的开发而发展起来的，如图 13-1，这类树脂基体需要具备很好的与纤维的结合力和密封性能，复合后的性能具有较高的塑韧性和应变协调性。因此早期多采用热塑性塑料作为基体，近年来随着承压要求的提高，采用石墨烯作为添加剂应用于热固性基体后，热固性基体的塑韧性得到大幅提高。与传统的Ⅳ型瓶相比，省去了内衬。无里衬全复合材料气瓶重量将轻 15% 至 20%，这在航空航天工业中具有显著的性能优势，因为该行业对有效载荷重量极其敏感。无内衬全复合材料压力容器（Ⅴ型气瓶）主要为缠绕成型法。

13.2.1 设计

无内衬全复合材料压力容器（Ⅴ型气瓶）目前尚无国际或者国内的标准，德国、意大利有个别制造商已经开发了这类容器，美国复合材料技术开发公司（Composites Technology Development Inc，CTD）、Infinite Composites Technologies（ICT）公司也成功研发出Ⅴ型高压储氢气瓶和高压低温储罐，这些企业均根据自己企业的生产标准生产。我国目前没有企业在进行这方面的研究。

13.2.2 制造方法

无内衬全复合材料压力容器的结构如图 13-2 所示。其制造过程如下：先制造芯模，在芯模外按照设计的缠绕方式缠绕纤维，接着进行固化成型，取出芯模。由于芯模只能从很小的瓶口取出，因此芯模一般为一次性的塑料制品。

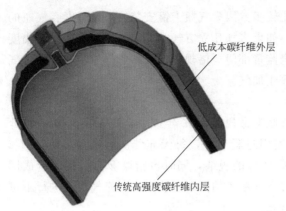

低成本碳纤维外层

传统高强度碳纤维内层

图 13-2　V型气瓶结构

（1）制造芯模

芯模一般为具有一定硬度的塑料模具，也可以是充气橡胶模。在缠绕时将芯模与瓶口阀座镶嵌在一起，制成一个可供缠绕的模具，模具表面涂抹脱模剂。

（2）缠绕纤维

该工序与有内衬的复合材料气瓶是相似的，这里不再赘述。

（3）取出芯模

将芯模从瓶口取出，清理气瓶内衬，使其内表面光滑。对于有特殊密封要求的可以喷涂高分子材料。也有橡胶芯模永久留在容器内壁的。

（4）压力试验

为了保证气瓶的密封可靠性，气瓶需要进行 1.5 倍设计压力的水压试验，特殊要求的需要进行设计压力下的气密性试验。

参考文献

［1］　胡宁，赵丽滨.航空航天复合材料力学.北京：科学出版社，2021.

［2］　杨庆生.复合材料力学.北京：科学出版社，2020.

［3］　于斌，张海，赵积鹏，等.卫星用复合材料压力容器力学特性研究.计算力学学报，2021，38（2）：264-270.

［4］　张世杰，王汝敏，刘宁，等.两种纺丝工艺 T800 级炭纤维复合材料容器性能对比.固体火箭技术，2019，42（2）：239-244.

［5］　付丽，石宇萌，赵峥嵘，等.美国最新研制的无内衬全复合材料低温压力容器.航天制造技术，2020（05）：57-59.

［6］　郭淑芬，宋新海，刘玉红，等.DOT 和 ISO11120 两种标准体系于气瓶壁厚计算的探讨.低温与特气，2017，35（04）：5-8.

［7］　ISO 11119-3：2020. Gas cylinders-Design，construction and testing of refillable composite gas cylinders and tubes-Part 3：Fully wrapped fibre reinforced composite gas cylinders and tubes up to 450 l with non-load-sharing metallic or non-metallic liners or without liners.

［8］　ANSI/AIAA S-081B-2018. Space systems-Composite overwrapped pressure vessels.

［9］　T-CATSI 02007-2020. 车用压缩氢气塑料内胆碳纤维全缠绕气瓶.

［10］　SAE J2579-2013. Standard for Fuel Systems in Fuel Cell and other Hydrogen Vehicles.

［11］　ISO 11439：2013. Gas cylinders-High pressure cylinders for the on-board storage of natural gas as a fuel for automotive vehicles.

［12］　Park G，Jang H，Kim C. Design of composite layer and liner for structure safety of hydrogen pressure vessel（type 4）. Journal of Mechanical Science and Technology，2021，35（8）：3507-3517.

［13］　ISO 19881：2018. Gaseous hydrogen—Land vehicle fuel containers.

第14章
全复合材料压力容器典型应用实例

目前在用的全复合材料压力容器有天然气气瓶、高压储氢气瓶、长管拖车、低压液化气瓶等，本章以 70MPa 高压储氢容器的设计、制造和检验为典型实例，阐述这类容器的设计、制造和检验。

14.1 高压储氢气瓶设计

14.1.1 典型结构

目前在用车载复合材料高压气瓶的典型结构如图 14-1 所示。图中 1 为金属瓶口阀座，2 为黏结层，3 为塑料内衬，4 为缠绕在塑料内衬外的复合材料结构层，5 为包覆在复合材料容器外表面的气瓶保护层。

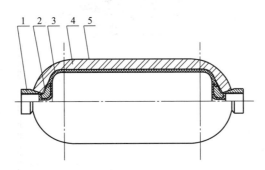

图 14-1 全复合材料压力容器半剖图

1—金属瓶口阀座；2—黏结层；3—塑料内衬；4—复合层；5—外保护层

14.1.2 网格理论设计

与其他复合材料气瓶设计一样，网格理论作为估算纤维用量是十分有效的，也是目前初步设计的基本公式。在网格理论估算的基础上，进行计算机模拟分析后，得到比较精确的缠绕参数依然是这类容器设计的最佳选择，可参考Ⅲ型气瓶的设计内容。

14.1.3 有限元分析设计

现以常见的某车型 70MPa 车载储氢Ⅳ型气瓶为例进行有限元分析设计。

（1）设计参数

Ⅳ型气瓶的设计参数见表 14-1，碳纤维的性能参数见表 14-2，塑料内衬（聚己内酰胺，即 PA6）、铝合金、304 材料性能参数见表 14-3，铝合金和 304 考虑材料的塑性阶段。由于缺少内衬材料屈服阶段的参数，模拟中未考虑内衬部分的塑性变形。内衬的外形尺寸如图 14-2 所示，内衬厚度 3.5mm。表 14-4 为Ⅳ型气瓶载荷参数表。

表 14-1 Ⅳ型气瓶设计参数

内衬外直径/mm	公称设计压力/MPa	水压试验压力/MPa	爆破压力/MPa
347	70	105	≥175

表 14-2 碳纤维的性能参数表

型号	抗拉强度	抗拉模量	伸长率	体密度	线密度
T720S-36K	5880MPa	265GPa	2.20%	1.8g/cm³	1650tex

表 14-3 铝合金、304、PA6 材料性能

材料	弹性模量/GPa	泊松比	屈服强度/MPa	抗拉强度/MPa	断裂应变
Al6061-T6	69	0.33	281	310	0.12
304	210	0.3	294	678	0.48
PA6	1.8	0.4	47.38	55	2.12

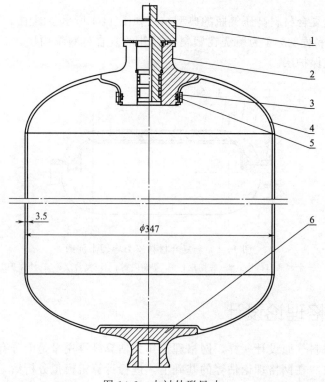

图 14-2 内衬外形尺寸

1—瓶口阀；2—瓶口阀座；3—强制密封压环；4—塑料内衬；5—密封圈；6—瓶尾座

表 14-4　Ⅳ型气瓶载荷参数

参数	设计压力/MPa（表压）	水压试验压力/MPa（表压）	爆破压力/MPa（表压）
压力/MPa	70	105	≥175

（2）内衬设计

内衬材料性能如表 14-3 所示，由于Ⅳ型气瓶的内衬只起到密封作用，需要考虑的是在气瓶爆破前内衬没有发生失效或者泄漏。因此内衬厚度取 3.5mm，气瓶制造完成后，表面进行钝化处理以增加氢气的阻隔能力。

（3）瓶口密封及瓶口阀座设计

按照注塑方法设计的瓶口如图 14-3 所示，采用多级 O 形圈密封结构。

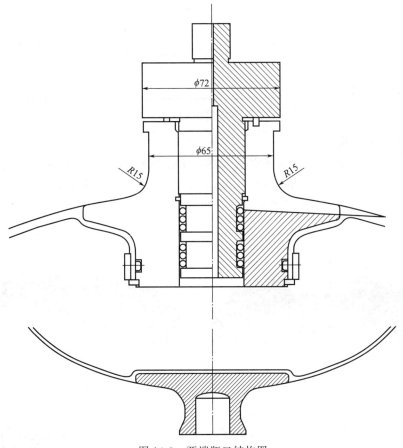

图 14-3　两端瓶口结构图

（4）纤维层设计

① 碳纤维性能。碳纤维性能如表 14-2 所示。复合材料由碳纤维和树脂构成，根据缠绕气瓶成型的一般缠绕拉紧力，纤维和树脂的比例为 65：35，复合后的性能参数如表 14-5 所示。

表 14-5　碳纤维复合材料参数

碳纤维体积/%	E_1/GPa	E_2/GPa	$G_{12}=G_{13}$/GPa	G_{23}/GPa	ν_{12}
65	159	9	5.4	3.8	0.3

② 纤维层设计计算。按照网格理论的极限设计原则，175MPa的内压需要由碳纤维缠绕层承担。为了保证轴向强度，纤维以环向缠绕和螺旋缠绕为主。根据网格理论计算公式，可以得到纤维层厚度为

$$P_b = \frac{(\delta_1 + \delta_2 \sin^2\alpha)V_f[\sigma_f]}{R_0}$$

式中，δ_1 为环向纤维厚度；δ_2 为螺旋缠绕纤维厚度；α 为螺旋缠绕倾角；R_0 为内衬的外直径；V_f 为碳纤维的体积含量。

按照气瓶长度 1800mm、内衬外径 347mm 的几何形状，其缠绕角度受到缠绕机床的一定限制，如图 14-4 所示，螺旋缠绕角度取 15°~60°，环向为 89°。轴向强度校核同10.2.1.3。

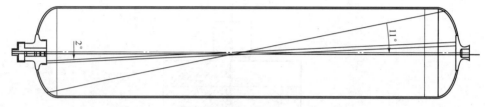

图 14-4 气瓶几何尺寸图

（5）Ⅳ型气瓶有限元分析

① 三维实体模型的建立。由于本书主要关注碳纤维复合材料层对内衬的增强作用，因此为了便于计算，对瓶口两端的螺纹、卡箍的沟槽等微小特征结构进行简化；此外，由于存在低角度方向的铺层，因此采用整体建模。模型如图 14-5 所示。

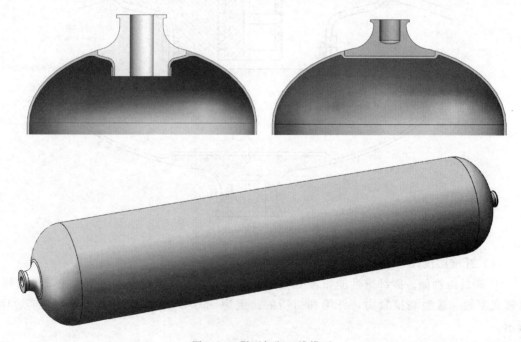

图 14-5 Ⅳ型气瓶三维模型

② 单元选择。结构的应力分析采用 HyperWorks 软件，求解器为 OptiStruct。气瓶瓶口、气瓶尾端、卡箍、内衬部分采用八节点六面体网格（CHEXA）；复合材料层采用四节

点的壳单元（CQUAD4），气瓶瓶口、气瓶尾端与内衬均采用共节点的方式连接。图 14-6 为缠绕气瓶与复合材料的网格模型。

图 14-6　缠绕气瓶与复合材料网格

各部分网格与节点数见表 14-6。

表 14-6　模型网格参数

部分	单元类型	单元数	节点数
气瓶瓶口	CHEXA	30360	36120
气瓶尾端	CHEXA	23460	28208
内衬	CHEXA	133500	178564
卡箍	CHEXA	1440	2400
复合材料	CQUAD4	43080	43200
合计		231840	238931

③ 复合材料铺层。复合材料的铺层设计采用 PCOMPP＋Laminate 的方式进行，铺层时设置的纤维角度均为单元与其所在经线的夹角。

a. 封头处纤维厚度。封头处截面方向上半径越来越短，会使得轴向纤维在封头处产生堆积，半径越小，堆积厚度越高。该处缠绕方法与 11.2 节内容相同，可以参考该节内容。

b. 封头段纤维的连续变厚度和变角度。根据上述分析，当确定每层纤维的极孔半径后，就可以确定该层纤维任意位置的纤维厚度和角度，将该参数与纤维单元的厚度和角度信息进行关联即可实现纤维的变厚度和变角度，如图 14-7 所示。

c. 纤维整体铺层结果（见图 14-8）。纤维的铺层信息见表 14-7。

图 14-9 中文件名中的 Set _ 1 表示表 14-7 中序号 1，对应文件内容中，第一列表示极轴上的坐标，第二列和第三列分别表示在该坐标位置处对应的纤维厚度和角度。

图 14-10 中文件名中的 Heli _ 2 表示表 14-7 中序号 2，对应文件内容中，第一列表示极轴的半径，第二列和第三列分别表示在该半径位置处对应的纤维厚度和角度。

图 14-7　纤维的连续变厚度与变角度

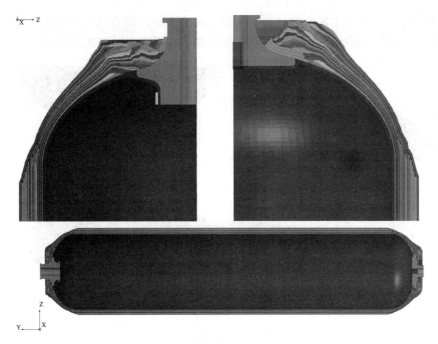

图 14-8　复合材料层整体铺层结果

表 14-7　纤维缠绕参数

序号	层数	纤维类型	缠绕类型	缠绕角度/(°)	层数	纱宽/mm
1	1	CF	Circ	90	10	18
2	11	CF	Helical	13	12	18
3	23	CF	Circ	90	10	18
4	33	CF	Helical	25	14	18
5	47	CF	Circ	90	10	18
6	57	CF	Helical	36	16	18
7	73	CF	Circ	90	12	18

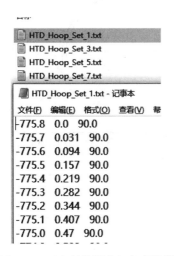

图 14-9　环向纤维厚度与角度数据

图 14-10　轴向纤维厚度与角度数据

④ 边界条件。有限元计算的边界条件如图 14-11 所示，即在气瓶瓶尾的端面施加固定约束，在瓶口端面施加等效拉应力 P_e，在气瓶内部所有连通表面施加内压 P_i。

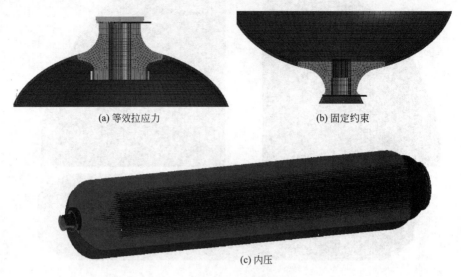

(a) 等效拉应力　　　　(b) 固定约束

(c) 内压

图 14-11　边界条件

根据表 14-1 的计算条件，结合图 14-12 可以得到两种工况下的内压及对应的等效拉应力，即表 14-8 所示。等效拉应力公式如下

$$P_e = \frac{P_i D_1^2}{D_2^2 - D_1^2}$$

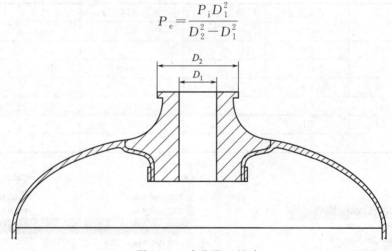

图 14-12　气瓶瓶口尺寸

表 14-8　力边界条件

工况	内壁面压力 P_i/MPa	等效拉应力 P_e/MPa
设计工况	70	19.49
水压试验工况	105	29.23
爆破压力工况	175	48.72

⑤ 各种载荷工况分析。

a. 设计工况（70MPa）。设计工况下各部分应力云图如图 14-13 所示。

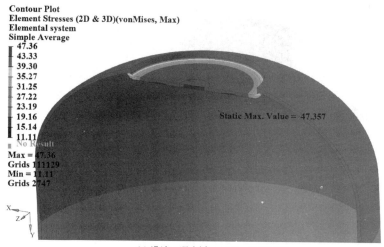

Contour Plot
Element Stresses (2D & 3D)(vonMises, Max)
Elemental system
Simple Average
47.36
43.33
39.30
35.27
31.25
27.22
23.19
19.16
15.14
11.11
No Result
Max = 47.36
Grids 111129
Min = 11.11
Grids 2747

Static Max. Value = 47.357

(a) 设计工况内衬von Mises应力云图

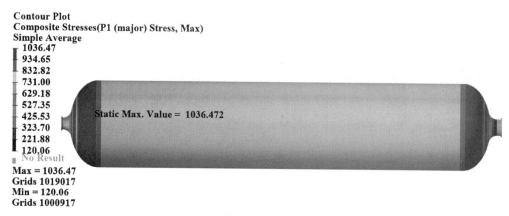

Contour Plot
Composite Stresses(P1 (major) Stress, Max)
Simple Average
1036.47
934.65
832.82
731.00
629.18
527.35
425.53
323.70
221.88
120.06
No Result
Max = 1036.47
Grids 1019017
Min = 120.06
Grids 1000917

Static Max. Value = 1036.472

(b) 设计工况纤维P1应力云图

Contour Plot
Element Stresses (2D & 3D)(vonMises, Max)
Elemental system
Simple Average
280.99
251.86
222.73
193.60
164.47
135.34
106.21
77.08
47.95
18.82
No Result
Max = 280.99
Grids 1000747
Min = 18.82
Grids 202493

Static Max. Value = 280.995

(c) 设计工况气瓶瓶口阀座von Mises应力云图

图 14-13

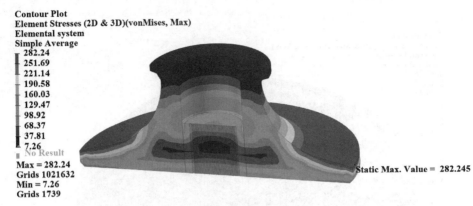

(d) 设计工况气瓶尾端von Mises应力云图

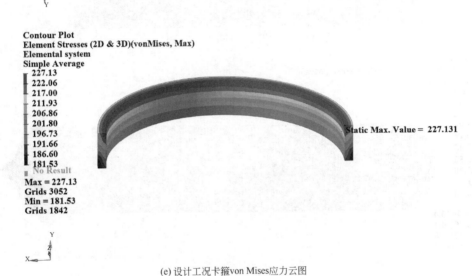

(e) 设计工况卡箍von Mises应力云图

图 14-13　设计工况下各部件的应力云图

b. 水压试验工况（105MPa）。水压试验工况下各部分应力云图如图 14-14 所示。

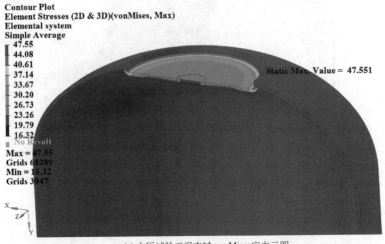

(a) 水压试验工况内衬von Mises应力云图

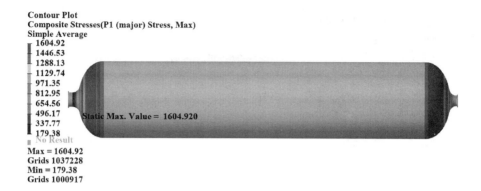

Contour Plot
Composite Stresses(P1 (major) Stress, Max)
Simple Average
┃ 1604.92
┃ 1446.53
┃ 1288.13
┃ 1129.74
┃ 971.35
┃ 812.95
┃ 654.56
┃ 496.17
┃ 337.77
┃ 179.38
▪ No Result
Max = 1604.92
Grids 1037228
Min = 179.38
Grids 1000917

Static Max. Value = 1604.920

(b) 水压试验工况纤维P1应力云图

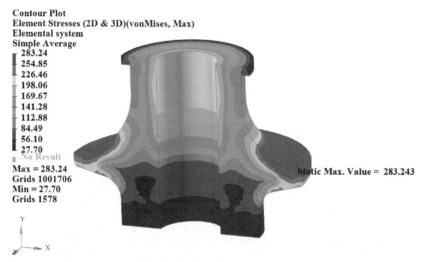

Contour Plot
Element Stresses (2D & 3D)(vonMises, Max)
Elemental system
Simple Average
┃ 283.24
┃ 254.85
┃ 226.46
┃ 198.06
┃ 169.67
┃ 141.28
┃ 112.88
┃ 84.49
┃ 56.10
┃ 27.70
▪ No Result
Max = 283.24
Grids 1001706
Min = 27.70
Grids 1578

Static Max. Value = 283.243

(c) 水压试验工况气瓶瓶口阀座von Mises应力云图

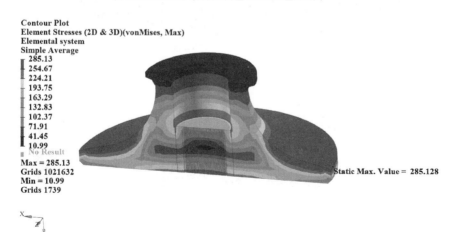

Contour Plot
Element Stresses (2D & 3D)(vonMises, Max)
Elemental system
Simple Average
┃ 285.13
┃ 254.67
┃ 224.21
┃ 193.75
┃ 163.29
┃ 132.83
┃ 102.37
┃ 71.91
┃ 41.45
┃ 10.99
▪ No Result
Max = 285.13
Grids 1021632
Min = 10.99
Grids 1739

Static Max. Value = 285.128

(d) 水压试验工况气瓶尾端von Mises应力云图

图 14-14

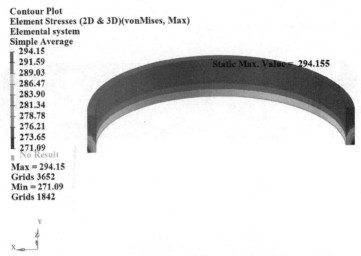

(e) 水压试验工况卡箍von Mises应力云图

图 14-14　水压试验工况下各部件的应力云图

c.爆破压力工况（175MPa）。爆破压力工况下各部分的应力云图如图 14-15 所示。

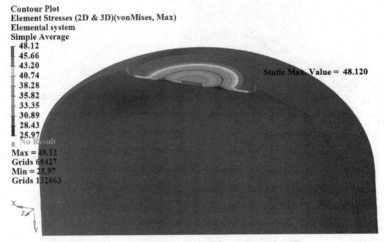

(a) 爆破压力工况内衬von Mises应力云图

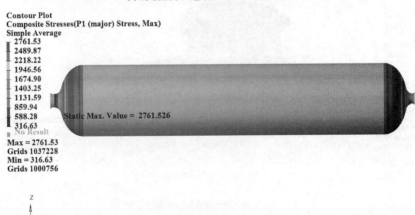

(b)爆破压力工况环向纤维P1应力云图

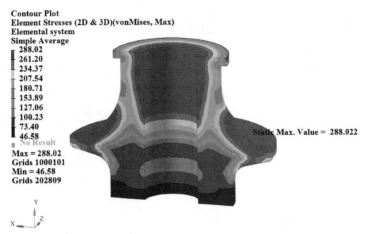

Contour Plot
Element Stresses (2D & 3D)(vonMises, Max)
Elemental system
Simple Average
288.02
261.20
234.37
207.54
180.71
153.89
127.06
100.23
73.40
46.58
No Result
Max = 288.02
Grids 1000101
Min = 46.58
Grids 202809

Static Max. Value = 288.022

(c) 爆破压力工况气瓶瓶口阀座von Mises应力云图

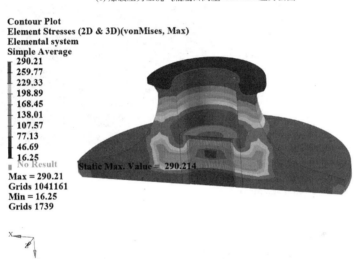

Contour Plot
Element Stresses (2D & 3D)(vonMises, Max)
Elemental system
Simple Average
290.21
259.77
229.33
198.89
168.45
138.01
107.57
77.13
46.69
16.25
No Result
Max = 290.21
Grids 1041161
Min = 16.25
Grids 1739

Static Max. Value = 290.214

(d) 爆破压力工况气瓶尾端von Mises应力云图

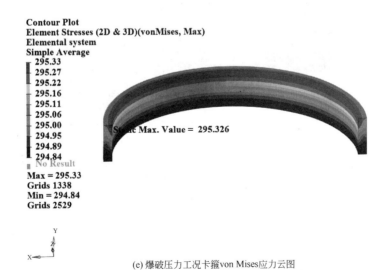

Contour Plot
Element Stresses (2D & 3D)(vonMises, Max)
Elemental system
Simple Average
295.33
295.27
295.22
295.16
295.11
295.06
295.00
294.95
294.89
294.84
No Result
Max = 295.33
Grids 1338
Min = 294.84
Grids 2529

Static Max. Value = 295.326

(e) 爆破压力工况卡箍von Mises应力云图

图 14-15 爆破压力工况下各部分的应力云图

⑥ 应力分析与校核。设计压力下，气瓶瓶口与气瓶尾端的最大应力值在其屈服强度附近，为确定该应力下气瓶瓶口和气瓶尾端是否能满足设计要求，分别对气瓶瓶口与气瓶尾端进行应力线性化评定。应力线性化路径的选择原则为：a.通过应力强度最大节点，并沿壁厚方向的最短距离设定线性化路径；b.对于相对高应力强度区，沿壁厚方向设定路径。其中铝合金安全系数取为 1.5，则设计应力为 $S_m = 281/1.5\text{MPa} = 187\text{MPa}$。

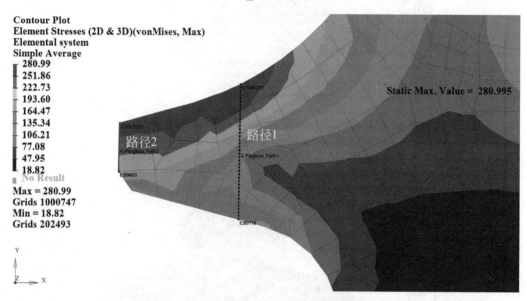

(a) 气瓶瓶口阀座应力线性化路径示意图

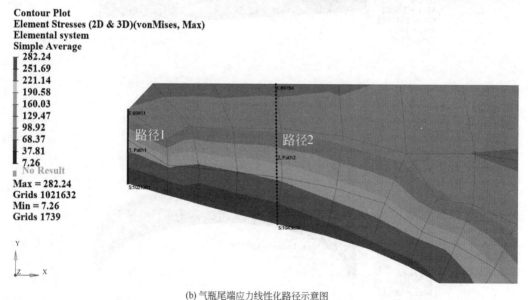

(b) 气瓶尾端应力线性化路径示意图

图 14-16 应力线性化处理

对气瓶瓶口阀座进行如图 14-16（a）所示的应力线性化处理，应力线性化的评定结果如表 14-9 所示。

对气瓶尾端进行如图 14-16（b）所示的应力线性化处理，应力线性化的评定结果如表 14-10 所示。

表 14-9　设计载荷 70MPa 下气瓶瓶口路径 1～路径 2 应力线性化评定结果

存在的应力种类及组合	力学模型上的应力强度/MPa		设计应力强度的许用极限/MPa		评定结果
	路径 1	路径 2	强度限值	许可值	
P_m	124.18	44.48	KS_m	187	合格

表 14-10　设计载荷 70MPa 下气瓶尾端路径 1～路径 2 应力线性化评定结果

存在的应力种类及组合	力学模型上的应力强度/MPa		设计应力强度的许用极限/MPa		评定结果
	路径 1	路径 2	强度限值	许可值	
P_m	42.91	151.95	KS_m	187	合格

综合应力评定列于表 14-11 中。

表 14-11　应力应变汇总　　　　　　　　　　　　　　　　　　　MPa

部分	设计工况 70MPa	水压试验工况 105MPa	爆破压力工况 175MPa
内衬	47.36	47.55	48.12
复合材料	1036.47	1604.92	2761.53
气瓶瓶口	281.00	283.24	288.02
气瓶尾端	282.24	285.13	290.21
卡箍	227.13	294.16	295.33

表 14-11 中汇总了三种工况下各部分的最大应力。从表 14-2 中可知，纤维抗拉强度极限为 5880 MPa，考虑复合后材料的强度及其性能的发挥，取复合材料层纤维强度为 3000MPa；根据表 14-3 可知，铝合金屈服强度为 281MPa，抗拉强度为 310MPa，304 屈服强度为 294MPa，抗拉强度为 678MPa。据此，有：

a. 设计工况下，气瓶瓶口接近屈服状态，气瓶尾端边缘发生较小程度的塑性变形，但根据应力线性化的结果，整体薄膜应力仍低于许用应力 187MPa，瓶口与瓶尾仍然能满足使用要求。爆破压力下，气瓶瓶口与瓶尾应力均<310MPa，因此能够满足设计要求。

b. 卡箍在设计工况下发生了微小的屈服，此后，在压力逐渐增加的过程中，卡箍未发生塑性变形的区域逐渐进入塑性阶段；在爆破压力下，卡箍的最大应力为 295.33MPa，远小于其抗拉强度，因此能够满足设计要求。

c. 设计工况和水压试验工况下，复合材料层应力均小于 1700MPa。爆破压力工况下，纤维最大拉应力为 2761.53MPa。爆破压力工况下，纤维最大拉应力小于复合材料层的强度极限，因此能够满足设计要求。

⑦ 储氢密度计算。氢的物理性质计算如下，由下式可以计算氢气在不同压强、温度下的密度。

$$\rho = \frac{pM_{mol}}{RT}$$

式中，p 为压强；M_{mol} 为摩尔质量；$R=8.314$J/(mol·K) 为常量；T 为绝对温度。

取 $p=70$MPa，$M_{mol}=2$g/mol，T 取为室温，即 $T=293$K，可计算得到：$\rho=57.47$kg/m^3。实际设计中以测试到的密度为计算依据，如图 14-17 所示，按照 40kg/m^3 计算。

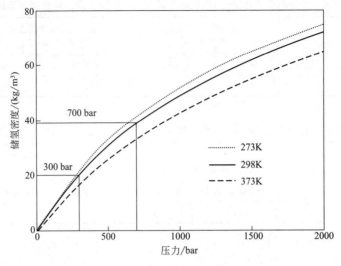

图 14-17　储氢密度压力测试图

工作压力下的储氢量计算如下：根据表 14-2 可知，碳纤维密度为 $1800kg/m^3$，查资料得树脂密度为 $1100kg/m^2$，由于纤维和树脂按照 65∶35 的比例混合，可以计算出混合后的复合材料层密度为：$1555kg/m^3$。

由此，各部分体积与质量计算如表 14-12 所示。

表 14-12　各部分体积与质量

部分	体积（容积）/m^3	密度/(kg/m^3)	质量/kg	总质量/kg	储氢率/%
内衬	0.006745	1060	7.150	92.690	6.4
气瓶瓶口	0.000471918	2700	1.274		
气瓶尾端	0.000254618	2700	0.687		
卡箍	$1.12551×10^{-5}$	8000	0.090		
复合材料	0.04985	1555	77.517		
氢气（70MPa）	0.149301321	40	5.972		

由此可以计算得到单位质量的储氢量为：5.972/92.690＝6.4%。考虑到外侧要缠绕 2～4 层玻璃纤维，瓶口处需要设置保护圈，单位质量储氢量会有所下降。

14.1.4　结论

经上述有限元数值模拟计算，在轴向缠绕 42 层，环向缠绕 42 层的情况下，按照 70MPa 设计压力、175MPa 的爆破压力计算，单位质量储氢量可以达到 6.4% 左右。

14.2　高压储氢气瓶制造与检验

14.2.1　全复合材料高压储氢气瓶制造

全复合材料车载高压储氢气瓶是氢燃料电池汽车关键产品，它包括塑料内衬，缠绕在塑料内衬外的复合材料增强层，包覆在复合材料增强层外表面的具有防火、防潮、防酸碱、防盐、防静电的保护层及分别接在塑料内衬两端封头出气口的金属瓶口阀座。金属瓶口阀座分A型和B型，A型只有一端有通孔，B型两端具有通孔，其通孔中心轴线与塑料内衬的中心轴线重合，且塑料内衬两端封头出气口处与金属瓶口阀座直接镶嵌在一起或通过螺纹连接在一起。上述气瓶的制造方法，包括下列步骤。

（1）金属瓶口阀座的设计加工

制造气瓶时，首先加工金属瓶口阀座，材质为 T6061 铝合金，调质处理；再利用注塑或者其他成型工艺制成塑料内衬，其厚度为 1～7mm，在成型过程中，把金属法兰直接镶嵌在内衬的两封头端部。

金属瓶口阀座与塑料内衬的连接方式有多种方式，对于高压储氢气瓶一般采用自紧式密封，或者自紧与强制密封相结合。常见方式有以下几种：一种方式是在塑料内衬成型过程中，把金属瓶口阀座直接镶嵌在内衬的封头上，反向形成穹顶产生自紧压力，并在连接处用 O 形圈强制密封，如图 14-18 所示；另一种方式是在滚塑内衬时，在瓶口阀座的内外侧加工出凹槽，内衬成型过程中将凹槽填满，在加压、泄压时形成自紧密封，如图 14-19 所示。

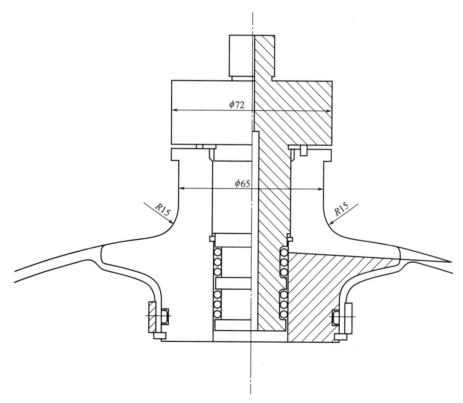

图 14-18　塑料内衬和金属瓶口阀座自紧与强制密封相结合结构

（2）塑料内衬的制造

高压储氢容器的塑料内衬主要由高密度聚乙烯（HDPE）、PA6、PA66 等材料制成，内衬可以通过注塑、滚塑或者吹塑成型，内衬需满足对于氢气渗透率的技术指标要求。本结构采用 PA6。

塑料内衬采用滚塑法成型，其封头型面可以是标准椭球面、三心圆形面、等张力封头型面或球形面。为了内衬滚塑成型的模具制造方便和有利于复合材料结构层缠绕成型，本实施

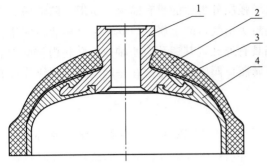

图 14-19　塑料内衬与金属瓶口阀座自紧式密封结构

1—金属瓶口阀座；2—复合材料层；3—黏结层；4—塑料内衬

例采用标准椭球封头。

由于金属与塑料的弹性模量相差较大，两种材料结合处刚度不连续，因此，为了减缓塑料内衬与复合材料结构层界面间的剪切应力，防止错动，提高气瓶内衬的疲劳寿命，塑料内衬在缠绕外层复合材料结构层之前，在其整个范围内或封头局部范围内粘贴一层剪切模量较高的橡胶层，厚度为 0.5～2mm。

在设计金属瓶口阀座时，应考虑内衬在受内压后封头的应力分布，保证应力平缓过渡及成品气瓶在高内压下，金属瓶口阀座满足强度要求和密封要求。

（3）复合层的制造

外表面粘贴橡胶层之后，将连续纤维（玻纤、芳纶纤维、碳纤维或混杂纤维）浸在中温（60～90℃）环氧树脂胶中，湿法缠绕复合材料结构层，将复合材料结构高温（100～130℃）固化成型。

（4）气瓶外保护层的制造。

气瓶外表面保护层可采用两种形式：一种为聚氨酯体系的涂层；另一种为缠绕一层碳纤维的复合材料层。这两种材料都能防火，防潮，防酸、碱、盐，防静电，保证气瓶在各种正常工作条件下的安全使用。

为了保证气瓶的疲劳寿命大于 10000 次，在复合材料结构层的设计上，采用了以网格理论强度设计为主、有限元应力分析和疲劳分析为辅的综合设计方法。在满足静强度的基础上，进行有限元应力分析，计算工作压强下各点应力分布和大小，再与材料失效时的应力相比，比值取为 δ，定义为应力比值。根据应力比的大小和疲劳曲线查出疲劳寿命，若哪个部位的疲劳寿命不足 10000 次，那么通过增加该部位的复合材料刚度，减少变形，降低应力，提高疲劳寿命。

本结构与现有技术相比具有如下优点：

① 采用高密度、高性能的非金属材料——塑料作为内衬，以低密度、高性能的复合材料作为复合层，气瓶外包覆有保护层，使全复合材料气瓶质量轻（约 45kg）、耐用且内衬制造工艺简单，一次成型，降低了生产成本。

② 在制造中采用了环氧树脂，高温固化配方，采用湿法缠绕成型工艺。环氧树脂性能优良、价格便宜；湿法缠绕与干法缠绕相比，减少了一道工序，提高了生产效率，降低了生产成本。

③ 全复合材料压力容器气密性好，且静强度和疲劳强度高。当进行水压疲劳试验时，在疲劳次数 10000 后，气密性完好，增压至设计爆破压力的 85%，保压 5min，无任何泄漏现象。

14.2.2　全复合材料高压储氢气瓶的定期检测

全复合材料高压储氢气瓶属于高压容器，按国家标准必须进行定期检测，以保证使用的安全性。全复合材料高压储氢气瓶目前国内主要依据团体标准 T/CATSI 02007-2020《车用压缩氢气塑料内胆碳纤维全缠绕气瓶》，结合美国 DOT 标准的有关检验的内容，主要进行以下检验。

（1）外观检测

全复合材料气瓶外观检测的项目主要是气瓶表面损伤和表面颜色。通过气瓶定期检测，其损伤情况及分类主要为三级损伤、二级及二级以下损伤。引起气瓶损伤的主要原因是装卸，在运输气瓶时由于冲撞、磕碰气瓶所造成。从气瓶损伤的情况可以看出，其中大部分气瓶的损伤是在装车过程中，使用铲车搬运气瓶时，未对气瓶认真保护，铲车的铲臂直接顶撞气瓶表面而引起。此外，要进行损伤气瓶的修复。根据规定二级损伤以下的气瓶，可修复后继续使用。因此，对每次检测出的二级以下损伤的气瓶进行修复，仍可保证气瓶的正常使用。

（2）气瓶泄漏检测

应逐只对气瓶、瓶阀及连接管路可能泄漏氢气的部位进行泄漏检测，试验介质为瓶内氢气，检测压力为 60%～100% 气瓶公称工作压力。使用便携式氢气检测仪进行检测，氢气检测仪的最小检测浓度应不高于 8.179mg/m³（25℃）。在氢气检测仪上安装探测头，探测头的端部密封，侧面开气孔，如图 14-20 所示。将探测头的端部轻轻接触受试气瓶的待查部位，检测持续时间不少于 10s，读取氢气浓度。经检测如发现有泄漏的部位，氢气泄漏量不得大于 73.615mg/m³（25℃）。检测时若发现有气泡逸出或氢气浓度超过 73.615mg/m³（25℃），应及时安全地排放瓶内氢气并送气瓶制造单位或有资质的气瓶检验机构检验。

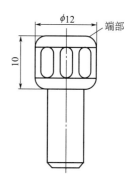

图 14-20　探测头示意图

（3）气瓶定期检测的安全与管理

除需对 B1 类气瓶、瓶阀及连接管路进行日常保养检查外，还需将 A 类气瓶、B2 类气瓶及瓶阀定期送法定检验机构按相关气瓶定期检验标准进行定期检验，气瓶定期检验周期按相关规范、标准，一般不得超过 3 年。若发现 B1 类车用气瓶或瓶阀有问题时，应及时返回汽车制造厂维修、检验。

（4）气瓶定期检测区域的安全管理

首先，设置好区域的标识。组织实施气瓶定期检测工作，要划分出气瓶检测区，做出明确标识。任何人员进入气瓶检测区，必须戴好安全帽，防止坠落物体砸伤；上车顶时，必须系好、固定好安全带，防止摔伤。

其次，注意区域的防火。由于氢气是可燃气体，气瓶检测区必须严格控制火源。在气瓶检测区 15m 距离以内严禁明火。在检测区内要准备足够数量的灭火设施。气瓶检测如在室外进行，需在开阔、通风良好的地段进行，防止氢气积聚引起爆燃。如在室内进行，工作车间要有良好的通风条件，防爆措施必须达到要求。

（5）气瓶内剩余氢气的排放

气瓶内剩余氢气在不具备排空设备时需向大气排放，在向大气排放时必须设置专用放气装置，确保在安全的环境下排放氢气。

（6）检测中出现问题的处理

① 气瓶的机械损伤。按相关标准规定，气瓶划伤深度大于 1.25mm 时需要报废。在测量气瓶划伤深度时，由于气瓶表面凹凸不平，尺寸较难测量准确，标准中规定的尺寸精度也很难达到。因此，划伤深度规定为 1.25mm，实际上测量很难达到此精度。这一问题同样

需要在今后的检测中解决。

② 气瓶的泄漏。对检测发现气瓶有泄漏问题的，应及时找到泄漏点，分析泄漏原因。如经复查后仍然不能满足要求的需要做报废处理。

参考文献

[1] Berro Ramirez J P, Halm D, Grandidier J-C, et al. 700 bar type Ⅳ high pressure hydrogen storage vessel burst-Simulation and experimental validation. International Journal of Hydrogen Energy, 2015, 40 (38): 13183-13192.

[2] Herbrig K, Röntzsch L, Pohlmann C, et al. Hydrogen storage systems based on hydride-graphite composites: Computer simulation and experimental validation. International Journal of Hydrogen Energy, 2013, 38 (17): 7026-7036.

[3] 付丽, 石宇萌, 赵峥嵘, 等. 美国最新研制的无内衬全复合材料低温压力容器. 航天制造技术, 2020 (05): 57-59.

[4] 陈华辉, 等. 现代复合材料. 北京: 中国物资出版社, 1997.

[5] 祖磊, 葛庆, 李德宝, 等. 基于 ABAQUS 的固体火箭发动机复合材料壳体快速化建模方法及验证分析. 固体火箭技术, 2021.

[6] Thomas C, Nony F. Villalonga S, et al. Research and development towards new generations of full composite tanks dedicated to 70MPa gaseous hydrogen storage, International SAMPE Technical Conference, Tianjin, 2009.

[7] Sapre S, Pareek K, Vyas M. Investigation of structural stability of type Ⅳ compressed hydrogen storage tank during refueling of fuel cell vehicle, Energy Storage, 2020, 2 (4).

[8] Halm D, Fouillen F, Lainé E, et al. Composite pressure vessels for hydrogen storage in fire conditions: Fire tests and burst simulation. International Journal of Hydrogen Energy, 2017, 42 (31): 20056-20070.

[9] Roh H S, Hua T Q, Ahluwalia R K. Optimization of carbon fiber usage in Type 4 hydrogen storage tanks for fuel cell automobiles. International Journal of Hydrogen Energy, 2013, 38 (29): 12795-12802.

[10] 贾子璇. 塑料内衬复合材料储氢气瓶的结构设计及有限元验证. 北京: 北京化工大学, 2020.

第15章
MIC-MAC应用及D-D设计

复合材料作为一种新兴的新材料，以其优异的可设计性、轻质高强等性能而得到广泛应用，压力容器领域只是一个很小的应用领域，它还广泛应用于复合材料层合板及其他结构设计，可以用斯坦福大学终身教授 Stephen W. Tsai 编制的 MIC-MAC 软件进行优化设计。利用该软件，可以利用 Tsai's modulus 不变的特性，使任何方式层合的复合材料由 Double-Double 四种角度的组合来替代，且性能没有变更。本章简要介绍该软件的应用。

15.1 MIC-MAC 功能介绍

15.1.1 基本功能介绍

MIC-MAC 软件是一款基于 Excel 编制的软件，复制该软件到具有 Excel 软件的电脑上即可运行，MIC-MAC 五个功能界面图见图 15-1。

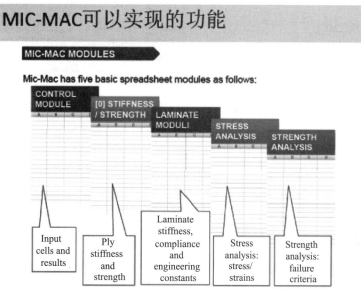

图 15-1 功能界面图

2007 年以后的 Excel 会提示安全警告，宏已被禁用，选择"启用此内容"，软件启用完成，出现如图 15-2 所示的界面。

图 15-2　软件启动后界面

点击软件界面弹出如图 15-3 所示窗口，这里有 10 个功能模块可供选择，默认是"In-plane"。如果材料需要修改，选择"Modify Materials?"前的勾选框，进入材料选择模块。

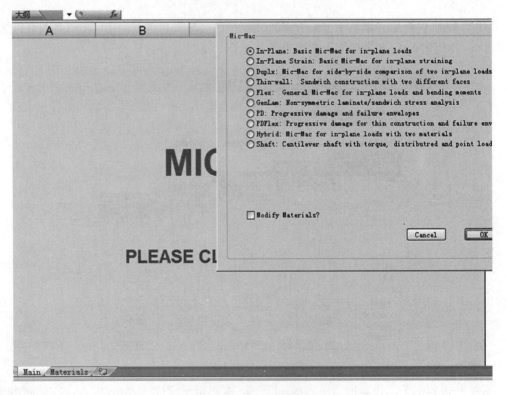

图 15-3　选择界面图

选择合适的材料后，点击"OK"，回到主程序。如果不需要修改就点击"Cancel"。一旦修改后，原数据库内的材料参数就会被修改（图 15-4），所以材料修改操作需要小心。

	Material		Chart-quick		Finder	Main		GetVals					
MIC-MAC/IN-PLANE: [[theta/#], . . .]symm					INTACT PLY DATA MODULE			Temperature and moisture				INTACT LAMINATE MODULUS M	
Read m	theta/1	theta/2	theta/3	theta/4	Ply mat:	TR30S/Epoxy	TR30S/Epoxy	T opr	25	25	1.00		
[ply ang	0	90	45.00	-45.00 [repeat]	h, #	h, E-3 [Rotate]	Rigid body rotation of the entire l	c,wet	0.000	0.000	####		
[ply#]	1.00	1.00	1.00	1.00 1.00 8.0 1.0	0.00 Stiffness	Baseline	Modified	Mod/B T cure	150	150	1.00	[theta] 0.0 90.0 45.	
				[safety] 1.00	Ex	142.00	142.00 1.00	T glass	160	160	1.00	[#/grp] 1.0 1.0 1.	
{N}, MN/m or k/in	{N}FPF	{N}lim	{N}ult	{Eo}FPF E*u/E*l <alph>,E <beta>	Ey	6.62	6.62 1.00	T*	1.00	1.00	1.00	2X,rad 0.00 3.14 1.5	
1	1.00	1.53	1.53	1.56 51.9 0.935 2.240 0.024	nu/x	0.26	0.26 1.00	del T	-125	-125	1.00	4X,rad 0.00 6.28 3.1	
2	0.00	0.00	0.00	0.00 51.9 0.955 2.240 0.024	Es	2.89	2.89 1.00						
6	0.00	0.00	0.00	0.00 19.7 0.959 0.000	ho,E-6	125	125 1.00	Thermal expansion,E-6/degree				Top z* 1.00 0.75 0.5	
					Micromechanics data			alph/x	0.56	0.56	1.00	Bott z* 0.75 0.50 0.2	
	<sig>	<sig>FPF	<sig>lim	<sig>ult <eps>E- <eps>FP <eps>lim <eps>ult	vol/f	0.55	0.55 1.00	alph/y	31.30	31.30	1.00	del(z*) 0.25 0.25 0.2	
1	1000.	1531.	1531.	1563. 19.28 29.51 30.12 32.20	Efx	258	258 1.00	Moisture expansion,/c				Stiff [Q]/1 [Q]/2 [Q]/3	
2	0.	0.	0.	0. -6.16 -9.43 -9.63 -10.44	Em	3.46	3.46 1.00	beta/x	0.00	0.00	1.00	11 142.43 6.64 41.0	
6	0.	0.	0.	0. 0.00 0.00 0.00	eta/x	0.52	0.52 1.00	beta/y	0.44	0.44	1.00	22 6.64 142.43 41.0	
CHART	Input	0.00 Output	0.00	0.00	v*/y	0.42	0.42 1.00	Ply & consti strengths, MPa/ksi				21=12 1.69 1.69 35.2	
	T opr	c,moist	vol/f	F Em Efx Xm Xfx Em*	Efy	10.76	10.76 1.00	X	4465	4465	1.00	66 2.89 2.89 36.4	
Baseline	25.0	0.000	0.55	3.46 258 419.2 8118 0.15	eta/s	0.32	0.32 1.00	X*	2066	2066	1.00	61=16 0.00 0.00 33.9	
[Modifie]	25.0	0.000	0.55	3.46 258 419.2 8118 0.15	v*/s	0.26	0.26 1.00	Y	419	419	1.00	62=26 0.00 0.00 33.9	
Mod/Ba	1.000	#DIV/0!	1.000	1.000 1.000 1.000 1.000	Gtx	4.27	4.27 1.00	Y*	201	201	1.00		
Mod/Ba	0.0	0.000 Hot/Wet	3.46	258 419.2 8118	Plane stress stiffness, GPa/msi			S	93	93	1.00		
	theta/1	theta/2	theta/3	theta/4	Qxx	142.43	142.43 1.00	Fxy	-0.50	-0.50	1.00	Compl [a],m/GN [a*]	
R/intact	1.68	1.70	1.53	1.53 R/FPF 1.53 R/ult 1.56	Qyy	6.64	6.64 1.00	Xfx	8118	8118	1.00	11 19.28 0.01	
R/degra	1.56	2.03	3.62	3.62 R/LPF 1.56 R/lim* 1.56	Qxy	1.69	1.69 1.00	Xm	419	419	1.00	22 19.28 0.01	
Degrad	no	yes	yes	yes R/lim 1.56	Qss	2.89	2.89 1.00					21=12 -6.16 -0.00	
Sign ch	no	no	no	no R/lim** 1.53	Linear combinations, GPa/msi			Strength parameters, E-6				66 50.88 0.05	
Ply data:				yes no NA	U1	57.77	57.77 1.00	Fxx	0.11	0.11	1.00	61=16 0.00 0.00	
TR30S/	142	6.62	0.255	2.89 3.464 150 160	U2	67.90	67.90 1.00	Fyy	11.86	11.86	1.00	62=26 0.00 0.00	

图 15-4　运算界面图

该软件的重要功能是可以将纤维性能在不同角度下的性能展示出来，可以将纤维铺层后的刚度矩阵中的 Q11、Q66 随角度的变化显示如图 15-5 所示，可用该软件中的 Chart 功能。如果选择其他参数也一样可以计算得到并显示。

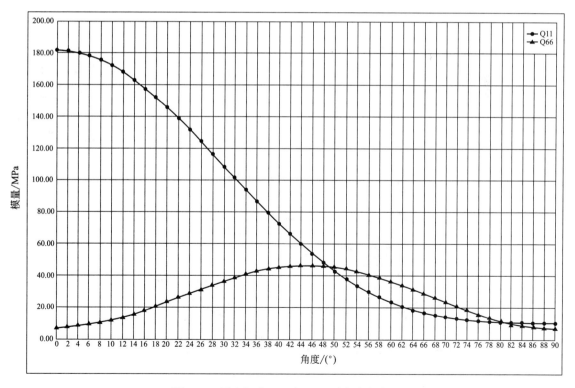

图 15-5　刚度矩阵 Q11 与 Q66 随角度变化图

15.1.2 设计应用实例

（1）压力容器螺旋缠绕纤维优化

下面通过具体的实施例子对该软件的应用进行说明。先引入一个参数 R，定义为强度因子，它是最大允许应力与实际应力之比。$R=1$ 说明材料处于临界失效；$R>1$，说明材料处于安全状态；$R<1$ 时，材料失效。其原理如图 15-6 所示。

图 15-7 为以 $[\pm\theta]_{S50}$ 的 Im6/环氧树脂缠绕成型的容器或者管道，受到 $\{N\}=\{1,2,0\}$kN/in 的载荷作用，可以根据 MIC-MAC 软件，计算出最佳的缠绕角度为 54.7°，与均衡缠绕的结果是一样的。

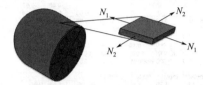

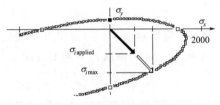

图 15-6　强度因子原理图

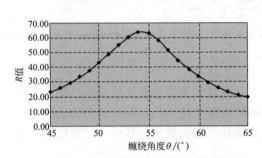

图 15-7　螺旋缠绕 R 值分布图

（2）MIC-MAC 轴的临界转速

轴的载荷如图 15-8 所示，A 为端部集中载荷，B 为轴上的分布载荷，C 为扭矩，D 为轴向拉载荷，对应在 MIC-MAC 中显示在图 15-8 的下部。如图 15-9 所示，轴为一空心轴，轴的长度为 50ft❶，1ft≈0.3048m，轴的中径为 3.59in❶，材料为 Im6/环氧树脂，铺层方式为 $[0/\pm\theta]_{S20}$，要求用什么角度 θ 使轴具有最大的安全临界速度，并承受 300kip·in❶。

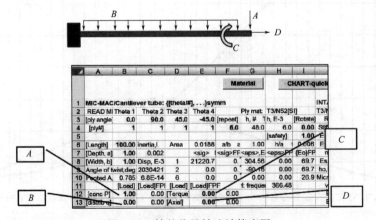

图 15-8　轴的临界转速计算度图

---

❶　ft，英尺；in，英寸；kip·in，千磅英寸，1kip·in=112.9N·m。

图 15-9　轴的几何尺寸

如图 15-10 所示，计算结果显示，当 $R \geqslant 1$ 时，轴处于安全运行状态，在该区域内转速是一条分布曲线，该曲线的最大值是 366.485r/min。

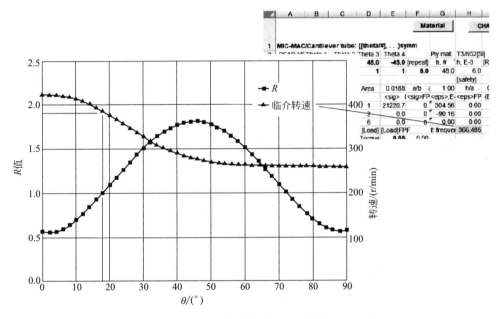

图 15-10　临界转速和 R 值结果

15.2　Double-Double 设计

对于一个层数确定的某一个层合板结构，其刚度矩阵 Q 的迹（Trace）是一个常数，这是由斯坦福大学的终身教授 Stephen W. Tsai 首次发现并提出来的，称其为 Tsai's modulus，即蔡氏模量。这是 Stephen W. Tsai 对复合材料理论的又一大贡献，下面根据这个理论阐述其应用。

15.2.1　平面问题的应力应变坐标变换

之前式（6-126）、式（6-127）已经阐述了平面问题复合材料的坐标变换方程，并将式（6-129）式变换一种表达方式如下

$$\begin{bmatrix} Q11 \\ Q22 \\ Q33 \\ Q12 \\ Q66 \\ Q16 \\ Q26 \end{bmatrix} = \begin{bmatrix} U_1 & U_2 & U_3 & 0 & 0 \\ U_1 & -U_2 & U_3 & 0 & 0 \\ U_4 & 0 & -U_3 & 0 & 0 \\ U_5 & 0 & -U_3 & 0 & 0 \\ 0 & 0 & 0 & \dfrac{U_2}{2} & U_3 \\ 0 & 0 & 0 & \dfrac{U_2}{2} & U_3 \end{bmatrix} \begin{Bmatrix} 1 \\ \cos2\theta \\ \cos4\theta \\ \sin2\theta \\ \sin4\theta \end{Bmatrix} \qquad (15\text{-}1)$$

式中

$$U_1 = (3Q_{xx} + 3Q_{yy} + 2Q_{xy} + 4Q_{ss})/8$$
$$U_2 = (Q_{xx} - Q_{yy})/2$$
$$U_3 = (Q_{xx} + Q_{yy} - 2Q_{xy} - 4Q_{ss})/8$$
$$U_4 = (Q_{xx} + Q_{yy} + 6Q_{xy} - 4Q_{ss})/8$$
$$U_5 = (Q_{xx} + Q_{yy} - 2Q_{xy} + 4Q_{ss})/8$$

U_1、U_4、U_5 是单层板正轴模量的线性组合,因此它们也是材料常数,而与铺层方向角 θ 无关。

其物理概念就是将刚度矩阵用另一种三角函数进行表达。式(15-1)中的几个参数组合如表 15-1 所示。

也可以将(15-1)写成以下形式。

$$\begin{bmatrix} Q11 \\ Q22 \\ Q33 \\ Q12 \\ Q66 \\ Q16 \\ Q26 \end{bmatrix} = \begin{bmatrix} 1 & 0 & 0 & \cos2\theta & \cos4\theta \\ 1 & 0 & 0 & -\cos2\theta & \cos4\theta \\ 0 & 1 & 0 & 0 & \cos4\theta \\ 0 & 0 & 1 & 0 & \cos4\theta \\ 0 & 0 & 0 & \dfrac{\sin2\theta}{2} & \sin4\theta \\ 0 & 0 & 0 & \dfrac{\sin2\theta}{2} & -\sin4\theta \end{bmatrix} \begin{Bmatrix} U_1 \\ U_4 \\ U_5 \\ U_2 \\ U_3 \end{Bmatrix} \qquad (15\text{-}2)$$

U 的组合可以写成如表 15-1 所示。

表 15-1　正轴模量的线性组合

项目	Q_{xx}	Q_{yy}	Q_{xy}	Q_{ss}	是否为常量
$U_1 = U_4 + 2U_5$	3/8	3/8	1/4	1/2	是
U_2	1/2	−1/2	0	0	否
U_3	1/8	1/8	−1/4	−1/2	否
$U_4 = U_1 - 2U_5$	1/8	1/8	3/4	−1/2	是
$U_5 = (U_1 - U_4)/2$	1/8	1/8	−1/4	1/2	是

由以上变换和组合可以得到一个刚度矩阵 Q 的迹 $Tr[Q] = Q_{11} + Q_{22} + 2Q_{66}$ 是一个常数,这个 $Tr[Q]$ 称为 Tsai's modulus,即蔡氏模量。我们可以通过计算得到一些材料的蔡氏模量如表 15-2。

表 15-2　常见材料的蔡氏模量

CFRP	E_x	E_y	E_s	μ_{12}	Q_{xx}	Q_{yy}	Q_{xy}	Q_{ss}	Trace
IM6/epoxy	203	11.20	8.40	0.32	204	11.3	3.6	8.4	232.2
IM7/977-3	191	9.94	7.79	0.35	192	10.0	3.5	7.8	218.8
T300/5208	181	10.30	7.17	0.28	182	10.3	2.9	7.2	206.5
IM7/MTM45	175	8.20	5.50	0.33	176	8.2	2.7	5.5	195.1
T800/Cytec	162	9.00	5.00	0.40	163	9.1	3.6	5.0	182.5
IM7/8552	159	8.96	5.50	0.32	160	9.0	2.9	5.5	179.9
T800S/3900	151	8.20	4.00	0.33	152	8.2	2.7	4.0	168.1
T300/F934	148	9.65	4.55	0.30	149	9.7	2.9	4.6	167.7
T700 C-Ply 64	141	9.30	5.80	0.30	142	9.4	2.8	5.8	162.8
AS4/H3501	138	8.96	7.10	0.30	139	9.0	2.7	7.1	162.0
T650/epoxy	139	9.40	5.50	0.32	140	9.5	3.0	5.5	160.4
T4708/MR60H	142	7.72	3.80	0.34	143	7.8	2.6	3.8	158.3
T700/2510	126	8.40	4.20	0.31	127	8.5	2.6	4.2	143.7
AS4/MTM45	128	7.93	3.65	0.30	129	8.0	2.4	3.7	144.0
T700 C-Ply 55	121	8.00	4.70	0.30	122	8.0	2.4	4.7	139.2

15.2.2　Double-Double 双层复合材料优化设计

可以利用 $Tr[Q]$ 为常量的这一特性来优化复合材料的设计，如很多现有结构材料的铺层方案是由很多不同的组合来完成的，这种铺层在制造上比较复杂，而且重量偏重。可以用一种简单高效的铺层方式如 $\pm\psi$、$\pm\varphi$ 4 个角度的铺层方法来替代此前复杂的铺层方式，这个方法称为 Double-Double 组合，也简称为 D-D 组合，保持其蔡氏模量相同，这样可以大大简化制造方法。

进一步地，在蔡氏模量相同的情况下，我们可以寻找一种组合 $\pm\psi$、$\pm\varphi$，当 ψ、φ 达到某一种组合的时候，铺设的层数最少，这个方法可以使复合材料结构在保持刚度和强度相同的情况下重量最轻，这在航空航天、飞行器等设计中可以发挥很大的作用。

在这里需要用到另一个斯坦福大学的软件 Lam search，界面如图 15-11 所示，通过该软件可以方便地进行 ψ、φ 的寻找和优化设计，下面举例说明。

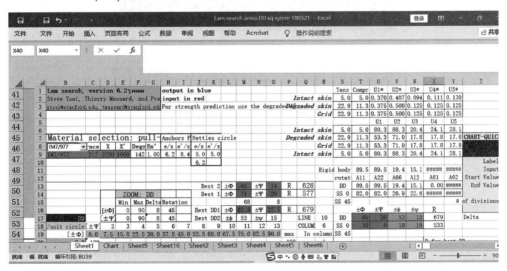

图 15-11　Lam search 界面

15.2.3　应用举例

在飞机机身上截取某一段结构，如图 15-12 所示。

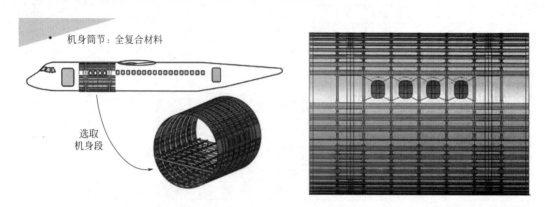

图 15-12　飞机机身一段筒体

对该段筒体进行单元分类如图 15-13 所示，分成 42 个单元，每个单元的初始铺层按照传统 $0°$、$±45°$、$90°$进行铺设，满足强度要求。

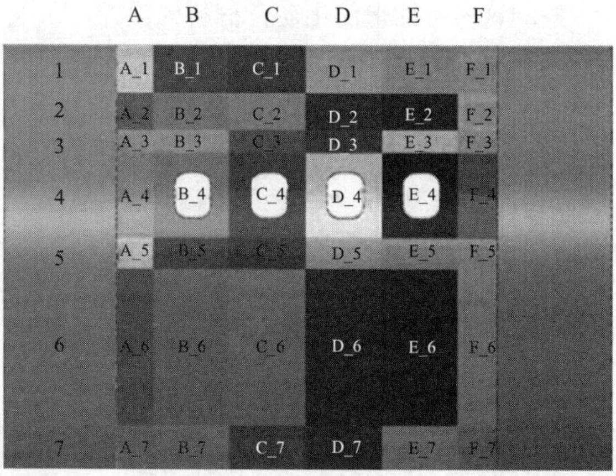

单元编号

Cell Layup						
	A	B	C	D	E	F
1	Layup_1	Layup_1	Layup_1	Layup_1	Layup_1	Layup_1
2	Layup_2	Layup_2	Layup_2	Layup_2	Layup_2	Layup_2
3	Layup_3	Layup_3	Layup_3	Layup_3	Layup_3	Layup_3
4	Layup_4	Layup_4	Layup_4	Layup_4	Layup_4	Layup_4
5	Layup_5	Layup_5	Layup_5	Layup_5	Layup_5	Layup_5
6	Layup_6	Layup_6	Layup_6	Layup_6	Layup_6	Layup_6
7	Layup_7	Layup_7	Layup_7	Layup_7	Layup_7	Layup_7

单元分块

图 15-13　筒体分区

材料属性如表 15-3 所示。

表 15-3　材料属性表-CPLY64

纵向杨氏模量 E_{11}/MPa	140800	纵向抗压强度 F_{1c}	1983
横向杨氏模量 E_{22}/MPa	9300	横向抗拉强度 F_{2t}	66
面内剪切模量 G_{12}、G_{13}/MPa	5800	横向抗压强度 F_{2c}	220
横向剪切模量 G_{23}/MPa	4060	面内抗剪强度 S_{12}	93
泊松比 μ_{12}、μ_{13}	0.3	横向抗剪强度 S_{23}	93
纵向抗拉强度 F_{1t}	2944	单层板厚度/mm	0.129

首先通过有限元对该段筒体进行传统四个角度的铺设计算，可得到达到强度要求的厚度。设置如图 15-14 所示的边界条件后，进行计算。强度条件为 Tsai-Wu 理论的第一层失效原则（简称 FPF）。

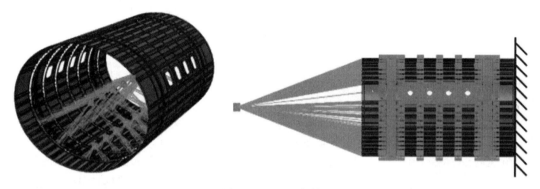

图 15-14　边界条件

按照 Tsai-Wu 强度理论的 FPF 失效理论，只要最大许用应力与实际作用应力之比 R 大于 1，结构就是安全的。R 的定义如图 15-6 所示，R 是方程 $(F_{ij}\sigma_i\sigma_j)R^2 + (F_i\sigma_i)R = 1$ 的根（式中 F_{ij} 为相互作用系数，σ_i 为 x 轴应力，σ_j 为 y 轴应力）。R 值的计算可由 MIC-MAC 软件计算得到。

然后进行 D-D 优化设计，优化设计的角度 ψ、φ 可由软件 Lam search 进行计算。按照如图 15-15 所示的迭代计算进行优化设计，经过四次迭代计算，可以得到如图 15-16 所示的结果。

当迭代到第 4 步以后，所有单元上的 R 值均大于 1 了，而且接近于 1，说明结构安全了，而且裕量不是很多。输出单元厚度如表 15-4 所示，此时的 D-D 角度为 $\pm37.5°$、$\pm45°$。

表 15-4　输出单元厚度　　　　　　　　　　　　　　　　　　　　　in

项目	A	B	C	D	E	F
1	0.430	0.478	0.487	0.516	0.535	0.445
2	0.424	0.537	0.568	0.606	0.632	0.480
3	0.577	0.697	0.754	0.774	0.783	0.655
4	0.759	0.887	0.956	0.957	0.944	0.837
5	0.714	0.888	0.920	0.961	0.927	0.742
6	0.634	0.883	0.855	0.813	0.774	0.544
7	0.609	0.763	0.763	0.698	0.688	0.511

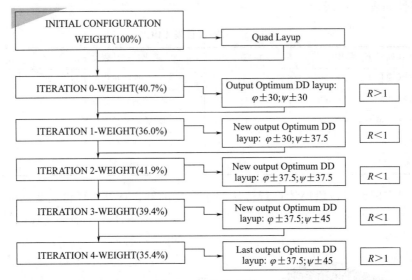

图 15-15 迭代步骤

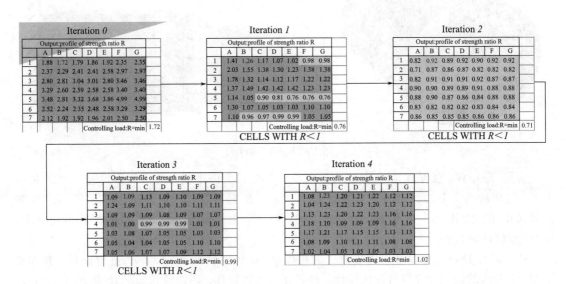

图 15-16 迭代结果

如果按照重量计算，设开始的重量为 100％，则每次优化后的重量减少程度如图表 15-5 所示，最大减重达到 64.6％，可见优化效果非常显著。

表 15-5 优化结果

初始重量	100.0％	第 3 次迭代时重量	39.4％
第 0 次迭代时重量	40.7％	第 4 次迭代时重量	35.4％
第 1 次迭代时重量	36.0％	第 4 次迭代时重量减少	64.6％
第 2 次迭代时重量	41.9％		

以上优化设计涉及内容较多，限于篇幅无法完整写出，需要进一步的资料及培训，可参考有关资料。

参考文献

［1］ Tsai S W. Strength & life of composites. Palo Alto：Stanford University Press，2008.

［2］ Tsai S W，D Melo J D. Composite material design and testing. Palo Alto：Stanford University Press，2016.

［3］ Tsai S W. Double-double：New family of composite laminates. AIAA Journal，2021，59（11）：4293-4305.

［4］ Tsai S W. Arteiro A，Melo J D D，A trace-based approach to design for manufacturing of composite laminates. Journal of Reinforced Plastics and Composites，2016，35（7）：589-600.

［5］ Vermes B，Tsai S W，Riccio A，et al. Application of the Tsai's modulus and double-double concepts to the definition of a new affordable design approach for composite laminates. Composite Structures，2021，259.

［6］ Tsai S W. Composites design. Dayton：United States Air Force Materials Laboratory，1986.

［7］ Vermes B，Tsai S W，Riccio A，et al. Application of the Tsai's modulus and double-double concepts to the definition of a new affordable design approach for composite laminates. Composite Structures，2021，259：1-11.

附录
常用汉英名词对照索引

刚度转换 transformation of stiffness
刚体转动 rigid-body rotation
网络分析 netting analysis
米塞斯准则 von Mises criterion
夹芯板 sandwich plate
次泊松比 minor Poission ratio
各向同性 isotropy
各向同性设计 isotropic design
各向同性材料 isotropic material
多种载荷 multiple loads
多载荷的排序法设计 design by ranking for multiple loads
多裂纹 multiple cracking
设计方法 design approaches
纤维拔出 fiber pullout
纤维断裂 fiber break
纤维缠绕容器 filament wound vessel

七画

应力 stress
应力分配参数 stress partitioning parameter
应力不变量 invariants of stress
应力的线性组合 linear combinations of stress
应力转换 stress transformation
应变 strain
应变不变量 invariants of strain
应变的线性组合 linear combinations of strain
应变片 strain gage
应变速率 strain rate
应变转换 strain transformation
完全相反的应力 completely reversed stress
层间应力 interlaminar stresses
层间剪切试验 interlaminar shear test
层板标记 laminate code
层板排序法 laminate ranking
层板理论 laminate plate theory
材料说明 material specification
材料老化 material age
材料对称 material symmetry
材料利用率 material use efficiency
形状参数 shape parameter

芯模 core
纵向疲劳 longitudinal fatigue
纵向剪切疲劳 longitudinal shear fatigue
纵向模量的微观力学 micromechanics of longitudinal modulus
初始裂纹 starter crack

八画

单向复合材料 unidirectional composites
单偏轴材料 monoclinic material
环境对疲劳的影响 environmental effects on fatigue
环（周）向应力 hoop stress
非对称层板 unsymmetric laminates
非对称层板的工程常数 engineering constant of unsymmetric laminate
非机械应变 nonmechanical strain
泊松比 Poission ratio
拉伸试验 tensile test
固化温度 cure temperature
屈曲 buckling
组合应力 combined stresses
表面纤维应力 outer fiber stress
质量控制 quality control
板的稳定性 stability of plates
试样对中 specimen alignment
试样切割 specimen cutting
试验试样 test specimen

九画

轴向应力 axial stress
面内工程常数 in-plate engineering constant
面内单层应力 in-plate ply stress
面内剪切试验 in-plate shear test
玻璃纤维 glass fiber
玻璃化转变温度 glass transition temperature
挠度 deflection
相位角 phase angle
界面脱黏 interface debond
修正的希尔准则 modified Hill criterion
标量参数 scale parameter

选择参数 sizing
柔量 compliance
按列正则化 column normalization
矩阵求逆 matrix inversion
矩阵乘法表 matrix multiplication table
复合材料 composite materials
复合律法 rule of mixtures method
复合钢板 clad steel

十画

高温 elevated temperature
疲劳寿命 fatigue life
疲劳寿命分布 fatigue life distribution
疲劳寿命估算 fatigue life prediction
疲劳应力比 fatigue stress ratio
疲劳损伤 fatigue damage
疲劳特性 fatigue behavior
疲劳试验频率的影响 effect of fatigue test frequency
疲劳损伤的 X 射线照片 X-ray radiograph of fatigue damage
疲劳强度 fatigue strength
疲劳强度比 fatigue strength ratio
疲劳数据库 fatigue data pooling
容器性能效率 vessel performance efficiency
格栅结构 grid structures
莫尔圆 Mohr circle
逐层破坏 successive ply failures
损伤 damage
破坏机理 failure mechanism
破坏准则（三维）failure criterion（3 dimensional）
特征疲劳寿命 characteristic fatigue life
缺陷 defect
圆柱体（厚壁或薄壁）cylinder（thick or thin walled）
准各向同性层板 quasi isotropic laminate
流程图 flow chart
热膨胀 thermal expansion

十一画

密度 density
剪切强度 shear strength
剪切模量 shear modulus
剪切耦合 shear coupling
梁 beam
混杂效应 hybrid effect
弹性常数 elastic constants
基体裂纹 matrix cracking
球形支座 spherical seat
减缩体积比 reduced volume ratio
惯性矩 moment of inertia
第一层破坏 first ply failure
常值寿命图 constant life diagram
常幅疲劳 constant amplitude fatigue
偏转角 swing angle
符号及其定义 symbols，definition of
减缩符号 contracted notation
断裂韧性 fracture toughness

十二画

最小二乘法线性回归 least square linear regression
最大似然估算 maximum likelihood estimate
最大应力准则 maximum stress criterion
最大应变准则 maximum strain criterion
最大疲劳应力 maximum fatigue stress
最大剪切 maximum shear
最后一层破坏 last-ply-failure
期望值 expected value
裂纹尖端 crack tip
裂纹长度 crack length
裂纹密度 crack density
强度 strength
强度比 strength ratio
强度/应力比 strength/stress ratio
强度数据 strength data
湿度 moisture
湿热效应 hygrothermal effects
湿热膨胀 hygrothermal expansion

湿膨胀 moisture expansion

温度升高 temperature increase

等效板刚度 equivalent plate stiffness

剩余应变 residual strain

剩余强度 residual strength

剩余强度分布 residual strength distribution

剩余强度的变化 change of residual strength

编织复合材料 woven composites

十三画

硼纤维 boron filament

微观力学网络 micromechanics framework

简支板 simply supported plates

缠绕角 winding angle

十四画及以上

端部切口的挠曲试样 end notch flexural specimen

横向同性材料 transversely isotropic material

横向疲劳 transverse fatigue

横向模量的微观力学 micromechanics of transverse modulus

膨胀系数的微观力学 micromechanics of expansion coefficient

薄壁结构 thin wall construction

壁厚比 wall thickness ratio

黏结强度 bonding strength

爆破压力 burst pressure

魔杆 magic rod

其他

SN 曲线或关系 SN curve of relation

SN 曲线特性 SN curve characterization